Das Ende
des naturwissenschaftlichen
Zeitalters

Herbert Pietschmann

Das Ende des naturwissenschaftlichen Zeitalters

Weitbrecht

Inhaltsverzeichnis

Vorwort zur Neuauflage

Als dieses Buch vor etwa eineinhalb Jahrzehnten zum ersten Mal erschien, erregte es sofort lebhafte Diskussionen. Einige der hier formulierten Gedanken erschienen manchem ungewöhnlich, wenn nicht gar ungehörig. Mittlerweile ist vieles davon allgemein anerkannt, das Buch wurde auch Unterlage einiger Universitätsvorlesungen. Deshalb freut es mich besonders, daß jetzt eine Neuauflage erscheint, obwohl ich selbst meine Gedanken seither weiterentwickelt habe. Inzwischen sind drei Folgewerke von mir erschienen: Zunächst »Die Welt die wir uns schaffen — eine Vision«, dann »Die Wahrheit liegt nicht in der Mitte — von der Öffnung des naturwissenschaftlichen Denkens« und schließlich »Die Spitze des Eisbergs — von dem Verhältnis zwischen Realität und Wirklichkeit«.

Manches würde ich heute anders — vielleicht weniger scharf und unbeugsam — formulieren; aber gerade deshalb habe ich den Text (bis auf wenige grammatische Korrekturen) unverändert gelassen! Nur dort, wo die jüngere Geschichte dargestellt wurde, habe ich Ergänzungen angebracht und dafür einige Absätze gestrichen, die nur aus der damaligen Zeit ihre Aktualität und ihr Interesse schöpften. Ich weiß aus vielen Briefen und Mitteilungen, daß das seit einigen Jahren vergriffene Buch noch sehr gesucht wird, und ich danke meinem Verlag, daß er nun diese Neuauflage vorbereitet hat.

1
Was ist Naturwissenschaft?

Im Spätherbst des Jahres 1896 kam es in Wien zu einer historischen Begegnung: Johannes Brahms empfing den Geiger und Musik-Korrespondenten Arthur Abell zu einem Gespräch über die Inspiration beim Komponieren. Wer könnte uns wohl besser, direkter darüber berichten als der Meister selbst? So ist es nicht verwunderlich, daß Abell und der berühmte Violin-Virtuose Joseph Joachim, ein gemeinsamer Freund von Abell und Brahms, schon lange zu dieser Begegnung drängten. Brahms aber weigerte sich zunächst.

»Ohne Joachims tätige Mitarbeit wäre es mir nie gelungen, Brahms zu überreden, das Geheimnis preiszugeben, wie er beim Komponieren zu Werke ging, bewegt von den Seelenkräften in ihm und vom Geist des Allmächtigen selbst erleuchtet.« So schildert Abell die Vorgeschichte dieser Begegnung in seinem Buch. »Bei wiederholten, aber fruchtlosen Bemühungen, ihn darüber auszufragen, hatte ich herausgefunden, daß ihm dieses ein heiliges Thema war, worüber er nur mit größtem Widerstreben sprechen wollte.«

Erst nach dem Tode Clara Schumanns und als Brahms spürte, »daß das Ende meines irdischen Lebens rasch näher kommt«, wollte er darüber sprechen. So sagte er gleich am Anfang zu Joachim: »Es sei denn. Ich werde jetzt dir und unserem jungen Freund hier darüber berichten, wie ich mit dem Unendlichen in Verbindung trete, denn alle wirklich inspirierten Ideen stammen von Gott. Beethoven, mein Vorbild, war sich dessen wohl bewußt.«

Brahms machte aber zur Bedingung, daß alle Aufzeichnungen des Gespräches (ein Stenograph war mit dabei) erst fünfzig Jahre nach seinem Tode veröffentlicht werden dürften. Er war überzeugt, daß

9

seine Werke erst dann die rechte Würdigung finden könnten und daher auch seine Worte vorher nicht verständlich seien.

Immer wieder kam Brahms auf Beethoven zu sprechen: »Beethoven machte andere, ähnliche Äußerungen, besonders Bettina von Arnim gegenüber im Jahre 1810; dieser bemerkenswerten Frau bekannte er, daß er sich bewußt sei, seinem Schöpfer näher als andere Komponisten zu stehen, und sagte: ›Ich weiß, daß Gott mir näher ist als anderen meiner Zunft; ich verkehre mit Ihm ohne Furcht.‹«

»Dies ist eine bemerkenswerte Behauptung aus dem Munde des größten aller Komponisten«, fuhr Brahms fort, »und es bestätigt, was der von Gott berauschte Nazarener in Johannes 14,10 sagte: ›Nicht ich, sondern der Vater, der in mir wohnt, der tut die Werke.‹ Jesus verkündete eine große Wahrheit, als er dies sagte, und wenn ich mich bei meiner Arbeit in meiner größten Schaffenskraft fühle, spüre auch ich, daß eine höhere Macht durch mich wirkt.«

Abell bat Brahms darauf, genauer zu erklären, wie er mit dieser höheren Macht in Verbindung trete, und wieder begann Brahms mit seinem großen Vorgänger: »Wie Beethoven zu erkennen, daß wir eins sind mit dem Schöpfer, ist ein wunderbares, ehrfurchtgebietendes Erlebnis. Sehr wenige Menschen gelangen zu dieser Erkenntnis, weshalb es so wenige große Komponisten oder schöpferische Geister auf allen Gebieten menschlichen Bemühens gibt. Über dies alles denke ich immer nach, bevor ich zu komponieren anfange. Dies ist der erste Schritt. Wenn ich den Drang in mir spüre, wende ich mich zunächst direkt an meinen Schöpfer und stelle ihm die drei in unserem Leben auf dieser Welt wichtigsten Fragen − woher, warum, wohin?

Ich spüre unmittelbar danach Schwingungen, die mich ganz durchdringen. Sie sind der Geist, der die inneren Seelenkräfte erleuchtet, und in diesem Zustand der Verzückung sehe ich klar, was bei meiner üblichen Gemütslage dunkel ist; dann fühle ich mich fähig, mich wie Beethoven von oben inspirieren zu lassen. Vor allem wird mir in solchen Augenblicken die ungeheure Bedeutung der höchsten Offenbarung Jesu bewußt: ›Ich und der Vater sind eins!‹ Diese Schwingungen nehmen die Form bestimmter geistiger Bilder an, nachdem ich meinen Wunsch und Entschluß bezüglich dessen, was ich möchte, formuliert habe, nämlich inspiriert zu werden, um etwas zu komponieren, was die Menschheit aufrichtet und fördert – etwas von dauerhaftem Wert.

Sofort strömen die Ideen auf mich ein, direkt von Gott; ich sehe nicht nur bestimmte Themen vor meinem geistigen Auge, sondern auch die richtige Form, in die sie gekleidet sind, die Harmonien und die Orchestrierung. Takt für Takt wird mir das fertige Werk offenbart, wenn ich mich in dieser seltenen, inspirierten Gefühlslage befinde . . .

Ich muß mich im Zustand der Halbtrance befinden, um solche Ergebnisse zu erzielen – ein Zustand, in welchem das bewußte Denken vorübergehend herrenlos ist und das Unterbewußtsein herrscht, denn durch dieses, als einem Teil der Allmacht, geschieht die Inspiration. Ich muß jedoch darauf achten, daß ich das Bewußtsein nicht verliere, sonst entschwinden die Ideen.«

In diesen Schilderungen spricht Brahms nicht nur vom »Geist«, von »Gott«, er spricht auch von »Kräften«, »Schwingungen«, von Begriffen also, die wir heute meist der Physik vorbehalten. Kann also die Physik auch über diese »Kräfte« und »Schwingungen«, von denen Brahms spricht, Aussagen machen? Wenn nicht, gibt es sie dann überhaupt?

Es wäre wohl unsinnig, an der tief empfundenen Wahrheit der Brahmsschen Aussagen zu zweifeln. Hat er vielleicht falsche Worte gebraucht? Aber er spricht auch von »oben«, ohne an die räumliche Richtung zu denken, und mit den Worten »Geist« und »Gott« sind zumindest keine Gegenstände gemeint. Trotzdem ist uns die Aussage klar verständlich und würde wohl viel weniger klar, wenn wir die Begriffe »Kraft« und »Schwingung« ersetzen wollten, weil sie der Physik vorbehalten sind.

Hat die »Kraft«, die Brahms meint, mit den Kräften der Physik, etwa mit der Schwerkraft, nichts gemein? Dann wäre es wohl wirklich besser, ein anderes Wort zu verwenden. Aber gerade wegen des Gemeinsamen wird die Aussage Brahms' verständlich, wenn auch sein Begriff nicht objektiv definiert werden kann.

Und das ist genau jene trennende Grenze, die den Bereich der Physik, der Naturwissenschaft ganz allgemein, von dem umfassenden Bereich menschlicher Verständigung trennt: die sogenannte »Objektivität«. Was uns Brahms schildert, sind seine ganz subjektiven Gefühle und Empfindungen, die Art und Weise, wie *er* inspiriert wird, wie *er* komponiert, wie *er* mit der Allmacht, *seiner* Gottheit, in Verbindung tritt. Es ist die Beschreibung eines einmaligen Ereignisses, das nicht verallgemeinert, nicht nachgemacht werden kann. Die »Kräfte« und »Schwingungen«, von denen Brahms spricht, sind seine ganz persönlichen Erlebnisse; darum nicht etwa weniger wahr und wirklich als die Schwerkraft oder die Schwingungen eines Pendels, aber eben darum nicht zum Bereich der Physik gehörig, weil sich die Naturwissenschaft in ihrer experimentellen Beschreibung nur mit wiederholbaren (»reproduzierbaren«) und objektiven Phänomenen befaßt.

Zwar sagt auch Brahms immer wieder, daß Beethoven ähnliche Aussagen über sich gemacht hat, und erwähnt auch Mozart, ja sogar Tartini mit dessen Teufelstriller-Sonate. Er vergleicht dabei aber die ebenfalls subjektiven Erlebnisse großer Kollegen mit seinen eigenen. Was die Naturwissenschaft unter »objektiv« versteht, ist viel allgemeiner: Keiner, der sich redlich bemüht, darf ausgeschlossen sein! Ein »objektives« Phänomen in diesem Sinne ist das Ergebnis eines Experimentes, das von jedem, der sich nur genügend schult, erzielt werden kann.

Nehmen wir ein ganz einfaches Beispiel: das Starten und Anfahren eines Autos. Jemand, der noch nie etwas von einem Auto gehört hat, wird zweifellos ebensowenig imstande sein, ein Auto in Betrieb zu nehmen, wie das Brahmsche Violin-Konzert zu komponieren. Bei genügender Übung, nach Studium der entsprechenden Unterlagen − kurz: nach redlichem Bemühen − wird aber das Starten des Autos jedem möglich sein, während wohl kaum einer ein Brahmssches Werk komponieren kann, auch wenn er sich noch so lange bemüht. Die Handschrift des Meisters ist unverkennbar. Auch dazu äußerte sich Brahms in dem Gespräch, als ihn Joachim unvermittelt fragte, warum nicht auch er Inspirationen wie Brahms empfangen könne, auch er habe sich bemüht zu komponieren, aber seine Werke »werden immer mehr vernachlässigt und bald vergessen sein«.

Brahms erwiderte: »Es ist schwierig, wenn nicht unmöglich, eine Erklärung dafür zu finden, warum einem Komponisten die Inspiration reicher zuteil wird als einem anderen, aber ich kann den Finger auf eine schwache Stelle in deiner Vergangenheit legen, Joseph − zu viele Ämter und Würden.«

Brahms kann also bestenfalls erklären, warum es Joachim nicht möglich war, unsterbliche Werke zu komponieren. Wie man es schafft, ist nicht erlernbar, kann nicht weitergegeben werden. Und

darum bleiben die großen Leistungen der Genies einmalige Einzelereignisse, deren Zustandekommen keiner Gesetzmäßigkeit unter-
liegt, nicht vorhergesagt und nicht erlernt werden kann. Schon das
Wort »Genie« weist auf eine Elite hin, auf eine Klasse von Menschen, die wir eben als Genies anerkennen.

Die Naturwissenschaft hat aber zum Ziel, die Welt so zu verändern, daß alle an ihren Früchten aktiv und passiv teilhaben können;
sie schließt daher alle Phänomene, die auf einzelne begabte Persön-
lichkeiten beschränkt sind, aus ihrem Bereich aus und betrachtet
nur »objektive Phänomene«. Darunter versteht sie Ereignisse, die
unabhängig von den dabei mitspielenden Menschen immer zum
gleichen Ergebnis führen, wie etwa das richtige Starten und Anfahren des Autos. Wir werden daher das Wort »objektiv« gar nicht mehr
verwenden, weil es eine Trennung der Wirklichkeit in einen »objektiven« und »subjektiven« Teil und damit in einen »realen« und einen
»bloß gedachten« nahelegt. Wir werden vielmehr von nun ab statt
»objektiv« immer »intersubjektiv« sagen. Damit ist genau der
beschriebene Sachverhalt gemeint, daß das Ergebnis eines solchen
Phänomens vom beteiligten Subjekt unabhängig sein muß. (Ehrliche Naturwissenschaftler sagen heute immer »intersubjektiv« statt
»objektiv«.)

Halten wir also nochmals in aller Deutlichkeit fest: Es ist das
Absehen vom Individuum mit seinen ganz persönlichen Bedürfnissen, Empfindungen und Wünschen, das die Naturwissenschaft
überhaupt erst ermöglicht. Das heißt aber nicht, daß die Naturwissenschaft nicht auf die Bedürfnisse und Wünsche der Menschen
eingeht. Im Gegenteil! Gerade die Bedürfnisse der Menschen sind
es, die zu befriedigen die Naturwissenschaft auszieht, aber nicht die
Bedürfnisse einzelner Individuen, sondern die allgemeinen Bedürfnisse der Menschheit sozusagen. Diese müssen erst »intersubjektiv«
formuliert werden, um überhaupt in den Bereich dessen zu fallen,
was die Naturwissenschaft betrachten kann.

Bevor wir dies genauer ansehen, muß ich wohl noch darauf hinweisen, wie vorläufig und oberflächlich das bisher Gesagte war: Es
ist einfach nicht richtig, daß jeder, der sich redlich bemüht, ein Auto
richtig starten und anfahren kann. Beim Auto mögen ja die Ausnah-
men noch selten sein, denken wir aber an ein Flugzeug oder gar an
ein kompliziertes, physikalisches Experiment, so wird die Zahl
derer, die trotz redlichen Bemühens ein »intersubjektives« Ergebnis

zustande bringen, wohl kleiner werden. Und auch das Absehen vom Individuum mit seinen Inspirationen ist zumindest problematisch! Zwar kann heute jeder, der sich redlich bemüht, die Allgemeine Relativitätstheorie Albert Einsteins verstehen und anwenden, aber zu ihrer Erschaffung, sozusagen zu ihrer »Komposition«, bedurfte es eben des unauswechselbaren Individuums Albert Einstein.

Dies sind aber Schwierigkeiten und Schwachstellen, die nicht an meiner Darstellung liegen. Es sind Probleme, die die Naturwissenschaft selbst hat und die uns noch ausführlich beschäftigen werden. Vorläufig müssen wir uns also mit der ersten Feststellung begnügen: Die Naturwissenschaft befaßt sich nur mit intersubjektiven Phänomenen und sieht von menschlichen Individuen bewußt ab.

Wie steht es nun mit der Befriedigung von Bedürfnissen der Menschheit? Da wir keine individuellen Bedürfnisse berücksichtigen können, müssen wir zunächst fragen, was denn die »intersubjektiven Bedürfnisse« der Menschheit sein können.

Zunächst ist es sicher das Stillen von Hunger und Durst; dann aber auch das Abwenden von Gefahren, die uns drohen: sei's von der Natur und ihren Mächten, seien es Krankheiten. Und schließlich sind es die Ängste vor den Mitmenschen, aber auch vor uns selbst und »die drei in unserem Leben auf dieser Welt wichtigsten Fragen – woher, warum, wohin?«, wie es Brahms ausgedrückt hat. Positiv formuliert können wir statt »Angst vor den Mitmenschen« auch »Sehnsucht nach Geborgenheit, Liebe« sagen.

Sicher ist diese Liste weder vollständig noch nach Dringlichkeit geordnet, und es wird wohl schwerfallen, eine so anspruchsvolle Liste zu erstellen. Darum wollen wir uns zwei typische Beispiele herausgreifen und genauer ansehen.

Es ist eine alte Sehnsucht des Menschen, die Schwerkraft zu überwinden und sich – den Vögeln gleich – in die Luft zu erheben. Wahrscheinlich gemahnt uns die Gefangenschaft im Raume durch die Schwerkraft an unsere Gefangenschaft in der Zeit, also an den unausweichlichen Tod, und rührt daher an eine der zentralen Ängste des Menschen: die Angst vor dem eigenen Tod. Immer wieder wird daher in Sagen und Mythen, aber auch in Schilderungen von Beobachtungen und Erlebnissen aus anderen Kulturkreisen oder in Ausnahmesituationen vom »Fliegen« einzelner Menschen berichtet. »Levitation« wird dieses Phänomen genannt, das – wenn überhaupt – sicherlich nicht intersubjektiv existiert. Wundert es

14

uns noch, daß auch Brahms bei seinem Treffen mit Joachim und Abell darauf zu sprechen kam? Joachim hatte berichtet, daß er das Medium Daniel Home beim »Wandeln in der Luft« beobachtet hatte.

Brahms geriet in große Erregung, als er vernahm, daß Abells Großmutter mit Daniel Home bekannt war; er sprang vom Stuhl auf und rief: »Was! Sie wollen mir hier erzählen, daß Ihre eigene Großmutter tatsächlich den einzigen Mann seit Jesus Christus gesehen hat, der das Gravitationsgesetz brechen und in der Luft wandeln konnte?« Offenbar hatte diese Möglichkeit für Brahms eine große Bedeutung.

Eine andere alte Sehnsucht konnte, Berichten zufolge, ebenfalls von wenigen Auserwählten verwirklicht werden: die geistige Verbindung mit geliebten Menschen über große Entfernungen. Ganz schlicht schildert der Yogi Paramhansa Yogananda eine solche Verbindung mit seinem Meister, Sri Yukteswar:

»Am nächsten Tag empfing ich von meinem Guru eine Postkarte: ›Ich verlasse Calcutta am Mittwoch-Morgen; erwarte mich am Bahnhof von Serampore um neun Uhr.‹ Am Mittwoch, gegen acht Uhr dreißig, empfing ich telepathisch eine Botschaft von Sri Yukteswar: ›Ich bin aufgehalten; erwarte mich nicht mit dem Neun-Uhr-Zug.‹«

Für Yogananda genügte dies (nach seiner Aussage) jedenfalls, um nicht zum Bahnhof zu gehen.

Ich lege hier keinen Wert auf die Diskussion von Möglichkeit oder Wahrheitsgehalt solcher Berichte. Es geht nur darum, daß sie zweifellos Anliegen der Menschen zum Ausdruck bringen, die in all diesen Mythen, Sagen und Erzählungen nur von *einzelnen Individuen* erreicht werden konnten.

Die Naturwissenschaft hat aber diese Probleme — so wie unzählige andere — intersubjektiv gelöst: Heute ist sowohl Levitation, die Überwindung der Schwerkraft, als auch Telepathie, die Verbindung zweier Menschen über große Entfernungen hinweg, jedem möglich; sie sind nicht mehr auf besonders begabte Personen beschränkt. Jeder kann heute durch Kauf eines Flugscheines zum Erlebnis der Überwindung der Schwerkraft gelangen, und jeder kann über beliebige Entfernungen hinweg mit jedem telepathisch — nein: telefonisch heißt das nun — in Verbindung treten. Die Naturwissenschaft und ihre Tochter, die Technologie, haben diese Wunder möglich gemacht.

Wir sehen also, daß die freiwillige Beschränkung auf inter-subjektive Phänomene zwei Seiten hat: Einerseits erfordert sie das Absehen vom Individuum Mensch, mit seinen spezifischen Bedürfnissen und Problemen, andererseits aber ermöglicht sie nun für alle in einer neuen Art von Gleichheit der Menschen eine weitgehende Beherrschung der Natur, die es gestattet, immer neue »Wunder« in den Bereich des Möglichen zu rücken.

Dabei müssen wir genau unterscheiden: Die kollektiven Bedürfnisse der Menschen, die von der Naturwissenschaft befriedigt werden können, sind natürlich auch jeweils Bedürfnisse der Individuen: Sie sind ja intersubjektiv. Wenn der Hunger der Menschen gestillt werden kann, dann auch mein eigener. Wenn die Menschheit keine Angst vor Pest oder Pocken mehr haben muß, dann auch ich nicht. Das »Absehen vom Individuum« bedeutet also nicht Absehen von jenen persönlichen Bedürfnissen, die intersubjektiv gefaßt werden können. Es bedeutet sozusagen das Absehen von den Bedürfnissen auf persönlich-existentieller Ebene. Wenn durch die Errichtung des Telefonnetzes die zwischenmenschliche Kommunikation ganz allgemein verbessert werden kann, heißt das nicht, daß ich nicht mehr einsam sein kann. Wenn mir alle meine intersubjektiven Wünsche erfüllt werden können, heißt das nicht, daß ich nicht alle diese Erfüllungen gerne für ein einziges liebes Wort eines anderen lieben Menschen hingeben würde, heißt das nicht, daß ich nicht trotzdem Sehnsucht nach Liebe, Sehnsucht nach Verständnis, Angst vor meinem Versagen haben kann. Kurz: Das Individuum − ich − hat nicht nur Wünsche und Bedürfnisse, die intersubjektiv gefaßt werden können.

Sehen wir uns nun an, wie es zu dieser völlig neuen Einstellung, die wir Naturwissenschaft nennen, wie es zu dieser totalen Umgestaltung der Welt, die wir Technologie nennen, gekommen ist. Schon solange es Menschen gibt, haben sie versucht, die scheinbar chaotische Umwelt mit ihren beängstigenden Phänomenen zu verstehen, Ordnung in das Chaos zu bringen. Unter dieser Ordnung wurde immer »Maß und Zahl« verstanden. Wunderbar wird dieser Zusammenhang von Aischylos ausgedrückt, wenn er Prometheus − den Bringer des Feuers, den wir somit mit Recht an den Anfang der Menschwerdung stellen − sagen läßt:

Unaufgeschlossen lag des Denkens Hort in ihnen.
Ich aber tat ihn auf, ich lehrte Maß und Zeit,
Ließ messen der Gestirne Lauf, die Stunden merken,
Die zwischen Auf- und Niedergang stets gleich verfließen.
Den Menschen zeigte ich den Sinn der heilgen Zahl
Und schuf das Wort, mit Buchstab wohlgefügt an Buchstab.
Was ich gelehrt, ward der Erinnerung anvertraut,
Der Mutter aller Musen.

Der gestirnte Himmel war es wohl in erster Linie, der die Menschen faszinierte und herausforderte; und zwar gleichzeitig aus verschiedenen Gründen: Einerseits war es der Ort, wo die Götter siedelten, und andererseits waren die Vorgänge am Himmel die einfachsten, die am ehesten zu ordnenden. Einerseits kam von dort die größte Bedrückung, stärkste Unfreiheit, andererseits gab es gerade hier die leichteste Möglichkeit zur Erklärung, zur Befreiung von den Ängsten.

»Die Stunden merken, die... stets gleich verfließen«. Die Regelmäßigkeit feststellen ist das erste Element der Ordnung. »Ließ messen der Gestirne Lauf.« Messen heißt immer Vergleich mit einem Standard (einem festgelegten Maßstab, einer reproduzierbaren Zeiteinheit). Mit der Feststellung der Regelmäßigkeit ist den »Himmels-Göttern« viel Freiheit, den Menschen viel Unfreiheit genommen. Nicht mehr müssen sie sich fürchten, daß eines Tages die Sonne nur mehr halb so lange scheinen wird, weil der Sonnengott zürnt. Durch das Messen, durch den Vergleich der Himmelsbewegung mit einem menschlichen Standard, erheben sich die Menschen zu den Himmelsgöttern, eine erste Brücke ist über die alles trennende Kluft geschlagen, die totale Abhängigkeit ist erstmals angegriffen. Das Resultat dieser ersten Naturbetrachtung ist konsequenterweise die Astrologie. Die Schicksale der Menschen sind zwar noch durch die Himmelserscheinungen (-götter) bestimmt, aber in einer vorherzuberechnenden Weise. Den Himmelsgöttern wurde Macht entwendet, und die Menschen wurden dadurch freier, wie dies auch im Mythos des Prometheus zum Ausdruck kommt.

Aber diese erste Tätigkeit nennen wir noch nicht Naturwissenschaft. Selbst die großartigen Lehrgebäude, die die Griechen errichteten, gehören noch nicht dazu. Immer noch war der Mensch im Mittelpunkt, alles drehte sich um die Erde, den Mutterplaneten der Menschen. Die direkten Beobachtungen und Erfahrungen des Menschen waren für alle Naturbeschreibung der Ausgangspunkt. Wir können die Physik des Aristoteles durchaus »Erfahrungswissenschaft« nennen, mit größerem Recht vielleicht als die heutige abstrakte Naturwissenschaft. Sehen wir uns das wieder an einem Beispiel genauer an.

Durchaus im Sinne einer intersubjektiven Wissenschaft versuchte Aristoteles den Begriff der »Kraft« zu fassen. Wahrscheinlich war ihm bewußt, daß dies eine Einschränkung sein müsse, die zum Beispiel »Kräfte« im Sinne der Brahmsschen Erläuterungen nicht erfassen kann. Darum ging es auch ihm zunächst um die Ordnung der Himmelsphänomene, die Physik der Gestirne. Und Aristoteles erkannte schon etwa 350 Jahre vor Christi Geburt, daß »Kraft« als Ursache der Bewegungsänderung gefaßt werden kann. Dazu muß aber erst einmal eine »kräftefreie« Bewegung definiert werden; die Abweichung von dieser ausgezeichneten Bewegung wird dann auf Kräfte zurückgeführt. Dem entspricht etwa die Notwendigkeit, bei jeder Messung einen Bezugspunkt festzulegen. Die Höhenlage eines Ortes zum Beispiel können wir nur dann angeben, wenn wir uns vorher auf einen Bezugspunkt, etwa den mittleren Meeresspiegel, geeinigt haben.

Eine derartige Festlegung ist natürlich willkürlich. Wir könnten genausogut die Spitze des Himalaja oder den Spiegel des Toten Meeres als Bezugspunkt wählen. (Die Temperaturskala ist ein Beispiel dafür: In vielen angelsächsischen Ländern wird nach Fahrenheit der Nullpunkt tiefer angesetzt, so daß der Gefrierpunkt des Wassers bei 32 Grad Fahrenheit liegt.)

Auch die Festlegung der kräftefreien Bewegung ist zunächst willkürlich; daß auf einen ruhenden Körper, also einen Körper ohne Bewegung, keine äußeren Kräfte einwirken, ist noch ziemlich naheliegend. Was aber geschieht, wenn ein Körper in Bewegung gesetzt wird und dann keine Kräfte mehr auf ihn wirken? Wir können dies im Laboratorium nicht der Erfahrung entnehmen, weil es auf Erden keinen kräftefreien Raum gibt. Überall wirkt zumindest die Schwerkraft, meist auch noch der Luftwiderstand oder Reibungskraft. Aristoteles bezog sich auf die Bewegung der Fixsterne am Himmel, die wir alle beobachten können, und legte folgende Definition fest: »Es muß also jeder Körper entweder im Zustand der

Ruhe verharren oder in einer unbegrenzten Bewegung, wenn er nicht durch eine aufgeprägte Kraft daran gehindert wird.«

Unter »unbegrenzter Bewegung« verstand man damals »Kreisbewegung«, so, wie sich ja die Fixsterne tatsächlich jede Nacht in Kreisen um die ruhende Mutter Erde drehen. Der direkten Beobachtung, der Erfahrung, war also diese Definition entnommen. (Darum habe ich gesagt, daß wir die Aristotelische Physik im Gegensatz zur heutigen Physik »Erfahrungswissenschaft« nennen können.)

Die Planeten unseres Sonnensystems, die Wandelsterne, folgen nicht dieser einfachen Kreisbewegung der Fixsterne. In einem komplizierten System wurde nun die Bewegung der Planeten dadurch erklärt, daß sie nicht auf konzentrischen Kreisen um die Erde laufen, sondern auf kleineren Kreisen, deren Mittelpunkt selbst wieder auf einem Kreis um die Erde läuft. Reichte dies zur Beschreibung nicht aus, so wurden mehrere Kreise herangezogen, deren Mittelpunkt jeweils den nächsten Kreis umläuft. Solche Bahnen werden Epizykel genannt, und mit genügend vielen »Kreisen auf Kreisen« kann natürlich jede Planetenbewegung beliebig genau angenähert werden.

Dieses »Weltbild«, in dem die Mutter Erde im Zentrum steht, wird nach Ptolemäus von Alexandria das »Ptolemäische Weltbild« genannt und liefert die Möglichkeit, Himmelserscheinungen mit jeder gewünschten Genauigkeit vorherzuberechnen. Es genügt der Forderung nach Intersubjektivität ebenso wie der Forderung, daß Beobachtungen aus der Theorie vorherberechnet werden können. Trotzdem fehlt ihm noch ein ganz wesentliches Element, das die Naturwissenschaft auszeichnet: Noch immer steht der Mensch (repräsentiert durch die Mutter Erde) im Zentrum. Den befreienden Schritt weg von der unmittelbaren Erfahrung (und damit den endgültigen Verzicht auf das Individuum) verdanken wir Galileo Galilei. Er ist der eigentliche Vater der »nuova scienza«, wie er selbst sie nannte, der »Neuen Wissenschaft«, die wir heute Naturwissenschaft nennen.

Schon vor Galilei war es Kopernikus, der 1543 ein Modell des Himmels entwarf, in dem die Erde nicht mehr im Zentrum steht. Im Kopernikanischen Weltbild kreisen alle Planeten − so auch die Erde − um die Sonne, und die Kreisbewegung der Fixsterne ist eine scheinbare Bewegung, die durch die Eigendrehung der Erde zustande kommt. Aber dieses Weltbild konnte sich erst durchsetzen, als Galilei das Absehen vom Menschen und seinen spezifischen Problemen zum Prinzip der neuen Wissenschaft machte und kämpferisch dafür eintrat. Seine prägnante Charakterisierung der neuen Methode klingt tatsächlich manchmal wie die Kampfparolen eines hitzigen Gefechtes. »Nicht wie wir uns dem Himmel zu bewegen, sondern wie die Himmel sich bewegen«, sollte von nun an die Fragestellung lauten; damit sagte er deutlich, daß »Himmel« von nun ab zwei verschiedene Bedeutungen haben sollte: einerseits der Himmel der Heiligen, den er der Kirche überlassen wollte, andererseits der Himmel der Gestirne, bei dessen Beschreibung niemand außer den Vertretern der neuen Wissenschaft mitzureden hatte.

Diese Doppelbedeutung des Begriffes »Himmel« steht stellvertretend für eine Spaltung, die seither immer deutlicher wurde und uns immer mehr zum Problem wird: einerseits die Aufgaben der Naturwissenschaft, die mit einer exakten Methode gelöst werden können und müssen und an deren Ergebnissen vernünftigerweise nicht gezweifelt werden kann; andererseits die Fragen und Sehnsüchte der einzelnen Menschen, die die Naturwissenschaft nichts angehen, die aber damit als »bloße Glaubensfragen« oder »bloße Gefühlsangelegenheiten« degradiert werden, weil immer weitere Bereiche durch die naturwissenschaftliche Methode erfaßbar werden und (fälschlich) einen immer stärkeren Grad von »Objektivität« und damit auch Realität beanspruchen. (Wir werden auf diesen Prozeß noch deutlicher eingehen müssen.)

Ganz klar gesagt, beruht der große Schritt zur Naturwissenschaft, den Galilei vollzog, auf dem Verzicht auf Erfahrung. Es widerspricht natürlich unserer unmittelbaren Erfahrung, daß sich die Erde mit großer Geschwindigkeit bewegt, aber darauf kommt es eben nicht mehr an. Es geht nicht mehr darum, Ordnung in das Chaos der Erlebnisse und Erfahrungen zu bringen, nein, wir sind anspruchsvoller geworden. Es geht nun darum, ein Modell der Welt zu konstruieren, das wir uns vorstellen können, das es uns gestattet, die Welt »in den Griff« zu bekommen. Dieses neue »Weltbild«, dieses Modell der Welt, muß daher *einfach* sein, um tatsächlich die ganze Welt beschreiben zu können. Und das ist das nächste, wesentliche Kriterium der neuen Wissenschaft, die Einfachheit. Tatsächlich war sie der einzige Vorzug des Kopernikanischen Weltbildes gegenüber dem Ptolemäischen. Denn das Ptolemäische Weltbild gestattete sogar eine *genauere* Beschreibung der Planetenbewegung. Galilei nahm nämlich noch Kreisbahnen der Planeten um die Sonne an, und dies führte zu Ungenauigkeiten, da wir seit Kepler wissen, daß die Bahnen tatsächlich Ellipsen (wenn auch sehr kreisähnliche) sind.

Wie aber können wir entscheiden, ob das so geschaffene Modell »richtig« ist, ob es »stimmt«, wenn wir auf die zu chaotische Erfahrung bewußt verzichten? Das neue Kriterium ist vielleicht der eigentliche Geniestreich des Galileo Galilei. Nicht mehr die Übereinstimmung mit der Erfahrung wird gefordert, sondern die Übereinstimmung mit dem Experiment. Galilei gründet seine Aussagen auf Experimente, besonders einfache, aber auch besonders typische Situationen (die es vor allem gestatten, vom Menschen immer mehr abzusehen). So können wir die neue Wissenschaft (die Naturwissenschaft) als »experimentelle Wissenschaft« bezeichnen, während die Aristotelische Physik im eigentlichen Sinn des Wortes »Erfahrungswissenschaft« war.

Ein anderes Beispiel möge dies noch deutlicher veranschaulichen. Nach der Aristotelischen Physik fallen schwere Körper schneller zu Boden als leichte, und »feuerförmige« steigen sogar auf, wie man beim Fliegen von Heißluftballons leicht nachweisen konnte. Dies entspricht durchaus der Alltagserfahrung. Jeder kann einen Stein und ein Blatt zur Hand nehmen, beide fallen lassen, und er wird sofort bestätigt finden, daß Aristoteles recht hatte. Aber diese Beschreibung unserer Erfahrung ist nicht quantifizierbar, sie ist zu unexakt, um in ein Modell der ganzen Welt aufgenommen werden zu können. Darum sagt Galilei: »Alle Körper fallen gleich schnell«, und verzichtet damit bewußt auf die Erfahrung. Er gibt aber auch einen Grund dafür an, warum die Alltagserfahrung zu kompliziert ist: der Luftwiderstand. Ein System, in dem ein Blatt unter dem Einfluß der Schwerkraft *und* des Luftwiderstandes fällt, ist zu kompliziert. Galilei fordert daher, seinen Lehrsatz (seine »Theorie«) durch Experimente im Vakuum zu überprüfen oder aber nur solche Körper zuzulassen, bei denen der Luftwiderstand nur kleine Störungen verursacht und daher vernachlässigt werden kann: kugelähnliche Körper mit hohem spezifischem Gewicht.

Wir sehen also, daß wir nicht nur vom Menschen mit seinen Problemen absehen müssen; wir müssen sogar von der natürlichen Umwelt absehen und künstliche Situationen schaffen, die einfach genug sind, um als Experimente zugelassen zu werden. Gleichzeitig wird damit aber etwas in Gang gesetzt, was wir heute die »naturwissenschaftlich-technologische Spirale« nennen können: Das Modell der Welt ist stark vereinfacht; im konkreten Beispiel wird der Fall ohne Luftwiderstand theoretisch beschrieben. Dieser Fall kommt zunächst in der wirklichen Welt nicht vor. Um aber die Theorie mit Hilfe eines Experimentes zu überprüfen, muß dieses System künstlich erzeugt werden. Also ist es die Aufforderung der Theorie, Maschinen zu bauen, die die Wirklichkeit so verändern können, daß sie dem Modell besser entspricht, im konkreten Fall Vakuumpumpen. Können wir im Laboratorium Vakua beliebig herstellen, so können wir damit nicht nur die ursprüngliche Theorie überprüfen, sondern auch das Modell verbessern, weil wir jetzt ganz neue Möglichkeiten, sozusagen eine veränderte Wirklichkeit haben, die zu neuen Einsichten, zu neuen Theorien führt. Diese aber müssen ihrerseits überprüft werden und fordern daher eine Verbesserung der technologischen Möglichkeiten (und damit eine weitere Veränderung der Welt) und so weiter. Diese Spirale, die auch oft als »wissenschaftlich-technischer Fortschritt« bezeichnet wird, wird uns noch genauer und ausführlicher beschäftigen müssen.

Ist das Ziel somit klar gesteckt: ein möglichst einfaches Modell der Welt zu konstruieren, das mit Hilfe von Experimenten überprüfbar ist, so hat Galilei auch die Methode parolenartig gekennzeichnet: »Alles, was meßbar ist, messen, und was nicht meßbar ist, meßbar machen.«

Wir erinnern uns der Worte des Prometheus: »Ließ messen der Gestirne Lauf.« Messen war also schon von Anfang an die Methode, Ordnung in das Chaos zu tragen. Aber Galilei erhebt nun den Anspruch, *alles*, was meßbar ist, zu messen. Wenn wir heute Raumsonden zu den Nachbarplaneten senden, so folgen wir damit im Grunde noch immer derselben Aufforderung des Galileo Galilei, die am Anfang der Naturwissenschaft steht. Wir »sammeln Daten« über diese Gestirne, das heißt, wir wollen eben wirklich alles messen, was meßbar ist.

Was aber heißt der zweite Satz? »Was nicht meßbar ist, meßbar machen!« Erinnern wir uns der Ausführungen Brahms' über die Inspiration, ihre Einmaligkeit und Unvergleichbarkeit. Wer könnte wohl versuchen, die Größe der Beethovenschen Werke an den Brahmsschen zu *messen*? Wie sollte man einen Maßstab finden, an dem die Inspiration in Zahlen abzulesen wäre? Und dennoch: Wenn wir die Intelligenz von Menschen mit Hilfe von Tests in einem »IQ« (Intelligenzquotient) festhalten, so folgen wir damit der zweiten Aufforderung des Galilei: Was nicht meßbar ist, meßbar machen. Der Wert, die Liebe, die Hingabe eines Menschen sind nicht meßbar. Aber wir sind imstande, wenigstens einen Teil der menschlichen Fähigkeiten meßbar zu machen, zum Beispiel die Intelligenz. Damit aber tritt sofort wieder eine ähnliche Spaltung ein, wie wir sie am Begriff »Himmel« schon beobachtet haben; der meßbar gemachte Teil des Menschen, die Intelligenz, wird unterschieden von dem nicht meßbar zu machenden; die Einheit des Individuums geht verloren, und die Intelligenz − weil nun meßbar − wird gegenüber den »bloß gefühlsmäßigen« Eigenschaften überbewertet, erhält einen stärkeren Realitätsgrad.

Joseph Weizenbaum, Professor der Computer-Wissenschaften am Massachusetts Institute of Technology, beschreibt die Folgen dramatisch: »Es gibt wenige ›wissenschaftliche‹ Theorien, die das Denken von Wissenschaftlern und Laien stärker in Verwirrung gestürzt haben als die des ›Intelligenzquotienten‹ oder des ›IQ‹. Die Vorstellung, Intelligenz könnte entlang einer simplen Linearskala quantitativ erfaßt werden, hat unserer Gesellschaft vor allem auf dem Gebiet des Erziehungswesens unsäglichen Schmerz zugefügt. Sie hat beispielsweise die riesige Bewegung für Begabungstests in den Vereinigten Staaten hervorgebracht, die den Verlauf der akademischen Karriere von Millionen Studenten und damit auch den Qualifikationsgrad stärkstens beeinflußt, den diese möglicherweise erreichen.«

Wenn wir all dies bedenken, beginnen wir zu verstehen, warum Galilei in heftigen Streit mit der Kirche geriet. Über diesen Streit ist viel Flaches, ja Falsches berichtet worden, und beide Seiten wurden stark verzerrt. Ich glaube, auch heute werden wenige Wissenschaftler bereit sein, meine obige Unterscheidung zwischen Erfahrungswissenschaft und experimenteller Wissenschaft ohne Einschränkung hinzunehmen. Darum möchte ich noch auf einige derjenigen verweisen, die ganz ähnlicher Meinung sind. So sagt Carl Friedrich von Weizsäcker: »Galilei tat seinen großen Schritt, indem er wagte, die Welt so zu beschreiben, wie wir sie nicht erfahren. Er stellte Gesetze auf, die in der Form, in der er sie aussprach, niemals in der wirklichen Erfahrung gelten und die darum niemals durch irgendeine einzelne Beobachtung bestätigt werden können, die aber dafür mathematisch einfach sind. So öffnete er den Weg für eine mathematische Analyse, die die Komplexität der wirklichen Erscheinungen in einzelne Elemente zerlegt. Das wissenschaftliche Experiment unterscheidet sich von der Alltagserfahrung dadurch, daß es von einer mathematischen Theorie geleitet ist, die eine Frage stellt und fähig ist, die Antwort zu deuten. So verwandelt es die gegebene ›Natur‹ in eine manipulierbare ›Realität‹. Aristoteles wollte die Natur bewahren, die Erscheinungen retten, sein Fehler ist, daß er dem gesunden Menschenverstand zu oft recht gibt. Galilei zerlegt die Natur, lehrt uns, neue Erscheinungen willentlich hervorzubringen und den gesunden Menschenverstand durch Mathematik zu widerlegen.«

Und Aldous Huxley sagt, vielleicht noch deutlicher auf die Konsequenzen hinweisend: ». . .als Darstellung der Wirklichkeit ist die naturwissenschaftliche Abbildung der Welt nicht ausreichend, einfach aus dem Grund, weil die Naturwissenschaft nicht einmal den Anspruch erhebt, sich mit Erfahrung schlechthin zu befassen, sondern nur mit bestimmten Ausschnitten und nur in bestimmten Zusammenhängen. Die eher philosophisch orientierten Naturwissenschaftler sind sich dessen wohl bewußt. Aber unglücklicherweise hatten einige Naturwissenschaftler, viele Techniker und vor allem die Konsumenten der vielen kleinen technischen Errungenschaften weder Zeit noch Interesse, den philosophischen Ursprüngen und Hintergründen der Naturwissenschaften nachzugehen. Infolgedessen akzeptierten sie in der Regel das in den naturwissenschaftlichen Theorien implizierte Bild der Welt als vollständige und erschöpfende Darstellung der Wirklichkeit; sie tendieren dazu, diejenigen Aspekte der Erfahrung, die die Naturwissenschaftler wegen mangelnder Kompetenz nicht berücksichtigen, so anzusehen, als seien diese irgendwie weniger real als jene Aspekte, die die Naturwissenschaft willkürlich durch Abstraktion aus der unendlich reichen Gesamtheit bestehender Tatsachen ausgesondert hat.«

Und aus eben diesen Gründen wird auch der »Prozeß Galilei« oft zu vereinfacht dargestellt; es heißt dann nur, die Kirche hätte sich gegen den Fortschritt, gegen die wahren Erkenntnisse der Naturwissenschaft gestellt und sie zu verhindern gesucht. Wie ist es nun wirklich zu jenem unseligen Prozeß gekommen, der die Spaltung des »Himmels vom Himmel«, der »diesseitigen und jenseitigen« Belange des Menschen, der Kirche von der Naturwissenschaft zementierte? Hören wir zunächst, wie zwei Physiker, die sich eingehend mit Galileis Leben befaßt haben, den Menschen Galilei charakterisieren: Carl Friedrich von Weizsäcker sagt über ihn: »Er war ein Mensch der Spätrenaissance, der das Leben genoß und genießen wollte, der die Wissenschaft und den wissenschaftlichen Ruhm genoß und genießen wollte und der ein guter und treuer Katholik war, der niemals einen Konflikt mit seiner Kirche gesucht hat.« Und J. M. Jauch beschreibt ihn mit den Worten: »Er war nicht nur ein Wissenschaftler, der eine Anzahl Entdeckungen von größter Bedeutung gemacht hat, sondern er war auch ein Polemiker, der das gesprochene und geschriebene Wort mit höchster Meisterschaft in den Dienst seiner Ideen stellte. Seine Ideen waren nicht immer richtig, und seine Taktik war nicht immer fair, und seine Feinde waren nicht nur enttäuschte Aristoteliker und blind Gläubige. Unter der beachtlichen Ansammlung seiner Gegner waren einige, die ernstlich besorgt waren über die Konsequenzen seiner nagelneuen und seltsam populären Ideen.«

Der erste Zusammenstoß erfolgte 1616, nachdem Galilei von Pater Caccini öffentlich angegriffen worden war. Galilei wurde beim Heiligen Stuhl denunziert und reiste freiwillig nach Rom, um sich reinzuwaschen. Er traf am 26. Februar mit Kardinal Bellarmin zusammen, der Galilei freundlich gesinnt war. Im Protokoll des heiligen Offiziums heißt es darüber: »Vom Kardinal Bellarmin wurde zuerst berichtet, daß der Mathematiker Galileo Galilei ermahnt worden sei, die bis dahin von ihm festgehaltene Meinung, die Sonne sei das Zentrum der Himmelskugel und unbeweglich, aufzugeben, und er auf Widerspruch verzichtet habe.«

Dies sieht oberflächlich betrachtet wie eine Kapitulation Galileis aus. Tatsächlich ging es jedoch um die Frage, ob die Bewegung der Erde *bewiesen* werden könne. Galilei vermutete fälschlich, in den Gezeiten einen solchen Beweis gefunden zu haben. Wir wissen heute, daß es einen solchen Beweis nicht geben kann und daß die Annahme der ruhenden Sonne und der bewegten Erde lediglich durch die dadurch einfachere Beschreibung des Sonnensystems gerechtfertigt werden kann. Dieser Standpunkt wurde aber seitens der Kirche durchaus akzeptiert. Wir sehen dies am Beispiel des Buches von Kopernikus, das im Zuge der Ereignisse um Galilei im Jahre 1616 vorläufig verboten wurde und etwa zwei Jahre später mit einigen Korrekturen neu erschien. Über diese Korrekturen sagt

Jauch: »Sie konnten kaum gefunden werden. Dem Buch war erlaubt worden, in seiner Gesamtheit so zu verbleiben mit Ausnahme etwa eines halben Dutzends Passagen, wo die bestimmte Sprache des Kopernikus durch eine hypothetische Sprache ersetzt worden war.« Wir können also sogar behaupten, daß die Kirche Galilei vor einer großen Blamage bewahrt hat, als sie ihm nicht gestattete, seinen (falschen) Beweis über die Bewegung der Erde zu veröffentlichen.

Im Jahre 1624 wurde Kardinal Barberini Papst Urban der Achte. Er kannte Galilei seit langem und hatte großes Interesse an wissenschaftlichen Gesprächen. Jauch schreibt sogar: »Er stimmte im Grunde mit dem Kopernikanischen Bild überein, aber er war vorsichtig und wollte nicht zu schnell handeln.« So konnte Galilei dem Papst eine Streitschrift (Il Saggiatore) widmen, die sich der Papst mit großem Vergnügen bei Tische vorlesen ließ; sie richtete sich in polemischen Worten gegen den Jesuiten Pater Grassi, der Galilei erneut angegriffen hatte. Vielleicht waren es diese Erfolge, die Galilei ermutigten, nun sein Hauptwerk in Angriff zu nehmen, den Dialog über die beiden Großen Weltsysteme. (Galilei beabsichtigte noch, dieses Werk »Dialog über die Ursachen der Gezeiten« zu nennen!) Um einen möglichst breiten Leserkreis anzusprechen, schrieb Galilei dieses Werk entgegen den Gepflogenheiten nicht in der damaligen Wissenschaftssprache Latein, sondern auf italienisch. (Das mag dazu beigetragen haben, daß konservative Mitglieder der römischen Kurie von Anfang an skeptisch und ängstlich auf dieses Werk reagierten.)

Galilei wählte die Form des Dialoges zwischen dem Aristoteliker Simplicius, seinem Gegner Salviati und einem interessierten Laien Sagredo. Nach sechs Jahren war das Werk vollendet, und Galilei brachte es nach Rom zur Zensur. Nach der erwähnten Änderung des Titels und kleineren Korrekturen erhielt es das Imprimatur des römischen und florentinischen Inquisitors und wurde folglich mit vollem Einverständnis der Kirche 1632 publiziert.

Schon im Jahr darauf kam es zu dem spektakulären »Prozeß Galilei«. Dieser schnelle Umschwung in der Meinung des Papstes ist wahrscheinlich darauf zurückzuführen, daß die Feinde Galileis den Papst davon überzeugen konnten, Galilei habe ihn selbst in der Person des Simplicius verulkt. Trotz des unversöhnlichen päpstlichen Zornes konnte eine Spezialkommission keine wesentlichen Einwände gegen das Werk erheben. Das Inquisitionsverfahren gegen Galilei wurde daher aufgrund eines (umstrittenen) alten Dokumentes eröffnet; danach sei Galilei schon 1616 der Befehl erteilt worden, »oben besagte Meinung, daß die Sonne das Zentrum der Welt sei, die Erde dagegen sich bewege, ganz und gar aufzugeben und sie fernerhin in keiner Weise festzuhalten, noch zu lehren oder zu verteidigen«. Natürlich widerspräche ein solches Dokument dem Imprimatur der Inquisition, und man kann daher annehmen, daß dieses Dokument eigens zum Zwecke der Verurteilung Galileis nachträglich angefertigt worden war.

Galilei — fast siebzigjährig — wurde verurteilt und mußte der Kopernikanischen Lehre abschwören; allerdings wurde das Urteil nur von sieben der zehn Kardinäle des Gerichtes unterzeichnet. Galilei verbrachte seine »Kerkerstrafe« zunächst in der Villa des Großherzogs von Toskana, durfte aber bald in seine Villa zu Arcetri bei Florenz zurückkehren.

Wir sehen also, daß hier nicht einfach eine neue Meinung unterdrückt werden sollte, daß es vielmehr um sehr subtile Fragen ging, bei denen Recht und Unrecht nicht so einfach verteilt werden können. Auch die menschliche Komponente war entscheidend, und schließlich kamen die eigentlichen Angriffe gegen die neue Wissenschaft nicht von den oberen Rängen der kirchlichen Hierarchie, sondern sozusagen vom »Fußvolk«, von Klein-Gläubigen, die sich durch die umwälzenden neuen Gedanken in ihrer Sicherheit bedroht fühlten.

Trotzdem hat dieser Prozeß die historische Bedeutung, die ihm auch in entstellenden Schilderungen beigemessen wird. Er ist das Mahnmal für eine Wegscheide, an der sich die neue Wissenschaft von der Kirche trennte; nicht wer recht, wer unrecht hatte, ist heute wichtig, sondern daß weder die Kirche es verstand, neue, wahrhaft wegweisende Gedanken mit ihrer eigenen Überlieferung zu vereinen, noch die neue Wissenschaft stark genug war, ihren Weg zu finden, ohne sich von den religiösen Fragen der Menschen radikal abzuwenden. So stehen wir heute vor einer gespaltenen Welt, in der diese Trennung immer schmerzlicher spürbar wird.

Galilei starb achtundsiebzigjährig — im Jahre 1642; ziemlich genau ein Jahr später wurde in Woolsthorpe in der Grafschaft Lincolnshire ein Kind geboren, das für die Entwicklung der Naturwissenschaft ähnliche Bedeutung erlangen sollte: Isaac Newton. Er baute auf der Galileiischen Tradition der Neuen Wissenschaft auf und führte sie weiter. Es ist heute kaum mehr faßbar, wie sehr und in wie vielen Bereichen Isaac Newton der Naturwissenschaft entscheidende Impulse gegeben hat. Sein wichtigstes Werk ist 1687 erschienen: Die Mathematischen Grundlagen der Physik *(Philosophia Naturalis Principia Mathematica)*. Dem klassischen Aufbau der griechischen Tradition folgend, stellte er den drei Büchern Definitionen und ihre Erklärungen sowie die allgemeinen Bewegungsgesetze, die drei »Newtonschen Axiome«, voran.

Das erste Newtonsche Axiom legt die kräftefreie Bewegung definitionsgemäß fest. Wir haben diese Notwendigkeit schon besprochen und den Aristotelischen Ansatz kennengelernt; Newton unterscheidet sich von Aristoteles nur in einem einzigen Wort: Statt »unbegrenzt« sagt er »geradlinig − gleichförmig«. Das Axiom lautet also: »Jeder Körper verharrt so lange im Zustand der Ruhe oder der geradlinig-gleichförmigen Bewegung, solange keine äußere Kraft auf ihn wirkt.«

Wieder ist dies ein entscheidender Schritt weg von der unmittelbaren Erfahrung: Kein Mensch hatte zu jener Zeit eine geradlinig-gleichförmige Bewegung je beobachtet, weil Reibungskräfte, Luftwiderstand und Schwerkraft jeden Körper nach einiger Zeit zum Stillstand bringen. (Heute, wo wir die Welt so verändert haben, daß »Experimente« nicht mehr auf Laboratorien beschränkt bleiben, können Raumfahrer in ihren Kapseln solche Bewegungen tatsächlich sehen, und wir alle können es − via Fernsehen − mitverfolgen!) Aber dieser Ansatz (der übrigens schon auf Galilei zurückgeht) gestattete nun ein wesentliches, neues Element in die Naturwissenschaft einzubringen: die *Vereinheitlichung*. Newton beschrieb die Kräfte, die die Himmelskörper in ihren Bahnen halten, und die Schwerkraft, die die Gegenstände unserer unmittelbaren Umgebung zu Boden fallen läßt, mit demselben Gesetz. Damit waren die Himmelsgötter endgültig entthront. Nicht nur unseren Standard, unsere Maßeinheit haben wir ihnen aufgezwungen, nein, dieselben Gesetze sind es, die Erde und Himmel regieren. Eine neue Forderung war damit an das Modell der Welt gestellt, das die Naturwissenschaft konstruiert: Es soll einfach und mit Hilfe von Experimenten intersubjektiv überprüfbar sein und *verschiedene Erscheinungen in einer einheitlichen Beschreibung zusammenfassen.*

Die Tragweite dieses Schrittes beschrieb Abdus Salam in einem Vortrag für Studenten der Universität Stockholm am 23. September 1975. Salam ist aus Pakistan gebürtig, Nobelpreisträger und Direktor des Internationalen Zentrums für Theoretische Physik in Triest, das sich vorwiegend den Problemen der Entwicklungsländer widmet. Er sagte damals: »Es ist gut, sich zu erinnern, daß vor drei Jahrhunderten, um das Jahr 1660, zwei der größten Monumente in der modernen Geschichte errichtet wurden, eines im Westen und eines im Osten; die St.-Pauls-Kathedrale in London und Taj Mahal in Agra. Die beiden symbolisieren vielleicht besser, als Worte es beschreiben können, das vergleichbare Niveau der Handwerkskunst und das vergleichbare Niveau von Überfluß und Verfeinerung, das die beiden Kulturen in dieser Epoche der Geschichte erreicht hatten. Aber etwa zur gleichen Zeit wurde – und diesmal nur im Westen – ein drittes Monument geschaffen, ein Monument, das in seiner letztlichen Bedeutung für die Menschheit noch größer war. Es waren Newtons *Principia*, veröffentlicht im Jahre 1687. Newtons Leistung hatte kein Gegenstück im Indien der Mogulen.« Salam deutete darauf hin, wie kurz diese Ungleichheit erst besteht, die »heute Untermenschen aus uns macht«. Tatsächlich zeigt die Beherrschung der Natur, wie sie heute im Westen und in allen Ländern, die sich der naturwissenschaftlich-technologischen Fortschrittsspirale verschrieben haben, Wirklichkeit geworden ist, wie praktisch sich der Ansatz der neuen Wissenschaft erweisen sollte.

Ganz klar hat ein anderer Großer der Neuen Wissenschaft – Descartes – diesen Ansatz formuliert: Die Methode der Naturwissenschaft ist die »Austreibung der Geister aus der Natur«. Wenn die Götter des Himmels durch die messende Astronomie vertrieben werden, wenn die »Kräfte« der Welt auf Abweichungen von der geradlinig-gleichförmigen Bewegung reduziert werden, so ist dabei jedesmal ein Stück »Ernüchterung« der Welt mit einhergegangen, es wurden alte »Geister« ausgetrieben. Wir haben das ausführlich besprochen. Im Modell der Wirklichkeit, das die Naturwissenschaft von der Welt konstruiert, haben »Geister« keinen Platz, und je genauer dieses Modell mit der Wirklichkeit übereinstimmt, das heißt, je mehr Experimente es erklären kann, um so mehr »Geister« sind damit aus der Natur ausgetrieben.

Was sind diese »Geister« eigentlich?

Sehen wir uns dazu einfach an, wie wir heute die Forderung an das naturwissenschaftliche Modell der Wirklichkeit formulieren: Es muß in sich widerspruchsfrei sein und darf nicht im Widerspruch mit den Experimenten stehen. Wenn wiederholte Messungen ein und desselben Phänomens verschiedene Ergebnisse zeitigen, wenn die Ergebnisse also einander widersprechen, können sie nicht in das

Modell aufgenommen werden. (Daher kommt natürlich auch die Forderung nach Intersubjektivität.) Nur was widerspruchsfrei gemacht werden kann, wird zum Baustein des Modells. »Austreibung der Geister aus der Natur« können wir also auch ausdrücken durch »Elimination der Widersprüche aus dem Modell der Wirklichkeit«.

Dies ist der zentrale Ansatz der Naturwissenschaft, und er wird uns bis zum Schluß des Buches beschäftigen.

Wir können nun auch Galileis Forderung »was nicht meßbar ist, meßbar machen« so deuten, daß wir sagen: Widersprüche müssen eliminiert werden. Erst dann ist etwas meßbar geworden, wenn alle Widersprüche eliminiert sind. »Widerspruch« ist hier ganz allgemein verstanden. Auch das Element der Vereinheitlichung, das Vereinen verschiedenster Phänomene unter einheitlichem Gesichtspunkt, ist eine solche Elimination des Widerspruches. Wenn Newton die Kräfte des Sonnensystems und die Schwerkraft, die auf den fallenden Apfel wirkt, als verschiedene Aspekte desselben Prinzips ansieht, so hat er auch dadurch einen Widerspruch eliminiert und ihn zu einem Unterschied gemacht. Die Kräfte sind zwar noch unterschieden, zumindest größenmäßig ist dieser Unterschied klar (aber es besteht kein Widerspruch mehr zwischen den Tatsachen, daß der Apfel zu Boden fällt, der Mond aber nicht).

Aufgrund dieser gewonnenen Widerspruchsfreiheit sind wir mächtig geworden. Wir brauchen keine Angst vor Göttern und Geistern mehr zu haben, wir können sie eliminieren. Und mittels des widerspruchsfreien Modells können wir die Welt verstehen, ja wir können exakte Vorhersagen machen über das, was geschehen wird. Die Gesetze des Modells lassen sich, weil es keine Widersprüche mehr enthält, mathematisch formulieren und erlauben genaue Voraussagen über das Ergebnis von Experimenten. (Und wenn wir die Wirklichkeit so umgestalten, daß sie sich mehr und mehr der vereinfachten Situation eines Experimentes anpaßt, dann können wir sie immer besser manipulieren.)

Descartes hat das Wesentliche der Methode der Neuen Wissenschaft in vier Regeln zusammengefaßt: Erstens, »nichts für wahr anzunehmen und in meine Urteile einzubeziehen, was nicht zuvor mein Verstand als solches deutlich erkannt hätte und mich hierbei vor jeder Übereilung und vorgefaßten Meinung zu hüten«.

Zweitens, »jedes Problem in so viele Teile zu zerlegen, daß die Lösung dadurch möglichst erleichtert werde«.

Drittens, »immer bei dem Einfachsten, was leicht einzusehen war, anzufangen und stufenweise zur Erkenntnis des Zusammengesetzteren aufzusteigen, ja auch bei dem, was keine natürliche Aufeinanderfolge bot, eine gewisse Ordnung festzusetzen«.

Und viertens, »überall so vollständige Aufzählungen zu machen und allgemeine Übersichten anzustellen, daß ich nichts zu übergehen gewiß war«.

Wir erkennen leicht unsere schon herausgearbeiteten Prinzipien der Neuen Wissenschaft wieder. Joachim Fleckenstein hat dies so zusammengefaßt: »Indem Descartes Begriffe einander zuordnet, die einander wesensfremd sind, vollzieht er den Schritt, der ihn aus dem antiken Denken heraus sogleich auf das andere Ufer des neuzeitlichen Denkens der exakten Wissenschaften führt. Nicht mehr soll fortan sich das Denken bemühen . . ., die wahren Wesenheiten der Dinge abzubilden, sondern es soll sich auf die Herstellung eines zweckmäßigen Modells der Wirklichkeit beschränken, das sich selber wieder auf Zahlen abbilden läßt, so daß mit ihnen wie mit einer Rechenmaschine gerechnet werden kann, derart, daß den Rechenresultaten . . . von Fall zu Fall Ausschnitte aus der Naturwirklichkeit entsprechen.«

Die Methode ist also ganz auf Zweckmäßigkeit, Nützlichkeit ausgerichtet und hat damit ja auch glänzenden Erfolg. Die Voraussagen der Naturwissenschaft für experimentelle Ergebnisse stimmen, die Produkte der Technologie funktionieren. Immer weitere Bereiche der Wirklichkeit werden widerspruchsfrei im Modell erfaßt, immer mehr wird die Natur umgestaltet und − im Sinne des Experiments − vereinfacht.

Was aber geschieht mit dem Teil der Wirklichkeit, der nicht meßbar gemacht werden kann, was geschieht, wenn sich Widersprüche nicht eliminieren lassen? Was geschieht überhaupt, wenn wir die Wirklichkeit in einen »meßbaren« und einen »nicht meßbaren« Teil zerlegen? Die »Kraft«, von der Brahms spricht, ist nicht meßbar; die Inspiration, die zu seinen Werken führt, ist nicht widerspruchsfrei, denn sie kommt »von der Allmacht«, »von oben«, »von Gott«, aber doch nicht von irgendeinem bestimmten Ort oder einem bestimmbaren Wesen. Und dies ist der wahre Grund, warum sich die Neue Wissenschaft vom Menschen abwenden mußte, denn der Mensch ist nie frei von Widersprüchen; mit den Widersprüchen muß daher auch der Mensch eliminiert werden!

»Ich bin kein ausgeklügelt Buch, ich bin ein Mensch mit seinem Widerspruch!« sagt Angelus Silesius, und am schärfsten hat es wohl Georg Wilhelm Friedrich Hegel formuliert, wenn er sagt: »Etwas ist also lebendig, nur insofern es den Widerspruch in sich enthält«, und von der Kraft des Lebendigen sagt er: »Diese Kraft ist, den Widerspruch in sich zu fassen und auszuhalten.« Welch ein Gegensatz zum Modell der Naturwissenschaft, das die Widerspruchsfreiheit zum obersten Prinzip erhoben hat! Nach der Hegelschen Formulierung ist dieses Modell tot, es hat alles Widersprüchliche und daher alles Lebendige eliminiert.

Hören wir noch einmal Hegel: »Wenn aber ein Existierendes . . . den Widerspruch nicht in ihm selbst zu haben vermag, so ist es nicht die lebendige Einheit selbst.« Die lebendige Einheit ist also verlorengegangen, ihr Verlust ist der Preis für die Möglichkeit, die Welt tätig umzugestalten, sie nach unseren Vorstellungen und Wünschen einzurichten. Dies war die Wegscheide, markiert durch den Prozeß Galilei: Die Straße der Naturwissenschaft ist widerspruchsfrei, sie ermöglicht ein immer schnelleres Fortkommen, alles funktioniert, ist erklärbar, beruhigend sicher; aber sie entfernt sich immer mehr von der anderen Straße, der Straße des Widerspruchs, auf der das Leben zu finden ist, auf der die Menschen »sich dem Himmel zu bewegen«.

Verfolgen wir noch ein wenig genauer die Straße, die die Naturwissenschaft gewählt hat. Das Messen steht an ihrem Anfang, und Messen heißt vergleichen mit einem Standard, mit der sogenannten Maß-Einheit. Ursprünglich waren die Einheiten aus dem unmittelbar menschlichen Bereich entnommen, ja die Längeneinheiten waren direkt vom menschlichen Körper abgeleitet. So gab es »Fuß«, »Elle«, »Faust« und dergleichen. Natürlich waren sie in allen politischen Bezirken verschieden. Die Französische Revolution, die nach einer neuen Gleichheit der Menschen suchte, vollzog den notwendigen Schritt weg vom »Mensch als Maß aller Dinge« und schuf im Pariser Urmeter einen neuen, wahrhaft intersubjektiven Standard.

Der Wissenschaftshistoriker Armin Hermann schreibt dazu: »Die Forderung der Französischen Revolution ›Freiheit, Gleichheit, Brüderlichkeit‹ enthielt im Begriff ›Gleichheit‹ nicht nur die Gleichheit aller Menschen im Staat und vor Gericht, sondern auch eine Gleichheit der Maße. Wie seit alters her mit Tag und Stunde bei den Zeitmaßen, so leitete man nun auch die Längenmaße von der Erde ab und definierte den neueingeführten Meter als den zehnmillionsten Teil des Erdquadranten.« (Das ist der Abstand des Poles vom Äquator.)

Diese neue Festlegung eines vom Menschen unabhängigen Standards wurde immerhin als so wichtig betrachtet, daß der französische Nationalkonvent 1799 beschloß, zur Erinnerung an die Begründung des neuen Maßsystems eine Medaille zu schaffen. Sie trug die Inschrift: Für alle Zeiten, für alle Völker. *(A tous les temps, à tous les peuples.)* Wir sehen auch an diesem Beispiel, wie die Abwendung vom Individuum es erst ermöglicht, alle Menschen einander anzugleichen, wenn auch nur durch ein einheitliches Maßsystem.

Aber dieser Schritt war noch nicht genug. Noch immer stand die »Mutter Erde« zu sehr im Mittelpunkt. Und so erhob der Begründer der Theorie des Elektomagnetismus, James Clerk Maxwell, 1870 die Forderung nach einem noch weitergehenden Abrücken von der menschlichen Sphäre in die Welt der Atome. Er schrieb: »Wenn wir also Längen-, Zeit- und Maßstandards erhalten wollen, die absolut unveränderlich sind, so dürfen wir sie nicht in den Abmessungen, oder der Bewegung, oder der Masse unseres Planeten suchen, sondern in der Wellenlänge, der Schwingungsdauer und der absoluten Masse der unvergänglichen, unveränderlichen und völlig gleichartigen Moleküle.«

Wir haben dies heute längst erreicht. Das Pariser Urmeter ist als Standard ersetzt durch die Wellenlänge einer bestimmten Spektrallinie, und auch die übrigen Einheiten können aus dem atomaren Bereich entnommen werden. Aber diese Erfolge haben uns auf der Straße der Naturwissenschaft so schnell vorwärtskommen lassen, daß wir die Wegscheide, ja die andere Straße vergessen haben. Das Modell, das die Naturwissenschaft konstruiert, erscheint uns ernster, wichtiger und realer als die erlebte Wirklichkeit. Widersprüche werden nicht mehr bloß eliminiert, sie werden zu Irrtümern, deren Auftreten einer Panne gleichkommt. So müssen wir die Beschreibung der Methode der Neuen Wissenschaft durch Galilei heute ergänzen, indem wir sagen: »Alles, was meßbar ist, messen, was nicht meßbar ist, meßbar machen, und *was nicht meßbar gemacht werden kann, ableugnen.«* Und die »Austreibung der Geister aus der Natur« ist zu einer »Austreibung *des Geistes* aus der Welt« geworden.

Wer glaubt, daß ich nun allzusehr übertreibe, den möchte ich an das Zitat von Aldous Huxley auf Seite 24 erinnern und ihn bitten, es nochmals zu lesen! Und Professor John McCarthy, der Leiter des *Artificial Intelligence Laboratory* (Laboratorium für künstliche Intelligenz) an der Stanford-Universität, sagte in einer BBC-Sendung am 30. August 1973:»Der einzige Grund dafür, daß es uns bisher nicht gelungen ist, jeden Aspekt der realen Welt zu simulieren, ist der, daß wir noch nicht über ein genügend leistungsfähiges Rechnungsprogramm verfügen. Ich arbeite zur Zeit an diesem Problem.«

Joseph Weizenbaum meint dazu kritisch:»Eine Theorie nimmt für sich in Anspruch, die begrifflichen Tiefenstrukturen zu beschreiben, die jedem menschlichen Sprachverstehen zugrunde liegen. Aber die einzigen Tiefenstrukturen, die sie als legitim akzeptiert, sind solche, die sich in Form von Datenstrukturen darstellen lassen, die von einem Computer verarbeitet werden können. Sodann wird schlicht verkündet, dies sei die Gesamtheit aller begrifflichen Tiefenstrukturen, die dem gesamten menschlichen Denken zugrunde lägen ... Eine Theorie ist natürlich selbst ein begrifflicher Rahmen. Und so befindet sie darüber, was als Faktum zu gelten hat und was nicht.«

Mit der »Austreibung des Geistes aus der Welt« sind natürlich auch alle religiösen Probleme eliminiert. Carl Friedrich von Weizsäcker sagt dazu:»Die soziale Gruppe der Wissenschaftler besitzt in der Tat weder in der Summe ihrer anerkannten Erkenntnisse noch im Verhaltenssystem ihrer anerkannten Methode Aussagen über Gott oder ein Verhalten zu Gott ... In der heutigen wissenschaftlich-technischen Welt ist Religion für den Träger des von dieser Welt als allgemeinverbindlich anerkannten Bewußtseins eine Privatsache.«

Nicht nur Religion, auch Philosophie wird damit zumindest verstümmelt, weil widersprüchliche Probleme gar nicht mehr als Probleme anerkannt werden. Dazu sagt Weizsäcker:»Das Verhältnis der Philosophie zur sogenannten positiven Wissenschaft läßt sich auf die Formel bringen: Philosophie stellt diejenigen Fragen, die nicht gestellt zu haben die Erfolgsbedingungen des wissenschaftlichen Verfahrens war. Damit ist also behauptet, daß die Wissenschaft ihren Erfolg unter anderem dem Verzicht auf das Stellen gewisser Fragen verdankt.«

Dieser »Verzicht auf das Stellen gewisser Fragen«, der schließlich bis zum Ableugnen alles dessen führt, was nicht widerspruchsfrei erklärt werden kann, ist der Preis, der für den technologischen Fortschritt bezahlt werden muß. Und wir dürfen neben aller Kritik nicht außer acht lassen, wie unglaublich dieser Fortschritt tatsächlich ist. Es ist fast einem Rausch vergleichbar, wie sich die Menschen zunächst der Neuen Wissenschaft verschrieben haben; versprach sie doch mit Recht jene schon beschriebene neue Gleichheit — die Intersubjektivität. Nur was im Prinzip allen möglich, für alle erreichbar und erfaßbar ist, sollte in Hinkunft zählen. Besondere Veranlagung, außergewöhnliche Fähigkeiten sollten nicht länger das Kriterium sein, mit »der Allmacht in Verbindung zu treten«. Und tatsächlich ist dieses neue Demokratieverständnis weitgehend verwirklicht worden: In jenen Ländern, die sich dem naturwissenschaftlichen Weltbild verschrieben haben, muß tatsächlich niemand mehr hungern oder frieren; Massenverkehr, Massentourismus, Massenvergnügen sind längst zu Schlagworten geworden. Aber je weiter wir auf dieser Straße ziehen, um so deutlicher wird ein neuer Unterschied, ein neues Kriterium sichtbar, das Menschen voneinander trennt: Zwar kann im Prinzip nun wirklich jeder fliegen, jeder Ferngespräche führen. In Wirklichkeit steht das aber nur dem offen, der das erforderliche Geld dazu hat. So ist das Geld — unter anderem — zu einem Faktor geworden, der eine neue Hierarchie in die menschliche Gemeinschaft bringt: Nicht mehr besondere Veranlagung, außergewöhnliche Fähigkeiten sind erforderlich, sondern genügend Geld. (Wir sprechen ja auch bezeichnenderweise von »Vermögen«.) In gewissem Sinne können wir — ironisierend — sagen, daß damit wirklich die »Fähigkeiten« der Menschen meßbar gemacht worden sind, denn Reichtum läßt sich leicht in Zahlen ausdrücken.

Karl Marx sagte dazu: »Wenn ich mich nach einer Speise sehne oder den Postwagen brauchen will, weil ich nicht stark genug bin, den Weg zu Fuß zu machen, so verschafft mir das Geld die Speise und den Postwagen, das heißt, es verwandelt meine Wünsche ... aus dem vorgestellten Sein in das wirkliche Sein. Als diese Vermittlung ist es die wahrhaft schöpferische Kraft.«

Aber das Geld ist nicht der einzige Grund für das Einschleichen neuer Hierarchien. Wir haben schon erwähnt, daß die Forderung nach Intersubjektivität in dem Augenblick problematisch wird, wo die Technik so kompliziert wird, daß nur mehr wenige Spezialisten eine bestimmte Maschine in Betrieb nehmen können. Ist die Naturwissenschaft davon ausgegangen, nur das zu betrachten, was — im Prinzip — jedem möglich ist, der sich redlich bemüht, so muß sie heute eingestehen, daß diese Forderung angesichts der Spezialisierung nicht mehr erfüllbar ist. Sowohl die Praxis, die technischen Geräte, als auch der theoretische Überbau sind heute so verästelt, so kompliziert geworden, daß ein einzelner Mensch nur mehr einen verschwindend kleinen Teil beherrschen kann. Damit nähern wir uns dem Witz, der einen Spezialisten als einen Menschen definiert, der immer mehr über immer weniger weiß, bis er zum Schluß alles über nichts weiß. (Beim Universalisten ist es — nach diesem Witz — umgekehrt!) Dies schafft aber eine neue, hierarchische Abhängigkeit: die Abhängigkeit von den Experten. Für jedes Problem, für jeden technischen Artikel gibt es Experten; alle anderen sind von ihnen abhängig, und zwar um so mehr, je weiter ihr eigenes Gebiet von dem betreffenden Problem entfernt liegt.

Damit ist natürlich gleichzeitig die Forderung nach Intersubjektivität zu einer leeren Formel geworden. »Im Prinzip« mag es noch möglich sein, ein bestimmtes Experiment von vielen Menschen durchführen zu lassen und die Ergebnisse zu vergleichen. In Wahrheit haben wir längst Situationen, in denen zwei Experimente gleicher Art zu widersprechenden Ergebnissen geführt haben und kein drittes Experiment zur Entscheidung herangezogen werden kann, weil das Gerät zu aufwendig ist; außerdem verlangt fast jedes moderne Experiment eine lange Zeit der Einarbeitung und der Spezialisierung. Es ist daher gar nicht mehr ohne weiteres möglich, eine unabhängige Gruppe von Experimentatoren zu finden. Denn kompliziertere Experimente erfordern meist größere Gruppen; Einzelpersonen sind heute nicht mehr in der Lage, solche Experimente durchzuführen. (Ich habe ein typisches Beispiel in der wissenschaftlichen Literatur ausführlich beschrieben, siehe Quellenverzeichnis.)

Diese neue Abhängigkeit von Experten verkehrt natürlich den ursprünglichen Ansatz in sein Gegenteil. Während zunächst die Berufung auf intersubjektive Gesetze wirklich befreite, die Austreibung der Geister den Menschen tatsächlich von den Ängsten vor der Natur bewahrte, schafft die zunehmende Spezialisierung eben eine neue Abhängigkeit von jenen Menschen, die die Naturgewalten beherrschen, weil sie sie verstehen. Wir können auch sagen, je größer unser Abstand zur Natur wird, um so weniger ist sie unmittelbar gefährlich, aber um so notwendiger wird der »Mittelsmann«, der sie uns erklärt, eben der Experte. So werden in zunehmendem Maße heute auch politische Entscheidungen von Experten zumindest vorbereitet, und es gibt immer weniger Verantwortung, weil die Experten ja nicht aufgrund ihres Gewissens, sondern aufgrund einer intersubjektiven Theorie entscheiden. Ich glaube, daß dieses neue Abhängigkeitsverhältnis von den Experten zu einem Gefühl der Unmündigkeit führt, daß eine neue Befreiungsbewegung eine neue Emanzipationswelle hervorbringen muß und wird.

Bevor wir uns (im nächsten Kapitel) genauer damit beschäftigen, wie das Weltbild der Naturwissenschaft zustande kommt, möchte ich noch einmal nachdrücklich auf die Zweiseitigkeit (die Ambivalenz) des naturwissenschaftlich-technologischen Fortschrittes hinweisen: Einerseits ermöglicht er uns das großartige Verständnis der Welt, die Macht über die Natur, andererseits wird mit den Widersprüchen auch der Mensch in seiner Individualität mehr und mehr eliminiert. Ja, wir können geradezu sagen, »Fortschritt« ist ein »Schritt fort« vom menschlichen Individuum. Durch die Austreibung der Geister aus der Natur werden mehr und mehr Teile der Welt zu Dingen. Zuerst wurden die Gestirne, ursprünglich lebendige Götter, zu Dingen gemacht, die sich im Weltraum bewegen. Und je mehr Bereiche durch die von Newton eingeführte »Vereinheitlichung« mechanisch erklärt werden können, um so mehr Lebendiges wird zum toten Ding. Dinge aber können wir beherrschen, wir befehlen ihnen, und sie gehorchen.

Heute können wir diesen Prozeß kaum noch nachempfinden. Für uns moderne Menschen ist es so selbstverständlich, daß wir in einer Welt der Dinge leben, daß alles erklärbar sein muß, daß wir jede Vorstellung, die mit unseren »Dingen« noch Lebendiges verknüpft, als kindisch, unreif oder primitiv empfinden.

Der afrikanische Schriftsteller Chinua Achebe beschreibt den Einbruch unseres Weltbildes in die Kultur des nigerianischen Ibo-Volkes in einem Buch, das bezeichnenderweise den Titel trägt *Things fall apart* — die Dinge fallen auseinander. Er beschreibt darin ein »Ogbanje« als ein Kind, das mehrmals stirbt und zu seiner Mutter zurückkehrt, um von ihr immer wieder geboren zu werden. Es ist fast unmöglich, ein Ogbanje-Kind aufzuziehen, ohne daß es wieder stirbt, wenn nicht sein »Iyi-uwa« gefunden und zerstört wird. »Iyi-uwa« ist ein bestimmter Stein, der das Bindeglied zwischen einem Ogbanje und der Geisterwelt bildet.

»Eziuma's Iyi-uwa hatte echt genug ausgesehen. Es war ein glatter Kieselstein, in einen schmutzigen Fetzen eingeschlagen. Der

Mann, der ihn ausgegraben hatte, war derselbe Okagbue, der im ganzen Stamm berühmt war für seine Kenntnisse in diesen Dingen. Eziuma hatte zunächst nicht mithelfen wollen. Aber das war zu erwarten. Kein Ogbanje würde sein Geheimnis so schnell verraten, und die meisten von ihnen taten es nie, weil sie zu jung starben – noch ehe sie befragt werden konnten.«

Können wir eine solche »Theorie« für die Kindersterblichkeit überhaupt noch ernst nehmen? Ist es für uns nicht vielmehr der getrübte Blick des »Primitiven«, der die wahren Zusammenhänge nicht sieht?

Und doch! Eingebettet in dieser Kultur, die ihren Mitgliedern Sicherheit, Wärme, Geborgenheit verleiht, ist der geschilderte Zusammenhang der einzig Wahre! Es wäre vermessen zu sagen, daß diese Menschen die Wahrheit nur noch nicht haben (weil wir sie ihnen noch nicht erklärt haben?); für sie gibt es keine Alternative, solange sie noch ungestört in ihrer Tradition leben. Darum habe ich gesagt, wir haben die Gestirne zu »Dingen gemacht« und nicht, wir haben erkannt, daß sie »Dinge sind« (und schon immer waren).

Daß wir die Welt mittels unserer Technologie verändern, sehen wir täglich. Daß wir die Welt aber schon dadurch verändern, daß wir unsere Theorien ändern, dafür ist uns das Gefühl abhanden gekommen. Aber auch das ist eine Folge der naturwissenschaftlichen Methode. Bisher habe ich beschrieben, wie sich diese Methode historisch entwickelt hat. Wenn wir sie heute überall anwenden, dann benützen wir nicht nur ihre gesamte Methodik, wir müssen auch die dazu notwendige Geisteshaltung mitbringen. Wir müssen bereit sein, diejenigen Fragen nicht zu stellen, die – wie Weizsäcker sagte – »nicht gestellt zu haben die Erfolgsbedingung des wissenschaftlichen Verfahrens war«. Mit anderen Worten, wir müssen gewisse Aussagen – Postulate – einfach hinnehmen, um überhaupt Naturwissenschaft betreiben zu können.

Eines der wichtigsten dieser vorausgesetzten (im voraus gesetzten!) Postulate ist das sogenannte Universalitätsprinzip. Es besagt, daß die Naturgesetze, die wir aus den Experimenten ableiten und im Laboratorium überprüfen, zu allen Zeiten und im ganzen Raum gelten. Ich wiederhole, es handelt sich dabei um eine Voraussetzung, die nicht weiter hinterfragt werden darf, die einfach akzeptiert werden muß, wollen wir überhaupt beginnen, Naturwissenschaft zu betreiben. Es wird oft eingewendet, daß wir ja zum Beispiel auch auf dem Mond experimentieren und so überprüfen können, ob die Naturgesetze dort ebenso gelten. Was wir aber dabei wirklich tun, ist höchstens, zu fragen, ob die Naturgesetze auf dem Mond in der gleichen *Form* gelten oder ob Abweichungen, Anpassungen notwendig sind. Schon wenn wir diese Frage überhaupt stellen, haben wir vorausgesetzt, daß es Naturgesetze gibt, die auf dem Mond ebenso gelten wie auf der Erde, und geben höchstens zu, daß wir die beste Form noch nicht gefunden haben.

Damit wird aber klar, warum uns das Gefühl für die Entwicklung unseres Weltbildes verlorengegangen ist. Denn die Austreibung der Geister bringt ja mit sich, daß das, was vorher freier Wille eines lebendigen Geistes war, nunmehr durch ein Naturgesetz ersetzt wird (etwa die Bewegung der Gestirne). Ist dieses Gesetz einmal erkannt, sagt uns das Universalitätsprinzip sofort, daß es schon immer gegolten hat, daß es schon immer so war und daß alle anderen Vorstellungen weniger wirklichkeitsnah, eben kindisch, unreif oder primitiv waren. Dabei gilt dies immer für den jeweiligen Stand des Wissens, der dann auf alle Zeiten und über den ganzen Raum ausgedehnt wird. Ich habe noch in der Schule gelernt, das Weltalter sei zwei Milliarden Jahre. Heute ist es etwa zwölf Milliarden Jahre, und wie groß wird es wohl in weiteren fünfundzwanzig Jahren sein? Aber alle unsere Theorien müssen heute so geplant werden, daß sie nicht mit einem Weltalter von zwölf Milliarden Jahren im Widerspruch stehen.

Nach einem Vortrag wurde ich einmal gefragt, ob materielle Körper die Lichtgeschwindigkeit tatsächlich nie überschreiten können werden. Ich konnte die Frage nur paradox beantworten: »Nach dem *heutigen* Stand unseres Wissens wird dies *nie* möglich sein!«

Wiederum muß ich auf die beiden Seiten dieses Verfahrens hinweisen: Durch unkritische Voraussetzung gewisser Annahmen werden einerseits gewisse Fragen ausgeklammert (sozusagen verboten), andererseits ermöglicht es die Beantwortung der ganzen reichen Fülle von Fragen, die wir auf dem Weg der Naturwissenschaft bisher erschließen konnten.

Während das Universalitätsprinzip eine Voraussetzung ist, die zum naturwissenschaftlichen Arbeiten einfach notwendig ist, gibt es auch andere Voraussetzungen, die wesentlich tiefer in die menschliche Sphäre eindringen. Es wird oft als besonderer Vorzug der naturwissenschaftlichen Methode gepriesen, daß sie »wertfrei«

sei, daß sie also emotionslos und konfliktfrei betrieben werden kann. Zunächst können wir feststellen, daß dies eine selbstverständliche Folge der Forderung nach Widerspruchsfreiheit ist. Denn weder Emotionen noch Konflikte sind ohne Widersprüche vorstellbar. Also müssen sie ausgeschlossen bleiben, wollen wir Naturwissenschaft betreiben.

Sehen wir uns aber die »Wertfreiheit« der Naturwissenschaft genauer an. Was verstehen wir darunter? Naturwissenschaftliche Erkenntnisse sind weder gut noch böse, sie sind richtig oder falsch. Auch Experimente entscheiden ja, ob eine Theorie richtig oder falsch ist, nicht ob sie gut oder böse sei. Daraus folgt dann auch die Wertfreiheit der gesamten Technologie. Dort gibt es dann den Unterschied zwischen »funktionieren« und »versagen«. So wird also folgerichtig immer wieder gesagt, auch die Atombombe sei weder gut noch böse, wir können lediglich feststellen, ob sie funktioniert oder nicht. Gut oder böse sei erst die menschliche Entscheidung, die Atombombe etwa zu friedlichen Sprengarbeiten oder gegen den Feind im Krieg einzusetzen. Hier wird also unterschieden zwischen zwei Bereichen menschlicher Aktivität, der naturwissenschaftlich-technologischen Tätigkeit und der — sagen wir — Entscheidungen treffenden, politischen Tätigkeit. Die eine sei wertfrei, die andere nicht.

Carl Friedrich von Weizsäcker sagt dazu: »Die Wertfreiheit der Wissenschaft ist in meinen Augen zwar keine letzte Wahrheit, aber ein hoher ethischer Wert; nur durch sie hindurch kann man heute gehen, wenn man über sie hinauskommen will. Übung in wertfreier Analyse bedeutet für jeden von uns zunächst eine Schulung in der Distanz von sich selbst, also einen Schritt auf dem Weg zur menschlichen Reife.«

Wertfreiheit scheint demnach ein allgemein erstrebenswerter Zustand zu sein. Ich behaupte jedoch, daß es Wertfreiheit ebensowenig geben kann, wie es einen widerspruchsfreien Menschen gibt. Die (scheinbare) Wertfreiheit der Naturwissenschaften kommt meines Erachtens einfach dadurch zustande, daß man sich auf einen Satz von Werten einigt und ihn ebenso außer Streit stellt wie etwa das Universalitätsprinzip. Die Naturwissenschaft ist demnach nicht frei von Werten, sondern die gesetzten Werte müssen angenommen werden; wir können sagen, sie ist frei von Werten, weil die Werte schon vorausgesetzt sind. Da es sich aber nun nicht mehr nur um

Methoden handelt, sage ich lieber statt Voraussetzung gleich Vorurteil, ein Urteil, das gefällt wird, *bevor* man naturwissenschaftlich arbeiten kann, ein Urteil *vor* der Naturwissenschaft, eben ein Vorurteil, das außer Streit steht.

Natürlich gibt es eine Menge solcher Vorurteile, einige sind uns aber schon bekannt, und wir können sie gleich als Werturteile formulieren: »Widersprüche sind schlecht«, »Umfassendere Aussagen sind besser als weniger umfassende«, »Einfach ist besser als kompliziert«, »Wertfreiheit ist gut«, »Emotionen sind schlecht«, »Konfliktfreiheit ist gut« sind nur einige der Werte, die die wertfreie Naturwissenschaft ständig begleiten. Wenn wir aber vergessen, daß *wir* diese Werte *gesetzt* haben, um naturwissenschaftlich arbeiten zu können, dann kommen wir zu jener Trennung der Wirklichkeit in einen scheinbar wertfreien Teil und den Rest, der dann aber wiederum als weniger gut, ja weniger wichtig oder gar weniger wirklich angesehen werden könnte.

Fassen wir zusammen: Die Naturwissenschaft konstruiert ein Modell der Wirklichkeit, das in sich widerspruchsfrei ist und nicht im Widerspruch mit den Experimenten stehen darf. Es ist möglichst einfach, intersubjektiv überprüfbar und vereinheitlicht verschiedenste Phänomene unter übergeordneten Gesichtspunkten. Um dies zu erreichen, müssen einige Voraussetzungen außer Streit gestellt werden; sie sind von allen, die dieses Modell gebrauchen, zu akzeptieren. Damit ermöglichen wir uns eine Beherrschung der Welt, weil wir möglichst alles zu Dingen machen, aus denen die Widersprüche eliminiert sind. Das Individuum Mensch mit seinen persönlichen Problemen und Gefühlen muß dabei ausgeklammert werden. Menschliche Probleme, soweit sie intersubjektiv gefaßt werden können, stehen jedoch im Vordergrund und können tatsächlich in einer unübertroffenen Weise beseitigt werden.

2
Das Weltbild der Naturwissenschaft

Am 7. Mai 1977 versammelten sich nahe der Ortschaft Meyrin bei Genf etwa zweitausend Festgäste aus vielen Ländern; in einer riesigen Halle, die später Schauplatz physikalischer Experimente werden sollte, feierten sie die offizielle Inbetriebnahme des größten Elementarteilchenbeschleunigers am Europäischen Kernforschungszentrum CERN. Nirgends in der Welt gab es eine größere Maschine, wenn auch die Amerikaner in Batavia nahe Chicago ein vergleichbares Instrument schon einige Zeit in Betrieb hatten. Und die Ausmaße solch gewaltiger Apparate sind wirklich atemberaubend: In einem ringförmigen Tunnel von über zwei Kilometer Durchmesser ruhen Magnete etwa vierzig bis sechzig Meter unter der Oberfläche. Sie halten die geladenen Teilchen − Kerne des leichtesten Atoms, des Wasserstoffs, genannt »Protonen« − auf ihrer Bahn durch eine mehr als sieben Kilometer lange Röhre, die vollständig luftleer gepumpt ist. Elektrische Felder beschleunigen die Teilchen auf ihrem Weg, bis sie eine Energie erreichen, die etwa der Energiemenge entspricht, die ein solches Teilchen beim Durchfliegen einer Spannung von mehreren Hundertmilliarden Volt erhalten würde. All dies sind Superlative, die gar nicht mehr so recht vorstellbar sind. Man muß diese gigantischen Anlagen gesehen haben, um ermessen zu können, welch gewaltiger Aufwand an Erfindungsgabe, Zähigkeit und Ausdauer notwendig war, sie zu errichten. Selbst die größten europäischen Länder wären allein nicht stark genug, Vergleichbares zu schaffen.

Darum haben schon im Februar 1952 elf europäische Staaten ein vorläufiges Übereinkommen geschaffen, das CERN *(Conseil euro-*

péen pour la recherche nucléaire) als gemeinsames Kernforschungszentrum Europas etablierte. Bis zum Dezember 1953 hatten zwölf europäische Staaten (Belgien, Dänemark, die Bundesrepublik Deutschland, Frankreich, Griechenland, Großbritannien, Italien, die Niederlande, Norwegen, Schweden, die Schweiz und Jugoslawien) das Abkommen unterzeichnet und sich damit zur gemeinsamen Forschung auf diesem Gebiet verpflichtet. 1959 trat Österreich dem CERN bei, aber 1961 mußte Jugoslawien aus finanziellen Gründen wieder ausscheiden. Einige Länder sind offizielle Beobachter und nehmen in dieser Eigenschaft an den Versammlungen des CERN-Rates teil.

»Kernforschungszentrum« ist eigentlich nicht der richtige Name, denn schon 1952 wurde beschlossen, außer einem Synchro-Zyklotron, das noch als Instrument der Kernforschung bezeichnet werden kann, ein großes Synchrotron zu bauen. Auch dieses erste europäische Synchrotron ist eine große Ringmaschine mit einem Durchmesser von zweihundert Metern; für die damalige Zeit auch schon gewaltige Ausmaße. Es beschleunigt Protonen — die Kerne des Wasserstoffatomes — auf eine Energie, die der beim Durchlaufen von fast dreißig Milliarden Volt entspricht. Mit so hochenergetischen Teilchen wird eine neue Art von Physik ermöglicht: die Elementarteilchenphysik (oft auch Hochenergiephysik genannt).

Elementarteilchen sind die Bausteine der Materie, die Teilchen, die den Atomkern und die Atomhülle zusammensetzen. Außer den eigentlichen Bausteinen der Atome kann man aber mit so hochenergetischen Teilchen, wie sie aus den großen Beschleunigern kommen, viele neue Elementarteilchen erzeugen und ihre Eigenschaften studieren.

Albert Einstein hat in den ersten Jahren unseres Jahrhunderts erkannt, daß Materie nur eine andere Form der Energie ist; so, wie sich Bewegungsenergie in Wärmeenergie, elektrische Energie in Bewegungsenergie verwandeln kann (um nur einige Beispiele zu erwähnen), so kann sich auch Materie in Energie verwandeln und umgekehrt. Der Umrechnungsfaktor ist allerdings gewaltig, und aus einem Bruchteil der Masse eines Atomkernes kann eine gigantische Energiemenge gewonnen werden. Beim Kernreaktor oder bei der Explosion einer Atombombe wird diese Tatsache ausgenutzt. Selbst bei der heftigsten Explosion einer Uran-Bombe wird nur ein winziger Teil der Masse der Uranatome in Energie verwandelt. Die große

Zerstörungskraft entsteht erst aus der Vielzahl der Uranatome, die an der Explosion teilnehmen. (Der Physiker spricht von der »Kettenreaktion«.) Die Energie, die ein Proton im eingangs beschriebenen Super-Protonen-Synchrotron von über zwei Kilometer Durchmesser erreicht, entspricht etwa jener Energie, die man erhalten würde, könnte man die Masse eines Uranatomes zur Gänze in Bewegungsenergie dieses einen Protons verwandeln.

Beim ersten, kleineren Synchrotron des CERN ist die maximale Energie mehr als zehnmal kleiner; trotzdem reichen solche Energien aus, ganz neue Teilchen daraus zu formen, entstehen zu lassen. Zu ergründen, welche Eigenschaften diese Teilchen haben, ein Verständnis ihrer Systematik zu erlangen, ist zunächst das Ziel der Elementarteilchenphysik. Je höher die zur Verfügung stehenden Energien sind, um so tiefer kann der Teilchenphysiker in die Geheimnisse der Materie eindringen.

Am 24. November 1959 konnte das erste Synchrotron des CERN in Meyrin bei Genf in Betrieb genommen werden. Die Leistungen der Physiker und Techniker, die diese Maschinen bauen, sind nur schwer vorstellbar. Bei einem Durchmesser von zweihundert Metern müssen die Magneten im Ring auf ein Zehntel Millimeter genau justiert werden: eine vorgeschriebene Genauigkeit von Eins zu einer Million! Die Teilchen müssen in einem Rohr laufen können, in dem sie von keinem Gas »aufgehalten« werden, das also bis zur äußersten Grenze technischer Möglichkeiten ausgepumpt, »evakuiert« werden muß. Überall muß die Technologie bis zur Grenze ausgeschöpft werden, ja in vielen Punkten wird beim Planen des Beschleunigers diese Grenze bewußt überschritten, im Vertrauen, daß mit fortschreitender Entwicklung des Beschleunigers auch die technologischen Grenzen durch Erfindungsgabe, technisches Talent, aber auch Intuition, hinausgeschoben werden können.

Trotz all dieser phantastischen Ziele ist es gute Tradition des CERN, daß die Beschleunigungsmaschinen, aber auch die anderen großen Experimentiergeräte nicht nur termingerecht fertiggestellt werden, sondern auch beim ersten Einschalten bereits funktionieren. Europa hat wahrlich seine besten Talente hier versammelt, um an vorderster Front um die Errungenschaften naturwissenschaftlich-technischen Geistes mitzustreiten.

Aber der Fortschritt macht schnell die neuesten Geräte zu überholten Instrumenten, und wer nicht ständig weiterarbeitet, Neues entwickelt, gehört bald nur noch der Geschichte der Naturwissenschaft an. So mußte sich auch die europäische Gemeinschaft des CERN wenige Jahre nach der Inbetriebnahme des ersten Synchrotrons zu einer neuen Maschine entschließen. Diesmal sollte es etwas Besonderes sein, das nirgends in der Welt seinesgleichen hat; war doch das erste Synchrotron durch eine gleichartige Maschine des Brookhaven National Laboratory an der Ostküste der Vereinigten Staaten von Amerika überschattet worden. Mit dem Bau der sogenannten Speicherringe ist dies in großartiger Weise gelungen. Im Juni 1965 hatte man sich bei CERN zu dieser Großtat entschlossen: Während bei gewöhnlichen Beschleunigungsmaschinen die hochenergetischen Teilchen mit ruhenden »Zielscheiben« zusammenprallen und dabei einen Teil ihrer Energie in neue Teilchen verwandeln, wollte man in den Speicherringen »Frontalzusammenstöße« herbeiführen. In zwei parallelen Ringen sollten Protonen in entgegengesetztem Sinne umlaufen. An acht Stellen überschneiden sich die Ringe, und dort kommt es dann zu den Zusammenstößen aufeinander zurasender Protonen. Dabei ist die Energieausbeute nicht einfach doppelt so hoch wie beim Stoß auf ruhende Teilchen. Dies ist ein weiteres nützliches Ergebnis der Erkenntnisse Albert Einsteins. In seiner Relativitätstheorie hatte er nämlich erkannt, daß die Geschwindigkeit des Lichtes im leeren Raum eine Grenze darstellt, die von keinem materiellen Teilchen auch nur erreicht werden kann. Dies führt zu ganz neuen Effekten.

Jeder Autofahrer sollte wissen, daß sich bei Verdoppelung der Geschwindigkeit der Bremsweg vervierfacht, weil die Energie des Gefährtes mit dem Quadrat der Geschwindigkeit steigt. Doppelte Geschwindigkeit − vierfacher Bremsweg, dreifache Geschwindigkeit − neunfacher Bremsweg und so weiter. Beim Beschleunigen des Fahrzeuges muß natürlich die Energie, die beim Abbremsen in Erwärmung der Bremsen verwandelt wird, aus dem Treibstoff geholt werden. Also folgt umgekehrt, daß sich bei Vervierfachung der Energie die Geschwindigkeit verdoppelt und so fort.

Dies kann aber nicht immer so weitergehen. Denn wenn ein Proton zum Beispiel die Hälfte der Geschwindigkeit des Lichtes erreicht hat, kann eine Vervierfachung seiner Energie nicht die Verdoppelung seiner Geschwindigkeit bedeuten, weil es ja die Lichtgeschwindigkeit nicht erreichen kann. Bei so hohen Geschwindigkeiten, wie sie die Elementarteilchen erreichen, müssen die Formeln der Alltagsphysik durch kompliziertere Zusammenhänge ersetzt werden. (Diese zu erstellen war eine der großartigen Leistungen Albert Einsteins.) So hat etwa ein Proton, das aus dem »kleinen« Synchro-Zyklotron des CERN kommt, eine Energie, die dem Durchlaufen einer Spannung von sechshundert Millionen Volt entspricht, und erreicht dabei etwa 80 Prozent der Lichtgeschwindigkeit. Beim ersten großen Synchrotron wurde die Energie verfünfzigfacht, aber die Geschwindigkeit stieg nur auf 99,94 Prozent der Lichtgeschwindigkeit. Das Super-Protonen-Synchrotron schließlich, das eine weitere Verzehnfachung der Energie erlaubt, läßt die Geschwindigkeit der Protonen auf 99,999 Prozent der Lichtgeschwindigkeit ansteigen. Eine unglaubliche Geschwindigkeit! Aber weitere Energie-Erhöhungen bringen nur weitere Neuner hinter dem Dezimalpunkt. Die Lichtgeschwindigkeit wird nie ganz erreicht werden können.

Für die Speicherringe sind diese komplizierteren Zusammenhänge von großem Vorteil. Denn die Verdoppelung der Energie durch die Frontalzusammenstöße bedeutet nun, daß man dieselben Effekte erzielen kann wie mit einer konventionellen Maschine von fünfzigfacher Energie! Am 27. Januar 1971 war es soweit; die ersten Frontalzusammenstöße von Protonen mit Protonen wurden in den Speicherringen beobachtet. Seither hat diese Maschine, die ohne Konkurrenz in der Welt arbeitet, eine Fülle neuer Erkenntnisse über die kleinsten Bausteine der Materie, die Elementarteilchen, gebracht.

Ein wesentlicher Aspekt dieser Art von Großforschung ist die notwendige Zusammenarbeit vieler Nationen und Völker. Und der internationale Geist, der unter den Hochenergiephysikern herrscht, wurde oft mit dem Geist der alten Ritter verglichen. Nicht welcher Nationalität, welcher Muttersprache ein Forscher ist, wird gefragt, sondern was sein Fachgebiet ist, was er zum gemeinsamen Ziel beitragen kann, ist wichtig. Wo immer ein Hochenergiephysiker in der Welt in plötzliche Schwierigkeiten kommen sollte, er wird Kollegen an der nächsten Universität oder der nächsten Forschungseinrichtung finden, die bereit sind, ihm zu helfen. Auch wenn sie ihn noch nie gesehen haben, ein kurzes Gespräch über die physikalischen Probleme, mit denen man sich gerade beschäftigt, genügt meist, um die Physiker einander so nahezubringen, daß sie sich wie alte Freunde zueinander verhalten. Selbst politische Fangzäune wie der

Eiserne Vorhang konnten diesen Geist nicht wirklich aufhalten. So wurde zum Beispiel im Juli 1967 ein Übereinkommen zwischen CERN und einem Staatskomitee der Sowjetunion unterzeichnet, wonach bei einer großen sowjetischen Beschleunigungsmaschine nahe Moskau (in Serpukhov) auch Physiker der CERN-Mitgliedstaaten arbeiten können; und seit 1975 galt dieses Abkommen in beiden Richtungen: Sowjetische Physiker arbeiteten seither auch bei CERN.

Dabei ist dies keine Ausnahme. Fast alle großen Beschleunigerzentren der Welt haben ähnliche Abkommen über politische und geographische Grenzen hinweg. Es gab Physiker, die gleichzeitig bei CERN und in den Vereinigten Staaten von Amerika experimentierten und oft mehr als einmal in der Woche im Düsenflugzeug den Atlantik überquerten.

Diese internationale Gesinnung, der jede Diskriminierung von Herkunft oder Rasse wirklich fremd ist, wird auch dadurch gefördert, daß überall auf der Welt Englisch die Sprache der Physiker geworden ist. Und die Möglichkeit, in so brüderlicher Weise zusammenzuarbeiten, wird selbst von Politikern oft als rechtfertigendes Argument für die ziemlich hohen Kosten anerkannt.

So wurde es möglich, daß die Mitgliedsstaaten des CERN (mit Ausnahme von Griechenland) am 19. Februar 1971 beschlossen, eine neue große Maschine, das Super-Protonen-Synchrotron, zu bauen. Wie gewohnt, wurde es termingerecht fertiggestellt, und so kam es zu der großen Eröffnungsfeier, mit deren Beschreibung wir das Kapitel begonnen haben: Auch bei dieser Zeremonie herrschte der Geist der Verständigung über Grenzen hinweg, und mit berechtigtem Stolz konnten Physiker, Techniker und Organisatoren auf ihr jüngstes Kind − das Super-Protonen-Synchrotron − blicken.

Mittlerweile ist bei CERN eine noch viel größere Maschine in Betrieb und hat sehr wesentliche Erkenntnisse gebracht: eine Ringmaschine zur Beschleunigung von Elektronen und ihren Antiteilchen (den Positronen) von etwa 27 Kilometer Umfang (»LEP« für »Large Electron Positron« Ring)! In USA wurde daraufhin der sogenannte »Superconducting Super Collider« (supraleitendes Super-Stoßgerät), SSC, geplant. Es sollte einen Umfang von 86 Kilometern haben! Nachdem in Waxahachie (nahe Dallas, Texas) bereits ein Fünftel des Tunnels gebohrt worden war, stoppte am 21. Oktober 1993 ein gemeinsames »Conference Commitee« von Senat und

Repräsentantenhaus der USA das Projekt und bewilligte nur mehr Mittel zur »ordnungsgemäßen Beendigung« der Arbeiten. Die allgemeine Wirtschaftsflaute und Arbeitslosigkeit hatten bei den Verantwortlichen den Mut zu so ambitionierten Forschungsgeräten schwinden lassen! Die Hoffnung der Teilchenphysiker wanderte damit wieder nach Europa, wo im bereits vorhandenen 27-km-Tunnel des LEP eine neue, energiereichere Maschine zur Beschleunigung von Protonen geplant ist (»LHC« für »Large Hadron Collider«).

Ist es übertrieben, wenn wir im ersten Kapitel gesagt haben, die Physik wende sich ab vom Individuum Mensch mit seinen ganz persönlichen Problemen? Ist nicht gerade die Gewißheit, Freunde auf der ganzen Welt zu finden, auch wenn man sie noch gar nicht kennt, eine der ganz persönlichen Sehnsüchte des Individuums Mensch? Wahrhaftig, wenn die Physik − zumindest die Hochenergiephysik − Völker verbinden kann, sollte dann nicht von diesem ersten Schritt ausgehend ein langer Weg bis zum Weltfrieden möglich sein?

Mit dieser Möglichkeit vor Augen sind wir doch geradezu gezwungen, dem Ursprung dieses verbindenden Geistes nachzuspüren, um ihm auf die Schliche zu kommen und ihn vielleicht »einfangen« zu können. Erinnern wir uns: Wenn ein Physiker irgendwo in der Welt in Not gerät, so sucht er sich Kollegen, und ein kurzes Gespräch *über ihre physikalischen Probleme* genügt, sie zu Freunden zu machen. Auch bei großen Konferenzen, wenn Physiker einander vorgestellt werden, beginnt das Gespräch fast sicher mit der Frage: »Woran arbeiten Sie gerade, was ist Ihr Problem?« Gemeint ist damit natürlich das physikalische Problem, das einen gerade beschäftigt; es würde vom Gesprächspartner als Witz − vielleicht aber auch als Zumutung − empfunden, wenn man nun persönliche Probleme (etwa in der Ehe oder mit der Freundin, mit Kindern oder Verwandten) zur Sprache bringen würde.

Und dies ist wahrscheinlich der Schlüssel für die wunderbare Zusammenarbeit, für die echte Hilfsbereitschaft, ja Freundschaft unter Physikern: Sie sehen von ihren ganz persönlichen Problemen ab, sie arbeiten zusammen an Problemen, die sie als Individuum nur indirekt berühren, die eben auch intersubjektiv sind. Überspitzt formuliert, könnte man sagen: Die wunderbare Zusammenarbeit der Physiker in aller Welt beweist, daß Menschen friedlich zusammenarbeiten können, wenn sie von ihren persönlichen Problemen absehen.

Vielleicht habe ich die Lage zu einfach gezeichnet; natürlich gibt es auch innerhalb der Gemeinschaft der Physiker harte Konkurrenzkämpfe! Vor allem, wenn es um große Entdeckungen geht, für die vielleicht der Nobelpreis winkt: Aber diese Kämpfe — so persönlich, ja unfair sie auch sein mögen — dehnen sich selten oder gar nicht auf so große Gruppen aus, daß die Zusammenarbeit im ganzen in Frage gestellt wird. Irgendwie haben die Physiker es offenbar fertiggebracht, jene Spaltung, die ich im ersten Kapitel beschrieben habe, bei sich selbst durchzuführen: Persönliche Probleme und intersubjektive Physik fallen so weit auseinander, daß selbst die härtesten persönlichen Konflikte eine emotionsfreie Behandlung fachlicher Probleme nicht vollständig ausschließen. (In Extremsituationen, wie etwa der Hitler-Ära, gibt es natürlich immer Außenseiter, die aber eher als Bestätigung der Regel denn als deren Widerlegung angesehen werden können.)

Damit haben wir aber die Frage, ob wir nach dem ersten Schritt den Weg der friedlichen Zusammenarbeit zu Ende gehen können, verschoben auf die Frage, ob es möglich ist, diese radikale Spaltung in persönliche, emotionsgeladene und sachliche, intersubjektive Probleme auch auf andere Bereiche als die Physik (und allgemein die Naturwissenschaft) auszudehnen. Selbst wenn sich dies als möglich herausstellen sollte, müssen wir uns fragen, ob diese Spaltung wünschenswert, sinnvoll sein kann oder ob damit nicht ein Aspekt des Lebens verlorengeht, auf den wir nicht verzichten wollen; kurz: ob der Preis nicht zu hoch ist.

Um diese Frage beantworten zu können, müssen wir uns noch ein bißchen tiefer in die Welt der Naturwissenschaft versenken und prüfen, was denn daran so faszinierend ist, daß zum Beispiel die Physiker ihre persönlichen Probleme darüber vergessen — zumindest hintanstellen können. Wir können zunächst vielleicht fragen, warum für immer größere Elementarteilchen-Beschleuniger ein immer größerer technischer (und finanzieller) Aufwand getrieben wird; obwohl die entsprechenden Ausgaben noch immer klein sind, wenn man sie etwa mit den Rüstungs- (oder »Verteidigungs-«) Ausgaben vergleicht, stellen sie doch in den Forschungshaushalten der einzelnen Staaten einen nicht unbeträchtlichen Betrag dar.

Es gibt viele Versuche, rationale Gründe für die Berechtigung dieser Ausgaben zusammenzustellen. Einer der treffendsten ist wohl der Hinweis auf die vielen technischen Erfindungen, die bei der Entwicklung von Beschleunigern und dem zugehörigen Experimentiergerät sozusagen »nebenbei« anfallen und die dann viele Anwendungen bis ins tägliche Leben finden. So fand zum Beispiel die Technologie, die bei CERN für die Beschleuniger entwickelt wurde, Anwendung zur Verbesserung der Bildröhren von Farbfernsehgeräten, für Elektronenmikroskope, ja selbst für Geräte, die in Satelliten zum Einsatz kommen. Obwohl wir diesem Beispiel noch zahllose andere anfügen könnten, ist damit die Frage, warum man Beschleuniger bauen muß, um zu diesen Erfindungen zu kommen, noch nicht befriedigend beantwortet.

Victor Weisskopf, einer der Generaldirektoren des CERN und selbst geachteter Hochenergiephysiker, zieht zur Beantwortung dieser Frage einen Vergleich mit der Vergangenheit heran, wenn er sagt: »Gewiß könnte man spekulieren, ob Transistoren von Leuten erfunden sein könnten, die nicht in Quantenmechanik oder Elektronentheorie der festen Körper trainiert waren und in diesem Gebiet produktiv gearbeitet haben. De facto waren die Erfinder der Transistoren aktive Forscher in der fundamentalen Quantentheorie des festen Körpers. Man könnte sich fragen, ob die Schaltsysteme in modernen Rechenmaschinen von Leuten erfunden sein könnten, die diese Maschinen bauen wollten. De facto wurden sie in den dreißiger Jahren von Physikern erfunden, die Kernteilchen zählen wollten und an Kernphysik interessiert waren. Man könnte sich fragen, ob wir die Kernenergiegewinnung haben, weil gewisse Leute nach neuen Energiequellen suchten oder ob die Suche nach neuen Energiequellen zu der Entstehung des Atomreaktors geführt hätte. Vielleicht − aber es geschah nicht so. Es waren die Curies, Rutherfords, Fermis, Heisenbergs und einige mehr. Man könnte sich fragen, ob man, um bessere Kommunikationsmethoden zu bekommen, die elektromagnetischen Wellen gefunden haben würde. Sie wurden nicht so gefunden. Sie wurden von Hertz gefunden, der nach Schönheit und Tiefe in der Physik strebte und der seine Studien auf die theoretischen Arbeiten Maxwells stützte.«

Weisskopf meint also, daß ohne das Interesse an den grundlegenden Problemen der Physik die praktischen Anwendungen gar nicht erfunden würden, und hat damit wahrscheinlich recht. Der Mathematiker Hermann Weyl ging in einem Gespräch mit dem Philosophen Ortega y Gasset noch weiter, als er sagte:»Wenn eine Generation lang die spezifisch physikalische Begabung aussetzte, wäre es nicht undenkbar, daß der komplizierte Bau der gegenwärtigen Physik verfiele und späteren Geschlechtern nur noch als skurrile Spekulation erschiene. Eine Vorbereitung von vielen Jahrhunderten war nötig, um das Instrument des Verstandes an die komplizierte Abstraktheit der theoretischen Physik anzupassen. Irgendein Ereignis kann eine so wunderbare menschliche Fähigkeit, die außerdem die Grundlage der zukünftigen Technik bildet, wieder verschütten.«

Ohne die »Abstraktheit der theoretischen Physik«, ohne diesen »komplizierten Bau« also auch keine zukünftige Technik. Und Weisskopf spricht vom »Streben nach Schönheit und Tiefe in der Physik« als Voraussetzung für die technologische Verbesserung unserer Welt. Was ist dieser »komplizierte Bau« voll »Schönheit und Tiefe«? Um dies zu verstehen, müssen wir an den Ursprung der »Neuen Wissenschaft« zurückdenken.

Wir haben im ersten Kapitel den Weg der Naturwissenschaft besprochen, wie er von Galilei und Newton begonnen wurde; wir haben auch festgestellt, daß wir im Grunde noch heute der Anweisung Galileis »alles, was meßbar ist, messen, und was nicht meßbar ist, meßbar machen« folgen. Wir sind auf diesem Wege natürlich ein großes Stück weitergegangen. Vor allem der Aspekt der Vereinheitlichung ist mehr und mehr zum zentralen Ziel geworden. Und gerade die Atomistik, die heute in der Physik der Elementarteilchen gipfelt, hat in besonders reichem Maße eine Vereinheitlichung des naturwissenschaftlichen Weltbildes ermöglicht. Chemie verstehen wir heute als einen selbständigen Teil der Atomphysik, und auch die Biologie versucht mehr und mehr, sich aus Physik und Chemie heraus abzuleiten. Jedenfalls ist der alte Streit zwischen Vitalisten (die im Lebendigen eine »Entelechie«, ein Beseeltes, sehen wollten) und Mechanisten (die auch die Biologie auf physikähnliche Gesetzmäßigkeiten reduzieren wollten) heute mehr und mehr zugunsten der letzteren entschieden. Damit haben wir ganz im Sinne der »Neuen Wissenschaft« eine Vereinheitlichung erreicht, und zwar durch Elimination eines Widerspruchs: des Konflikts zwischen Vitalisten und Mechanisten.

So konnte der Nobelpreisträger Richard Feynman diese gewaltige Vereinheitlichung auf eine kurze Formel bringen; er sagte, wenn man einem fremden, intelligenten Wesen in einem einzigen Satz das

Wesentliche des naturwissenschaftlichen Weltbildes mitteilen sollte, müßte der Satz zweifellos lauten:»Alles besteht aus Teilchen, aus körnigen Strukturen!«

Wir werden im nächsten Kapitel genauer besprechen, wie die Wärmelehre mit der Himmelsmechanik aufgrund der Atomhypothese vereinheitlicht werden konnte. Wir werden sehen, wie die vielen verschiedenen Erscheinungen des Alltags durch ganz wenige fundamentale Kräfte erklärt werden können. Aber selbst die Unterscheidung zwischen Kräften und Körpern (Teilchen), auf die die Kräfte wirken, ist heute überwunden: Alles besteht aus Teilchen. Darum ist die Physik der Elementarteilchen von solch tragender Bedeutung, auch wenn wir ihre Nutzanwendungen, ja ihren Sinn nicht sofort einsehen können: Sie vermittelt die weitestgehende Vereinheitlichung unseres naturwissenschaftlichen Weltbildes und ist darum »Grundlage der zukünftigen Technik«, weil sie Grundlage unseres gesamten Weltbildes, daher Grundlage all dessen ist, was rational erfaßbar und ausführbar ist. Und darum ist sie auch »schön und tief« und vor allem: Sie ist widerspruchsfrei.

Wir können aufgrund der Gesetze der Elementarteilchen heute auch den Sternenhimmel besser verstehen, ja er wird wieder reich, vielleicht sogar geheimnisvoll. Neben den gewöhnlichen, selbstleuchtenden Fixsternen, den Wandelsternen (Planeten) und interstellaren Gasen kennen wir heute eine reiche Zahl anderer Objekte. Die Neutronensterne sind eher als gewaltige, makroskopische Atomkerne anzusehen denn als gewöhnliche Materie, die »Quasare« (quasi-stellare Objekte) mit ihrer gewaltigen Energieproduktion geben uns noch einige Rätsel auf; schließlich die »Schwarzen Löcher«, in denen Materie für immer verschluckt werden kann und die selbst als massive Objekte wirken, um nur die spektakulärsten zu nennen.

So hat die Elementarteilchenphysik einen Bogen zur Physik des Universums gespannt und es sogar ermöglicht, bis zum »Urknall«, in dem das Universum vor 12 Milliarden Jahren (nach heutiger Ansicht!) entstanden ist, zurückzurechnen. Je weiter wir in die Welt des Mikrokosmos eindringen und je tiefer wir uns in das Universum versenken, um so schöner und klarer wird das Bild der Welt, weil wir um so weiter vom Bereich des Menschen entfernt sind. Und wenn wir zuerst am Verhalten der Physiker festgestellt haben, daß sie um so besser zusammenarbeiten können, je mehr sie von ihren individuellen Problemen absehen, so stellen wir nun fest, daß dieses Konzept auch die Physik selbst auszeichnet. Und wir erinnern uns der »Wegscheide«, die wir im ersten Kapitel besprachen. Offenbar stehen wir immer vor diesen beiden Seiten, diesem Widerspruch, der uns als Alternative erscheint: Entweder wir versuchen zu einem intersubjektiven Bild der Welt zu kommen, dann entfernen wir uns rasch immer mehr vom Menschen und seinen individuellen Problemen; oder wir versuchen auf das Individuum einzugehen, dann begeben wir uns in die »Privatsphäre«, in jenen »weniger realen« Teil der Wirklichkeit, der »nur subjektiv« und daher öffentlich nicht interessant ist. In beiden Fällen verlieren wir die Möglichkeit der Verständigung: im zweiten Falle aus offensichtlichen Gründen, im ersten, weil wir uns letztlich nur mehr über Aspekte verständigen, die uns eigentlich nicht berühren.

Die zentrale Frage, die wir schon einmal verschoben haben auf die Frage, ob es sinnvoll ist, die radikale Spaltung in persönliche, emotionsgeladene und sachliche, intersubjektive Probleme weiter auszudehnen, erscheint nun erneut verschoben: Ist es möglich, trotz dieser Alternative zu einer Versöhnung der beiden Wege zu gelangen?

Wir haben gesehen, daß sich nicht nur die Naturwissenschaftler selbst für die eine Seite dieser Alternative entschieden haben, sondern daß die gesamte Struktur der Naturwissenschaft diese Seite zum Ausdruck bringt und daher ihre Züge trägt. So müssen wir noch ein wenig tiefer in diese Strukturen eindringen, wollen wir der zentralen Frage näherkommen.

Nur was intersubjektiv ist, was in sich widerspruchsfrei ist und was nicht im Widerspruch mit den Experimenten steht, gehört zum Bereich der Naturwissenschaft. Können wir nicht einfach sagen, die *wahren* Gesetze der Natur führen zur Naturwissenschaft? Dann könnten wir auch ganz einfach sagen, Naturwissenschaft sei das Erforschen der wahren Gesetze, so wie der Entdecker Neuland betritt, würden wir nach und nach die Gesetze der Natur enthüllen. Dabei ist vorausgesetzt, daß es diese Gesetze eben schon gibt, bevor wir sie ent-decken. Dem ist aber leider nicht so, ja wir können nicht einmal mit Bestimmtheit sagen, ob die Gesetze wahr sind, denn *es gibt keine Beweise für die Richtigkeit der Naturgesetze!*

Naturgesetze sind immer allgemeine Sätze. Der Feynmansche Satz »Alles besteht aus Teilchen« ist ein typisches Beispiel. Um ihn zu beweisen, müßten wir eben wirklich alles untersuchen, denn ein einziges Stück Materie im entferntesten Winkel des Universums, das nicht aus Teilchen besteht, würde den Satz widerlegen. Wir können daher diesen Satz ebensowenig beweisen wie etwa das einfache Fallgesetz. Denn auch das Fallgesetz wäre erst bewiesen, wenn wir es ständig und überall überprüfen, weil es ja eben auch sagt, daß Körper immer und überall nach diesem Gesetz fallen.

Ein Beweis für die Naturgesetze kann also unmöglich erbracht werden, was jeder ehrliche Naturwissenschaftler auch zugeben wird. Der Satz »Die Gesetze der Natur ergeben die Naturwissenschaft« ist also sicher in dieser Form falsch. Aber sein Gegenteil auch, denn wir können auch nicht einfach sagen: »Die Naturwissenschaft macht die Gesetze der Natur.« Denn es liegt sicher nicht bei den Naturwissenschaftlern, etwa so wie Juristen Gesetze zu erstellen, nach denen sich die Natur dann eben richten muß. In dieser Situation bleibt dem Naturwissenschaftler kein anderer Ausweg, als die Frage nach der Wahrheit ganz zu unterdrücken und an ihre Stelle die Forderung nach Widerspruchsfreiheit zu setzen. Es gilt also nicht, die Wahrheit zu ergründen, sondern ein widerspruchsfreies Bild der Welt zu erstellen. Der Wissenschaftstheoretiker Karl Popper drückt dies ganz deutlich aus: »Wir fordern zwar nicht, daß ein empirisches System auf empirisch-methodischem Wege endgültig positiv ausgezeichnet werden kann, aber wir fordern, daß es die logische Form des Systems ermöglicht, dieses auf dem Wege der methodischen Nachprüfung negativ auszuzeichnen: Ein empirisch-wissenschaftliches System muß an der Erfahrung scheitern können.« Statt »Erfahrung« würde ich lieber »Experiment« sagen, wie wir im ersten Kapitel besprochen haben. Fast poetisch hat es Albert Einstein gesagt: Wir stellen viele Fragen an die Natur; die Natur sagt meistens »nein«, manchmal »vielleicht«, aber niemals »ja«.

Der Naturwissenschaftler sagt auch von Theorien, die nicht im Widerspruch zu Experimenten stehen, »sie haben sich bewährt« und nicht »sie sind bewiesen«. Wohl aber ist eine Theorie widerlegt, wenn ihre Voraussagen im Widerspruch zu den experimentellen Ergebnissen stehen. Widersprüche sind einerseits störend, sie müssen eliminiert werden; andererseits sind sie aber die treibende Kraft hinter der Entwicklung der Naturwissenschaft, denn deren Arbeit besteht ja gerade im Eliminieren von auftretenden Widersprüchen.

Wenn keine Widersprüche mehr auftreten, könnte nichts mehr weitergehen, es gäbe keine Entwicklung, die Naturwissenschaft wäre tot.

Sehen wir uns einen solchen Entwicklungsschritt an einem besonders markanten Beispiel genauer an. Sir Friedrich Wilhelm Herschel entdeckte im Jahre 1781 einen neuen Planeten im Sonnensystem: Uranus. Die Gesetze der Planetenbewegung waren damals schon bekannt, sie konnten auch aus den Newtonschen Axiomen hergeleitet werden. So konnte auch nach einiger Beobachtung die Bahnkurve des Planeten Uranus bestimmt werden, und damit war seine Position für alle Zeiten berechenbar. Die Möglichkeit der Voraussage von Ereignissen ist es ja, was die Naturwissenschaft so wichtig macht, weil sie uns dadurch Sicherheit verleiht. (Es geschieht eben nichts Unvorhersehbares mehr im Bereich der Naturwissenschaft.)

Als nach einiger Zeit die Fernrohre wieder auf die Stelle gerichtet wurden, wo Uranus nach den Vorhersagen sichtbar sein sollte, konnte man ihn nicht finden! Damit war ein Widerspruch aufgetreten, da die Vorhersage mit der Beobachtung eben nicht übereinstimmte. Nun gibt es (nach K. R. Popper) grundsätzlich drei zu unterscheidende Weisen, einen Widerspruch aus der Physik zu eliminieren. Die einfachste Möglichkeit ist festzusetzen, daß die Theorie auf diesen Fall nicht zutrifft. Man schränkt ihren Gültigkeitsbereich ein, und zwar durch Übereinkunft. Wenn alle Naturwissenschaftler diese Einschränkung akzeptieren, gilt sie intersubjektiv, und der Widerspruch ist eliminiert. Das war auch in unserem Beispiel der erste Versuch. Man nahm an, das Newtonsche Gravitationsgesetz wäre in einem so großen Abstand von der Sonne, in dem der neue Planet Uranus gefunden worden war, eben nicht mehr gültig. Allerdings verlangt eine solche Einschränkung des Gültigkeitsbereiches einer Theorie meist nach einer neuen Theorie: Das neue Phänomen kann ja nicht mehr einheitlich mit den alten Phänomenen beschrieben werden. Also wurde auch in unserem Beispiel versucht, die Theorie abzuändern, die zweite Weise der Elimination eines Widerspruchs in der Physik. Solche Abänderungen müssen immer so vorgenommen werden, daß alle bisherigen Voraussagen, die sich schon bewährt haben, auch aus der neuen Theorie folgen, weil sonst wieder gegen das Prinzip der Vereinheitlichung verstoßen wird. In unserem Falle versuchte man daher einen Ansatz, der für kleinere Abstände mit dem Newtonschen Gravitationsgesetz übereinstimmt, bei größeren Distanzen aber Abweichungen zuließ. Es wollte nicht so recht gelingen. Daher versuchten es zwei ehrgeizige und begabte Männer auf eine dritte Weise: Sie machten eine Zusatzhypothese.

Unabhängig voneinander, aber gleichzeitig (wie dies so oft in der Geschichte der Wissenschaft der Fall ist), nahmen John C. Adams und Urbain J. J. Le Verrier an, daß es außerhalb des neuen Planeten Uranus einen weiteren, bisher unbekannten Planeten geben müsse (wir nennen ihn heute Neptun). Eine solche Zusatzhypothese gilt nur dann als wissenschaftlich erlaubt (wie Popper fordert), wenn sie selbst wieder einem experimentellen Test unterzogen werden kann. In unserem Falle ist diese Möglichkeit der experimentellen Überprüfung natürlich gegeben: Der Planet muß ja gefunden werden können! So berechneten Adams und Le Verrier in mühevoller Kleinarbeit aus den gemessenen Abweichungen des Planeten Uranus von seiner theoretischen Bahn die Position des neuen, vorhergesagten Planeten Neptun. Der Standort muß natürlich für einen bestimmten Tag berechnet werden, weil der Planet sich ja wie alle Planeten am Himmel bewegt.

Adams Berechnungen für den 30. September 1845 wurden nicht durch Beobachtungen überprüft; Le Verrier hatte mehr Glück. Er sandte seine Berechnungen an den Astronomen Johann Gottfried Galle von der Berliner Sternwarte, und dieser fand den neuen Planeten tatsächlich am 23. September 1846 an der vorherberechneten Stelle. (Die Abweichung war kleiner als ein Winkelgrad.) Immer wieder wird dieser Triumph als Beispiel für das wunderbare Funktionieren der naturwissenschaftlichen Methode genannt; ein wahrer Siegeszug menschlichen Geistes! Allerdings nur dort, wo Menschen keine Rolle spielen: in den Weiten des Universums. Hier auf unserer Erde löste der Triumph (wie dies so oft in der Geschichte der Wissenschaft der Fall ist) einen kleinlichen Prioritätsstreit zwischen Adams und Le Verrier aus. Dadurch wird zumindest der Anspruch Lügen gestraft, daß die Naturwissenschaftler nur nach reiner Erkenntnis, nach der Schönheit und Tiefe ihres Weltbildes streben.

Nachdem Le Verrier so großartigen Erfolg erzielt hatte, war es naheliegend, daß er seine Methode nochmals ausprobieren wollte. Es gab nämlich noch einen weiteren, schon lange lästigen Widerspruch im Sonnensystem: Der innerste Planet, Merkur, widersprach ebenfalls den Gesetzen, weil die große Achse seiner Bahnellipse sich langsam um die Sonne drehte. Eine derartige Drehung kann zwar Folge der Einwirkung der äußeren Planeten (vor allem des Nachbarplaneten Venus) sein, doch konnte die Drehung nicht zur Gänze auf solche Störungen zurückgeführt werden, es blieb immer ein unerklärter Rest.

Le Verrier versuchte nun die Zusatzhypothese, daß auch zwischen Sonne und Merkur sich noch ein unbemerkter Planet bewege, und berechnete seine Lage. Und nun trat etwas ein, was uns unerhört scheinen mag, in Wahrheit aber nur allzu verständlich ist und in der Geschichte der Naturwissenschaft ebenfalls immer wieder vorkommt: Der Planet wurde tatsächlich gefunden. Vulkan — so wurde er genannt — wurde 1859 von M. Lescarbault und 1876 von M. Porro und M. Wolf gesehen.

Wir wissen heute, daß es diesen Planeten nicht gibt; die Beobachtungen konnten nie bestätigt werden, sie waren nicht intersubjektiv und werden daher als falsch bezeichnet (was nicht intersubjektiv ist, gehört nicht in den Bereich der Naturwissenschaft und ist folglich weniger wirklich, bloß eingebildet oder gedacht, so verlangt es doch die Regel). Aber dieses Beispiel ist keine Ausnahme: Was immer von einem erfolgreichen, angesehenen Naturwissenschaftler vorhergesagt wird, wird mit Sicherheit auch gefunden, auch wenn es gar nicht existiert; die wissenschaftliche Literatur ist voll von solchen unechten Entdeckungen, die sich erst viel später endgültig als falsch erklären lassen.

Wenn die Elimination des Widerspruches Antrieb, Weg und Ziel der Naturwissenschaft ist, was ist das Prinzip, das dieser Methode zugrunde liegt? Es ist die Logik des Aristoteles, die ein Verfahren angibt, wie Widersprüche zu eliminieren sind. Es ist das Prinzip des rationalen Denkens schlechthin, und wir wollen uns daher ein wenig damit beschäftigen. Wir können das »richtige Denken« auf vier Grundsätze — sogenannte Axiome — zurückführen, die also die Basis dieses Denkens sind.

Zunächst ist es wichtig, von allem genau zu wissen, wie es einzuordnen ist. Verschwimmende Grenzen zwischen Begriffen hindern uns am klaren Denken. So lange ich nicht weiß, ob ich im Fernrohr eine Reflexion einer Straßenlaterne oder einen Stern sehe, solange kann ich keine vernünftigen Beobachtungen anstellen. Wenn ich nicht weiß, wie die kräftefreie Bewegung definiert wird (ob als

Kreisbewegung nach Aristoteles oder als geradlinig-gleichförmige Bewegung nach Newton), kann ich keine Theorie der Mechanik entwickeln. Dazu gehört auch eine klare Abgrenzung der Begriffe: Was verstehe ich unter Probekörper (etwa beim freien Fall), was ist eine Uhr und dergleichen mehr.

Diese Forderung kann im ersten Axiom der Logik, dem *Satz der Identität* so formuliert werden:»Alles ist mit sich identisch und verschieden von anderem.« Nicht nur naturwissenschaftliches Denken folgt diesem Axiom, es ist − im Abendland − auch in anderen Bereichen bestimmend. Wenn jemand von sich sagt, er sei Katholik, so ist damit auch gleich mitgesagt, daß er nicht Protestant, nicht Moslem, nicht Jude, nicht Orthodoxer (und so fort) ist. Denn »alles ist verschieden von anderem«, was ein Begriff nicht einschließt, schließt er aus.

Nachdem Begriffe einmal als eindeutig festgestellt sind, geht die Logik gleich aufs zentrale Anliegen: Im zweiten Axiom der Logik, dem *Satz vom Widerspruch*, heißt es:»Von zwei Sätzen, von denen einer das Gegenteil des anderen aussagt, muß einer falsch sein!« Widersprüche darf es also nicht geben, wenn sie auftreten, sind sie zu eliminieren, indem eine Seite als falsch erkannt (oder erklärt) wird. Wir haben dieses Axiom schon ausführlich durch Beispiele belegt. Es ist aber nun nützlich, ein wenig genauer zwischen verschiedenen Arten von Widersprüchen zu unterscheiden. Im zweiten Axiom wird vom gewöhnlichen (manchmal auch »konträren«) Widerspruch gesprochen. Die meisten Widersprüche, denen wir − auch im Bereich der Naturwissenschaft − begegnen, sind von dieser Art. Zum Beispiel der Widerspruch zwischen der theoretischen Vorherberechnung der Lage des Uranus und den tatsächlich beobachteten Werten. Solche Widersprüche lassen sich immer auf nicht übereinstimmende Zahlenwerte bringen: Theorie und Beobachtung geben einander widersprechende Zahlen (»Himmels-Koordinaten«), und nach dem zweiten Axiom der Logik muß mindestens eine falsch sein. Es können aber auch beide falsch sein! Darüber wird formal nichts ausgesagt; auch bei ganz einfachen Beispielen ist dies ersichtlich: Von den beiden Sätzen »Mein Freund N. ist Katholik« und »Mein Freund N. ist Protestant« muß, nach dem zweiten Axiom, mindestens einer falsch sein. Mein Freund N. könnte aber auch Moslem sein, dann wären beide falsch.

Dieses − zugegebenermaßen nicht sehr tiefe − Beispiel zeigt

aber auch klar, daß das erste Axiom Voraussetzung dafür ist, daß wir das zweite anwenden können. Wenn Begriffe nicht klar abgegrenzt sind, wenn ihre Identität nicht sichergestellt ist, können wir gar nicht feststellen, ob widersprechende Aussagen vorliegen. Jedenfalls fordert das zweite Axiom auf, Widersprüche zu eliminieren, wann immer sie auftreten. Allerdings muß erst festgestellt werden, ob einer oder beide Sätze falsch sind und ob wir einen als richtig bestehen lassen können. In der Logik wird oft von »wahren Sätzen« gesprochen. Ich verwende lieber das Wort »richtig«, weil es sich zunächst ja nur darum handelt, die Widerspruchsfreiheit sicherzustellen. Wir haben gerade am Beispiel der Naturwissenschaft gesehen, daß es gar nicht um Wahrheit geht, sondern um Widerspruchsfreiheit, um formale Übereinstimmung mit vorausgesetzten Postulaten, um »Bewährung« in der Erfahrung.

Das dritte logische Axiom geht nun noch einen entscheidenden Schritt weiter, indem es vom gewöhnlichen (konträren) den vollständigen (kontradiktorischen oder logischen) Widerspruch unterscheidet. Der *Satz vom ausgeschlossenen Dritten* besagt: »Von zwei Sätzen, von denen einer das vollständige Gegenteil des anderen aussagt, muß einer richtig sein.« Eine dritte Möglichkeit gibt es also nicht. Einer der Sätze muß − nach dem zweiten Axiom − falsch, der andere − nach dem dritten Axiom − richtig sein. Allerdings nur, wenn sie einander wirklich vollständig widersprechen. Solche logischen Widerspruchspaare sind etwa: »Ich bin Katholik« − »Ich bin nicht Katholik«; »Uranus entspricht der Newtonschen Theorie« − »Uranus verletzt die Newtonsche Theorie« oder »Die Lichtgeschwindigkeit kann überschritten werden« − »Die Lichtgeschwindigkeit kann nicht überschritten werden«.

Am besten kann das vollständige Gegenteil durch Einschieben des Wörtchens »nicht« formal konstruiert werden. Mathematiker sprechen zum Beispiel von den »nicht negativen ganzen Zahlen«; die »positiven ganzen Zahlen« sind noch nicht das vollständige Gegenteil der negativen ganzen Zahlen, weil die Null auch noch dazugehört.

Diese drei Axiome der Aristotelischen Logik sind der eigentliche Kern, auf den wir unser »richtiges« Denken gründen; alles, was mit ihnen verträglich ist, ist sinnvoll, was ihnen widerspricht, gilt als Unsinn. Wir haben uns so sehr daran gewöhnt, so selbstverständlich ist uns dies geworden, daß wir gar nicht mehr bewußt daran denken müssen. Wer bei einem Widerspruch ertappt wird, ist damit auch schon disqualifiziert, er »redet Unsinn«. Nicht mehr nur Voraussetzung, Übereinkunft, festgesetzte Basis für den Weiterbau sind die Axiome, sie unterscheiden Sinn und Unsinn. Darum ist auch die Mathematik eine der fundamentalsten Wissenschaften. Denn ihr geht es nicht um die Wirklichkeit, um Experimente, um Erfahrung, ihr geht es schlicht darum zu zeigen, was sich alles widerspruchsfrei denken läßt. Nicht was wahr ist, was mit irgendwelchen Beobachtungen übereinstimmt, sondern was im Einklang mit den Axiomen steht, ist Mathematik. Ich möchte dies unbedingt an einem Beispiel genauer erläutern und werde daher jetzt einen mathematischen Beweis bringen. Der Leser, der nicht in der Stimmung dazu ist, kann ihn ohne weiteres überschlagen und beim nächsten Absatz weiterlesen.

Ich möchte also den mathematischen Beweis für den Satz »es gibt unendlich viele Primzahlen« hier erläutern. Zunächst müssen die Begriffe genau abgeklärt sein (1. Axiom). Unter einer »Primzahl« verstehen wir eine Zahl, die (außer durch eins und durch sich selbst) nicht teilbar ist. 5, 13, 17 sind zum Beispiel Primzahlen, 15 ist keine Primzahl, sie ist ja durch 3 und durch 5 teilbar. Wir werden einen sogenannten indirekten Beweis führen; er fußt auf dem dritten Axiom. Wir nehmen nämlich statt des zu beweisenden Satzes sein *vollständiges* Gegenteil an und zeigen, daß es nicht richtig sein kann. Dann folgt aber aus dem dritten Axiom ohne weiteren Beweis, daß der ursprüngliche Satz richtig sein muß. Wir nehmen also an, es gibt nur endlich viele Primzahlen. Wenn wir nun alle diese Primzahlen miteinander multiplizieren (was nur geht, wenn es endlich viele sind, weil wir sonst nie fertig werden) und zum Produkt eins dazuzählen, erhalten wir eine neue Zahl, die sicher größer ist als der größte der Mulitplikanten und daher nicht mit einer der Primzahlen identisch sein kann. Trotzdem ist sie aber durch keine der Primzahlen teilbar, weil wir zum Produkt aller Primzahlen eins dazugegeben haben und daher beim Dividieren immer wieder eins als Rest erhalten. Sie ist daher überhaupt nicht teilbar (außer durch eins und durch sich selbst) und selbst wieder eine Primzahl. Dies ist aber ein Widerspruch zur Annahme, daß wir schon alle Primzahlen hatten. Ein Satz, der auf einen Widerspruch führt, darf nicht akzeptiert werden, und damit ist sein vollständiges Gegenteil als richtig »bewiesen«.

Ich glaube, daß es trotz der Trockenheit des Beweises faszinierend ist zu sehen, wie sich die Mathematik auf die Logik beruft, auf ihr aufbaut. Die Aussagen der Mathematik sind alle bewiesen, sie sind formal richtig, widerspruchsfrei. Die Mathematik zählt ja auch zu den »Formalwissenschaften«, die von den Naturwissenschaften wohl unterschieden sind. Das Problem der Übereinstimmung mit Beobachtungen ergibt sich erst bei den Naturwissenschaften. Darum war es meines Erachtens nach so wichtig, den Unterschied zwischen »wahr« und »richtig« nicht zu vergessen. »Richtig« ist das, was bewiesen werden kann, im extremen Fall die Mathematik. Aber gerade dort geht der Bezug zur Wirklichkeit verloren. »Wahr« ist demgegenüber nur eine konkrete, gelebte Situation, die wegen ihrer Einmaligkeit nun gerade vollständig unbewiesen bleiben muß. »Wahr« kann der Satz sein »ich liebe Dich«, und wer hier nach Beweisen suchen wollte, hätte die Wahrheit schon aufgegeben.

Erinnert uns die Unterscheidung nicht wiederum an die beiden Straßen nach der Galileischen Wegscheide? Das Richtige, Intersubjektive auf der einen, das Wahre, individuell Gelebte auf der anderen? Aber die Naturwissenschaft steht vor dem Dilemma, sich nicht so wie die Mathematik ganz auf eine Seite schlagen zu können. Sie will ja ein Bild der Welt konstruieren und muß daher einen gewissen »Wahrheitsgehalt« anstreben. Das Experiment bildet diese Brücke, wie wir im ersten Kapitel gesehen haben: Nur so viel von der chaotisch widersprüchlichen erlebten Welt soll als Test für das Modell verwendet werden, als sich widerspruchsfrei nach den Axiomen der Logik einordnen läßt. Immer aber bleibt dabei Widerspruchsfreiheit höchstes Ziel.

Ich halte die Unterscheidung von »wahr« und »richtig« für so wichtig, daß ich noch einige andere Autoren dazu zu Wort kommen lassen möchte. So sagt der Philosoph Erich Heintel: » . . . weil ich hier lediglich auf den Unterschied von ›wahr‹ und ›richtig‹ reflektiere« und: »Trotzdem liegt im Wort ›richtig‹ primär ein Bezug zu Dingen, die von uns selbst gemacht bzw. modifiziert, ›hergerichtet‹ werden, zum Unterschied von natürlich gewordenen Dingen. Wir stehen hier wiederum in jenem tiefgreifenden Unterschied von natürlichem Seienden und Seiendem, das nur durch den Menschen da ist. Das Wort ›richtig‹ kommt ja wie das Wort ›recht‹ von dem Wort ›gerade‹. Etwas Krummes gerade machen, mit der Bedeutung: etwas sinnvoll einrichten, liegt ihm zugrunde.«

Und Joseph Weizenbaum, den wir schon im ersten Kapitel gehört haben, mahnt die Wissenschaftler, indem er sich auf D. C. Dennet beruft: »Sie sollten erkennen, daß ›zwar die Beschränkungen und Grenzen der Logik über die Dinge der Welt keine Gewalt haben, aber sie beschränken und begrenzen das, was als vertretbare Beschreibung und Interpretation der Dinge zu gelten hat‹. Müßten sie das einsehen, dann könnten sie auch den nächsten befreienden Schritt tun und erkennen, daß Wahrheit und formale Beweisbarkeit nicht dasselbe ist.«

Es ist also die Logik, die dem Weltbild der Naturwissenschaft »Schönheit und Tiefe« verleiht, weil sie uns zeigt, wie wir ein widerspruchsfreies Gedankengebäude errichten können. Daß es immer wieder um die Widersprüche geht, gibt auch Einstein zu, wenn er sagt: »Die Spezielle Relativitätstheorie entsprang einer dringenden Notwendigkeit, da ernste und schwerwiegende Widersprüche in der überlieferten Theorie aufgetreten waren, aus denen es keinen Ausweg zu geben schien. Die Stärke der neuen Theorie liegt in ihrer Folgerichtigkeit und der Einfachheit, mit der sie alle diese Probleme aufgrund weniger, überzeugender Annahmen löst.«

Aber nicht nur für die Naturwissenschaft wurde die Logik des Aristoteles maßgebend: Wir organisieren immer weitere Bereiche unseres Lebens nach denselben Prinzipien. Ganz klar trifft dies für alle Gesetze zu. Logik garantiert ja mit der Widerspruchsfreiheit auch das Funktionieren, das Lösen von Problemen, die klare Entscheidbarkeit in allen Situationen. So heißt etwa der Paragraph 6 eines unserer Gesetze mit Verfassungsrang (Gesetz über die Aufhebung des Adels) ganz lapidar: »Alle mit diesem Gesetz in Widerspruch stehenden Vorschriften treten außer Geltung.«

Gerhard Schwarz hat immer wieder deutlich darauf hingewiesen, wie sehr sich die logischen Axiome auch in der Struktur unserer Gesellschaftsordnung wiederfinden; und dies ist auch nicht verwunderlich, haben wir doch die Logik zum Kriterium für »richtiges« Denken schlechthin gemacht.

Wir müssen aber noch das vierte und letzte logische Axiom kennenlernen, das sich von den anderen unterscheidet und auch erst später hinzugekommen ist. Es ist der *Satz vom zureichenden Grunde,* den wir so formulieren können: »Alles hat seinen Grund, warum es so ist, wie es ist.« Über diesen Satz sagt Schopenhauer: » . . . man ihn die Grundlage aller Wissenschaft nennen darf. Wissenschaft nämlich bedeutet ein System von Erkenntnissen, d. h. ein Ganzes von verknüpften Erkenntnissen, im Gegensatz des bloßen Aggregats (Ansammlung) derselben. Was aber Anderes, als der Satz vom zureichenden Grunde, verbindet die Glieder eines Systems? Das eben zeichnet jede Wissenschaft vor dem bloßen Aggregat aus, daß ihre Erkenntnisse eine aus der anderen, als ihrem Grunde, folgen.«

Während uns die ersten drei Axiome die Widerspruchsfreiheit garantieren, läßt das vierte Axiom erst größere Zusammenhänge entstehen, es ist sozusagen der Vater des Gedankens der Vereinheitlichung, der ja für die Naturwissenschaft so wesentlich ist. Statt der bloßen Ansammlung ein Ganzes von verknüpften Erkenntnissen, so sagt es Schopenhauer.

Und dieses Ganze, diese Verknüpfung von Erkenntnissen ermöglicht uns erst, jenes umfassende Weltbild zu errichten, das uns die Naturwissenschaft liefert. Vom Elementarteilchen zu den Spiralnebelhaufen, vom Einzeller bis zum Menschen, von den einfachsten Kohlenwasserstoffverbindungen bis zu den Riesenmolekülen der Erbträger haben wir durchgehende Verbindungen geschaffen, die jeweils das Übergeordnete durch das Einfachere erklären können: Alles hat seinen Grund, warum es so ist, wie es ist. Wenn ich meinen Kugelschreiber auslasse, fällt er zu Boden. Warum? Weil für ihn die Erdanziehung ebenso wirkt wie für alle Gegenstände. Warum? Weil die Erdanziehung nur ein spezieller Fall der allgemeinen Massenanziehung ist. Warum? Weil Kugelschreiber, Erde und alle anderen Körper aus Teilchen bestehen, die letztlich ununterscheidbar sind und für die die einheitlichen Gesetze der Teilchenphysik gelten.

Irgendwo müssen wir freilich aufhören, »Warum« zu fragen. Heute ist dies die Ebene der Elementarteilchen, die wir nicht mehr hinterfragen können. Der Feynmansche Satz ist aber auch eine so weitreichende, umfassende Vereinheitlichung unseres Weltbildes, daß es nicht schwerfällt, die Frage »Warum besteht alles aus Teilchen?« zu unterdrücken. Und was wir heute noch nicht wissen, wird uns die Methode der Naturwissenschaft mit Sicherheit in Zukunft erklären können. Auch dieser Glaube gehört zu den Voraussetzungen (Vorurteilen) naturwissenschaftlicher Methodik: Was wir noch nicht wissen, werden wir einmal wissen; wo es noch Widersprüche gibt, werden sie einmal eliminiert sein!

Sozusagen als »Beweis« für diese Annahme wird dann immer auf den mächtigen Apparat des Erreichten verwiesen: ein einheitliches Weltbild vom Elementarteilchen zu den Spiralnebelhaufen und so weiter. Und aufgrund der Axiome der Logik ist dieses Weltbild in klaren Hierarchien geordnet. Es gibt keine Widersprüche, alles ist klar abgegrenzt und folgt aus dem jeweils Übergeordneten. Durch diese klare Ordnung ist es überhaupt erst möglich, das ungeheure Tatsachenmaterial des naturwissenschaftlichen Weltbildes zu speichern. »Wissen heißt wissen, wo's steht« ist ein beliebter Ausspruch vieler Gelehrter. Und das Auffinden einer bestimmten Tatsache, eines bestimmten Lehrsatzes, einer bestimmten Theorie wird durch diese Hierarchisierung erst ermöglicht. Wenn ich wissen will, wie sich eine Pistolenkugel nach dem Abschuß bewegt, dann weiß ich zunächst, daß ich darüber in einer physikalischen und nicht in einer chemischen oder biologischen Bibliothek Auskunft erhalten werde. Ich weiß ferner, daß es sich um ein Problem der Mechanik und nicht der Elektrodynamik oder der Wärmelehre handelt. Nun kann ich die Register der Spezialliteratur in Mechanik durchsehen und werde bald auf die sogenannte »Ballistik« stoßen, die das gesuchte Problem behandelt.

Damit ist uns durch die Methode der Naturwissenschaft etwas gelungen, was keine andere Kultur in dem Maße fertiggebracht hat: Wir können nicht nur messen, was meßbar ist, und meßbar machen, was nicht meßbar ist, wir können alle diese Meßwerte, diese »Tatsachen«, auch sammeln und so einordnen, daß sie für jedermann jederzeit zugänglich sind. Immer mächtiger wird daher die Menge des Gesammelten, und auch aus diesem Grund erscheint der nicht auf diese Weise erreichbare Teil der Wirklichkeit darum weniger beachtenswert, weniger real, eben reine Privatsache.

Damit sind wir aber noch einmal auf jene Spaltung geführt worden, die uns schon so viel beschäftigt hat. Und wir wollen noch einmal die Frage aufgreifen, ob das Absehen von den individuell-emotionellen Problemen, das zu der internationalen Freundschaft der Physiker geführt hat, nicht auch auf andere Bereiche ausgedehnt werden kann. Ich glaube, daß streng nach diesem Vorbild ein solcher Versuch historisch schon erfolgt ist. In den sechziger Jahren unseres Jahrhunderts haben die beiden Supermächte − die Vereinigten Staaten und die Sowjetunion − ihren Interessenkonflikt in den Weltraum verlagert. Weitab und fern von den eigentlichen Problemen dieser Welt ist es nun darum gegangen, einigen Astronauten den Weg ins All — ja bis auf den Mond — zu öffnen. Und tatsächlich ist es nun trotz aller Konkurrenz zu einer freundschaftlichen, ja manchmal herzlichen Zusammenarbeit im Weltraum gekommen. Deutlicher läßt sich jenes Prinzip kaum noch vorführen. Selbst die argwöhnischsten Gegner können auf einmal kooperieren, wenn es um »intersubjektive« Probleme geht, wenn von den eigentlichen Interessen abgesehen wird. Lange hat allerdings diese Euphorie nicht angehalten; und das ist auch erklärlich, bleiben doch dabei die eigentlichen Probleme einfach liegen, sie werden ja nicht bearbeitet, sondern nur zeitweilig ignoriert.

Wir müssen also die Hoffnung aufgeben, daß sich Konflikte — persönlich individuelle Probleme — dadurch lösen lassen, daß man von ihnen ablenkt auf gemeinsame, intersubjektive Ziele. Dies mag für Wissenschaftler aufgrund ihrer bestimmten Geisteshaltung ein gangbarer Weg sein, kann aber kaum verallgemeinert werden. Trotzdem bietet die Möglichkeit, im emotionsfreien Raum — und sei es der außerirdische Weltraum — zusammenzutreffen, natürlich großartige Vorteile, schafft sie doch Gelegenheit zum Abbau von Spannungen, die ein direktes Bearbeiten von Konflikten vielleicht sonst unmöglich machen.

In diesem Sinne sagt Carl Friedrich von Weizsäcker im Anschluß an das Zitat über die Wertfreiheit der Wissenschaft, das wir im ersten Kapitel wiedergegeben haben: »Sie zielt auf Überwindung des Wunschdenkens, auf Einübung der Selbstkritik, auf Distanz zur eigenen Ideologie, auf Erwachsenwerden. Dies ist ihr Wert für jeden einzelnen. Und der Menschheit im ganzen vermittelt das gegenwärtige wissenschaftliche Zeitalter eine völlig neue Stufe der Einsicht im Umgang mit der Wirklichkeit. Diese Einsicht verlangt freilich Opfer gewohnter Denkweisen, sie tut weh. Der Schmerz ist der Weg zur inneren Freiheit. Erst der freigewordene Mensch kann prüfen, ob er nicht zuviel geopfert, das Kind mit dem Bade ausgeschüttet, für das verlassene Vaterhaus die Wüste eingetauscht hat.«

Schütten wir das Kind mit dem Bade aus? Wenn wir stur die Straße der Naturwissenschaft weitergehen und die andere Straße dabei vollkommen aus den Augen verlieren, dann wahrscheinlich ja!

Es muß uns also Ziel werden, trotz der unversöhnlichen Alternative eine Brücke zu schlagen zwischen den beiden Wegen. Noch können wir die Möglichkeit dazu nicht erkennen, aber die Grenzen werden deutlicher: Wir können jetzt nämlich sagen, daß die andere Straße, die wir bisher als die Straße der persönlichen, individuellen und emotionalen Probleme bezeichnet haben, der Weg alles dessen ist, was sich nicht mit den logischen Axiomen verträgt, was nicht widerspruchsfrei eingeordnet werden kann. Und damit haben wir klar die Grenze des naturwissenschaftlichen Weltbildes abgesteckt (ich bezeichne sie als die ontologische Grenze): Die logischen Axiome wirken wie ein Filter, der, über die Wirklichkeit gestülpt, nur den widerspruchsfreien Teil durchläßt. Alles andere gehört dann nicht zum Weltbild der Naturwissenschaft, es bleibt jenseits der ontologischen Grenze und wird nicht wirklich ernst genommen.

Die ontologische Grenze physikalischer Erkenntnis ist wohl zu unterscheiden von der technologischen Grenze. Vieles können wir in unserem naturwissenschaftlichen Weltbild *noch* nicht finden, weil es jenseits der Grenze technologischer Möglichkeiten liegt. Vor der Inbetriebnahme des Super-Protonensynchrotrons bei CERN (und der analogen Maschine in den Vereinigten Staaten) war zum Beispiel eine technologische Grenze durch die maximale Energie der älteren Maschinen gegeben. Teilchen, deren Erzeugung höhere Energien erforderte, waren jenseits der technologischen Grenze und konnten einfach nicht untersucht werden. Aber diese Grenze wurde durch den Bau der Super-Beschleunigungsmaschinen hinausgeschoben und liegt heute bei wesentlich höheren Energien.

Es liegt also in der Natur der technologischen Grenze physikalischer Erkenntnis, daß sie zwar zu jedem bestimmten Zeitpunkt eine feste Schranke für die Möglichkeiten naturwissenschaftlicher Erkenntnis darstellt, daß sie aber durch die Bewegung der natuwissenschaftlich-technologischen Fortschrittsspirale ständig hinausgeschoben wird und neue Gebiete in den Bereich des Möglichen rücken läßt. Bezüglich dieser Grenze gilt also wirklich die Behauptung: Was wir heute noch nicht wissen können, werden wir sicher in Zukunft einmal in unserem Weltbild einbauen, werden wir einmal wissen. Darum ist es auch so wichtig, genau zwischen den verschiedenen Grenzen naturwissenschaftlicher Erkenntnis zu unterscheiden. Denn was für die technologische Grenze gilt, muß nicht auch für andere Grenzen gelten. (Wir werden im nächsten

Kapitel noch eine dritte Grenze physikalischer Erkenntnis kennenlernen: die methodologische Grenze.)

Gegenüber der ontologischen Grenze gibt es zwei Grundhaltungen, die ich beide nicht akzeptieren kann: Die eine Grundhaltung
möchte die Trennung zwischen technologischer und ontologischer
Grenze verwischen und erklärt, daß alle Grenzen vorläufig sind,
daß wir schon noch einmal eine Möglichkeit finden werden, alle
Grenzen beliebig weit hinauszuschieben, und daß wir uns deshalb
um das, was jenseits der Grenzen liegt, gar nicht zu kümmern brauchen. (Wir haben diese Haltung schon kennengelernt.) Die zweite
Grundhaltung möchte statt der ontologischen Grenze lieber ein
Ende setzen. Der Unterschied zwischen Grenze und Ende ist
wesentlich: Jenseits der Grenze gibt es etwas, wenn auch die
Grenze einen Unterschied zwischen diesseits und jenseits setzt. Ein
Staat hat eine Grenze, jenseits der Grenze liegt ein anderer Staat.

Das Ende bedeutet aber ein echtes Aufhören, es ist nicht sinnvoll,
danach zu fragen, was nach dem Ende liegt. Ein Maßstab etwa hat
ein Ende, er hört dort auf, und nur das Diesseits des Endes ist sinnvoll. Wenn also die zweite Grundhaltung, die ich ablehne, die ontologische Grenze durch ein Ende ersetzen möchte, so will sie damit
eben dem Widersprüchlichen, dem nicht durch die Logik voll
Erfaßbaren, den Grad von Wirklichkeit, von Realität, absprechen,
den sie dem Bild der Wirklichkeit zuerkennt, das die Naturwissenschaft konstruiert. Auch diese Grundhaltung haben wir schon kennengelernt, sehen aber jetzt deutlicher, daß es zwar zwei solche
unterscheidbare Grundhaltungen gibt, daß sie aber letzten Endes
beide dasselbe wollen: Das, was nicht meßbar gemacht werden
kann, ableugnen! Wo Widersprüche auftreten, handelt es sich demnach um Irrtümer, Fehleinschätzungen oder um den Bereich des
Irrealen, das höchstens in der Privatsphäre existieren darf. Wollen
wir die ontologische Grenze als solche akzeptieren, so wird uns
nichts anderes übrigbleiben, als uns ernsthaft mit den Widersprüchen auseinanderzusetzen, wann immer sie auftauchen. Freilich
wird es fast immer das beste sein, Widersprüche nach der so großar-
tig funktionierenden Methode der Logik zu eliminieren, aber die
panische Angst, das nackte Entsetzen vor der Möglichkeit, mit
Widersprüchen auch einmal leben zu müssen, werden wir zu überwinden haben.

Wir können die ontologische Grenze vielleicht noch klarer sehen, wenn wir einen Blick auf andere Kulturen werfen, die sich nicht restlos dem Anspruch der Naturwissenschaft unterworfen haben. Der Indologe Heinrich Zimmer beschreibt, wie in Indien über denselben Gegenstand durchaus widersprüchliche Theorien bestehen können:»Beiden Theorien eignet derselbe Ernst, aber ihr Nebeneinander führt zu keinem Konflikt. Augenscheinlich dank der allgemeinen Struktur indischen Denkens: für den gleichen Gegenstand... verschiedene Aspekte gelten zu lassen, die, jeder in sich theoretisch sinnvoll, keinen Anspruch auf alleinige Gültigkeit entwickeln. Sie sollen nicht die ganze Wirklichkeit erfassen und erklären, sondern nur ein einzelnes Stück Wirklichkeit benennen und begrifflich konstruieren. Aber die widerspruchslose Konstruktion der Gesamtwirklichkeit in ihrer Beziehungsfülle wird nicht als Aufgabe empfunden.«

Die »widerspruchslose Konstruktion der Gesamtwirklichkeit in ihrer Beziehungsfülle«: Schöner könnte man den Anspruch des naturwissenschaftlichen Weltbildes gar nicht beschreiben! In Indien wird sie nicht als Aufgabe empfunden, was Heinrich Zimmer sofort zu dem kritischen Nachsatz veranlaßt:»daß ihre Möglichkeit erst die gedankliche Konstruktion von Teilbezügen legitimiert, fehlt als Regulativ der Theorienbildung«. Haben die Inder diese Möglichkeit übersehen, oder vergewaltigen wir die Wirklichkeit, indem wir diese Möglichkeit fordern und an die Spitze unserer Vorurteile stellen?

Karl Marx bezeichnet die Logik als das »Geld des Geistes«, und für Bertrand Russel galt der Leitsatz: »Überall dort, wo es nur möglich erscheint, hat man den Schluß auf irgendwelche Wesenheiten durch logische Konstruktionen zu ersetzen.« Schon 1930 meinte der universell begabte Friedrich Eckstein, Künstler, Psychologe und Naturwissenschaftler:»Diese fortschreitende Logisierung alles Seienden bildet die eigentliche Charakteristik der modernen, und vielleicht auch jene der zukünftigen Wissenschaft.«

In einem Gespräch mit Joseph Weizenbaum sagte Kenneth B. Clark:»Ich bin seit langem zu dem Schluß gekommen, daß Antworten auf die großen Fragen, denen sich die Menschen aller Zeiten gegenüber sahen, nur einem rationalen Denken entspringen können. Die einzige Alternative ist jene Art von Geistlosigkeit, die, wie wir gesehen haben, nur in Gewalt und Zerstörung ausartet.« Hier werden die Möglichkeiten der Menschen ganz klar auf eine schreckliche Alternative reduziert: entweder rationales Denken oder Gewalt und Zerstörung! Joseph Weizenbaum meint dazu: »Man könnte diese Auffassung gewiß unterstützen, aber nur, wenn mit Rationalität etwas anderes gemeint ist als die bloße Anwendung von Naturwissenschaft und Technik, wenn Rationalität nicht implizit und automatisch mit Berechenbarkeit und logischem Denken gleichgesetzt wird.« Das ist aber heute fast immer der Fall. Dies schildert auch Peter Heintel: »Fast alle Wissenschaft, wie immer sie sich auch nennt, versucht . . . in Analogie zur Naturwissenschaft zu verstehen; d. h. sie versucht, nach dem Muster traditioneller Logik vorzugehen . . . In den Naturwissenschaften, vor allem in ihren Anwendungen, hat sich dieses Modell bestens bewährt, da das Einzelne, Besondere ohnehin nur als Fall eines Subsumtionszusammenhanges (Unterordnung unter ein Allgemeines im Sinne der Hierarchie) gebrauch- und beherrschbar ist. Was es darüber hinaus noch ist, zählt zu den Störfaktoren und wird aus den bestimmten Anordnungen, solange man mit ihnen auskommt, ausgeschlossen. Auf Grund dieses Modells hat die Naturwissenschaft ihre Vorherrschaft über die Welt angetreten und unser zivilisatorisches Überleben gesichert.«

Hegel meint dazu, daß das Allgemeine dem Einzelnen zwar entgegengesetzt, aber erst durch das Einzelne bedingt vorkommt. »Diese beiden widersprechenden Extreme sind nicht nur nebeneinander, sondern in einer Einheit; . . . Diese Momente sucht die Sophisterei des Wahrnehmens von ihrem Widerspruche zu retten und durch die Unterscheidung . . . des Unwesentlichen und eines ihm entgegengesetzten Wesens das Wahre zu ergreifen. Allein diese Auskunftsmittel . . . erweisen sich vielmehr selbst als nichtig, und das Wahre, das durch diese Logik des Wahrnehmens gewonnen werden soll, erweist sich . . . das Gegenteil zu sein.«

Innerhalb der Naturwissenschaft gelten natürlich uneingeschränkt die Gesetze der Logik, und wer sie am zielführendsten beherrscht, kommt am besten voran. Die Zeitschrift *Industrial Research and Development* (Industrielle Forschung und Entwicklung) zeichnete im Jahre 1978 den Chemiker John L. Speier als »Wissenschaftler des Jahres« aus und begann die Beschreibung seines Werkes mit den Worten:

»Es liegt Schönheit in einem Experiment, das wohl erdacht ist, das logisch ist und glatt von den ursprünglichen Annahmen zu den Schlüssen führt.

Die Forschungskarriere des Dr. John L. Speier ist übervoll mit dieser Art von Schönheit. Und die Logik begnügte sich nicht mit dem Schluß aus einem bestimmten Experiment, sondern wurde zur Struktur, die Dr. Speier durch seine bahnbrechende Arbeit... führte.

... Logik sagte Dr. Speier, daß es einen Katalysator für diese Reaktion geben müsse. Logik führte ihn dazu, diese Reaktion zu erforschen...«

Hier ist noch einmal klar zum Ausdruck gebracht, daß die Logik die »Schönheit und Tiefe« des naturwissenschaftlichen Weltbildes bestimmt, weil sie die richtigen Schlüsse liefert, Fortschritt bringt und das reibungslose Funktionieren garantiert.

3
Die Konstruktion der Wirklichkeit

»Ich bin erst dann zufrieden, wenn ich von einer Sache ein mechanisches Modell herstellen kann. Bin ich dazu in der Lage, dann kann ich sie verstehen. Wenn ich mir nicht in jeder Hinsicht ein Modell machen kann, dann kann ich sie auch nicht verstehen.« So beschrieb der englische Physiker William Thomson, Lord Kelvin (1824–1907), seine Forderung an das naturwissenschaftliche Modell der Wirklichkeit; er hat damit wohl die allgemeine Ansicht der Physik des 19. Jahrhunderts gut getroffen: Ein mechanisches Modell war das Ziel. Und wir wissen auch schon, warum: ging es doch um die »Austreibung der Geister aus der Natur«. Hören wir jedoch noch einmal kurz, aber in poetischen Worten, über jene Entwicklung; Louis Büchner schrieb um die Mitte des 19. Jahrhunderts in seinen »empirisch-naturphilosophischen Studien«: »Stück für Stück hat die Aufklärung suchende Wissenschaft dem uralten Kinderglauben der Völker seine Positionen abgewonnen, hat den Donner und Blitz und die Verfinsterung der Gestirne den Händen der Götter entwunden und die gewaltigen Kräfte ehemaliger Titanen unter den befehlenden Finger des Menschen geschmiedet. Was unerklärlich, was wunderbar, was durch eine übernatürliche Macht bedingt schien, wie bald und leicht stellte es die Leuchte der Forschung als die Wirkung bisher unbekannter oder unvollkommen gewürdigter Naturkräfte dar, wie schnell zerrann unter den Händen der Wissenschaft die Macht der Geister und Götter! Der Aberglaube mußte unter den Culturnationen fallen und das Wissen an seine Stelle treten. Mit dem vollkommensten Rechte und der größten wissenschaftlichen Bestimmtheit können wir heute sagen: Es gibt nichts Wunderbares; Alles, was geschieht, was geschehen ist und was geschehen wird, geschieht und geschah und wird geschehen auf eine natürliche Weise, d. h. auf eine Weise, die nur bedingt ist durch das gesetzmäßige Zusammenwirken oder Begegnen der von Ewigkeit her vorhandenen Stoffe und der mit ihnen verbundenen Naturkräfte. Keine Revolution der Erde oder des Himmels, mochte sie noch so gewaltig sein, konnte auf eine andere Weise zu Stande kommen, keine gewaltige, aus dem Aether herabgreifende Hand hob die Berge und versetzte die Meere, schuf Thiere und Menschen nach persönlichem Einfall oder Behagen, sondern es geschah durch dieselben Kräfte, die noch heute Berge und Meere versetzen und Lebendiges hervorbringen, und Alles dieses geschah als der Ausdruck strengster Notwendigkeit.«

Büchner setzt sich im folgenden kritisch mit Vorstellungen auseinander, die in der Welt eine gewisse Zweckmäßigkeit sehen wollen und daher auf eine höhere Vernunft oder gar einen Schöpfer nicht gänzlich verzichten können; er meint dazu: »Daher konnte auch diese Vorstellungsweise gerade unter den Naturforschern, welche täglich und stündlich Gelegenheit haben, sich von dem rein *mechanischen* Wirken der Naturkräfte zu überzeugen, die wenigsten Anhänger finden.«

Auch hier also wieder die Mechanik als das reinste Mittel zur Austreibung der Geister. Was mechanisch erklärt werden kann, bedarf keiner weiteren Hilfshypothesen und kann darum verstanden werden. Die mechanische Maschine wird damit zum Urbild des Geistlosen, Toten. Weil sie funktioniert, sind alle Widersprüche aus ihr entfernt, und weil sie keine Widersprüche hat, funktioniert sie. (Widerspruch ist im mechanischen Sinne auch ein Fehler, etwas, das den störungsfreien Ablauf der Bewegung behindert.)

Wundert es uns noch, daß Büchner auch die Spaltung in die beiden Straßen, die wir in den beiden ersten Kapiteln ausführlich besprochen haben, beschreibt? Ja daß er streng die »andere Straße« in die Privatsphäre verweist? Hören wir seine poetischen Ausführungen wieder: »Es kommt uns in unserer Auseinandersetzung nicht zu, uns mit Denjenigen zu beschäftigen, welche sich mit ihren Versuchen einer Erklärung des Daseins an den Glauben wenden. Wir beschäftigen uns mit der greifbaren sinnlichen Welt und nicht mit dem, was jeder Einzelne darüber hinaus für existierend zu halten gut finden mag. Was Dieser oder Jener über die sinnliche Welt hinaus als regierende Vernunft, als absolute Potenz, als Weltseele, als persönlichen Gott u.s.w. denken mag, ist seine Sache. Die Theologen mögen mit ihren Glaubenssätzen für sich bleiben, die Naturforscher mit ihrem Wissen nicht minder; beide schreiten auf getrennten Bahnen vorwärts.«

Man muß weit in die Vergangenheit gehen, um dies mit solcher Deutlichkeit und so bejahend ausgesprochen zu finden. Ganz wohl ist Büchner jedoch bei dieser Spaltung offenbar auch nicht, sagt er doch bald darauf: »Gab doch erst ganz vor Kurzem, wie bekannt, ein angesehener Naturforscher den eigenthümlichen Rath, man möge sich zwei verschiedene Gewissen anschaffen, ein naturwissenschaftliches und ein religiöses, welche man zur Ruhe der eigenen Seele streng getrennt halten solle, da sich beide nicht mit einander vereinen lassen – ein Verfahren, welches seitdem unter dem Kunstausdruck der ›doppelten Buchführung‹ bekannt geworden ist. Wir nannten den Rath einen eigenthümlichen, weil sich ein solcher Rath überhaupt nicht geben läßt. Wem seine Überzeugung eine solche doppelte Buchführung erlaubt, bedarf des Rathes dazu von Anderen nicht.«

Kommen wir damit schon wieder in eine schreckliche Alternative? Entweder Ableugnen der »anderen Straße«, des »Jenseits der ontologischen Grenze«, oder »doppelte Buchführung?«

Wir müssen diese Frage noch eine Zeitlang offenstehen lassen und uns zunächst dem anderen Aspekt widmen: der Zurückführung alles Erklärbaren auf die Mechanik. Zunächst hat diese Methode ja einen gewaltigen Siegeszug angetreten. Wir sprechen heute von »elektrischer Spannung«, weil James Clerk Maxwell, der bedeutendste Begründer der Theorie der Elektrizität, auch elektrische und magnetische Erscheinungen auf mechanische Modelle zurückführte. Er postulierte dazu den alles erfüllenden Äther als mechanischen Träger dieser Erscheinungen und verstand unter »Spannung« einen durchaus mechanisch zu erklärenden Zustand dieses Äthers: eben einen Spannungszustand, wie wir ihn uns auch in einem elastischen Medium vorstellen können. Obwohl wir in der Physik des 20. Jahrhunderts diese Forderung nach mechanischen Modellen aufgeben mußten und daher auch den Maxwellschen Äther nicht mehr benutzen, spricht man noch heute gerne von »Ätherwellen« oder »senden durch den Äther«, wenn vom Rundfunk die Rede ist.

Der berühmte Mathematiker und Physiker Leonhard Euler

schrieb um die Mitte des 18. Jahrhunderts Briefe an eine deutsche Prinzessin, in denen er ihr die Grundlagen der Physik beibringen wollte. (Er ist damit auch Pionier der populärwissenschaftlichen Literatur geworden.) In seinem Brief vom 17. Juni 1760 schrieb Euler »Von der Fortpflanzung des Lichtes«: »Was die Fortpflanzung des Lichts durch den Aether betrifft, so geschieht sie auf eine ähnliche Weise wie die Fortpflanzung des Schalls durch die Luft: und so wie eine in den Theilen der Luft hervorgebrachte Erschütterung den Schall bewirkt, so bringt eine Erschütterung in den kleinsten Theilen des Aethers das Licht oder die Lichtstrahlen hervor. Es ist demnach das Licht nichts anderes als eine Bewegung oder Erschütterung der Theilchen des Aethers, welcher sich seiner äußersten Feinheit wegen, vermöge welcher er alle Körper durchdringt, überall vorfindet . . . Denn Ew. Hoheit werden sich erinnern, daß nach den ersten Begriffen, die wir uns vom Aether gemacht haben, diese Materie ohne Vergleich dünner, und auch ohne Vergleich elastischer seyn muß, als die Luft; diese Eigenschaften helfen aber beide dazu, die Geschwindigkeit in der Fortpflanzung der Bewegungen zu vergrößern. Die erstaunliche Geschwindigkeit des Lichts wird also nicht nur gar nicht befremden, sondern vielmehr vollkommen mit unseren Grundsätzen übereinstimmen . . .«

Maxwell hat – viel später – das mechanische Äthermodell des Lichtes zu einer vollständigen Theorie ausgebaut und seine Gleichungen der elektromagnetischen Erscheinungen sind noch heute Grundlage aller physikalischen Berechnungen auf diesem Gebiet, obwohl wir, wie gesagt, die Ätherhypothese längst fallenlassen mußten. Aber auch auf vielen anderen Gebieten haben sich mechanische Vorstellungen durchgesetzt. Joachim Fleckenstein schreibt darüber: »Immerhin hat der berühmte Blutkreislauf Harveys (der englische Physiologe William Harvey machte die Entdeckung des großen Kreislaufes des Blutes, die er ab 1619 als Professor der Anatomie in London lehrte) zu einem mechanischen Modell des tierischen und menschlichen Körpers geführt, und so entstand als eine wichtige Disziplin die ›Jatromathematik‹ (Arztmathematik), allen voran die Borellis, welche die Bewegungen der tierischen Körper nach den Gesetzen der Newtonschen Mechanik untersuchte und darstellte.«

In vielen Bereichen war es also tatsächlich gelungen, die Forderung Lord Kelvins zu erfüllen und ein mechanisches Modell der

Wirklichkeit zu konstruieren. Damit war gleichzeitig jener notwendige Schritt vollzogen, den wir im ersten Kapitel ausführlich besprochen haben: der Schritt fort vom Menschen. Denn das Urbild der Mechanik war und ist die Himmelsmechanik, die Bewegung der Gestirne im leeren Weltraum; Galileis Frage, »wie die Himmel sich bewegen«.

»Donner und Blitz und die Verfinsterung der Gestirne den Händen der Götter zu entwinden«, wie Büchner sagte, ist aber nur eine Seite des allgemeinen Strebens nach Sicherheit, nur eines der Bedürfnisse der Menschen. Sozusagen die Bedrohung von außen, von den Göttern des Himmels. Die andere Seite ist der Wunsch nach Geborgenheit, nach Wärme, nach innerer Sicherheit, nach dem Ruhen im Schoß der Mutter Erde. Und so hat sich parallel zu der Entwicklung, die wir bisher besprochen haben, eine andere naturwissenschaftliche Disziplin entwickelt, die zwar die gesamte Methodik der »Neuen Wissenschaft« verwendete, zunächst aber ziemlich unabhängig von der Mechanik blieb: die Wärmelehre. Auch für sie galt das Gebot »alles, was meßbar ist, messen, und was nicht meßbar ist, meßbar machen«, aber sie beschäftigte sich mit jenen Eigenschaften der Welt, die uns Menschen unmittelbar berühren: mit Wärme, Temperatur, Luftdruck und dergleichen. Vielleicht können wir sagen, statt mit den Gesetzen der Welt befaßt sie sich mit den Gesetzen der Umwelt.

Gehe ich zu weit, wenn ich hinter diesen beiden Seiten die alte polare Spannung zwischen männlichem und weiblichem Prinzip vermute? Wenn ich die Himmelsmechanik als Auseinandersetzung (Auseinander-Setzung!) mit den Vater-Gottheiten, die Wärmelehre als Hinwendung an die Mutter Erde, an das Mütterliche schlechthin betrachte? Gerade durch die Art und Weise, wie wir im Abendland naturwissenschaftlich an die Welt herantreten, uns mit ihr befassen, ist uns eine solche Betrachtungsweise, die sich auf geschlechtliche Aspekte bezieht, fremd, unheimlich, vielleicht sogar unsinnig geworden. Unsere Logik kennt nur den Gegensatz »falsch − richtig«; der Gegensatz »männlich − weiblich« ist ihr völlig fremd.

Zunächst war die Wärmelehre eine beschreibende Wissenschaft. Sie konnte Meßgrößen definieren und Beziehungen zwischen diesen Größen in Naturgesetzen fassen. Dabei ging sie ähnlich vor wie die Mechanik. Häufig waren es jedoch Chemiker, die diese Gesetze aufstellten, und noch heute bildet die Wärmelehre (Thermodynamik) ein Gebiet, das sowohl in der Physik als auch in der Chemie gleiches Heimatrecht hat. Die Chemie ist — wenn ich noch einmal die Polarität der Geschlechter ansprechen darf — eine viel weiblichere Wissenschaft als die Physik, befaßt sie sich doch mit den irdischen Stoffen, ihren Verwandlungsmöglichkeiten und Veränderungen; sie ist viel mehr beschreibend als ergründend und steht vielleicht dem vierten logischen Axiom nicht ganz so nahe wie die Physik.

Sehen wir uns eines der Gesetze der Wärmelehre genauer an: die sogenannte Zustandsgleichung des idealen Gases. Wie der Name schon sagt, beschreibt es eine idealisierte Situation, etwas, was es in Wirklichkeit gar nicht gibt. Aber das kennen wir schon aus der Mechanik. Nicht die Erfahrung, sondern das Experiment soll uns leiten und auch das Experiment muß angepaßt werden, »Störungen« denken wir uns weg, wir korrigieren die Ergebnisse, allerdings nach einer genauen und intersubjektiven Vorschrift. So, wie es keine geradlinig-gleichförmige Bewegung gibt, so gibt es auch kein ideales Gas, und so, wie wir bei Fallversuchen den Luftwiderstand wegkorrigieren müssen, so müssen wir bei Versuchen mit Gasen gewisse Korrekturen anbringen, um auf das Verhalten des idealen Gases schließen zu können. (Ein ideales Gas kann zum Beispiel beliebig stark komprimiert werden, es nimmt bei unendlich hohen Drucken überhaupt kein Volumen ein.) Natürlich werden wir Fallversuche nicht mit Flaumfedern, sondern mit Bleikugeln machen, weil bei ihnen der Luftwiderstand am wenigsten stört; genauso werden wir Gasversuche mit Helium machen, das dem idealen Gas noch am nächsten steht. Auch die Wärmelehre beschreibt also nicht die Welt, wie sie ist, sondern wie wir sie uns vorstellen müssen, damit wir zu einfachen Naturgesetzen kommen. Natürlich kann man — ausgehend von den einfachsten Vorstellungen — schrittweise zu realistischeren Bildern kommen. Wir können Fallgesetze unter Berücksichtigung des Luftwiderstandes aufstellen, und wir können die Zustandsgleichung der Gase so verändern, daß wir gewisse Eigenschaften wirklicher Gase berücksichtigen. Aber wir können immer nur gewisse Eigenschaften berücksichtigen; etwa den Luftwiderstand kugelförmiger Probekörper, oder die Tatsache, daß Gase nicht auf einen Punkt zusammengedrückt werden können, sondern daß ein Restvolumen auch bei höchstem Druck übrigbleibt. Ein vollständiges Erfassen aller Aspekte der Wirklichkeit in einem Gesetz ist nicht möglich.

Bleiben wir jedoch beim idealen Gas. Die Zustandsgleichung besagt, daß das Volumen des Gases, multipliziert mit seinem Druck, proportional der Temperatur ist. (Die Proportionalitätskonstante ist universell, sie ist für alle Gase gleich, wenn wir entsprechende Volumina betrachten.)

Dies klingt komplizierter, als es ist. Wir alle kennen diese Gesetzmäßigkeiten, die sich näherungsweise auch in wirklichen Situationen finden lassen: Wenn wir nach zügiger Fahrt auf der Autobahn den Druck in den Reifen messen, werden wir feststellen, daß er sich erhöht hat. Das Volumen eines Reifens ist immer annähernd gleich, die Temperatur aber hat sich durch die Fahrt erhöht, und deshalb muß, nach der Zustandsgleichung, auch der Druck steigen. Wir sehen an diesem Beispiel gleich die unmittelbare Nützlichkeit des naturwissenschaftlichen Modells: Gleichgültig, ob die Gesetze nun die Wirklichkeit beschreiben oder nur ein vereinfachtes Modell, im technischen Bereich geben sie uns Anleitungen zum »richtigen Handeln«; in unserem Fall die Anweisung, den Reifendruck nur bei kalten Reifen zu messen.

Wie sehr die Wärmelehre seit jeher mit den uns unmittelbar berührenden Eigenschaften der Umwelt verbunden ist, sehen wir aus dem Brief Leonhard Eulers an die deutsche Prinzessin vom 31. Mai 1760: »Auf den höchsten Bergen verspürt man beinahe gar keinen Luftzug mehr, sondern es herrscht dort vielmehr eine beständige Windstille, woraus unwiderlegbar hervorgeht, daß in beträchtlicher Höhe die Luft immer ruhig seyn muß. Daraus folgt, daß in sehr hohen Gegenden allenthalben auf der ganzen Erde derselbe Grad von Wärme und Dichte der Luft herrsche, denn wäre es an einem Orte wärmer als am anderen, so könnte die Luft nicht ruhig seyn, sondern es müßte einen Wind geben. Weil es also keinen Wind in diesen höheren Regionen gibt, muß dort notwendig der Wärmegrad allenthalben und beständig derselbe seyn. Allerdings liegt hierin ein auffallender Widerspruch, wenn man an die großen Abwechslungen von Wärme und Kälte denkt, die wir auf Erden nur innerhalb eines Jahres und selbst von einem Tage zum andern verspüren, von den verschiedenen Climaten noch gar nicht zu reden, sowie von der unerträglichen Hitze unter der Linie, und der fürchterlichen Kälte an den Polen. Indessen bestätigt doch die Erfahrung die Wahrheit dieses großen Widerspruchs: auf den Hochgebirgen der Schweiz bleiben Schnee und Eis im Sommer wie im Winter; und auf den Cordilleren, hohen Bergen in Peru in Amerika, die fast dicht unter der Linie liegen, bleibt Schnee und Eis, und eine eben so schneidende Kälte als in den Polargegenden.«

Wir ahnen schon, was nun folgen muß: Ein Widerspruch wird festgestellt, also muß er eliminiert werden. Johann Müller, der die Briefe Eulers 1847 neu herausgab und ergänzte, fügte dieser Stelle darum auch eine Fußnote bei, in der es heißt: »Euler täuscht sich hier einigermaßen: die Gränze des ewigen Schnees wechselt mit der geographischen Breite.« Und in einem Ergänzungsteil, in dem er eigene Briefe anfügt, nimmt er noch einmal auf diese Stelle Bezug und sagt: »Die Lehre von der Wärme war, wie ich schon bemerkte, zu Eulers Zeit noch wenig ausgebildet, ich habe deßhalb auf diesem Felde nicht allein Manches nachzutragen, sondern auch Einiges zu berichtigen.«

Es war also durchaus möglich, die Wärmelehre zu einer in sich widerspruchsfreien Wissenschaft zu machen. Aber sie blieb zunächst beschreibend. Das Zustandsgesetz der idealen Gase hatte sich bewährt (es stand nicht im Widerspruch mit den Experimenten), aber man durfte nicht fragen, warum es diese bestimmte Form hatte. In diesem Sinne stand die Wärmelehre dem vierten Axiom der Logik ferner als die Mechanik, die alle Erscheinungen auf wenige fundamentale Gesetze zurückführen konnte. Kurz, es gab kein mechanisches Modell der Wärme (die Wärme war noch nicht so vollständig tot, geistlos wie die Maschinen der Mechanik). Nun ist die Vereinheitlichung eine wesentliche Forderung der Neuen Wissenschaft, wie wir im ersten Kapitel gehört haben. Es war daher auch ein natürliches Ziel, die Wärmelehre auf die Mechanik zurückzuführen. Aber dieser Vereinheitlichung stand etwas im Wege, was den Mut aller Wissenschaftler sinken läßt: ein Widerspruch.

Die Wärmelehre stand im glatten Widerspruch zur Mechanik, und dies war ganz offensichtlich. Die Gesetze der Mechanik haben nämlich eine Eigenschaft, die der Physiker »Invarianz gegen Zeitumkehr« nennt. Damit ist gemeint, daß ein rein mechanischer Vorgang ebenso ablaufen kann, wenn man alle Bewegungen in sich umkehrt. Noch einfacher gesagt: Wenn ein Film nur rein mechanische Vorgänge zeigt (etwa das Schwingen von Pendeln, Rollen und Stoßen von Billardkugeln oder Bewegungen von Himmelskörpern), dann gibt es grundsätzlich keine Möglichkeit, zu entscheiden, ob der Film beim Betrachten vorwärts oder rückwärts abläuft. In jeder Richtung sind die Vorgänge gleich gut möglich. (Zeigt nicht auch dies, wie weit ab vom menschlichen Bereich sich rein mechanische Vorgänge abspielen?) Dasselbe trifft natürlich auch auf Vorgänge der Elektrizität oder des Magnetismus, auch auf Lichterscheinungen zu, da diese ja bereits auf mechanische Modelle zurückgeführt werden konnten. Die Sache ändert sich aber sofort, sobald Wärmeerscheinungen mit ins Spiel kommen. Schon wenn etwa eine Billardkugel durch Reibung ihren Schwung verliert und liegenbleibt (was ja ein Phänomen der Wärmelehre ist, Reibung erzeugt ja bekanntlich immer Wärme), kann man die Richtung des Filmablaufes erkennen, weil es unmöglich ist, daß sich eine ruhende Billardkugel plötzlich von selbst in Bewegung setzt und schneller wird. Und recht deutlich wird die Sache sofort, wenn etwa das Schmelzen eines Eiswürfels im warmen Wasser gefilmt wird. Wir alle kennen die Lacherfolge, die man erzielt, wenn man einen solchen Film, vor allem wenn auch Menschen vorkommen, verkehrt ablaufen läßt.

Die Gesetze der Wärmelehre zeichnen also die Richtung der Bewegungen aus (Wärme fließt immer vom wärmeren zum kälteren Ort, nie umgekehrt); die Gesetze der Mechanik bleiben unverändert, wenn man alle Bewegungsrichtungen umkehrt. Dieser Widerspruch verhinderte zunächst die Vereinheitlichung des physikalischen Modells der Wirklichkeit.

James Clerk Maxwell, dem es gelungen war, die elektromagnetischen Phänomene auf Mechanik zurückzuführen, leistete wichtige Vorarbeiten zur Elimination dieses Widerspruches, zur mechanischen Erklärung der Wärmeerscheinungen. Aber der eigentliche Pionier, die überragende Persönlichkeit, ist zweifellos Ludwig Boltzmann, der Vorkämpfer für die atomistische Auffassung in der Physik. Boltzmann wurde am 20. Februar 1844 in Wien geboren und blieb zeit seines Lebens der österreichischen Heimat treu verbunden. Ihm war es vorbehalten, die vollständige Erklärung aller Phänomene der Wärmelehre durch mechanische Gesetze zu ermöglichen. Und der Trick, den er dazu heranzog (denn nur mittels eines Tricks konnte der klare Widerspruch zwischen Mechanik und Wärmelehre eliminiert werden), ist die Auflösung aller Materie in

Atome. Ein Gas ist nach Boltzmann nicht einfach eine Substanz, die bei einer bestimmten Temperatur unter einem bestimmten Druck ein bestimmtes Volumen einnimmt, ein Gas ist ein Schwarm unvorstellbar vieler Atome (oder Moleküle), die wirr durcheinanderfliegen, aneinanderstoßen und an den Wänden reflektiert werden. Und diese Teilchen (Atome oder Moleküle) folgen den Gesetzen der Mechanik. Wie Billardkugeln, nur im Raum statt auf einer Fläche, stoßen sie zusammen, und diese Stöße können mit mechanischen Vorstellungen erfaßt werden. Der Druck des Gases auf die Wand ist daher »in Wirklichkeit« die Folge zahlloser Stöße der unvorstellbar vielen Teilchen, die auf die Wand aufprallen und von ihr zurückgeworfen werden.

»In Wirklichkeit« müssen wir sagen, wenn wir — getreu dem naturwissenschaftlichen Weltbild — das als wirklich ansehen, was weniger Widersprüche enthält, was darum aber auch weniger lebendig ist. Haben wir nicht gesagt, die Wärme sei vor ihrer Auflösung in Bewegung von Teilchen noch »nicht so vollständig tot, geistlos wie die Maschinen der Mechanik« gewesen? Und dies ist wörtlich zu nehmen! Hören wir, wie der Physiker Wilhelm Brenig in einem populären Buch (Die Welt des Atoms) die Situation beschreibt:

»Die Atomvorstellung blieb lange Zeit eine Hypothese. Noch gegen Ende des vorigen Jahrhunderts gab es angesehene Wissenschaftler, die sie bezweifelten. Aber etwa seit Beginn des vorigen Jahrhunderts mehrten sich jedoch die indirekten Anzeichen von der wirklichen Existenz der Atome.

1828 berichtet der englische Botaniker Robert Brown über die Beobachtung einer unregelmäßigen Zitterbewegung von Pollen-Körpern unter dem Mikroskop. Schon etwa hundert Jahre vor ihm hatte der Holländer Leuwenhoek ähnliches gefunden. Damals wurde allerdings die Erscheinung noch nicht richtig verstanden. Man dachte etwa an kleine Lebewesen oder an Temperaturströmungen.«

Damals konnte man noch an »Lebewesen« denken, heute haben wir es »richtig verstanden«: Es sind die unregelmäßigen Stöße der Moleküle, die die Pollen-Körner (streng nach den Gesetzen der Mechanik) hin- und herstoßen. Kein Geringerer als Albert Einstein hat sich darum auch in seiner fruchtbarsten Schaffensperiode mit dem Problem der Brownschen Bewegung befaßt, galt es doch, dieses Phänomen endgültig widerspruchsfrei in das mechanische Weltbild einzuordnen.

Wir können, ohne zu übertreiben, behaupten, daß die Atome *erfunden* wurden, um den Widerspruch zwischen Wärmelehre und Mechanik zu eliminieren (um den Vorrang des männlichen Prinzips endgültig sicherzustellen); denn nun ist auch die Wärme der Mechanik untergeordnet, sie wird zu einem speziellen Kapitel davon (wir können heute den Begriff »Statistische Mechanik« ebensogut verwenden wie Wärmelehre).

Natürlich gab es schwerwiegende Einwände gegen diese Vorgangsweise, und Boltzmann mußte ständig erbittert gegen seine Widersacher kämpfen. Der gefährlichste Einwand war einfach der direkte Hinweis auf den Widerspruch, der ja mittels eines Tricks eliminiert worden war. In der Fachliteratur tragen diese Argumente klingende Namen wir »Wiederkehr-Einwand« und »Umkehr-Einwand« und dergleichen; im Prinzip fußen sie alle auf dem schon besprochenen Widerspruch. Wenn wir uns einen Billardtisch vorstellen, auf dessen einer Hälfte sich 10 Billardkugeln befinden, die mit zufällig verteilten Geschwindigkeiten durcheinanderrollen, dessen andere Hälfte zunächst aber leer ist, dann werden die Billardkugeln sehr bald (nach 55 Sekunden) etwa gleichmäßig über den ganzen Tisch verteilt sein. (Mittels eines Computers kann man solche Situationen simulieren, ohne sie direkt ausprobieren zu müssen.) Aber nach nur 70 Sekunden haben sich die Billardkugeln wieder auf einer Hälfte des Tisches versammelt, die andere ist leer. Der ursprüngliche Zustand tritt immer wieder ein. In der atomistischen Vorstellung der Gase würde dem entsprechen, daß man zunächst ein unter Druck stehendes Gas in einer Flasche aufbewahrt. Die Flasche sei über ein Absperrventil mit einer ebenso großen, aber leeren Flasche verbunden. Wenn man nun das Ventil öffnet, dann verteilt sich das Gas sehr schnell gleichmäßig auf beide Flaschen, aber *es kommt nie vor*, daß es sich nach einiger Zeit wieder in einer der Flaschen zusammenzieht und die andere leert. Dies ist eine andere Form des besprochenen Widerspruchs. Der Trick, mit dem Boltzmann ihn eliminiert hat, ist die unvorstellbar große Zahl der Teilchen, aus denen ein Gas besteht. Wenn wir unser Spiel mit dem Billardtisch wiederholen, aber statt der 10 Bälle nun 100 nehmen (im Computerprogramm haben sie auf dem Tisch Platz, weil sie beliebig klein angenommen werden können), dann verteilen sich diese

Bälle nach fast der gleichen Zeit (weniger als 70 Sekunden) wieder gleichmäßig über den ganzen Tisch, es dauert aber nun 15 Trilliarden Jahre, bis sie sich (immer gemäß der Computer-Rechnung) wieder auf eine Seite zurückgezogen haben. Nun sind Ereignisse, die so unvorstellbar selten (oder unwahrscheinlich) sind, nicht nachprüfbar, sie sind nicht intersubjektiv und gehören daher gar nicht zur Physik. Mit diesem Trick konnte Boltzmann den Widerspruch eliminieren. Man hört heute noch oft von Fachleuten, daß nach der atomistischen Vorstellung der Gase Ereignisse eintreten können, die ans Wunderbare grenzten; sie wären zwar selten, aber nicht physikalisch unmöglich. Zum Beispiel könnte plötzlich eine Stehlampe umfallen, wenn zufällig alle Luftmoleküle einmal von einer Seite auf sie stoßen. Diese Aussagen beruhen auf einem Mißverständnis. Wenn tatsächlich einmal eine Stehlampe ohne erkennbaren Grund umfällt, dann müßte der Physiker nach anderen Ursachen suchen, er dürfte sich *nie* auf die obige Möglichkeit zurückziehen. Denn es war ja gerade der großartige Trick, solche Ereignisse wegen ihrer Seltenheit *aus der Physik auszuschließen*; sie sind eben nicht intersubjektiv prüfbar und daher außerhalb dessen, was die Physik überhaupt betrachtet. Ich zitiere dazu aus einem Fach-Lehrbuch der Statistischen Mechanik: »In der Tat ist es das Gleiche, ob man (für die Zeitdauer bis zur Widerkehr des Anfangszustandes) Sekunden oder Weltalter nimmt (das Weltalter beträgt nur 10 Milliarden Jahre). Diese Zahl hat nichts mehr mit Physik zu tun.« Tatsächlich ist die für ein Gas abgeschätzte Zahl enorm: Die Zahl der Nullen hinter einer Eins ist selbst wieder eine Eins mit 23 Nullen! Ob Sekunden oder Weltalter macht dabei wirklich keinen nennenswerten Unterschied.

Ein viel schwerer zu bekämpfender Einwand war aber die intuitive Ablehnung dieses Schrittes durch viele hervorragende Physiker. War es wirklich gerechtfertigt, unseren Materiebegriff aufzulösen, nur um zu einer größeren Einheitlichkeit des Weltbildes zu kommen? Selbst Max Planck, einer der ganz großen Pioniere der modernen Physik, war nicht recht einverstanden. In seinen Erinnerungen sagt er über Boltzmann: »Insbesondere verdroß ihn, daß ich der atomistischen Theorie, welche die Grundlage seiner ganzen Forschungsarbeit bildete, nicht nur gleichgültig, sondern sogar etwas ablehnend gegenüberstand.«

Aber Boltzmann setzte sich durch. In der Auseinandersetzung mit seinen Gegnern, die bei einer phänomenologischen Beschreibung der Wirklichkeit bleiben wollten, sagte er 1896: »Neben dieser allgemeinen (beschreibenden) theoretischen Physik sind die Bilder der mechanischen Physik, sowohl um Neues zu finden, als auch um die Ideen zu ordnen, übersichtlich darzustellen und im Gedächtnis zu halten, äußerst nützlich und noch heute fortzupflegen. Die Möglichkeit einer mechanischen Erklärung der ganzen Natur ist nicht bewiesen, ja, daß wir dieses Ziel vollkommen erreichen werden, kaum denkbar. Doch ist ebensowenig bewiesen, daß wir darin nicht noch vielleicht große Fortschritte machen werden und daraus noch vielfachen neuen Nutzen ziehen können . . .

Die Ausdrucksweise der allgemeinen theoretischen Physik ist vielmehr heute noch die zweckmäßigste und praktischste, die uralten Bilder der mechanischen Physik sind noch keineswegs überflüssig.«

Und gegen den Einwand, daß die Atome und Moleküle ja nur Hilfsmittel sind, die es im physikalischen Modell, nicht aber in der Wirklichkeit gibt, wehrte er sich mit den Worten: »Natürlich ist die Forderung berechtigt, daß man dem Bilde nicht mehr Willkürliches . . . hinzufüge, als zur Beschreibung größerer Erscheinungsgebiete unumgänglich notwendig ist, daß man stets bereit sei, das Bild abzuändern . . . Zum Schlusse möchte ich noch weitergehend mich fast zur Behauptung versteigen, daß es in der Natur des Bildes liege, daß dasselbe gewisse willkürliche Züge behufs der Abbildung beifügen muß, und daß man, strenge genommen, jedesmal über die Erfahrung hinausgehe, sobald man aus einem gewissen Tatsachen angepaßten Bilde auch nur auf eine einzige neue Tatsache schließt.«

Für Boltzmann war es also noch ganz klar, daß die Atome und Moleküle, die ganze Welt des Mikrokosmos, ausschließlich Bausteine eines Bildes der Wirklichkeit seien. Heute dagegen betrachten wir sie — wie das Zitat von Brenig deutlich zeigt — als die eigentlich und wirklich existierenden Bausteine der Materie, alles andere ist bloß aus ihnen aufgebaut, zusammengesetzt. Haben jene Gegner der Atomistik diese Umkehr, diese Verdrehung der Wirklichkeit vorausgeahnt, die solche Bilder wieder aus der Wissenschaft entfernen wollten? Boltzmann entgegnete ihnen: »Ganz verfehlt erscheint es mir daher, wenn man mit Entschiedenheit behauptet, daß Bilder, wie die spezielle mechanische Wärmetheorie oder die Atomtheorie des Chemismus und der Kristallisation, einmal aus der Wissenschaft verschwinden müßten.« Aber Boltzmann war sich bewußt, daß eine Gefahr in der Verwechslung des Bildes mit der Wirklichkeit bestand. Er sagte: »Ich nannte die Theorie ein rein geistiges inneres Abbild, und wir sahen, welch hoher Vollendung dasselbe fähig ist. Wie sollte es da nicht kommen, daß man bei fortdauernder Vertiefung in die Theorie das Bild für das eigentlich Existierende hielte? . . . So kann es dem Mathematiker geschehen, daß er, fortwährend beschäftigt mit seinen Formeln und geblendet durch ihre innere Vollkommenheit, die Wechselbeziehungen derselben zueinander für das eigentlich Existierende nimmt und von der realen Welt sich abwendet. Was der Dichter klagt, das gilt dann auch für ihn, daß seine Werke mit seinem Herzblut geschrieben sind und die höchste Weisheit an den höchsten Wahn grenzt.« Er sprach ja auch von »Nützlichkeit« der Bilder, und wir haben im zweiten Kapitel dargelegt, wie uns die Einordnung aller Einzelerkenntnisse in ein hierarchisches Gesamtbild erst das Aufbewahren und Wiederfinden eines so umfangreichen Materials ermöglicht. Boltzmann sah auch darin eine seiner wichtigsten Aufgaben. Er sagte: »Ich betrachte es als meine Lebensaufgabe, durch möglichst klare, logisch geordnete Ausarbeitung der Resultate der alten klassischen Theorie, soweit es in meiner Kraft steht, dazu beizutragen, daß das viele Gute und für immer Brauchbare, das meiner Überzeugung nach darin enthalten ist, nicht einst zum zweiten Male entdeckt werden muß, was nicht der erste Fall dieser Art in der Wissenschaft wäre.«

Hier haben wir es ganz klar ausgesprochen: die Logik als Hilfsmittel zur Buchhaltung des enormen Tatsachenmaterials. Freilich ist die Buchhaltung nur die eine Seite des Wissenschaftsbetriebes, die andere ist die ständige Bewährungsprobe durch Voraussagen von experimentellen Ergebnissen. Nur wenn die Theorie auch imstande ist, richtige Voraussagen zu liefern, kann sie sich so bewähren, daß sie schließlich allgemein Anerkennung findet. Und erst was allgemein anerkannt ist, wird intersubjektiv und gehört damit erst zur Naturwissenschaft. Doch auch auf diesem Gebiete konnte Boltzmann auf Erfolge verweisen: »Ich brauche nicht zu erwähnen, daß, abgesehen von vielen Tatsachen der Chemie, mittels der atomistischen Hypothese die Vorausberechnung der Abhängigkeit der Reibungskonstante der Gase von der Temperatur, des absoluten und relativen Wertes der Diffusions- und Wärmeleitungskonstante gelang, Vorhersagen, welche sich gewiß der Berechnung der Existenz des Planeten Neptun durch Le Verrier . . . an die Seite stellen lassen.«

Was ist das Maß für den Atomistiker Boltzmann? Die Himmelsmechanik des Planeten Neptun!

Boltzmann hat sich am 5. September 1906 während eines Sommeraufenthaltes in Duino bei Triest das Leben genommen. Der Anlaß waren Depressionen, unter denen Boltzmann litt. Engelbert Broda beschreibt Boltzmann als »einen Mann von zartem Charakter und leicht zu verletzen. Er nahm gerne von seinen Mitmenschen das Beste an und kränkte sich, wenn die Annahme sich als unrichtig erwies. Er litt, obwohl er in seiner wissenschaftlichen Arbeit jeden Erfolg hatte, obwohl er die Schönheiten von Natur und Kunst mit vollen Zügen genoß, obwohl er die Welt mit Optimismus und Humor betrachtete und obwohl er einer großen Familie vorstand, unter Depressionen . . . Daß die Gegnerschaft gegen die Atomlehre zu Boltzmanns Depressionen beitrug, berührt uns als besonders tragisch, denn gerade in unserem Jahrhundert hat ja die Atomlehre ihre größten Siege erfochten.«

Natürlich hat Boltzmann die Atome nicht selbst erfunden; es geht schon aus seinen Zitaten hervor, daß er die Idee der Chemie entnommen hat. Auch die Chemiker standen ja vor dem Problem, gemäß den Axiomen der Logik Ordnung in die vielen Einzelbeobachtungen, Einzelgesetzmäßigkeiten zu bringen, und dazu diente ihnen die Atomhypothese. Die Idee ist ja schon sehr alt, sie stammt vom griechischen Philosophen Demokrit aus Abdera, der bereits etwa 400 Jahre vor Christi Geburt das Atom als das Unteilbare definierte und sagte: »Die einzigen existierenden Dinge sind die Atome und der leere Raum.« Auch damals ging es um einen Widerspruch, den Widerspruch zwischen diskret (im mathematischen Sinne) und kontinuierlich. In moderner Sprache können wir diesen Widerspruch vielleicht am deutlichsten aussprechen, wenn wir uns eine Strecke vorstellen, die das Kontinuum darstellt. Wenn wir mit einer Strecke im Sinne der Mathematik arbeiten wollen, müssen wir sie uns teilbar denken, und zwar in immer kleinere Einheiten, bis wir schließlich zu ausdehnungslosen Punkten kommen, die nun das Diskrete repräsentieren. Denn solange wir noch − wenn auch winzig kleine − ausgedehnte Stücke der Strecke haben, können wir ja weiterteilen.

Aus Punkten kann aber eine Strecke nie zusammengesetzt werden, weil noch so viele ausdehnungslose Punkte niemals eine ausgedehnte Strecke ergeben: das ist der Widerspruch. Logisch können wir ihn in zwei einander vollständig widersprechenden Sätzen fassen: »Eine Strecke muß aus Punkten zusammengesetzt sein« und »eine Strecke kann nicht aus Punkten zusammengesetzt sein«. Diesen Widerspruch hat Demokrit auch mit einem Trick eliminiert, er *definierte* einfach das Atom − obwohl ausgedehnt − als unteilbare, kleinste Einheit.

Hören wir noch, was Boltzmann zu diesem Widerspruch und seiner Elimination sagt: »Wollen wir uns daher vom Kontinuum ein Bild in Worten machen, so müssen wir uns notwendig zuerst eine große endliche Zahl von Teilchen denken, die mit gewissen Eigenschaften begabt sind, und das Verhalten des Inbegriffs solcher Teilchen untersuchen. Gewisse Eigenschaften dieses Inbegriffs können sich nun einer bestimmten Limite (Grenzwert) nähern, wenn man die Anzahl der Teilchen immer mehr zu-, ihre Größe immer mehr abnehmen läßt. Von diesen Eigenschaften kann man dann behaupten, daß sie dem Kontinuum zukommen, und dies ist meiner Ansicht nach die einzige widerspruchsfreie Definition eines mit gewissen Eigenschaften begabten Kontinuums.«

Damit haben wir sie wieder erreicht, die Widerspruchsfreiheit! Boltzmann gibt aber zu: »Freilich, die alte philosophische Frage haben wir hiermit nicht beantwortet, aber wir sind doch von dem Bestreben geheilt, sie auf einem widersinnigen und aussichtslosen Weg entscheiden zu wollen.«

Wie schon gesagt, fiel die Idee des Atomismus zuerst in der Chemie auf fruchtbaren Boden. John Dalton (1766−1844) stellte in seinem Werk über die chemischen Elemente unter anderem folgende Lehrsätze über die Atomistik auf:

»Materie besteht aus unteilbaren Atomen.«

»Alle Atome eines gegebenen Elements sind identisch im Gewicht und in allen anderen Eigenschaften.«

»Atome sind unzerstörbar.«

Lange Zeit konnte so der Widerspruch diskret-kontinuierlich aus dem naturwissenschaftlichen Modell der Wirklichkeit ausgeschlossen werden. Und so konnte er auch dazu dienen, andere Widersprüche zu eliminieren, wie zum Beispiel den Widerspruch zwischen Mechanik und Wärmelehre. Auf diese Weise wurde die »Erfindung« des Atoms zu einem Stein der Weisen, der es tatsächlich gestattete, alle Erscheinungen auf die Mechanik zurückzuführen (sowohl die äußeren — männlichen — als auch die inneren — weiblichen — Geister auszutreiben). So konnte durch diesen großartigen Siegeszug der Feynmansche Satz »Alles besteht aus Teilchen« vorbereitet werden; ich sage vorbereitet, denn die Atomistik hatte zwar die Wärmelehre der Mechanik untergeordnet, die Lichterscheinungen waren zwar auch mechanisch erklärt, aber aufgrund des kontinuierlichen Äthers. Noch gab es Teilchen (Atome, Moleküle, ja auch die Himmelskörper) als Vertreter des Diskreten und Wellenphänomene (wie das Licht und ihm verwandte Wellen) als Vertreter des Kontinuierlichen.

Der Zustand des Weltbildes konnte so lange befriedigen, solange die Frage »Was ist das Atom« ausgeklammert blieb; solange das Atom letzter Grund und nicht selbst wieder Gegenstand der Untersuchung war.

Dies änderte sich jedoch, als J. J. Thomson im Jahre 1896 das Elektron als negativ geladenes Teilchen entdeckte. Die elektrischen Ströme konnten damit zwar als mechanische Bewegung, als Fließen der Elektronen verstanden werden, aber das Elektron entstammt dem Atom, und damit konnte die Frage, was das Atom sei, nicht länger ausgeklammert werden. Thomson machte sich auch bald ein Modell für das Atom, das wir bildlich als »Rosinenkuchen-Modell« bezeichnen. Er stellte sich nämlich vor, das Atom sei ein positiv geladenes Kügelchen, in dem die negativ geladenen Elektronen wie die Rosinen im Kuchenteig steckten. Insgesamt sollte der »Kuchenteig« genausoviel positive Ladung tragen wie die Elektronen negative, so daß das gesamte Atom elektrisch neutral war, wie es den Experimenten entsprach. Man konnte auch die Masse der Elektronen messen und stellte fest, daß sie gegen die Masse des ganzen Atoms verschwindend klein war, so daß der »Kuchenteig« fast die ganze Masse des Atoms trug. Damit waren die beiden Seiten des Widerspruchs diskret-kontinuierlich wieder auseinandergefallen, der »Kuchenteig« stellte das Kontinuum dar, und die Elektronen als Teilchen bildeten das Diskrete.

Aber es sollte noch schlimmer kommen! Im Jahre 1897 entdeckte Henri Becquerel die radioaktive Strahlung. Nicht nur Elektronen kamen aus dem Atom, auch positiv geladene Teilchen — die sogenannten Alpha-Strahlen — wurden von einigen Atomarten ausgesandt. Also war auch die Vorstellung eines kontinuierlichen

»Kuchenteiges« nicht recht beizubehalten. Wichtige Ergebnisse über Radioaktivität verdanken wir einer der ganz wenigen Frauen in der Geschichte der Naturwissenschaft: Maria Curie, geborene Sklodowska.

Ernest Rutherford, der als Assistent bei Thomson begonnen hatte, widmete sich dem Problem der Struktur der Atome. 1911 beschoß er dünne Metallfolien mit Alpha-Strahlen; damit begründete er jene Methode, die heute noch unsere Erkenntnisquelle über den Mikrokosmos darstellt: die Methode der Streu-Experimente. Im zweiten Kapitel haben wir von den großen Elementarteilchen-Beschleunigungsmaschinen gehört; die Welt des Mikrokosmos, der Atome und Elementarteilchen, ist unserem direkten Zugriff verschlossen. Wir haben sie, wie ich etwas provozierend gesagt habe, ja erst erfinden müssen, um zu einem widerspruchsfreien Modell der Wirklichkeit zu kommen. Daher können wir auch nur indirekt in diese Welt eingreifen, in ihr experimentieren. Seit Rutherford sind es Experimente, bei denen Teilchen auf andere Teilchen (Atome oder Elementarteilchen) geschossen werden, die uns diesen indirekten Aufschluß über die Welt des Mikrokosmos liefern.

Rutherford machte nun eine ganz sensationelle Entdeckung: Er konnte seine Streuversuche nur dann widerspruchsfrei erklären, wenn er die gesamte positiv geladene Masse des Atoms in einem winzig kleinen Kern vereint dachte. Dieser Atomkern ist etwa hunderttausendmal kleiner als das ganze Atom. Obwohl damit neue Widersprüche auftraten − wie wir gleich sehen werden −, war damit zunächst eine großartige Möglichkeit geöffnet: die endgültige Vereinheitlichung von Mikrokosmos und Himmelsmechanik. Rutherford erfand ein Atommodell, das genau dem Planetensystem nachempfunden ist: Die Elektronen sollten nicht mehr − wie bei Thomson − in einem »Kuchenteig« stecken, sondern wie die Planeten um die Sonne, auf Bahnen um den Atomkern kreisen. Ein traumhaftes Ergebnis: Schöner ließe sich die Vereinheitlichung des physikalischen Weltbildes nicht mehr erhoffen!

Aber − wie gesagt − neue Widersprüche waren der Preis für dieses Traumergebnis. Zu sehr hatte die eine Seite − das Diskrete, Teilchenhafte − durchgeschlagen und die andere Seite unterjocht. Von Boltzmanns Gastheorie wußte man, daß die Atome (etwa im Helium-Gas) sich wie kleine Kügelchen verhielten. Ein Helium-Atom war aber nach Rutherford ein »Planetensystem« mit nur zwei

Elektronen, die bestenfalls in zwei Ebenen kreisen, die aber niemals eine kontinuierlich ausgefüllte Kugelform ergeben können. Der Widerspruch diskret (Atom als Planetensystem)-kontinuierlich (Kugelgestalt des Atoms) war also in dem Augenblick wieder da, als die Frage nach der Struktur des Atoms gestellt wurde. Nur durch das Verbot dieser Frage konnte er ausgeklammert werden.

Aber noch ein zweiter Widerspruch war aufgetreten. Aus dem Studium des Lichtes, das von einer bestimmten Atomart ausgesandt wird, wußte man, daß dieses Licht immer nur in ganz bestimmten Wellenlängen vorkommt, die durch ein empirisches Gesetz sehr gut beschrieben werden konnten. Man spricht vom diskreten Spektrum oder vom Linienspektrum der Atome, das sich vom kontinuierlichen Spektrum (etwa eines Regenbogens) wohl unterschied. Nach der Vorstellung Rutherfords wurde aber Licht von den Atomen dadurch ausgesandt, daß die Elektronen auf ihren Bahnen Energie verloren und sich dabei dem Kern näherten (ja schließlich sogar in den Kern stürzen müßten). Die dabei verlorene Energie sollte eben in Form von Licht ausgestrahlt werden. Dieser Vorgang ist aber durchaus kontinuierlich vorstellbar, es gab keinen Grund, warum nur bestimmte diskrete Wellenlängen im ausgestrahlten Licht vertreten sein sollten. Ja man konnte nicht einmal verstehen, warum Atome so stabile Gebilde sind.

Natürlich galt es nun, diese Widersprüche zu eliminieren. In dieser kritischen Situation kam ein junger Mann als Assistent zu Rutherford, der schließlich kraft seiner überwältigenden Persönlichkeit das ganze naturwissenschaftliche Weltbild revolutionieren half: der Däne Niels Bohr. Er benutzte auf dem Weg zur Bewältigung dieser Widersprüche eine Erkenntnis von Max Planck aus dem Jahre 1900. Max Planck hatte nämlich damals die Gesetze der Strahlung studiert und festgestellt, daß selbst so typisch kontinuierliche Erscheinungen wie das Licht diskrete Elemente trugen: Strahlung wurde ganz allgemein nur in gewissen »Quanten« von Energie ausgesandt (und absorbiert). Dies war ein geradezu ungeheurer Einbruch in das festgefügte Weltbild der damaligen Physik. Das Licht war − wie wir ausführlich gehört haben − geradezu der typische Vertreter kontinuierlicher Wellenbewegung. 1889 hatte es Heinrich Hertz auf der Versammlung der Gesellschaft Deutscher Naturforscher und Ärzte in Heidelberg endgültig zusammengefaßt: »Seit den Zeiten Youngs und Frenels wissen wir, daß das Licht eine Wellenbewegung ist. Wir kennen die Geschwindigkeit der Wellen, wir kennen ihre Länge, wir wissen, daß es Transversalwellen sind; wir kennen mit einem Worte die geometrischen Verhältnisse der Bewegung vollkommen. An diesen Dingen ist ein Zweifel nicht mehr möglich, eine Widerlegung dieser Anschauungen ist für den Physiker undenkbar. Die Wellentheorie des Lichtes ist, menschlich gesprochen, Gewißheit.«

Und nun sollte an dieser Gewißheit wieder gerüttelt werden? Max Planck war daher auch sehr vorsichtig. Er, der schon der Atomistik Boltzmanns »sogar etwas ablehnend gegenüberstand«, wollte nun nicht etwa gar selbst Anlaß zu einer atomistischen Erklärung des Lichtes sein. Und als Albert Einstein im Jahre 1905 den Planckschen Quanten des Lichts eine selbständige Existenz zuschreiben wollte, also Teilchenhaftes, Diskretes am Licht feststellen wollte, erwiderte Planck: »Die Theorie des Lichtes würde nicht um Jahrzehnte, sondern um Jahrhunderte zurückgeworfen, bis in die Zeit, da Christian Huygens seinen Kampf gegen die übermächtige Newtonsche Emissionstheorie wagte . . . Und alle diese Errungenschaften, die zu den stolzesten Erfolgen der Physik, ja der Naturforschung überhaupt gehören, sollen preisgegeben werden um einiger noch recht anfechtbarer Betrachtungen willen?«

Nun, die Einsteinsche Ansicht hat sich durchgesetzt; sie ist sein bedeutendster Beitrag zum Verständnis des Mikrokosmos, dem er sonst nicht mehr sehr viel Fruchtbares bieten konnte. Einsteins Leistungen lagen auf anderem Gebiet, wie wir schon gehört haben; aber er wurde für diese Arbeit über die Lichtquanten mit dem Nobelpreis ausgezeichnet.

Niels Bohr benutzte nun diese Ergebnisse, um zunächst recht willkürliche Postulate aufzustellen, die aber das diskrete Spektrum der Atome erklären konnten. Dabei ging es eigentlich immer um das Wasserstoff-Atom, das einfachste Atom, bei dem nur ein einziges Elektron um den Kern kreist. (Wir wissen ja schon, daß die Naturwissenschaft immer nur die einfachen Fälle beschreibt.)

Aber der eigentliche Widerspruch diskret-kontinuierlich, wie er im Widerspruch der Kugelgestalt mit der Form des Planetensystems zum Ausdruck kommt, war ungebrochen. Was in den folgenden eineinhalb Jahrzehnten geleistet wurde, wird oft als »heroische Epoche der Physik« beschrieben. Die größten Anstrengungen der besten Männer wurden unternommen, um diesen Widerspruch zu eliminieren. Bewegte sich das Elektron wie ein Teilchen (diskret) im Atom, oder war es eher durch eine kontinuierliche Welle zu beschreiben? War das Licht eine Welle oder eher durch Teilchen zu beschreiben?

Es bildeten sich bald zwei Lager, die von den beiden widersprechenden Seiten her an dem Problem arbeiteten. Werner Heisenberg vertrat zunächst eher die Teilchen-Aspekte, Erwin Schrödinger die Wellen-Eigenschaften. Heisenberg, der sehr jung in die vorderste Front des Ringens um ein widerspruchsfreies Weltbild gestoßen war, erinnert sich an einen Spaziergang mit Niels Bohr am Beginn der zwanziger Jahre, bei dem ihm Bohr gestand: »Ich bin im Grund nämlich viel mehr einig mit Ihnen, als Sie denken, und ich weiß sehr wohl, wie vorsichtig man bei allen Behauptungen über die Struktur der Atome sein muß. Vielleicht darf ich zuerst etwas über die Geschichte dieser Theorie erzählen. Der Ausgangspunkt war ja nicht der Gedanke, daß das Atom ein Planetensystem im Kleinen sei und daß man hier die Gesetze der Astronomie anwenden könnte. So wörtlich habe ich das alles nie genommen. Sondern für mich war der Ausgangspunkt die Stabilität der Materie, die ja vom Standpunkt der bisherigen Physik aus ein reines Wunder ist.

Ich meine mit dem Wort Stabilität, daß immer wieder die gleichen Stoffe mit den gleichen Eigenschaften auftreten, daß die gleichen Kristalle gebildet werden, die gleichen chemischen Verbindungen entstehen usw . . . Das alles ist ja keineswegs selbstverständlich, sondern es scheint im Gegenteil unverständlich, wenn man den Grundsatz der Newtonschen Physik . . . annimmt, wenn der jetzige Zustand jeweils durch den unmittelbar vorhergehenden und nur durch ihn eindeutig bestimmt sein soll. Dieser Widerspruch hat mich sehr früh beunruhigt.«

Und dieser Widerspruch erwies sich als unvorstellbar hartnäckig. Hören wir wieder Heisenbergs Erinnerungen über die Jahre 1925−26: »Die Entwicklung der Atomphysik erfolgte in jenen kritischen Jahren so, wie Niels Bohr es mir beim Spaziergang auf dem Hainberg vorhergesagt hatte. Die Schwierigkeiten und inneren Widersprüche, die einem Verständnis der Atome und ihrer Stabilität entgegenstanden, konnten nicht etwa gemildert oder beseitigt werden. Im Gegenteil, sie traten immer schärfer hervor. Jeder Versuch, sie mit den begrifflichen Mitteln der früheren Physik zu bewältigen, schien von vornherein zum Scheitern verurteilt.«

Heisenbergs Ringen zielte auf eine mathematische Beschreibung des Atoms. Denn die Mathematik ist ja — wir wir gehört haben — der Inbegriff der Widerspruchsfreiheit. Aber Zweifel plagten ihn immer wieder: »Dann aber bemerkte ich, daß es ja keine Gewähr dafür gäbe, daß das so entstehende mathematische Schema überhaupt widerspruchsfrei durchgeführt werden könnte . . . Andererseits gab es in meinen Rechnungen inzwischen auch viele Hinweise darauf, daß die mir vorschwebende Mathematik wirklich widerspruchsfrei und konsistent entwickelt werden könnte.«

Erwin Schrödinger versuchte dem Problem beizukommen, indem er sich auf den Standpunkt des Kontinuums, also der Wellen, zurückzog. Heisenberg erzählt uns von einem Gespräch Schrödingers mit Bohr, in dem Schrödinger sagte: »In dem Moment jedoch, in dem wir bereit sind, das Bild zu wechseln, also zu sagen, daß es keine Elektronen als Teilchen, wohl aber Elektronenwellen oder Materiewellen gibt, so sieht alles anders aus . . . Die Ausstrahlung von Licht wird genauso einfach verständlich wie die Aussendung von Radiowellen durch die Antenne des Senders, und die vorher unlösbar scheinenden Widersprüche verschwinden.«

Bohr aber erwiderte: » Nein, das ist leider nicht richtig. Die Widersprüche verschwinden nicht, sondern sie werden nur an eine andere Stelle geschoben.«

Trotz härtesten Ringens konnte keine Seite siegen. Es gab unwiderlegbare Argumente für beide Seiten: Das Elektron war ein Teilchen und das Elektron war eine Welle, es war sowohl diskret als auch kontinuierlich. Ohne die Sicherheit bietende Vater-Figur Niels Bohr wäre es wohl schwerlich zu einer Lösung dieses Problems gekommen. Bohr mangelte offenbar die Ur-Angst vor dem Widerspruch und er wußte auch um den Unterschied zwischen »richtig« und »wahr«; er sagte oft: »Das Gegenteil einer richtigen Behauptung ist eine falsche Behauptung. Aber das Gegenteil einer tiefen Wahrheit kann wieder eine tiefe Wahrheit sein.«

So kam es unter der schützenden Hand Bohrs im Verein mit vielen bedeutenden Physikern zur Lösung des Problems, die wir heute die »Kopenhagener Deutung« nennen und die in der Geschichte der Naturwissenschaft einmalig ist und das gesamte Weltbild veränderte: Der Widerspruch wurde nicht eliminiert, er wurde bestehen gelassen.

Im Mikrokosmos ist die Frage, ob wir es mit Teilchen oder Wellen zu tun haben, in Hinkunft verboten; es gibt kein »Entweder-Oder«. Die Atome und Elementarteilchen zeigen sowohl Teilchen- als auch Welleneigenschaften, sie sind sowohl diskret als auch kontinuierlich. Natürlich kann aufgrund eines Widerspruchs nicht eindeutig entschieden werden, das führte ja gerade zu der Forderung der Widerspruchsfreiheit. Es ist aber gelungen, in der sogenannten Quantenmechanik eine mathematische Formulierung zu schaffen, die die Voraussage von experimentellen Ergebnissen jederzeit ermöglicht. Sie erlaubt aber kein widerspruchsfreies, mechanisches Bild: Es gilt der sogenannte Dualismus zwischen Welle und Teilchen. Darum wurde auch vorgeschlagen, das Wort Partikel (Teilchen) durch den widersprüchlichen Begriff »Wellikel« zu ersetzen, das Wort hat sich aber nicht durchgesetzt.

Der Feynmansche Satz gilt nun tatsächlich ganz allgemein, ist aber nun genauer zu interpretieren: »Alles besteht aus Teilchen« heißt nun »Alles besteht aus Gebilden, die sowohl diskret als auch kontinuierlich sind, die sowohl Teilchen- als auch Welleneigenschaften haben, die wir der Einfachheit halber aber Teilchen nennen.« Und »Alles« gilt nun wirklich streng: Auch das Licht, ja selbst der Schall, ist diesem universellen Dualismus unterworfen. Damit ist uns zwar eine vollständige Vereinheitlichung des Weltbildes gelungen, aber der Preis war der Einkauf eines Widerspruches, der nun das Bild stört (oder ziert?). Die Kelvinsche Forderung, die wir diesem Kapitel vorangestellt haben, mußte nun fallengelassen werden. Nicht mehr das mechanische Modell ist anzustreben, sondern ein Modell, das die Voraussage aller Experimente erlaubt. Die wesentliche Widerspruchsfreiheit, die in Hinkunft gefordert wird, ist die zwischen der mathematischen Theorie und dem Experiment. Die mathematische Theorie ist ja auf jeden Fall widerspruchsfrei, daß auch das Modell widerspruchsfrei (also mechanisch) vorstellbar sein muß, darf nicht länger gefordert werden. Allerdings ist der Welle-Teilchen-Dualismus der einzige Widerspruch, der bisher zugelassen wurde.

Auf dem Weg zu diesem neuen Begriff von »Verstehen« in der Naturwissenschaft wurde vieles verändert. So mußte man gleichzeitig mit der Aufgabe des mechanischen Bildes eine neue Forderung erheben: Das Modell der Wirklichkeit darf nichts enthalten, was nicht grundsätzlich meßbar ist. Damit hat sich die Naturwissenschaft selbst eine neue Grenze gesetzt, die in ihrer Methode begründet ist und die ich daher (zum Unterschied von der technologischen und ontologischen Grenze) die *methodologische Grenze* physikalischer Erkenntnis nenne. So ist zum Beispiel die Frage nach der Bahn des Elektrons im Atom eine unphysikalische Frage, sie liegt jenseits der methodologischen Grenze; Heisenberg hat nämlich gezeigt, daß diese Bahn grundsätzlich nie beobachtet werden kann, weil jede Beobachtung die Bahn so stark stören würde, daß man nicht mehr auf die ungestörte Bahn rückschließen kann. Daher hat dieser Begriff in der Physik keinen Platz mehr, und so müssen wir auch die Vorstellung vom Atom als Planetensystem wieder aufgeben. Das Atom hat kugelförmige Gestalt, obwohl sich die Elektronen um einen kleinen Kern herum aufhalten; aber sie kreisen eben nicht auf Bahnen, sie sind nun viel eher dem Thomsonschen »Kuchenteig« vergleichbar als der elektrisch positive Teil des Atoms, der ja tatsächlich in einem sehr kleinen Kern zusammengedrängt ist. Wir dürfen aber nicht mehr versuchen, uns das »vorzustellen«, denn »vorstellen« erfordert Widerspruchsfreiheit, die wegen des Dualismus nicht mehr gegeben ist.

Wir sind übrigens schon im zweiten Kapitel an die methodologische Grenze physikalischer Erkenntnis gestoßen: Die Lichtgeschwindigkeit ist eine Grenzgeschwindigkeit und kann nicht überschritten werden. Dies liegt nicht an den Grenzen der Technologie, sondern ist im physikalischen Modell der Wirklichkeit selbst begründet.

Der Einbruch eines Widerspruchs in das naturwissenschaftliche Modell der Wirklichkeit, das ja ausgezogen war, die Geister (Widersprüche) auszutreiben, war etwas so Dramatisches, so Erschreckendes, kurz – so Widersprüchliches, daß es nicht einfach hingenommen werden konnte. Es bildeten sich zwei Lager: Die einen wollten die Kopenhagener Deutung einfach nicht als physikalische Theorie akzeptieren, und die anderen meinten, daß es nun sogar gelungen war, das »Subjekt« in einer physikalischen Theorie zu erfassen (haben wir nicht Austreibung der Geister mit Elimination der Widersprüche gleichgesetzt und folgt nicht daraus, daß das Stehenlassen eines Widerspruchs einen Hauch von Leben – eben ein Subjekt – im toten Modell beläßt?).

Zu der ersten Gruppe gehörten ironischerweise auch viele der Mitbegründer der neuen Theorie: Max Planck, Albert Einstein, Erwin Schrödinger, um nur einige zu nennen. Wir können diese

Ablehnung vielleicht besser verstehen, wenn wir uns daran erinnern, daß die Widerspruchsfreiheit ja erst die uneingeschränkte Entscheidungsmöglichkeit garantiert. Nur wenn die traditionelle Logik immer anwendbar ist, kann immer zwischen falsch und richtig entschieden werden. Einige solche Entscheidungsfragen mußten eben in der Quantenmechanik verboten werden, weil sie jenseits der neuen methodologischen Grenze liegen. (Etwa die Frage nach der Bahn des Elektrons im Atom oder einfach nach seinem Ort zu einer bestimmten Zeit.)

Solche Fragen können nicht mehr eindeutig entschieden werden, man kann nur von gewissen Wahrscheinlichkeiten sprechen, daß ein bestimmtes Ergebnis eintritt. Wir können im Atom nicht mehr vom Ort des Elektrons sprechen, aber wir können sagen, mit einer gewissen Wahrscheinlichkeit befindet sich ein Elektron an dieser oder jener Stelle im Atom. Die Physiker sprachen davon, daß der »Determinismus« (Bestimmtheit der Voraussagen) aufgegeben wurde, und viele konnten dies nicht akzeptieren.

In einem Brief an seinen Freund Max Born, einen der Mitbegründer der Quantenmechanik, schrieb Albert Einstein am 4. Dezember 1926: »Die Quantenmechanik ist sehr achtunggebietend. Aber eine innere Stimme sagt mir, daß das doch nicht der wahre Jakob ist. Die Theorie liefert viel, aber dem Geheimnis des Alten bringt sie uns kaum näher. Jedenfalls bin ich überzeugt, daß *der* nicht würfelt.«

»Gott würfelt nicht« ist der berühmte Einwand Einsteins gegen die Wahrscheinlichkeiten in der neuen Theorie. Auf weitere Kritiken Einsteins antwortete Born in einem Brief vom 15. November 1929: »In der Tat hast Du vollkommen recht, daß man eine Behauptung über die zukünftige Annahme oder Verwerfung des Determinismus logisch nicht rechtfertigen kann. Denn es kann ja immer Beschreibungsarten der Vorgänge geben, die eine Schicht tiefer liegen als die uns bekannten (wie es Dein Beispiel der kinetischen Theorie gegenüber der makroskopischen Theorie zeigt): Jordan und ich sind wenig geneigt, an so etwas zu glauben, aber man darf natürlich nicht mehr behaupten, als sich streng beweisen läßt . . .«

Einstein war der Meinung, daß sich der Widerspruch der Atommodelle durch »eine tiefere Schicht« der Beschreibung ebenso eliminieren lassen müßte, wie Boltzmann den Widerspruch Mechanik—Wärmelehre durch die Atomistik eliminieren konnte. Andere bedeutende Physiker konnten »belehrt« werden. So schrieb etwa

Arnold Sommerfeld im Vorwort zur 4. Auflage seines Standardwerks *Atombau und Spektrallinien*: »Verfasser hat an der klassischen Wellentheorie so lange als irgend möglich festgehalten. Was ihn jetzt veranlaßt, die Quantenstruktur des Lichtes als die tiefergehende Auffassung anzusehen, sind neue, im folgenden zu besprechende Erfahrungstatsachen.«

Die Quantenmechanik hat inzwischen ihren Siegeszug angetreten. Es ist das eingetreten, was Max Planck einmal so formuliert hat: »Eine neue wissenschaftliche Wahrheit pflegt sich nicht in der Weise durchzusetzen, daß ihre Gegner überzeugt werden und sich als belehrt erklären, sondern vielmehr dadurch, daß die Gegner allmählich aussterben und die heranwachsende Generation von vornherein mit der Wahrheit vertraut gemacht ist.« Auch die extreme Ansicht, daß nun das Subjekt des Beobachters in der Theorie aufgenommen wurde (weil nur das, was gemessen werden kann, zum physikalischen Bild der Wirklichkeit gehört), findet man heute kaum noch. Die Quantenmechanik ist zu einem festen Bestandteil der Naturwissenschaft geworden; dies vor allem wegen ihrer großen Erfolge in der Vereinheitlichung des Weltbildes: Das Atom, das ursprünglich der Chemie half, ihre Gesetze zu verstehen, war nun Gegenstand physikalischer Forschung; und der Physik gelang es, viele Gesetze der Chemie zu erklären, sie auf physikalische Modelle zurückzuführen. Damit war die Chemie mit der Physik zu einem einheitlichen Weltbild verschmolzen, ebenso wie vorher die Wärmelehre mit der Mechanik vereinheitlicht werden konnte. Durch das Bestehenlassen des einen Widerspruchs Welle-Teilchen (diskret-kontinuierlich) war es gelungen, viele andere Widersprüche zu eliminieren. Und das ist der eigentliche Grund, warum dieser eine Widerspruch akzeptiert werden konnte: Die ungeheure Vereinheitlichung des Modells der Wirklichkeit bedeutete eine so weitgehende Ordnung, einen solchen Siegeszug der Logik (die Elimination so zahlreicher Widersprüche), daß dieser eine Widerspruch — wenn auch widerstrebend — in Kauf genommen werden konnte.

Wir sollten uns noch einmal darauf besinnen, daß die Atomistik, der Mikrokosmos, zunächst als Bild *erfunden* worden war, um zu einer einheitlichen, »widerspruchsfreien Konstruktion der Gesamtwirklichkeit in ihrer Beziehungsfülle« zu gelangen (und damit auch das männliche Prinzip, die Logik, zum Sieg zu führen). Wenn wir im ersten Kapitel gesagt haben, daß wir die Himmelskörper zu Dingen machten, indem wir die Widersprüche eliminierten, so müssen wir nun feststellen, daß wir in der Atomistik *Dinge machen* (den Mikrokosmos erfinden), um Widersprüche zu eliminieren. Vollständig ist dies nicht gelungen, *ein* Widerspruch muß auch im so entstehenden Bild der Wirklichkeit bestehen bleiben.

Je weiter wir uns mit dieser Konstruktion (mit diesem neuzeitlichen »Turmbau zu Babel«) vom unmittelbar persönlichen Bereich der Menschen entfernen, um so größer wird das Bestreben, die Konstruktion, das Bild mit der Wirklichkeit selbst zu verwechseln. Wir bauen ein Vorurteil immer stärker aus: Wirklich ist das, was weniger Widersprüche enthält. Der Grund scheint mir auch darin zu liegen, daß mit diesem Eliminieren der Widersprüche, diesem Austreiben der Geister eben auch das Leben ausgetrieben wird. Das Bild ist geistlos, tot, es funktioniert nur mehr, und wir erklären es − sozusagen als Rechtfertigung − zur eigentlichen Wirklichkeit und alles andere zur Privatsache. Die beiden Straßen, von denen wir bildhaft immer sprechen, entfernen sich dabei aber immer mehr, und einerseits wird dadurch die Sehnsucht nach Wiedervereinigung verstärkt, andererseits der Brückenschlag immer schwieriger.

Wie anders könnten wir sonst verstehen, daß in der heutigen Naturwissenschaft gar nicht mehr von Bildern, Modellen, Konstruktionen gesprochen wird! Wir erklären die Atome − wie Demokrit vor zweieinhalb Jahrtausenden − zu den einzig wirklich existierenden Dingen und alles andere aus ihnen zusammengesetzt.

Aber haben wir nicht direkte Beweise für die Existenz der Atome? Sind nicht unzählige Menschen durch die Explosion zweier Atombomben auf grausamste Weise ums Leben gekommen? Tatsächlich wäre wahrscheinlich ohne die Atomistik, ohne unsere Konstruktion der Wirklichkeit niemand auf die Idee gekommen, mit natürlichem Uranerz jene so komplizierte Kette von Manipulationen durchzuführen, die schließlich zu diesen grauenhaften Explosionen geführt hat. Ich bestreite den *Erfolg*, das *Funktionieren* der Methode in keiner Weise. Schon im ersten Kapitel habe ich ausgeführt, wie sie zur Veränderung unserer Welt beiträgt, wie sie uns auch vor echten Bedrohungen schützt, Sicherheit verleiht. Aber alle unsere Handlungen finden in der Welt der Menschen (im Makrokosmos) statt. Das Bild, die Konstruktion, das atomistische Modell, ist für uns immer nur die Gedankenstütze, die uns einerseits erlaubt, richtige (zielführende) Handlungen auf leichte Weise von falschen (irreführenden) zu unterscheiden und die uns andererseits gestattet, zu intersubjektiv gesicherten Ergebnissen zu kommen. Sie ist einerseits unsere Buchhaltung, andererseits erlaubt sie Voraussagen. Ist es nicht eine Perversion, eine grobe Verdrehung, wenn wir deshalb den Mikrokosmos als wirklicher betrachten als die Welt der Menschen mit ihren Gefühlen, Ängsten und Bedürfnissen? Wenn wir deshalb zur »doppelten Buchführung« greifen müssen, weil die (naturwissenschaftliche) Wirklichkeit nichts mehr enthält als Atome und Elementarteilchen?

4
Paranormale Phänomene

Alles, was meßbar ist, messen und die Meßdaten nach den Axiomen
der Logik in ein Theoriengebäude einordnen; so kommen wir doch
zu unserem naturwissenschaftlichen Weltbild, zur Konstruktion der
Wirklichkeit. Was aber gilt als gemessen, was sind diese Daten,
diese Tatsachen, diese experimentellen Ergebnisse? Wenn ich täglich meine Körpertemperatur messe, so erhalte ich ein umfangreiches Tatsachenmaterial von Meßwerten; sie werden aber bestimmt
nicht in das Weltbild der Naturwissenschaft eingebaut, sind meine
private Angelegenheit, sie gehören nicht mit dazu. Dies ändert sich
allerdings, wenn ich plötzlich mit einer − womöglich seltenen oder
gar unbekannten − fiebrigen Erkrankung in eine Universitätsklinik
oder ein anderes Krankenhaus, in dem sich Ärzte wissenschaftlich
mit den Patienten beschäftigen, eingeliefert werde. Dann werden
die Meßdaten meiner Körpertemperatur zunächst für den behan-
delnden Wissenschaftler interessant, bleiben aber noch seine Privatsache. Sollte er sich entscheiden, den Fall nicht weiter zu verfolgen, müssen sie nicht Teil dessen werden, was zum naturwissenschaftlichen Weltbild gehört. Erst wenn er sich entschließt, den Fall
zu veröffentlichen, werden sie Gegenstand intersubjektiver Betrachtungen, sie werden damit Teil des allgemeinen und öffentlichen
Daten-Materials, das die Grundlage des naturwissenschaftlichen
Theoriengebäudes, Weltbildes, ausmacht.

Das, was wir als Tatsachen-Material, als gesicherte Fakten,
naturwissenschaftliche Daten, bezeichnen, muß also öffentlich
zugänglich und überprüfbar sein, es ist veröffentlicht. Dazu gibt es
nun eine große Zahl naturwissenschaftlicher Zeitschriften, deren

einziger Zweck es ist, experimentelle Ergebnisse und theoretische Überlegungen zu drucken, zu veröffentlichen. Die naturwissenschaftlichen Bibliotheken sammeln und ordnen möglichst viele der auf ihrem Gebiet erscheinenden Zeitschriften und machen sie damit jedermann zugänglich.

Es gibt natürlich eine unübersehbar große Zahl von wissenschaftlichen Zeitschriften, und daher hat sich auch innerhalb dieses Bereiches eine Rangordnung herausgebildet. Für den einzelnen Wissenschaftler ist es unmöglich geworden, alle Zeitschriften auch nur eines ganz kleinen Spezialgebietes zu verfolgen. Im allgemeinen wird er ein rundes Dutzend Zeitschriften laufend nach Veröffentlichungen durchsehen, die ihn interessieren. (Dies mag von Fach zu Fach in der Zahl schwanken, ich beziehe diese Ausführungen auf die Physik.) Dazu gehören sicherlich die auf seinem Gebiet wichtigsten internationalen Zeitschriften, die in der erwähnten Rangordnung ganz oben stehen. Vor dem Zweiten Weltkrieg war zum Beispiel eine der wichtigsten physikalischen Zeitschriften die in Deutschland erscheinende *Zeitschrift für Physik*; heute hat ihr die amerikanische *Physical Review* zweifellos den Rang abgelaufen, obwohl einige europäische Zeitschriften im harten Ringen um die obersten Ränge dieser Hierarchie stehen.

Es ist ganz klar, daß jeder Naturwissenschaftler versuchen wird, experimentelle Ergebnisse oder Theorien, die er für wesentlich hält, in einer der angesehenen Zeitschriften zu veröffentlichen, weil sie dann die größte Aufmerksamkeit der Fachkollegen erzielen. Daher nehmen diese Zeitschriften auch ständig an Umfang zu, weil sie nicht willkürlich Arbeiten ablehnen wollen. Auf eines aber nehmen sie strengstens Bedacht: daß das, was sie zur Veröffentlichung annehmen, die Regeln naturwissenschaftlicher Methodik genau befolgt: Experimente müssen mit aller Sorgfalt nach möglichen Fehlern überprüft worden sein, Theorien müssen sich auf sinnvolle Annahmen stützen und überprüfbare Voraussagen machen. Alles muß so dargestellt werden, daß es durch andere wiederholt werden kann, denn es muß ja intersubjektiv gültig sein.

Wie wird dieses Ziel erreicht? Es gibt ja keinen »Über-Wissenschaftler«, der alle anderen kontrollieren könnte. So hat sich schon seit langem das System der Selbstkontrolle der Wissenschaft bewährt. Zeitschriften, die auf hohes Niveau Wert legen, haben ein sogenanntes »Referenten-System«. Wenn ihnen eine Arbeit zur Veröffentlichung zugesandt wird, dann wird sie zunächst einem Wissenschaftler (manchmal auch zwei), der dasselbe Spezialgebiet vertritt, dem »Referenten«, übergeben. Er, der sich ebensogut auf diesem Spezialgebiet auskennt, aber nicht selbst am Experiment oder der Theorie beteiligt ist, kann nun nüchtern — auch emotional unbeteiligt — prüfen, ob die Regeln eingehalten wurden, ob die Qualität der Arbeit eine Veröffentlichung rechtfertigt. Hat er etwas auszusetzen, dann wird seine Kritik anonym dem Autor (oder den Autoren im Falle einer Gruppenarbeit) übermittelt, und dieser kann dazu Stellung nehmen. Die Auseinandersetzung wird so lange fortgeführt, bis der Referent zufrieden ist oder der Autor (die Autoren) die Arbeit zurückzieht. (Das kann sich manchmal sehr lange hinziehen und daher zu Streitigkeiten über Prioritäten führen. Darum wird bei der Veröffentlichung einer Arbeit immer das Datum bekanntgegeben, an dem sie beim Verlag der Zeitschrift eingelangt ist.)

Natürlich hat dieses System auch Nachteile. Es kann vorkommen, daß gute Arbeiten nicht in großen Zeitschriften veröffentlicht werden, weil der Autor an einen lästigen Referenten geraten ist und ihm der Streit zu mühselig wurde. Es kann auch vorkommen, daß ein autoritätsgläubiger Referent eine schlechte Arbeit eines berühmten Kollegen zur Veröffentlichung zuläßt, obwohl er eigentlich Einwände hätte. Ja, es kann sogar vorkommen, daß ein Referent eine Arbeit längere Zeit zurückhält, weil er gerade an ähnlichem arbeitet und seine Ergebnisse zuerst im Druck sehen möchte. Daher ist dieses System schon heftig kritisiert worden; es gibt aber bisher kein besseres, durch das man es ersetzen könnte. Die Arbeit der Referenten ist ehrenamtlich, und es gehört zu den selbstverständlichen Pflichten jedes Wissenschaftlers, solche Gutachten zu erstellen.

Es ist ganz klar, daß trotz dieser Vorsichtsmaßnahmen auch in den angesehensten Zeitschriften Arbeiten erscheinen, die sich später als falsch herausstellen. Wir haben ja schon im zweiten Kapitel darüber gesprochen, daß Voraussagen entsprechend berühmter Wissenschaftler fast immer auch zu »Entdeckungen« führen. Umgekehrt werden Daten guter Experimentatoren fast immer auch theoretisch eingeordnet, selbst wenn sie sich später als falsch herausstellen sollten. Darauf kommt es mir hier nicht an; ich wollte aber zeigen, daß man bei Veröffentlichungen in angesehenen Zeitschriften wenigstens einigermaßen sicher sein kann, daß offensichtliche primitive Fehler, wie sie Anfänger machen, ausgeschlossen sind.

Nun wurde im Jahre 1971 in der Zeitschrift *Physical Review* eine Arbeit der Experimentalphysiker Erwin J. Saxl und Mildred Allen aus dem amerikanischen Staat Massachusetts veröffentlicht. Sie trägt den Titel: *1970 Solar Eclipse as »Seen« by a Torsion Pendulum* (Sonnenfinsternis von 1970, »gesehen« von einem Torsionspendel). Die beiden Wissenschaftler sind Spezialisten für die Physik des Pendels; das Pendel spielt in der Physik eine wichtige Rolle, weil es ein ganz einfaches System darstellt und sich daher für Experimente in dem Sinne, wie wir es besprochen haben, hervorragend eignet. Seit 1953 hatten die beiden Wissenschaftler Pendelexperimente mit immer größerer Genauigkeit durchgeführt. In der erwähnten Arbeit berichten sie über Messungen am 7. März 1970. An diesem Tag gab es eine Sonnenfinsternis, und während der Verfinsterung änderte sich die Schwingungsdauer des Pendels − sie wurde größer. Die Änderung beträgt weniger als ein Promille, es bedarf also sehr genauer Messungen und hoher Experimentierkunst, um sie überhaupt sicherzustellen.

Die Autoren der Veröffentlichung haben natürlich zuerst selbst versucht, ihr Meßergebnis widerspruchsfrei in das bestehende Weltbild einzuordnen; der Standort des Mondes während einer Sonnenfinsternis könnte durch die Massenanziehung eine solche Änderung hervorrufen: Aber die Rechnungen zeigten, daß dieser Effekt hunderttausendmal kleiner ist als der beobachtete. Daher schließen die Autoren: »All dies führt zu dem Schluß, daß die klassische Gravitationstheorie modifiziert werden muß, um diese experimentellen Fakten zu interpretieren.«

Nach dem, was wir am Beginn dieses Kapitels festgestellt haben, müßten so veröffentlichte Meßdaten tatsächlich in das Weltbild der Naturwissenschaft eingeordnet werden. Da sie im Widerspruch zu der bisherigen Theorie stehen, müßte eine der drei im zweiten Kapitel besprochenen Möglichkeiten herangezogen werden: Eine Zusatzhypothese haben die Autoren erfolglos versucht, sie schlagen daher die Modifikation der Theorie vor.

Ihr Vorschlag ist aber ungehört verhallt. War etwa das Ergebnis nicht intersubjektiv? Doch! Schon im Jahre 1959 hatte ihr Fachkollege Maurice F. C. Allais ähnliche Beobachtungen veröffentlicht, die Ergebnisse konnten also ohne weiteres nachvollzogen werden.

Trotzdem wurde die Arbeit (zumindest in den folgenden Jahren) niemals von anderen Wissenschaftlern in der Fachliteratur erwähnt (ich kann dies natürlich mit Sicherheit nur von den Zeitschriften behaupten, die im *Science Citation Index* erfaßt werden; es ist dies aber der wichtigste und größte Teil aller Fachzeitschriften). Die Meßdaten wurden einfach ignoriert.

Wir haben hier ein Beispiel, das noch weit über unsere Behauptung aus dem ersten Kapitel hinausgeht: »Was nicht meßbar gemacht werden kann, ableugnen«, haben wir dort gesagt. Wir sehen nun, daß die Naturwissenschaft nicht nur das Nicht-Meßbare ableugnet; weil sie keine Widersprüche zulassen kann, wird auch allen intersubjektiven Messungen größter Widerstand entgegengesetzt, die sich nicht nach den Axiomen der Logik in das Weltbild einordnen lassen. Aber diese Haltung ist selbst durchaus widersprüchlich; denn wir haben ja schon gesagt, daß es einerseits gilt, Widersprüche zu eliminieren, daß aber andererseits auftretende Widersprüche erst die treibende Kraft für den fortschreitenden Ausbau des Modells der Naturwissenschaft sind. Wir erinnern uns der Widersprüche um den Planeten Uranus, zwischen Mechanik und Wärmelehre und schließlich im atomaren Bereich. Diese Widersprüche haben zu einer entscheidenden Veränderung, Verbesserung des Modells der Wirklichkeit geführt.

Warum wird dann der Widerspruch des Pendels einfach vergessen, ignoriert? Dazu muß ich wohl zunächst sagen, daß gewisse Widersprüche einfach nicht sofort eliminiert werden können, sie werden sozusagen ins Archiv gelegt, um bei Gelegenheit bearbeitet werden zu können. Wir haben im zweiten Kapitel im Anschluß an die Voraussage des Planeten Neptun kurz besprochen, daß es auch beim sonnennächsten Planeten, Merkur, einen Widerspruch gab, den Le Verrier vergeblich durch die Zusatzhypothese eines neuen Planeten (Vulkan) zu eliminieren versuchte. Dieser Widerspruch konnte erst 1916 eliminiert werden, als Albert Einstein mit seiner Allgemeinen Relativitätstheorie die Newtonsche Theorie modifizierte; in der neuen Theorie trat dieser Widerspruch nicht mehr auf, die Drehung der Bahn des Merkur konnte nun aus der Theorie »vorhergesagt« werden. (Der Physiker spricht auch dann noch von »Vorhersage«, wenn die experimentellen Daten lange vor der Theorie gemessen wurden; es kommt ihm nicht auf die zeitliche Reihenfolge an, sondern nur darauf, daß die experimentellen Ergebnisse mit den theoretischen Berechnungen übereinstimmen.)

Aber solche – ins Archiv gelegte – Widersprüche werden nicht einfach vergessen; im Gegenteil, sie bleiben ein beständiges Ärgernis und sind eben dadurch Antrieb zur Veränderung des Modells. Es gibt ganz offensichtlich außer diesen antreibenden, fördernden Widersprüchen auch solche, die als störend empfunden werden, die zu sehr an den Grundfesten des Gebäudes nagen, um akzeptiert werden zu können. Ein Pendel, das von einer Sonnenfinsternis – und zwar *nicht* durch mechanische Kräfte – beeinflußt wird, erinnert offenbar schon verdächtig an Astrologie, an Geistererscheinungen, kurz an das, was die Naturwissenschaft zu entlarven angetreten ist. Und diese Erscheinungen werden von der Straße der Naturwissenschaft verwiesen, sie werden einfach abgeleugnet, mit einem Tabu belegt, auch wenn sie nach allen Regeln der Wissenschaft intersubjektiv meßbar sind.

Trauen wir uns doch einmal zu fragen, warum etwa die Astrologie nicht zur Naturwissenschaft gerechnet wird. Wir können nicht als Grund gelten lassen, daß sie nicht *beweisen* kann, daß Sterne Einfluß auf Menschen haben können; wir haben ja gesehen, daß auch die Naturwissenschaft die Wahrheit ihrer Gesetze nicht beweisen kann. Ja, daß es ihr gerade aus diesem Grund gar nicht um Wahrheit, sondern um Widerspruchsfreiheit geht, um Übereinstimmung mit den Axiomen der Logik. Nun muß die Astrologie natürlich auch einen *in sich* einigermaßen widerspruchsfreien Satz von Regeln haben, nach denen etwa Horoskope erstellt werden, denn sonst wäre das Erstellen von Horoskopen gar nicht möglich. Aber sie verletzt das vierte Axiom: Es gibt keinen zureichenden Grund (zumindest keinen, der sich in das Weltbild der Naturwissenschaft einordnen läßt), warum Sterne auf Menschen wirken sollten. (Ließe sich ein möglicher Grund dafür überhaupt in ein Weltbild einordnen, in dem es individuelle Menschen gar nicht mehr gibt?)

Weil wir gerade beim kritischen Betrachten der naturwissenschaftlichen Methode sind, möchte ich Paul Feyerabend zitieren, der wohl am deutlichsten auf die Grenzen naturwissenschaftlicher Methodik hinweist: »Als Beispiel möchte ich jetzt kurz die verschiedenen *zeremoniellen Regentänze* betrachten, die man bei Indianern, wie zum Beispiel bei den Hopis, findet. Diese Tänze sind wohlbekannt und genau studiert worden. Es gibt auch verschiedene Versuche, sie zu erklären. Nach einer Erklärung, die R. Merton vorgeschlagen hat, sind sie so etwas wie sozialer Kitt – sie verstärken die Bindungen zwischen den Menschen und ihren gesellschaftlichen Positionen. Kein einziger Forscher nimmt an, daß Regentänze aufgeführt werden, weil sie erfolgreich sind. *Man hält es für selbstverständlich,* daß auch sehr komplizierte Tänze den Regen auf keinen Fall wahrscheinlicher machen können. Die Tänze und die mit ihnen verbundenen Anschauungen sind höchstens ›tiefenpsychologisch‹ zu deuten, als etwas rein ›Subjektives‹.

Warum dieses Widerstreben, anzunehmen, daß die Hopis praktische Leute sind, die wissen, wie man Regen macht?

Der Grund kann kein empirischer sein. Es gibt keine statistischen Studien der Wirkungen richtig ausgeführter Regentänze. Auch kann der Grund nicht in einer *bestimmten* und wohlbewährten wissenschaftlichen Theorie liegen. Mir ist keine einzige ernst zu nehmende Theorie bekannt, von der gezeigt worden wäre, daß sie den Erfolg von Regentänzen verbietet (dessen kann man recht sicher sein: kein Physiker, Biologe, Psychologe, Kosmologe kennt die Regentänze gut genug, um die nötigen Argumente aufstellen zu können). Natürlich würde ein Widerspruch zwischen der Wissenschaft und der Annahme, daß Regentänze Erfolg haben, diese noch nicht widerlegen; ... Doch es steht ja überhaupt noch nicht fest, daß ein Widerspruch besteht. Wenn man Regentänzen eine Wirkung auf die Natur abspricht, so gibt es dafür also weder unmittelbare noch mittelbare empirische Gründe. Das Urteil beruht vielmehr auf einer *Ideologie,* die nie im einzelnen formuliert wird, für die man aber das gleiche Gewicht wie für klar formulierte wissenschaftliche Theorien beansprucht. Viele ›wissenschaftliche Argumente‹ gegen Gedanken und Erscheinungen, die die Wissenschaftler nicht mögen, haben diesen ideologischen Charakter.«

Feyerabend geht hier viel weiter, als wir es bisher gewagt haben, wenn er sagt: »Natürlich würde ein Widerspruch zwischen der Wissenschaft und der Annahme, daß Regentänze Erfolg haben, diese noch nicht widerlegen.« Nach den Grundannahmen der Naturwissenschaft wären sie damit sehr wohl widerlegt, ausgeschlossen! Aber er weist ja sofort darauf hin – und gerade darauf kommt es mir hier an –, daß gar kein solcher Widerspruch besteht. Es ist das vierte Axiom, das verletzt wird, wir kennen keinen zureichenden Grund, warum die Regentänze funktionieren könnten; sie können nicht in unser Weltmodell eingeordnet werden.

Feyerabend fährt nun fort: »Fragen wir nun *umgekehrt*: Gibt es irgendeinen Hinweis darauf, daß die zeremoniellen Regentänze unter geeigneten Umständen Erfolg haben *könnten*? Die Antwort ist eindeutig positiv. Die parapsychologische Forschung hat Erscheinungen entdeckt, die in die rechte Richtung weisen.«

Was ist Parapsychologie? Hans Driesch definiert sie als »die Wissenschaft von den ›okkulten‹ Erscheinungen« und Wilhelm Peter Mulacz meint dazu: »Als eine Wissenschaft, die sich mit Erscheinungen beschäftigt, ist die Parapsychologie klar als Realwissenschaft von den Formalwissenschaften unterschieden, und es wird ihr *empirischer Charakter* betont.« Telepathie, Hellsehen, Spuk sind nur einige der Phänomene, mit denen sich (wenn sie nachgewiesen werden können) die Parapsychologie beschäftigt. Wie jede Wissenschaft verlangt die Parapsychologie innere Widerspruchsfreiheit. Driesch sagt auch vom Spiritismus, er sei »jedenfalls eine logisch berechtigte Hypothese, denn er enthält keinen Widerspruch in sich selbst«. Aber die Naturwissenschaft hat ja die »widerspruchsfreie Konstruktion der *Gesamtwirklichkeit* in ihrer Beziehungsfülle« zum Ziel und muß daher alles ausschließen, was ihren Grundannahmen und Voraussetzungen widerspricht, was nicht eingeordnet werden kann.

Aus diesen Gründen ist es heute nicht ohne weiteres möglich, über Parapsychologie in einem Atemzuge mit Naturwissenschaft zu sprechen. Darum fügt auch Paul Feyerabend seiner Bemerkung eine Fußnote an, in der er sagt: »Leser mit einem starken Wissenschaftsglauben und einem starken Bedürfnis nach geistiger Führung mögen bedenken, daß die New Yorker Akademie der Wissenschaften 1967 ein Symposion über Parapsychologie abhielt und daß die Parapsychology Association (Parapsychologische Gesellschaft) 1969 in die *American Association for the Advancement of Science* (Gesellschaft zur Förderung der Wissenschaft) aufgenommen wurde.«

Es geht mir hier nicht darum, im Streit für oder gegen die nachgewiesene Existenz solcher Phänomene Stellung zu nehmen. Wir wollen aber die Naturwissenschaft und ihre Grenzen genau kennenlernen und daher interessiert uns, wie sie sich verhält, wenn die Existenz solcher Phänomene behauptet wird.

Schon im 19. Jahrhundert hat Hermann Helmholtz (1821–1894), einer der bedeutendsten Physiker, Mitbegründer des Satzes von der Erhaltung der Energie, zur Telepathie gesagt: »Weder die Zeugen-

106

schaft aller Mitglieder der Königlichen Gesellschaft noch die Erfahrung meiner eigenen Sinne machen mich glauben, daß es unabhängig von den bekannten Wegen der sinnlichen Wahrnehmung Gedankenübertragung von einer Person zur anderen gibt.« Klarer, deutlicher, könnte man ein Tabu wohl nicht mehr formulieren. »Was nicht meßbar gemacht werden kann, ableugnen.« Denn außer den eigenen Sinnen und der Zeugenschaft anderer Menschen gibt es ja keine Möglichkeit, sich überzeugen zu lassen (ausgenommen vielleicht unmittelbare Inspiration, aber an die hat der Physiker Helmholtz sicher nicht gedacht). Werden beide nicht zugelassen, ist damit die Möglichkeit des Überzeugtwerdens grundsätzlich ausgeschlossen, die Sache ist mit einem Tabu belegt.

So fragt auch Wilhelm Peter Mulacz ironisch zu diesem Ausspruch Helmholtz', »welche wissenschaftlichen Erkenntnisquellen er bei der Aberkennung der angeführten als Grundlage seiner sonstigen, verdienstvollen Forschungen herangezogen hat«. Natürlich gilt diese Aberkennung nur für den Tabu-Bereich; innerhalb der ontologischen Grenze physikalischer Erkenntnis, dort, wo Widerspruchsfreiheit herrscht oder zumindest zu erhoffen ist, werden natürlich diese Erkenntnisquellen als die einzig möglichen anerkannt.

Erinnert uns das nicht ein wenig an Christian Morgensterns Palmström, der von einem Kraftfahrzeug überfahren wurde?

Eingehüllt in feuchte Tücher,
prüft er die Gesetzesbücher
und ist alsobald im klaren:
Wagen durften dort nicht fahren!

Und er kommt zu dem Ergebnis:
»Nur ein Traum war das Erlebnis.
Weil«, so schließt er messerscharf,
»nicht sein *kann*, was nicht sein *darf*.«

Ich muß hier auf den Unterschied zwischen »Tabu« und »Verbot« ausdrücklich aufmerksam machen. Ein Verbot bedarf zu seiner Aufrechterhaltung gewisser Strafmaßnahmen. Wenn die Übertretung von Parkverboten nicht mit Polizeistrafen belegt wird, hielte sich wohl niemand daran. Ein Tabu braucht keine solchen Strafmaßnahmen, weil seine Übertretung sich selbst bestraft. Wer sich etwa im zwischenmenschlichen Bereich nicht an die Grenzen des Anstandes hält, wird ganz von selbst zum Außenseiter, ohne daß es besonderer Strafen bedürfte. Bei den sogenannten »primitiven Kulturen« spielt das Tabu eine außerordentlich wichtige Rolle. Sigmund Freud berichtet uns: »*Tabu* ist ein polynesisches Wort, dessen Übersetzung uns Schwierigkeiten bereitet, weil wir den damit bezeichneten Begriff nicht mehr besitzen . . .

Uns geht die Bedeutung des Tabu nach zwei entgegengesetzten Richtungen auseinander. Es heißt uns einerseits: heilig, geweiht, andererseits: unheimlich, gefährlich, verboten, unrein. Der Gegensatz von Tabu heißt im Polynesichen *noa* = gewöhnlich, allgemein zugänglich.«

Haben wir hier nicht eine wunderbare Erklärung des Tabu-Begriffes, die wir sofort übersetzen können? Das Gegenteil heißt »allgemein zugänglich« − also intersubjektiv! Der Tabu-Bereich, bezogen auf das Weltmodell der Naturwissenschaft, ist also das, was jenseits ihrer ontologischen Grenze liegt.

Hören wir weiter, was Sigmund Freud darüber sagt: »Die Tabubeschränkungen sind etwas anderes als die religiösen oder moralischen Verbote. Sie werden nicht auf das Gebot eines Gottes zurückgeführt, sondern verbieten sich eigentlich von selbst; von den Moralverboten scheidet sie das Fehlen der Einreihung in ein System, welches ganz allgemein Enthaltungen für notwendig erklärt und diese Notwendigkeit auch begründet. Die Tabuverbote entbehren jeder Begründung; sie sind unbekannter Herkunft; für uns unverständlich, erscheinen sie jenen selbstverständlich, die unter ihrer Herrschaft stehen.«

Und Freud zitiert dann aus der Encyclopaedia Britannica (des Jahres 1911): »Die Strafe für die Übertretung eines Tabu wird wohl ursprünglich einer inneren, automatisch wirkenden Einrichtung überlassen. Das verletzte Tabu rächt sich selbst. Wenn Vorstellungen von Göttern und Dämonen hinzukommen, mit denen das Tabu in Beziehung tritt, so wird von der Macht der Gottheit eine automatische Bestrafung erwartet.« So beschreibt auch Chinua Achebe die Reaktion des Ibo-Volkes auf den Einzug der ersten christlichen Missionare. Sie hatten die Götter der Ibos gelästert, Tabus übertreten. Also erwartete man, daß sie von selbst sterben würden. Niemand brauchte die Götter zu verteidigen:

»Die Einwohner von Mbanta erwarteten, daß sie alle innerhalb von vier Tagen tot wären. Der erste Tag verging und der zweite und der dritte und der vierte, und keiner von ihnen starb. Jedermann war erstaunt. Und dann wurde es bekannt, daß der Fetisch des Weißen Mannes unglaubliche Macht hatte. Es wurde erzählt, daß er Gläser auf seinen Augen trug, so daß er böse Geister sehen und mit ihnen sprechen konnte. Nicht lange danach gewann er die ersten drei Bekehrten.«

Aber die Spanne von vier Tagen ist nur die erste Frist der Götter.

»Unter den Leuten von Mbanta war es wohlbekannt, daß ihre Götter und Ahnen manchmal langmütig waren und einem Mann bewußt erlaubten, sie noch weiter herauszufordern. Aber selbst in solchen Fällen setzten sie ihre Grenze bei sieben Markt-Wochen oder achtundzwanzig Tagen. Über diese Grenze zu gehen wurde keinem Menschen gestattet. Und so stieg die Erregung im Dorf, als sich die siebente Woche seit der Errichtung der Kirche im Bösen Wald durch die unverschämten Missionare näherte. Die Dorfbewohner waren sich des Verhängnisses, das diese Männer erwartete, so sicher, daß ein oder zwei Bekehrte dem neuen Glauben ihre Treue aufkündigten.

Schließlich kam der Tag, an dem alle Missionare hätten sterben sollen. Aber sie lebten noch, bauten aus roter Erde ein neues Haus mit Strohdach für ihren Lehrer, Mr. Kiaga. In jener Woche gewannen sie eine weitere Handvoll Bekehrte.«

Doch die Bekehrten konnten ihre alten Tabus nicht einfach vergessen. Und im Bestreben, sie alle zu brechen, gingen die Missionare zu weit; sie forderten von ihren neuen Anhängern, so erzählt Achebe, selbst die königliche Pythonschlange zu töten.

»Die königliche Python war das meistverehrte Tier in Mbanta und allen umgebenden Stämmen. Sie wurde mit ›Unser Vater‹ angesprochen und konnte sich hinbegeben, wohin sie wollte, sogar in die Betten der Leute. Sie aß Ratten im Haus und verschluckte manchmal Hühnereier. Wenn ein Stammesbruder versehentlich eine königliche Python tötete, machte er Sühneopfer und vollführte eine teure Begräbniszeremonie wie für einen großen Mann. Keine Strafe war vorgeschrieben für einen Mann, der die Python bewußt tötete. Niemand dachte, daß so etwas jemals geschehen könnte.«

Doch Okoli wurde dazu gebracht. Und als die Tat berichtet wurde, »war Okoli nicht da, um zu antworten. Er war am Vorabend krank geworden. Ehe der Tag zur Neige ging, war er tot. Sein Tod zeigte, daß die Götter noch fähig waren, ihre eigenen Schlachten zu schlagen. Der Stamm sah keinen Grund mehr, die Christen zu belästigen.«

»Warum«, so fragt Sigmund Freud, »sollen wir überhaupt unser Interesse an das Rätsel des Tabu wenden? Ich meine, nicht nur, weil jedes psychologische Problem an sich des Versuches einer Lösung wert ist, sondern auch noch aus anderen Gründen. Es darf uns ahnen, daß das Tabu der Wilden Poynesiens doch nicht so weit von uns abliegt, wie wir zuerst glauben wollten, daß die Sitten- und Moralverbote, denen wir selbst gehorchen, in ihrem Wesen eine Verwandtschaft mit diesem primitiven Tabu haben könnten, und daß die Aufklärung des Tabu ein Licht auf den dunklen Ursprung unseres eigenen ›kategorischen Imperativs‹ zu werfen vermöchte.«

Freud versucht nun, diese Aufklärung des Tabu zu erreichen, indem er Neurosen in unserer Gesellschaft untersucht. Für unsere Zwecke erscheint es mir aus denselben Gründen für ganz wesentlich, das Tabu zu untersuchen, das mit der naturwissenschaftlichen Konstruktion der Wirklichkeit zusammenhängt. Wir haben ja schon von der widersprüchlichen Haltung der Naturwissenschaft gesprochen, die sich am kürzesten in den zwei vollständig entgegengesetzten Behauptungen darstellen läßt: »Widersprüche sind schlecht, sie müssen eliminiert werden!« und »Widersprüche sind gut, weil sie die treibende Kraft für den Fortschritt der Naturwissenschaft sind!« Getreu den Axiomen der Logik müssen wir nun *diesen* Widerspruch des Widerspruchs auch eliminieren. Und in dieser schwierigen Lage ist natürlich die Antwort der Naturwissenschaft entsprechend subtil. Die Widersprüche werden eingeteilt in gute, die den Fortschritt fördern, und schlechte, die das Bild trüben, das Funktionieren des Modells stören. Da diese Einteilung aber willkürlich ist und durch nichts begründet werden kann, muß weiterhin festgelegt werden, daß es »in Wirklichkeit« gar keine Widersprüche gibt. (So wird die »Wirklichkeit« definiert, wie wir gehört haben, wobei der einzige »gesellschaftsfähige« Widerspruch Welle-Teilchen die Ausnahme darstellt, die die Regel bestätigt.) Gute Widersprüche sind daher nur scheinbar, Irrtümer, die eben richtiggestellt werden müssen. Der berühmte Mathematiker Bernhard Riemann sagte dies so schön: »Naturwissenschaft ist der Versuch, die Natur durch genaue

Begriffe aufzufassen ... Geschieht aber etwas, was nach ihnen nicht erwartet wird, also nach ihnen unmöglich oder unwahrscheinlich ist, so entsteht die Aufgabe, sie so zu ergänzen, oder, wenn nöthig, umzuarbeiten, daß nach dem vervollständigten oder verbesserten Begriffssysteme das Wahrgenommene aufhört, unmöglich oder unwahrscheinlich zu sein.«

Wilhelm Peter Mulacz sagt dazu: »Damit spricht Riemann aus, daß die Natur ein Ganzes ist, in dem keine Widersprüche möglich sind.« Dies gilt aber eben nur für die »guten« Widersprüche. Und Mulacz folgert mit Recht: »Es wäre wünschenswert gewesen, wenn sich alle Kritiker der Parapsychologie ... diese Überlegungen zu eigen gemacht hätten.« Da wir hier aber, wie wir gesehen haben, auf einen »Widerspruch des Widerspruchs« stoßen, ist diese Haltung konsequenterweise nicht möglich; nicht alle Widersprüche sind »gut«. Die Grenze ist aber willkürlich und daher müssen die »schlechten« Widersprüche mit einem Tabu belegt werden. Es darf sie ja gar nicht geben! Daß die guten Widersprüche »in Wirklichkeit« gar nicht existieren, sehen wir daraus, daß sie eliminiert werden können (entweder gleich, oder doch mit einiger Erfolgsaussicht in Zukunft). Bei den schlechten Widersprüchen ist das aber nicht sofort einzusehen, und darum sind sie gefährlich. Sie dürfen gar nicht erwähnt werden, sonst könnten sie das ganze Bild der Wirklichkeit, den modernen Turm zu Babel, ins Wanken bringen. Daher genügt auch ein Verbot nicht, weil anläßlich der Bestrafung der Übertretung des Verbots ja darüber ernsthaft gesprochen werden müßte. Dieser Bereich jenseits der ontologischen Grenze ist also ein ganz echter Tabu-Bereich!

Natürlich stirbt jemand, der dieses Tabu übertritt, nicht so wie der Ibo-Mann, der die Python tötete. Wie also bestraft sich die Tabu-Übertretung selbst? Nun, der »erlaubte« Bereich ist der Bereich der Logik und der Intersubjektivität; der Tabu-Bereich ist unlogisch und individuell privat. Wer sich mit Unlogik oder subjektiven Erfahrungen in die Öffentlichkeit wagt, macht sich einfach lächerlich oder wird gar des Irrsinns verdächtigt. Halluzinationen nennen wir doch die Wahrnehmungen, die nicht intersubjektiv sind, und wer zu häufig öffentlich halluziniert, läuft Gefahr, weggesperrt, aus der Öffentlichkeit verbannt zu werden.

Die Selbstbestrafung der Tabu-Übertretung ist also die Lächerlichkeit. Und darum sind auch Begriffe wie »logisch« und »vernünf-

111

tig«, »unlogisch« und »lächerlich«, »nicht ernst zu nehmen«, in unserem Kulturkreis fast schon auswechselbar geworden.

Wenn ich im folgenden noch einmal Beispiele aus der Parapsychologie, dem paranormalen Bereich, bringe, so geht es mir wieder zunächst darum, diesen Mechanismus des Tabu zu erläutern; der Leser mag von der »wirklichen Existenz« solcher Phänomene ruhig halten, was er selbst will. Ich hoffe aber, daß ich zeigen kann, wie sehr dieses »wirklich existieren« eben von den Voraussetzungen und Vorurteilen unserer Methode abhängt. So sehr ist das Tabuisieren dieses Bereiches geglückt, daß es heute ungeheuer schwerfällt, zwischen ernstzunehmenden Tatsachen und Phantastereien, Halluzinationen, zu unterscheiden. Und wir können auch das Kriterium, das ich am Beginn dieses Kapitels ausführlich beschrieben habe, nicht anwenden, ohne wieder sofort in die willkürliche Abtrennung des Tabu-Bereiches zu fallen; denn mittlerweile hat sich eine Reihe von Zeitschriften etabliert, die nach den gleichen Methoden verfahren wie etwa physikalische Fachzeitschriften, die aber der Parapsychologie gewidmet sind. Ganz nüchtern und sorgfältig wird hier mit naturwissenschaftlichen Meßmethoden gearbeitet, werden Daten gesammelt und veröffentlicht (zumindest gibt es solche Beispiele, ich meine etwa die Arbeit von Bernhard Wälti mit der Versuchsperson Silvio). Nach den eingangs geschilderten Kriterien müßten diese Ergebnisse ebenso zur Naturwissenschaft gezählt werden wie die beschriebenen Pendel-Experimente. Aber ein bestimmtes Medium, eine besonders begabte Versuchsperson spielen dabei immer eine wesentliche Rolle, und dies steht im Widerspruch zu der Forderung nach Unabhängigkeit vom individuellen Menschen; der Schritt fort vom Menschen (wie wir den Fortschritt bezeichnet haben) wird sozusagen rückgängig gemacht, er wird durch einen Schritt in den Tabu-Bereich ersetzt. Erst dieser Schritt fort vom Menschen hat es aber − paradoxerweise − ermöglicht, die »Wunder der Naturwissenschaft« *allen* zugänglich zu machen.

Hören wir dazu Otto Prokop, einen der schärfsten Gegner der Parapsychologie. Sein Artikel *Naturwissenschaft contra Parapsychologie* beginnt mit den Worten:

»Die Parapsychologie erstrebt die vorurteilsfreie Tatsachenforschung auf dem umstrittenen Gebiet, auf dem sich ›Okkultgläubige‹ und ›Anti-Okkultgläubige‹ unversöhnlich gegenüberstehen. Wesenszug irgendeiner Wissenschaft − wie immer sie auch heißen mag – ist das Bemühen, ihre Behauptungen zu überprüfen, ›für‹ und ›wider‹ abzuwägen. Die Beweisführung für aufgestellte Thesen muß um so kritischer sein, als deren Gegenstand mit den herkömmlichen naturwissenschaftlichen Gesetzmäßigkeiten im Widerspruch steht. Dieser in wissenschaftlichen Gremien allgemein anerkannten Forderung kommen die Parapsychologen nicht nach, indem sie Widerlegungen unterschlagen, logische Argumente unterdrücken und unentwegt Behauptungen aufstellen, selbst psychologisch kaschiert. So entsteht beim Laien der Eindruck, er habe eine moderne exzellente Wissenschaft vor sich, eine Art Schwesterdisziplin der Psychologie. In Wirklichkeit zeigt das Studium der angeblichen Ergebnisse ein trostloses Bild, das zu der Feststellung berechtigt, daß hier ein Fach vorliegt, das seit der Zeit des vulgären Spiritismus keinerlei Fortschritt zu verzeichnen hat und deshalb aus dem modernen Weltbild ohne irgendeinen Schaden für die Menschheit weggedacht werden kann.«

Prokop verlangt von der Parapsychologie etwas, das auch die Naturwissenschaft nicht zu leisten vermag: einen *Beweis* für ihre Behauptungen. Und diese Beweisführung muß besonders kritisch sein! Warum? Weil der Gegenstand mit den herkömmlichen naturwissenschaftlichen Gesetzmäßigkeiten im Widerspruch steht. Natürlich kann auch Prokop nicht *beweisen*, daß es paranormale Phänomene nicht gibt. Ein solcher Beweis ist ebenso unmöglich wie der Beweis eines Naturgesetzes. Er stellt daher auch nur fest, daß dieses Fach aus dem modernen Weltbild ohne Schaden für die Menschheit *weggedacht* werden kann. Und warum sollen wir es wegdenken? Weil es keinerlei Fortschritt zu verzeichnen hat.

Bestätigen diese Ausführungen nicht all das, was wir uns erarbeitet haben? Nicht um Wahrheit, sondern um Widerspruchsfreiheit geht es im modernen Weltbild, und die Rechtfertigung der Methode liegt im Fortschritt, den sie uns bringt. Nach einem Vortrag über Parapsychologie an der Wiener Universität, in dem auch über das Verbiegen von Metallstäben durch Psychokinese gesprochen wurde, diskutierten einige Physiker unter sich weiter. Sie kamen zu dem Schluß, daß man diese Phänomene nun endlich genauer studieren sollte, denn wenn sie nicht durch Schwindel oder Täuschung zu erklären seien, könnten sie der metallverarbeitenden Industrie zu einem nicht unbeträchtlichen Fortschritt verhelfen. Ich hatte den Eindruck, als ob es für diese Physiker nur die Alternative gab: entweder Schwindel, Täuschung oder technologische Verwertbarkeit. In ähnlicher Weise blieb auch Richard Feynman, von dem wir schon viel gehört haben, in dieser Alternative gefangen, als er zur Feier des vierhundertsten Geburtstages von Galileo Galilei in Pisa einen großen Vortrag hielt. Das Thema war »Was ist die Rolle der naturwissenschaftlichen Kultur in der modernen Gesellschaft und was sollte sie sein«. Feynman sagte in dieser Rede in seiner spritzigen Art: »Stellen wir uns vor, Galileo wäre hier und wir würden ihm die heutige Welt zeigen, versuchen ihn glücklich zu machen oder zusehen, was er herausfindet. Und wir würden ihm über die Fragen der Evidenz erzählen, jene Methoden, Dinge zu beurteilen, die er entwickelt hat. Und wir würden betonen, daß wir noch immer in genau derselben Tradition stehen, wir folgen ihr exakt – selbst bis ins Detail des numerischen Messens und dessen Gebrauch als eines der besseren Werkzeuge, zumindest in der Physik. Und daß die Naturwissenschaften sich in einer sehr guten Weise entwickelt haben, direkt und ununterbrochen aus seinem Urbild, im gleichen Geiste, wie er ihn entwickelt hat. Und als Ergebnis gibt es keine Hexen und Geister mehr.

Das ist tatsächlich fast eine Definition der heutigen Naturwissenschaft; die Wissenschaften, um die sich Galileo kümmerte, die Physik, Mechanik und dergleichen, haben sich natürlich entwickelt, aber die gleichen Methoden funktionieren in Biologie, in Geschichte, Geologie, Anthropologie und so weiter. Wir wissen eine Menge über die vergangene Geschichte des Menschen, die vergangene Geschichte der Tiere und der Erde durch sehr ähnliche Verfahren. Mit ein bißchen ähnlichem Erfolg, aber nicht ganz so vollständig wegen der Schwierigkeiten, funktioniert das gleiche System in den Wirtschaftswissenschaften . . .

Und nun endlich, wenn ich schon Galileo unsere Welt zeigen möchte, muß ich ihm etwas mit einer tiefen Schande zeigen. Wenn wir von den Naturwissenschaften wegsehen und die Welt um uns betrachten, erfahren wir etwas ziemlich Bedauerliches. Daß die Umwelt, in der wir leben, so tätig, intensiv unwissenschaftlich ist. Galileo könnte sagen: ›Ich stellte fest, daß Jupiter eine Kugel mit Monden und nicht ein Gott im Himmel war. Sagt mir, was geschah mit den Astrologen?‹ Nun, sie drucken ihre Ergebnisse in den Zeitungen, zumindest in den Vereinigten Staaten, täglich in jeder Tageszeitung. Warum haben wir noch immer Astrologen? Warum können Leute Bücher schreiben wie *Worlds in Collision* und ähnliche, voll von dummem Zeug. Es gibt eine unendliche Menge von dummem Zeug in diesen populären Büchern, die, mit anderen Worten, zeigen, daß die Umwelt tätig, intensiv unwissenschaftlich ist. Da gibt es Gerede über Telepathie. Da gibt es überall Glaubens-Heilung in Fülle. Da gibt es eine ganze Religion der Glaubens-Heilung. Da gibt es Wunder in Lourdes, wo Heilungen weitergehen. Nun könnte es wahr sein, daß die Astrologie recht hat. Es könnte wahr sein, daß es besser ist, zum Zahnarzt an einem Tag zu gehen, an dem Mars im rechten Winkel zur Venus steht, als an einem anderen Tag. Es könnte wahr sein, daß man durch das Wunder von Lourdes geheilt werden kann. Aber wenn es wahr ist, dann sollte es untersucht werden. Warum? Um es zu verbessern. Falls es wahr ist, dann können wir vielleicht herausfinden, ob die Sterne das Leben beeinflussen; so daß wir das System wirkungsvoller machen, indem wir es statistisch untersuchen, die Evidenz wissenschaftlich und objektiv vorsichtiger beurteilen. Falls der Heilungsprozeß in Lourdes funktioniert, erhebt sich die Frage, wie weit vom Platz des Wunders kann die kranke Person stehen. Haben wir vielleicht einen Irrtum begangen, so daß die letzte Reihe in Wirklichkeit gar nicht mehr funktioniert? Oder funktioniert es so gut, daß es genügend Platz gibt, um mehr Leute in der Nähe des Wunderortes unterzubringen . . . Sie können lachen, aber wenn man an die Wahrheit der Heilung glaubt, dann hat man die Verantwortung, es zu untersuchen, die Wirksamkeit zu verbessern und es befriedigend statt betrügerisch zu machen . . . Nun ist es auch möglich, daß die Ergebnisse dieser Untersuchung andere Konsequenzen haben, nämlich daß es nichts gibt.«

Also wieder ganz klar diese Alternative. Aber ich muß fairerweise hinzufügen, daß sich Feynman offenbar bewußt war, die Sache nicht ganz durchschaut zu haben. Er begann nämlich den Vortrag mit den Worten: »Ich bin Professor Feynman trotz meines Anzuges. Normalerweise trage ich in Hemdsärmeln vor, aber als ich heute morgen das Hotel verlassen wollte, sagte meine Frau: ›Du mußt einen Anzug anziehen.‹ Ich sagte: ›Aber ich trage normalerweise in Hemdsärmeln vor.‹ Sie sagte: ›Ja, aber diesmal weißt du nicht, was du sagst, also solltest du besser einen guten Eindruck machen . . .‹ Also holte ich einen Anzug.«

Und Feynman ging dann auch auf die Religion ein, um sie deutlich in den Tabu-Bereich zu verweisen. Er sagte:»So schlage ich vor, vielleicht nicht ganz richtig und vielleicht sogar fälschlicherweise, daß wir zu höflich sind. Es gab in der Vergangenheit eine Epoche der Gespräche über diese Angelegenheiten. Die Kirche spürte, daß Galileos Ansichten sie angriffen. Die Kirche spürt heute nicht, daß die naturwissenschaftlichen Ansichten sie angreifen. Niemand kümmert sich darum, niemand greift an; ich meine, niemand schreibt und versucht die Unverträglichkeit der theologischen Ansichten mit den naturwissenschaftlichen Ansichten zu erklären, die von verschiedenen Leuten vertreten werden – ja selbst die Unverträglichkeiten, die manchmal beim selben Naturwissenschaftler in seinem religiösen und naturwissenschaftlichen Glauben vorkommen.«

Feynman wendet sich also mit Recht gegen das, was wir die»doppelte Buchführung« genannt haben; er versucht aber trotz der Unverträglichkeit keinen Brückenschlag, das wäre ja gegen die Axiome der Logik. Also bleibt ihm nichts über, als in dieser Alternative eine Seite zu eliminieren. Er sagt dann auch:» . . . der letzte Gegenstand, über den ich sprechen möchte, ist der, den ich wirklich als wichtigsten und ernstesten betrachte. Es hat zu tun mit der Frage von Unsicherheit und Zweifel. Ein Naturwissenschaftler ist nie sicher. Wir alle wissen das. Wir wissen, daß alle unsere Behauptungen näherungsweise Behauptungen sind, mit verschiedenen Graden der Sicherheit; daß, wenn eine Behauptung aufgestellt wird, die Frage nicht nach wahr oder falsch lautet, sondern wie wahrscheinlich es ist, daß sie wahr oder falsch ist. ›Existiert Gott?‹ In die fragende Form gestellt, ›wie wahrscheinlich ist es, daß Gott existiert?‹ ergibt eine so schreckliche Veränderung des religiösen Standpunktes, daß darum der religiöse Standpunkt unwissenschaftlich ist.«

Die Naturwissenschaft belegt also den Bereich jenseits ihrer ontologischen Grenze mit einem Tabu. Ganz in diesem Sinne hat auch der Bundesgerichtshof der Deutschen Bundesrepublik in einem Grundsatzurteil am 21. Februar 1978 entschieden, Parapsychologie sei Aberglauben oder Wahn. (Es ist durchaus konsequent, den Tabu-Bereich, wenn er ins Wanken kommt, zunächst nicht durch die Naturwissenschaft, sondern durch die Gerichte wiederherzustellen!) Denn auch Richter haben – im Sinne des reibungslosen Funktionierens der Gesellschaft – Interesse an dieser Tabuisierung. Prokop führt dies aus:»So wäre es . . . absurd, würde ein

Richter erwägen, man könne nicht mit letzter Sicherheit ausschließen, daß die bei einem Warenhausdiebstahl gestohlene Uhr durch
›Levitation‹ (oder besser wohl Telekinese) in die Tasche des
Beschuldigten gelangt sein könnte. Straf- und Zivilrecht würden
durch die Annahme von ›Psi‹-(psychokinetischen) Kräften ebenso
torpediert werden wie auch jede Sozietät. Parapsychologen als
Sachverständige hätten daher annähernd die gleiche Dignität wie
Hexenmeister und haben daher im zwischenmenschlichen Bereich,
der auf den althergebrachten auf der Naturwissenschaft fußenden
Regeln basiert, nur einen störenden Charakter.«

Prokop stellt in seiner Arbeit »Behauptungen der Parapsychologen und ihrer Anhänger« einerseits, »Tatsächliche Verhältnisse und
logische Gegenargumente« andererseits einander gegenüber. Damit
ist wieder klar ausgesprochen, wie Tatsachen, wie die Wirklichkeit
durch die Logik definiert ist. Ich möchte hier noch die Schlußsätze
der Prokopschen Arbeit anfügen, weil sie so deutlich das Tabu zum
Ausdruck bringen:

»An dieser Stelle brechen wir ab — eine Feststellung, die eine Art
rhetorische Wendung ist; aber wir tun es gerne, um der Parapsychologie nicht zuviel Ehre anzutun, so daß der Eindruck entstehen
könnte, ›hie Naturwissenschaft‹ — ›dort Parapsychologie‹, als
würde es sich um Zweige gleichen Gewichts handeln oder gar zwei
›Glaubenslager‹. Sollen aber Maß und Zahl die Parameter der Wissenschaft sein, was so *begründete* Hypothesenbildung durchaus
legitim erscheinen läßt, so ist die Parapsychologie hier ohne Stellenwert — *ganz einfach nichts.* Doch sind von Zeit zu Zeit derartige
Bilanzen nicht unter der Würde eines Naturwissenschaftlers. Denn
im Endeffekt hat er auch eine psychohygienische Aufgabe, die er je
nach Charakter wahrnimmt. Für einen Universitätsprofessor, der
die Jugend auszubilden hat, aber gibt es auch einen beruflichen und
sittlichen Auftrag dazu.«

Die öffentliche Haltung ist damit sichergestellt. Dadurch wird
aber einmal mehr der private Bereich abgespalten, weggeschoben.
Denn, wenn die öffentliche Naturwissenschaft das Jenseits der
ontologischen Grenze mit einem Tabu belegt, diese Grenze aber
selbst nicht weiter begründet, muß sich jedermann im privaten
Bereich eine Meinung bilden, die mit der öffentlichen durchaus
nicht immer übereinstimmen muß. Was soll denn der einzelne nun
wirklich tun, wenn ihm ganz konkret von einem paranormalen Phä-

nomen berichtet wird? Er weiß, daß sich solche Phänomene (fast) immer widerspruchsfrei einordnen lassen: mittels komplizierter Täuschungshypothesen oder als Halluzinationen und dergleichen. Wenn ihm aber nun der Berichterstatter versichert, wie etwa Bernhard Wälti in der erwähnten Arbeit: »Wir stützen uns darauf, daß in fast zweijähriger Zusammenarbeit mit Silvio ohne die geringsten Verdachtsmomente bei insgesamt 37 Beobachtungen die Betrugshypothese für uns praktisch ausgeschlossen werden kann.« Muß er dann trotzdem noch an der öffentlichen Meinung (Betrug, Täuschung, Einbildung) festhalten? Wenn er das nicht tut, dann hat er jedenfalls die Grenze zum Tabu überschritten, seine Meinung bleibt strikt privat, und wenn er sie öffentlich verkündet, setzt er sich der Gefahr der Lächerlichkeit aus.

Natürlich gibt es auch »private« Gruppen, Vereinigungen, ja Gesellschaften, in denen solche tabuisierte Meinungen − sozusagen halböffentlich − besprochen werden können. Gewissermaßen unter dem Deckmantel der Toleranz, vielleicht sogar der Narrenfreiheit, werden sie von der öffentlichen Naturwissenschaft geduldet, aber nicht ernst genommen; sie bleiben als Ganzes privat.

Daß die Naturwissenschaft die Öffentlichkeit darstellt, sehen wir auch an unseren Schulen. Feyerabend beschreibt das so deutlich: »In den öffentlichen Schulen sind fast alle wissenschaftlichen Fächer Pflichtfächer. Während sich die Eltern eines sechsjährigen Kindes entschließen können, ihr Kind protestantisch oder katholisch oder religionslos aufwachsen zu lassen, besteht eine solche Freiheit im Falle der Wissenschaft nicht. Physik, Astronomie, Geschichte *müssen* gelernt werden. Man kann sie nicht durch Astrologie, natürliche Magie oder Legenden ersetzen.

Man begnügt sich auch nicht mit einer bloß *historischen* Darstellung physikalischer (astronomischer, historischer etc.) Tatsachen und Prinzipien. Man sagt nicht: In der Welt gibt es Leute, die *glauben*, daß sich die Erde um die Sonne dreht, während andere die Erde für eine Hohlkugel halten, die die Sonne umschließt. Man sagt: ›Die Erde *bewegt sich* um die Sonne − alles andere ist Dummheit.‹«

Aber hat uns nicht Paul Feyerabend (in einer Fußnote) daran erinnert, daß 1969 die Parapsychology Association in die *American Association for the Advancement of Science* aufgenommen wurde? Ist damit nicht die Parapsychologie »gesellschaftsfähig« geworden?

So einfach läßt sich ein Tabu leider nicht beseitigen. Zwar hat die Parapsychologische Gesellschaft (in den Vereinigten Staaten) etwa dreihundert Mitglieder, zwar arbeitet sie – so berichtet die angesehene, halbpopuläre Zeitschrift *Scientific American* im April-Heft 1979 – mit modernsten Mitteln wie umfangreichen statistischen Verfahren, Zufallszahlen-Generatoren, Computern, Elementarteilchen-Zählern und Interferometern; aber die Zeitschrift stellt gleich die Frage:»Was sollte die Haltung der Naturwissenschaft und der Naturwissenschaftler der Parapsychologie gegenüber sein? Verlangt die Freiheit der Forschung das Recht, Vorstellungen zu verfolgen, die den fundamentalen Erkenntnissen moderner Naturwissenschaft entgegenlaufen und die beharrlich versagt haben, genügend bestätigende Nachweise zu produzieren, um allgemeine Anerkennung zu finden? Die meisten Naturwissenschaftler, selbst die skeptischsten, würden argumentieren, daß Untersuchungen, die nicht schaden, nicht geächtet werden sollten, daß die Freiheit, zu veröffentlichen, nicht abgeschafft werden sollte. Ob Parapsychologie Wissenschaft ist und Wissenschaft genannt werden sollte, ist eine andere Frage, und diese Frage wurde nun von John Archibald Wheeler ... einem bekannten theoretischen Physiker und ehemaligen Präsidenten der *American Physical Society* (Amerikanischen Physikalischen Gesellschaft) aufgeworfen.«

So, wie beim Einbruch der Missionare in die Kultur der Ibos, beginnen auch hier Tabu-Übertretungen sich nicht mehr selbst zu rächen. Die öffentliche Ächtung durch Lächerlichkeit bleibt aus – der Widerstand muß also organisiert werden, er muß von der Naturwissenschaft – voran die Physik – selbst kommen. Wheeler verlangte die Einsetzung eines aus fünf Personen bestehenden »Ausschusses zur Prüfung der Parapsychologie in der *American Association for the Advancement of Science*«. Der Ausschuß sollte beraten, ob die Parapsychologische Gesellschaft weiterhin an des »Landes führende Organisation aller Wissenschaften« angeschlossen bleiben sollte; er sollte auch berichten, ob die Parapsychologie bis jetzt überhaupt »kampferprobte Ergebnisse« geliefert hat.

Wundert es uns, daß in dieser Situation (wie seinerzeit bei den Ibos) einige »Überläufer« wieder abfallen? John G. Taylor, Professor für theoretische Physik in London, hatte 1975 ein Buch geschrieben, in dem er sich zur Parapsychologie »bekannte«. Die Zeitschrift *Scientific American* berichtet: »Nun hat er tatsächlich alles zurückgenommen.« So lebt das Tabu wieder auf, und *Scientific American* kann abschließend schreiben: »Einige kürzlich berichtete Psi-Effekte sind sicherlich noch nicht erfolgreich widerlegt worden. In jeder Generation werden einige Ergebnisse von angesehenen Forschern berichtet, die anscheinend unmöglich wegerklärt werden können. Wie jedoch Hudson Hoagland . . . vor einigen Jahren unterstrich: ›Unerklärte Fälle sind einfach unerklärt. Sie können niemals Evidenz für eine Hypothese bilden.‹«

»Und damit brechen wir ab«, könnten wir nun mit Prokop ironisch sagen; es bleibt vorläufig beim Tabu, solange die Naturwissenschaft unverändert die Öffentlichkeit beansprucht. Wir werden im nächsten Kapitel auf den Sinn solcher Tabus und die Möglichkeiten der Grenzüberschreitung genauer eingehen. Hier interessiert uns vielleicht noch ein anderes Gebiet, das gewissermaßen zwischen dem Tabu-Bereich und dem eigentlichen Arbeitsfeld der Naturwissenschaft liegt. Es gibt nämlich Ereignisse, die weder mit dem Modell der Naturwissenschaft im Widerspruch stehen noch aus diesem Modell erklärt, vorhergesagt werden können. Wir nennen solche Ereignisse »zufällig«.

Ich möchte dies wieder an einem ganz einfachen Beispiel erklären: am Fallen eines Würfels. Dabei müssen wir – wie immer – innerhalb des naturwissenschaftlichen Weltbildes von einer idealisierten Situation ausgehen: einem Experiment. Wir stellen uns dazu einen »idealen Würfel« vor, der exakte geometrische Figur hat, nirgends davon abweicht und durchgehend gleich dicht ist. (Natürlich gibt es einen solchen Würfel ebensowenig wie das ideale Gas des vorigen Kapitels, aber wir können doch näherungsweise an eine solche Idealsituation herankommen.) Nach der Wahrscheinlichkeitstheorie muß jede der sechs Zahlen des Würfels im Durchschnitt gleich oft vorkommen; das heißt, daß bei einer sehr großen Zahl von Würfen jede Zahl in etwa einem Sechstel der Fälle aufscheint. Bei Experimenten wird diese Vorhersage recht gut bestätigt, wenn die verwendeten Würfel wirklich näherungsweise ideal sind.

Welche Zahl bei einem einzelnen Wurf erscheint, wird von der Theorie nicht bestimmt; es bedarf auch keiner weiteren Erklärung, es ist Zufall. *Zufall* nennen wir also jene Ereignisse, deren Auftreten keiner weiteren Erklärung innerhalb des naturwissenschaftlichen Weltbildes bedarf. Gerade das Würfeln dient immer als typisches Beispiel für den Bereich des Zufalles. Hat nicht Albert Einstein gegen die Quantenmechanik eingewandt: »Gott würfelt nicht«, wie wir im vorigen Kapitel gehört haben? Auch dem Zufalls-Bereich steht die Naturwissenschaft widersprüchlich, ambivalent, gegenüber: Einerseits ist er unerläßlich, wie wir schon am einfachen Würfel-Beispiel sehen; andererseits ist es ein Bereich, der sich der alles erklärenden Gesetzes-Macht und Voraussage-Kunst der Naturwissenschaft entzieht, eben der Übergang in den Tabu-Bereich. Darum versucht die Naturwissenschaft auch, die Grenzen gegen diesen Bereich ständig hinauszuschieben. Was in einer Theorie Zufall ist, sollte in einer erweiterten, verbesserten Theorie voraussagbar sein. (Etwa die mittleren Abstände der Planeten von der Sonne, die Massen der Planeten, aber auch der Elementarteilchen.)

Was hat Einstein mit seinem Einwand sagen wollen? Wir haben im vorigen Kapitel ausführlich besprochen, daß die Gesetze des Mikrokosmos Wahrscheinlichkeitsgesetze sind. Sie können daher – wie beim Würfeln – immer nur durch eine große Zahl ähnlicher Ereignisse überprüft werden. Man kann etwa theoretisch vorhersagen, daß von einer bestimmten Menge gleichartiger, radioaktiver Atomkerne die Hälfte nach einer genau berechenbaren Zeit (der »Halbwertszeit«) zerfallen sein wird. Wann ein individuelles Atom zerfällt, bleibt dabei unbestimmt. Es wird von der Theorie nicht vorausgesagt, das Eintreten des Einzelereignisses bedarf aber auch hier keiner weiteren Erklärung, es ist zufällig. Ja es liegt sogar jenseits der methodologischen Grenze physikalischer Erkenntnis, weil niemals gemessen werden kann, von welchem individuellen Atomkern die radioaktiven Strahlen beim Zerfall stammen, es gibt ja keine genaue Bahn der Strahlteilchen! Daher ist es innerhalb des physikalischen Weltbildes sinnlos, von einer Individualität der Teilchen zu sprechen. Nur die Anzahl kann gemessen werden, darüber hinaus sind die Teilchen ununterscheidbar und haben keinerlei individuelle Eigenschaften, die sie von anderen der gleichen Art unterscheiden könnte. Die Teilchen haben keine Namen, so könnte man es kurz sagen; aber haben wir damit nicht eine erschreckende Parallele zum Ausgangspunkt der Naturwissenschaft? Mußten wir nicht vom individuell-persönlichen Bereich der Menschen absehen? Ja ihre ganz persönlichen Bedürfnisse, ihre Gefühle, Ängste und Wünsche geradezu tabuisieren? Und nun, nachdem wir nach langer Reise auf der Straße der Naturwissenschaft zu den Teilchen als der »eigentlichen Wirklichkeit« vorgestoßen sind, stellen wir fest, daß es wirklich sinnlos ist, von einer Individualität zu sprechen. Nichts unterscheidet sie, es zählt nur die Anzahl und der Raum, den sie ausfüllen (»sie«, sind das nur die Teilchen oder auch schon die Menschen?).

Zufällige Ereignisse bedürfen also innerhalb der von der Naturwissenschaft konstruierten Wirklichkeit keiner Erklärung. Daher fällt aber auch jeder Versuch einer solchen Erklärung, ja schon die Frage nach dem Grund zufälliger Ereignisse, in den Tabu-Bereich. Wer einen solchen Versuch unternimmt, wer eine solche Frage stellt, macht sich lächerlich. Nehmen wir ein Beispiel aus dem technischen Bereich des täglichen Lebens; die Technologie als (liebstes) Kind der Naturwissenschaft folgt ja erst recht ihrer Methode. Beim Betätigen des Lichtschalters wird ein Stromkreis geschlossen und eine Glühlampe muß aufleuchten, so sei etwa die »Voraussage der Theorie«. Geschieht dies einmal nicht, dann steht also ein »Experiment« im Widerspruch mit der Voraussage und der Widerspruch muß eliminiert werden; das Versagen muß begründet werden. Die nächstliegende Begründung ist einfach die, daß die Glühlampe ausgebrannt oder die Sicherung defekt ist (oder beides). Bewährt sich diese Zusatzhypothese nicht, dann brauchen wir meist einen Fachmann (Experten), der den Fehler (Widerspruch) aufspürt und eliminiert.

Nun stellen wir uns aber einmal vor, jemand betätigt den Lichtschalter, und im selben Augenblick beginnt der Wasserhahn zu tropfen. Als Begründung dürfen wir nur annehmen, daß die Dichtung versagt, die Gleichzeitigkeit ist rein zufällig, und wer versuchen würde, eine Erklärung dafür zu finden, wäre unweigerlich der Lächerlichkeit preisgegeben.

Ich kritisiere das natürlich nicht. Im technischen Bereich, wo Funktionieren das ausschließliche Ziel ist, bewährt sich die Methode ja ausgezeichnet. Es wäre wirklich unsinnig, nach einem solch zufälligen Zusammentreffen in Hinkunft beim Betätigen des Lichtschalters zu befürchten, daß der Wasserhahn wieder zu tropfen beginnt. Die großartigen Erfolge der naturwissenschaftlich-technologischen Methode beruhen ja gerade auf dieser Einordnung, dieser Eindeutigkeit der Bereiche, und der Elektriker braucht sich um den Wasserhahn ebensowenig zu kümmern wie der Installateur um den Stromkreis.

Was aber, wenn die Erfolge der Methode uns dazu verleiten, sie absolut zu setzen, überall anzuwenden und dort, wo sie nicht anwendbar ist, Tabus zu errichten? Wenn nicht nur die Teilchen ihre Individualität verlieren, sondern auch die Menschen? Wenn ich nicht mehr nach dem Sinn einer »zufälligen« Begegnung mit einem Du fragen darf, weil Zufälle keiner Begründung bedürfen? Wenn mein eigener Tod und damit auch mein Leben zum Zufall abgewertet wird, weil doch die Anzahl der Todesfälle pro Altersstufe so guten statistischen Gesetzmäßigkeiten gehorcht, daß Versicherungsgesellschaften danach ihre Lebensversicherungsprämien berechnen können!

Wir haben einmal mehr eine schreckliche Alternative vor uns: Ereignisse sind entweder voraussagbar, aus Gesetzen abzuleiten, oder zufällig, nicht weiter zu begründen. (Ein Sowohl-Als-auch gibt es nicht, denn es wäre widersprüchlich.)

Wenn wir in dieser Alternative gefangen bleiben, verlieren wir nicht nur den Sinn unseres individuell persönlichen Lebens, unseres Schicksals, wir vertreiben mit den Geistern und Widersprüchen auch jegliche Kreativität aus unserem Kulturkreis.

Gerade die ausgezeichnetsten Naturwissenschaftler (Nobelpreisträger, wie Richard Feynman) scheinen sich besonders leicht in die Fallstricke solcher Alternativen zu verfangen. Sein Buch über die Entwicklung der Arten nennt Jacques Monod daher auch *Zufall und Notwendigkeit*. Er schreibt darin: »Der Weg der Evolution wird den Lebewesen, diesen äußerst konservativen Systemen, durch elementare Ereignisse mikroskopischer Art eröffnet, die zufällig und ohne jede Beziehung zu den Auswirkungen sind, die sie . . . auslösen können.

Ist der einzelne und als solcher wesentlich unvorhersehbare Vorfall aber einmal in die DNS-Struktur (Erbmasse) eingetragen, dann wird er mechanisch getreu verdoppelt und übersetzt; er wird zugleich vervielfältigt und auf Millionen oder Milliarden Exemplare übertragen. Der Herrschaft des bloßen Zufalls entzogen, tritt er unter die Herrschaft der Notwendigkeit, der unerschütterlichen Gewißheit . . .

So mancher ausgezeichnete Geist scheint auch heute noch nicht akzeptieren zu können, daß allein die Selektion aus störenden Geräuschen das ganze Konzert der belebten Natur hervorgebracht haben könnte. Die Selektion arbeitet nämlich *an* den Produkten des Zufalls, da sie sich aus keiner anderen Quelle speisen kann. Ihr Wirkungsfeld ist ein Bereich strenger Erfordernisse, aus dem jeder Zufall verbannt ist.«

So mancher ausgezeichnete Geist scheint heute nicht mehr begreifen zu können, wie es zu diesen Alternativen gekommen ist, daß Widerspruchsfreiheit von Wahrheit eben unterschieden werden muß. Monod erkennt zwar die Trennung, Spaltung der beiden Straßen, die zur doppelten Buchführung zwingt, er empfindet sie auch als Bedrohung, stellt die verzweifelte Frage:»Wo ist Abhilfe? Muß man ein für allemal zugeben, daß die objektive Wahrheit und die Lehre von den Werten auf ewig getrennte Bereiche bleiben, die nichts miteinander zu tun haben?« Aber er sieht nicht, daß er das naturwissenschaftliche Modell mit der Wirklichkeit selbst verwechselt und den entscheidenden Unterschied zwischen Widerspruchsfreiheit und Wahrheit damit vergißt. Noch deutlicher wird dies, wenn er sagt:»Die Natur ist objektiv, und wahre Erkenntnis kann nur aus der systematischen Gegenüberstellung von Logik und Erfahrung stammen. Es ist heute schwerlich zu fassen, warum dieser so einfache und klare Gedanke erst hunderttausend Jahre nach dem Hervortreten des *homo sapiens* in aller Deutlichkeit im Reich der Ideen hat auftauchen können; man kann kaum verstehen, warum so hoch entwickelte Kulturen wie die chinesische diesen Gedanken nicht gekannt haben und ihn erst vom Westen lernen mußten; noch ist es begreiflich, warum es im Abendland von Thales und Pythagoras bis zu Galilei, Descartes und Bacon fast 2500 Jahre hat dauern müssen, bis dieser Gedanke, der bis dahin nur in der Anwendung der mechanischen Künste enthalten war, endlich hervortrat.«

Wer die Wirklichkeit verdreht, im physikalischen Bereich Atome und Elementarteilchen als die eigentlichen wirklichen Dinge ansieht, kommt im biologischen Bereich zu einer ähnlichen Verdrehung:»Wenn er diese Botschaft in ihrer vollen Bedeutung aufnimmt, dann muß der Mensch endlich aus seinem tausendjährigen Traum erwachen und seine Verlassenheit, seine radikale Fremdheit erkennen. Er weiß nun, daß er seinen Platz wie ein Zigeuner am Rande des Universums hat, das für seine Musik taub ist und gleichgültig gegen seine Hoffnungen, Leiden oder Verbrechen.«

Monod ist engagiert, er verzweifelt nicht an den Zangen der Alternative, sondern ringt um einen Ausweg. Er sieht ihn darin, die Voraussetzungen und Vorurteile der Naturwissenschaft aus ihrer

Versenkung zu heben und als neues »wertendes Axiom« den Grund-
pfeilern der Methode beizufügen, in einer »Ethik der Erkenntnis«.
Er sagt: »Die Ethik der Erkenntnis zwingt sich dem Menschen
nicht auf; es ist im Gegenteil *der Mensch, der sie sich selbst aufer-
legt*, indem er sie *axiomatisch* zur Bedingung für . . . die Wahrhaftigkeit aller Rede und allen Handelns macht . . .

Die moderne Gesellschaft ist von der Wissenschaft durchwoben;
sie lebt von deren Produkten und ist davon so abhängig geworden
wie ein Süchtiger von der Droge. Ihre materielle Stärke verdankt sie
jener Ethik, die die Erkenntnis begründet, ihre moralische Schwä-
che jenen Wertsystemen, auf die sie sich noch immer zu berufen
versucht und die durch die Erkenntnis selbst zerstört wurden. Dieser Widerspruch ist tödlich; er reißt jenen Abgrund auf, der sich
unter unseren Füßen öffnet. Allein die Ethik der Erkenntnis, durch
die die Welt von heute geschaffen wurde, läßt sich mit dieser Welt
vereinbaren; allein diese Ethik kann, wenn sie einmal verstanden
und akzeptiert worden ist, die Entwicklung dieser Welt lenken.«

Ich glaube, daß Monod ehrlich bemüht ist, daß ihm sogar ein
Brückenschlag zur anderen Straße vorschwebt; weil er aber nicht
aus den Alternativen (wie Zufall–Notwendigkeit) herauskann,
bleibt ihm nichts anderes übrig, als die Tabus der Naturwissenschaft noch stärker zu verankern.

Monod ist natürlich kritisiert worden. Sein Hauptgegner ist selbst
Nobelpreisträger: Manfred Eigen, der zusammen mit Ruthild
Winkler seine Argumente in dem Buch *Das Spiel* zusammengefaßt
hat; es trägt den Untertitel: *Naturgesetze steuern den Zufall.*

Zunächst scheinen Eigen und Winkler zu erkennen, daß das Übel
in der Alternative liegt; schon im Vorwort sagen sie: »Alles Geschehen in unserer Welt gleicht einem großen Spiel, in dem von vornherein nichts als die Regeln festliegen. Ausschließlich diese sind objektiver Erkenntnis zugänglich. Das Spiel selber ist weder mit dem
Satz seiner Regeln noch mit der Kette von Zufällen, die seinen
Ablauf individuell gestalten, identisch. Es ist weder das eine noch
das andere, weil es beides zugleich ist, und es hat unendlich viele
Aspekte – so viele man eben in Form von Fragen hineinprojiziert.«

Wodurch werden wir immer wieder in so schreckliche Alternativen gedrängt? Durch die Logik, die das Eliminieren der Widersprüche fordert. Eigen und Winkler ahnen auch das, denn sie klammern
sich an den einzigen Fall in der Geschichte der Naturwissenschaft,

in dem ein Widerspruch bestehen blieb: die Quantenmechanik. Sie berufen sich auf Niels Bohr und sagen: »Ob in der Quantenmechanik die Antwort Welle oder Korpuskel lautet, hängt im Experiment einzig und allein von der Fragestellung ab. Der Physik ist diese Dichotomie nicht erspart geblieben, und aus der Biologie ist sie erst recht nicht fortzudenken. *Das Leben ist weder Schöpfung noch Offenbarung, es ist keines von beiden, weil es beides ist.*«

Erkennen wir hier − in Umrissen − die Widerlager für den Brückenschlag? Kann der befreiende Schritt aus den Alternativen durch Überwindung der Logik gelingen?

Wir müssen uns leider noch gedulden. Zu sehr sind Eigen und Winkler in den Vorurteilen der Naturwissenschaft verstrickt, um weiter als bis zum Widerlager zu gelangen. Trotz ihrer tiefen Einsicht in die Wurzel des Übels vermögen sie nicht, das konstruierte Bild von der lebendigen Wirklichkeit zu unterscheiden. So sagen sie gegen Ende ihres Buches:

»Quantitatives Experimentieren ist keineswegs auf die Physik beschränkt. Aus der Alchimie hat sich eine exakte Wissenschaft entwickelt, die man eher mit dem Wort ›Molekülarchitektur‹ umschreiben könnte. Sie äußert sich in den Synthesen ihrer großen Meister . . . Es ist nicht so sehr das molekulare ›Kunstwerk‹, das den Chemiker fasziniert . . . Es ist die Systematik der Natur, die er auf dem Syntheseweg, wenn auch ›spielerisch‹, so doch quantitativ kennenlernen will, um sie dann jederzeit souverän einsetzen zu können. Die Natur weist ihm dabei den Weg . . .

In der Biologie finden wir heute eine analoge Situation vor, wie sie um die Jahrhundertwende in der Chemie bestand. Der große Brückenschlag zwischen Physik und Chemie durch die Atommechanik Bohrs und Rutherfords und durch die Quantenmechanik der Göttinger Schule stand unmittelbar bevor. Es waren die Chemiker, die das Periodensystem der Elemente zunächst empirisch gefunden hatten, bevor dieses dann durch eine einheitliche physikalische Theorie erklärt wurde. So zählt denn auch heute bei den jungen Molekularbiologen das empirische ›Wie‹ (noch) mehr als das (erkenntnis-) theoretische ›Warum‹.«

Ist das der Brückenschlag, den *wir* meinen? Sollen die endlich gefundenen Widerlager für eine falsche Brücke mißbraucht werden? Kein Wort mehr von der Einsamkeit des Individuums, von der Bedrohung durch die Aufspaltung in »objektive Wahrheit« und die

126

»Lehre von den Werten«, die Monod noch quält! Statt dessen die Hoffnung auf einen Brückenschlag analog zur Vereinheitlichung Physik — Chemie.

Schade! Doch zu sehr hat sich das Räderwerk des mechanischen Weltbildes bewährt, zu sehr hat es neuen Aufschwung durch das Beibehalten eines einzigen Widerspruches erhalten; wie als Auslagenstück kann man sich nun auf diesen Widerspruch Welle—Teilchen berufen, um zu »beweisen«, daß man mit Alternativen umzugehen versteht.

Doch der bloße Hinweis kann nicht genügen. Die Probleme drängen, sie können nicht mehr durch bloße Analogien bewältigt werden. So werden wir uns, ehe wir selbst an einen Brückenschlag denken können, noch genauer mit den Widersprüchen befassen müssen. Wir kennen sie ja viel zu wenig, werden sie doch von der Naturwissenschaft schlicht als nicht existent erklärt.

5

Die Elimination des Widerspruchs

»Da sah ein Knab in aim Acker im oberen Feld einschlagen . . . und kamen viel Leut allhier den Stein zu sehen, auch wurden viel seltsame Reden von dem Stein geredet. Aber die Gelehrten sagten, sie wissen nicht, was es wär, denn es wäre übernatürlich, daß ein solcher Stein sollt von den Lüften herabschlagen, besonders es wäre ein Wunder Gottes, denn es zuvor nie erhört, noch geschrieben befunden worden wär.«

So berichtet uns die Chronik über ein großartiges Ereignis: den Fall eines Meteoriten.

»Es war am Vormittag des 7. November 1492«, erzählt F. Boschke, »zwischen 11 und 12 Uhr, als man im Elsaß, den Berichten nach sogar bis Luzern, einen ›großen Donnerschlag und ein anhaltendes Getöse‹ vernahm. Dann schlug der Meteorstein bei Ensisheim in ein Weizenfeld und drang ›eine halbe Manneslänge‹ tief in den Boden ein. Ob der Stein, wie behauptet wird, dabei in zwei Teile zerbrach, läßt sich nicht mehr feststellen. Sicher ist etwas anderes. Maximilian I., der sich gerade während eines Feldzuges gegen Frankreich in Ensisheim aufhielt, ließ zwei Stücke von dem Stein abschlagen, verbot gleichzeitig, für andere Leute weitere Stücke zu entfernen und ließ ihn dann (sicherheitshalber?) in der Kirche aufhängen. Doch Maximilian gab sich mit dem Besitz der beiden Bruchstücke allein nicht zufrieden. Offenbar hatte der Meteoritenfall wie auf alle anderen auch auf ihn selbst einen solch großen Eindruck gemacht, daß er ihn als ›eine Vorbedeutung‹ des Himmels zum Kreuzzug gegen die Türken politisch auswertete.«

Auf dem Kästchen, in dem der Meteorit liegt, wurde ein Vers angebracht:

Tausend vierhundert neunzig zwey
Hört man allhier ein gross Geschrey
Dass zunächst draussen vor der Stadt
den siebenten Wintermonath
Ein großer Stein bey hellem Tag
Gefallen mit einem Donnerschlag
An dem Gewicht dritthalb Centner schwer
Von Eisenfarb bringt man ihn her
Mit stattlicher Prozession
Sehr viel schlug man mit Gewalt davon
1492

Zwar ist dies der älteste, urkundlich beglaubigte Fall, von dem der Stein noch vorhanden ist, aber eine so merkwürdige Erscheinung wie das Niederfallen der Steine vom Himmel hat schon in frühesten Zeiten die Aufmerksamkeit der Beobachter erregt. In uralten Schriften der Chinesen und der antiken Kulturvölker finden sich Hinweise auf derartige Ereignisse. Boschke schreibt dazu: »Es ist für uns schwer, sich in die Lage eines Menschen der frühen Sammler- und Jägervölker zu versetzen, der zwar den Tag- und Nachtwechsel als periodische Erscheinung begriffen hatte, der ehrfürchtig den winterlichen Tod der Sonne hinnahm und den Sieg der Wärme im Frühjahr feierte, der aber nie die Gewißheit hatte, daß die Sonne tatsächlich zu neuem Sommer aufsteigen würde ... Was ein solcher Mensch durchgemacht haben muß, wenn er aus der Nähe den Einschlag eines Meteoriten erlebte, läßt sich aus unserer Situation heraus nicht ermessen. Kaum mag es uns noch gelingen, die Furcht zu verstehen, die aus Berichten spricht, die nur zweihundert Jahre zurückliegen. Da meldet man am 14. Oktober 1755 aus Locarno: Des Morgens um acht Uhr ging ›ein warmer, wie aus einem Ofen kommender, den Einwohnern ganz unbekannter Wind. Die Luft füllte sich zusehends mit Dünsten an, und um zehn Uhr war sie voll von einem rothen Nebel, von dessen Widerschein alle umstehenden Körper gefärbt wurden. Abends um vier Uhr fing ein Regen an, der vollkommen blutroth war ... Die Nacht war ein entsetzliches acht Stunden langes Gewitter, in welchem man den Blitz von den Bergen hinunter bis auf die Straßen fallen, und brennend auf dem Pflaster hinlaufen sah!‹

Die Angst ließ oft gar keine sachliche Betrachtung der Vorgänge zu. Blutregen, Kometenzeichen, Feuerbälle, Sintflutbeginn, alle Ausdrücke, die die Sache so einigermaßen treffen konnten, wurden zu Geschichten verwoben, die kaum zu durchleuchten sind.

Einen alten Bericht, wie den über den Niedergang des riesigen Meteoritenschauers im Jahre 1296 bei Velikij Ustiug (GUS), muß man demnach als eine erstaunliche Ausnahme bezeichnen, denn schließlich wußten die Bewohner jener Stadt wirklich nicht, was sie erlebten: In allen vier Himmelsrichtungen zogen mächtige Wolken auf, pausenlos zuckten Blitze. Es donnerte so laut und anhaltend, daß die Leute nicht mehr miteinander sprechen konnten. Die Erde bebte, Wolken aus Feuer türmten sich auf und vereinigten sich; man glaubte, alles würde heiß werden. – Ein großer Meteoritenschauer war im Wald nahe Velikij Ustiug niedergegangen.«

Es ist deshalb nicht verwunderlich, daß man Meteoritenfälle als besondere Zeichen des Himmels betrachtete und ihnen religiöse, magische und wunderbare Bedeutung zuschrieb. So ist etwa auch der heilige Stein in der Kaaba von Mekka, »Hhadschera el Assuad«, aller Wahrscheinlichkeit nach ein Meteorit: ein schwarzer Stein, ähnlich vulkanischem Basalt, der in einem Silberrahmen gefaßt ist. Für die Gläubigen aber, die nach Mekka pilgern, hat der Engel Gabriel den Stein durchsichtig vom Himmel gebracht und erst durch die Berührung einer »unreinen Frau« ist er schwarz geworden.

Gibt es nicht geradezu einen Hinweis dafür, daß es sich bei Meteoritenfällen tatsächlich um eine Botschaft des Himmels handelt? Heißt es doch in unserem Alten Testament (Josua 10/11): »Und da sie vor Israel flohen den Weg herab zu Beth-Horon, ließ der Herr einen großen Hagel vom Himmel auf sie fallen bis gen Asaka, daß sie starben. Und viel mehr starben ihrer von dem Hagel, als die Kinder Israel mit dem Schwert erwürgten.«

Darum war auch für Maximilian I. der Meteorit von Ensisheim im Jahre 1492 eine Vorbedeutung des Himmels für den Kreuzzug gegen die Türken. Als sich jedoch mit Galilei die Abendländer der Straßengabelung näherten und als sich die beiden Straßen trennten, als sich der Himmel der Gestirne vom Himmel der Heiligen zu unterscheiden begann, da mußte die Neue Wissenschaft solche Auffassungen in den Tabu-Bereich verweisen. Sie vollzog jedoch diese Trennung nicht bei allen Erscheinungen so wie beim Himmel: Nicht »Zeichen des Himmels der Heiligen« und »Steine des Himmels der Gestirne« wurden unterschieden und getrennt, sondern alles, was überhaupt damit zu tun hatte, wurde schlicht und einfach abgeleugnet. Daß Steine vom Himmel fallen, war ein Widerspruch und daher in der Wirklichkeit nicht möglich! Alle Berichte darüber waren Einbildung, Irrtum, privater Aberglaube oder gar Betrug. So schreibt etwa E. Krinow: »Es muß gesagt werden, daß trotz der vielzähligen Berichte der Augenzeugen, die Meteoritenfälle beobachtet und diese sofort nach ihrem Fall gefunden haben, die offizielle Wissenschaft im Laufe des ganzen 18. Jahrhunderts die Möglichkeit, daß Meteoriten auf die Erde fallen, kategorisch leugnete. Die Berichte der Augenzeugen über den Fall von Meteoriten sah man als unsinnige Phantastereien an. Sogar der bekannte französische Chemiker Lavoisier hat im Jahre 1772 zusammen mit anderen französischen Gelehrten und Mitgliedern der Pariser Akademie der Wissenschaften behauptet, daß das Fallen von Steinen aus dem Himmel physikalisch unmöglich sei und daß Steine, von denen man annimmt, daß sie vom Himmel gefallen seien, tatsächlich gewöhnliche irdische Steine wären, in die der Blitz eingeschlagen hätte.«

Lavoisier war durchaus nicht konservativ im Sinne der Naturwissenschaft; im Gegenteil! Wir verdanken seinen Arbeiten, die sich auf feine Wägungen stützten, die heutige Theorie der Verbrennungsvorgänge. Er hatte durch diese genauen Messungen die alte Theorie, wonach Wärme eine eigene Substanz – Phlogiston – sei, widerlegt. Er bekleidete Staatsämter, war »Generalpächter der Steuern« und beschäftigte sich auch mit technischen Problemen wie der Pariser Straßenbeleuchtung und der Abwässerbeseitigung. 1776 wurde er Leiter der Salpeter- und Pulverfabriken, später auch Administrator der Diskontokasse und Kommissar des Nationalschatzes. Gerade diese Beschäftigung mit öffentlichen Geldern kostete ihn in den Nachwehen der Französischen Revolution das Leben. Er wurde der Erpressung angeklagt, und das Gnadengesuch der Akademie wurde von den Richtern Robespierres mit der Bemerkung: »Die Republik kümmert sich nicht um die Gelehrten« abgelehnt. So starb er 1794 unter der Guillotine.

Im selben Jahr begann ein anderer bedeutender Wissenschaftler seine Ideen über Meteorite öffentlich zur Sprache zu bringen: Ernst

Florens Friedrich Chladni. Seine Verdienste lagen auf dem Gebiete der Akustik, und er ist manchen vielleicht aus der Schule bekannt: durch seine Klangfiguren schwingender Platten. Obwohl er sich also als begabter Physiker ausgewiesen hatte, wurden seine Untersuchungen über Meteorite einfach nicht ernst genommen: Sie lagen damals im Tabu-Bereich und waren daher lächerlich!

Chladni konnte für solche Arbeiten »gegen die Wissenschaft« natürlich auch keine finanzielle Unterstützung bekommen, und so sagte er später stolz, »daß alles, was ich bey dieser Gelegenheit, und auch sonst . . . zu thun mich bestrebt habe, auf meine eigene Rechnung geschehen ist, indem ich von Niemandem irgendein Gehalt oder andere Vorteile genieße«. Dabei hatte Chladni überaus sorgfältig die Regeln und Methoden der »Neuen Wissenschaft« beachtet. Er schrieb: »Da nämlich der Gegenstand unter die Dinge gehört, welche sich nicht a priori construieren (wofür mir im Deutschen kein anderer Ausdruck sogleich beyfallen will, als: aus den Fingern saugen) lassen . . . so habe ich auf dieser Reise weder Mühe noch Kosten gescheut, um alle Beobachtungen, derer ich habhaft werden konnte, zu sammeln. In dieser Absicht blieb ich zwey Monathe in Gotha, und drey Monathe in Göttingen, um in den dortigen Bibliotheken alles hierher gehörende nachzusehen, benutzte besonders in Hamburg, Bremen und Wien viele ausländische Zeitschriften . . .« Auch auf die saubere Trennung von privater Meinung und intersubjektiver Theorie legte er Wert: »Es liegt auch nicht viel daran, zu wissen, wie dieser oder jener sich die Sache vorstellt, wohl aber zu wissen, was beobachtet worden ist und was aus den Beobachtungen, mit Zuziehung bekannter Naturgesetze, auf die einfachste und natürlichste Art folgt.«

Trotzdem wurde er nicht anerkannt. Erinnert uns dieser Zustand nicht an das, was wir im vierten Kapitel über Parapsychologie gehört haben? W. Gentner, Fachmann für die Physik der Meteorite, sagte in einem Vortrag im September 1962 auf der Versammlung der Gesellschaft Deutscher Naturforscher und Ärzte in München über Chladni: »Seine Behauptung, daß Steine vom Himmel fallen können und dazu noch kosmischen Ursprungs sind, hatte ihm viel Spott und Hohn sowohl von der damals so berühmten und besonders aufgeklärten Pariser Akademie als auch von dem gescheiten Spötter und Physiker Lichtenberg in Göttingen eingetragen. Die Aufgeklärten des 18. Jahrhunderts glaubten an solche Ammenmärchen des Altertums und des Mittelalters nicht mehr und entfernten diese Steine, die vom Himmel gefallen sein sollten, aus ihren Sammlungen.«

Nicht nur wurde der Fortschritt behindert, der Wissenschaft wurde größter Schaden zugefügt, weil eine große Anzahl Meteoriten als unnützer Kram aus den Museen hinausgeworfen wurde. Es nützte nichts, daß Chladni solches Vorgehen als wissenschaftlichen Vandalismus bezeichnete. Wenn die Tabus ins Wanken kommen, folgt auf Ratlosigkeit bald Angst und Panik. Als aber der Kampf des Außenseiters gegen die öffentliche Meinung einem Höhepunkt zustrebte, geschah am 26. April 1803 etwas, was wir natürlich nur als Zufall bezeichnen dürfen: Westlich von Paris, beim Dorf L'Aigle, gab es einen Meteoritenfall solchen Ausmaßes, daß er nicht mehr abgeleugnet werden konnte. Zunächst wurde zwar noch der Bürgermeister von L'Aigle verlacht, und die Pariser Zeitungen meinten gar, der Ort sei doch recht zu bedauern, einen Bürgermeister zu haben, der allen Ernstes glaube, irgendwelche Dinge könnten vom Himmel fallen! Die französische Akademie der Wissenschaften entsandte jedoch den bedeutenden Physiker Jean B. Biot, um den Fall zu untersuchen. Hören wir, was Boschke über Biots Bericht schreibt:

»Das Wetter an jenem 26. April 1803 war heiter, am Himmel kaum ein Wölkchen, als gegen ein Uhr in Caen, in Falaise, bei Verneil und an vielen anderen Orten eine ›Feuerkugel‹ am Himmel erschien, die von Südosten nach Nordwesten flog. In der Gegend von L'Aigle vernahm man wenige Augenblicke später eine starke Explosion, dann etwa fünf bis sechs Minuten lang ›Donnergrollen‹, nun drei oder vier ›Kanonenschüsse‹, jetzt ›Kleingewehrfeuer‹ und endlich ein ›schreckliches Getöse wie von vielen Trommeln‹ − eine recht kriegerische, aber exakte Schilderung. Wer zum Himmel sah, bemerkte nun ein kleines Wölkchen, das scheinbar still stand und langsam verflog. Aber das Schrecklichste war etwas anderes. Dort, wo man unter dem scheinbar harmlosen Wölkchen stand, hörte man es nun zischen, ›wie von Steinen, die aus einer Schleuder geworfen werden‹. Die Meteorite prasselten auf einer Stelle von mehreren Kilometern Länge nur so herab. Die größten Steine, bis fast neun Kilogramm schwer, fielen im Südosten, die leichteren im Nordwesten von L'Aigle. Es müssen ungefähr dreitausend Steinbrocken gewesen sein, die heulend und pfeifend herabstürzten − ein kosmischer Luftangriff größten Ausmaßes. Es bleibt verwunderlich, daß die Chronik nichts von Schäden durch die herabstürzenden Steine zu erzählen weiß . . .

Erst die exakte Schilderung Biots räumte in Paris mit den bisherigen Vorurteilen gegen die Meteorite auf, ja erst seit Biots Publikationen gibt es für die Wissenschaft ›offiziell‹ Meteorite.«

Wir haben hier ein wunderbares Beispiel vor uns, wie die ontologische Grenze physikalischer Erkenntnis hinausgeschoben werden kann; wie die öffentliche Wirklichkeit in den Tabu-Bereich eindringt. Dieser Umschlag geschieht plötzlich. Freilich gibt es eine Zeit der Vorbereitung, in der Männer wie Chladni um die Anerkennung kämpfen; aber dann löst ein − oft zufälliges − Ereignis den Wechsel aus: Was bisher tabuisiert war, wird nun Gegenstand öffentlichen Interesses. Meist ist dieses Interesse besonders stark, gewissermaßen im Gegengewicht gegen die tiefe Ablehnung vor dem Umschlag. Ein Widerspruch, der »schlecht« war und daher tabuisiert werden mußte, wird plötzlich zum »guten« Widerspruch, der die Naturwissenschaft bereichert, ihr zum Fortschritt verhilft. Gleichzeitig mit diesem Umschlagen − ja gerade durch das Einsetzen des öffentlichen, intersubjektiven Interesses, wird einmal mehr ein Geist ausgetrieben: Die Beschäftigung der öffentlichen Naturwissenschaft mit dem Fallen von Meteoriten verbietet nunmehr, daran solche Vorstellungen wie »Vorbedeutung«, »Zeichen des Himmels« und ähnliche zu knüpfen. Nun werden tatsächlich »Zeichen des Himmels der Heiligen« von »Steinen des Himmels der Gestirne« getrennt, höchstens noch im Privatbereich zugelassen. Die Öffentlichkeit darf nur mehr von leblosen Steinen sprechen.

Wir sehen also, wie Widersprüche eine Entwicklung durchmachen, sie wandeln sich von schlechten, tabuisierten, zunächst zu guten, Fortschritt fördernden: Dabei bleibt aber *zunächst* ein Widerspruch noch ein Widerspruch, nur seine Bedeutung für die Naturwissenschaft ändert sich. Damit nun eine Beschäftigung mit diesem Widerspruch (Steine, die vom Himmel fallen!) überhaupt möglich ist, muß in der nun einsetzenden Phase das neue Gebiet streng und säuberlich vom gesamten Weltbild der Naturwissenschaft abgetrennt werden. Man darf sich mit dem neuen Gebiet beschäftigen, ja es erhält meist besonderes Augenmerk, es bleibt aber zunächst isoliert, für sich, wird noch nicht in die Gesamtkonstruktion der Wirklichkeit eingeordnet.

Diese zweite Phase in der Entwicklung eines Widerspruchs ist besonders wichtig. Denn nun können sich eigene Begriffe entwickeln, neue Bilder entstehen, ohne daß man immer auf den Gesamtrahmen zurückgreifen muß. Es ist etwa so, wie wenn man beim Zusammensetzen eines großen Puzzlespieles, in dem schon Teile fertig sind, plötzlich ein paar Stücke findet, die gut zusammenpassen, ohne daß man sofort wüßte, welchen Platz sie im gesamten Bild einnehmen werden. Ein neuer Zweig der Naturwissenschaft ist im Entstehen; in seiner Geburtsperiode muß man ihn zart behandeln, er muß sich frei entwickeln können, um zu sich selbst zu finden, um ein Eigenleben zu entwickeln, um die am besten angepaßten Begriffe schaffen zu können.

In unserem Beispiel, den Meteoriten, bildeten sich daher zunächst auch verschiedene Schulen, die nebeneinander bestehen konnten. W. Gentner schreibt:»Im Jahre 1819 kann sich Chladni leisten, die Physiker seinerseits spöttisch in vier verschiedene Sekten einzuteilen: Kosmisten, Lunaristen, Atmosphäristen und Telluristen. Die Kosmisten glauben an die kosmische Herkunft der Meteorite, die Lunaristen an Auswürfe aus Mondvulkanen, die Atmosphäristen an die Entstehung aus Bestandteilen der Atmosphäre und die Telluristen an vulkanische Auswürfe der Erde. Er selbst stellt sich klar auf die Seite der kosmischen Herkunft und gibt dafür einleuchtende Gründe aus Beobachtungen beim Niedergang der Meteorite an.«

Natürlich stehen die verschiedenen Meinungen zueinander im Gegensatz; daher bekämpfen die verschiedenen Schulen einander auch. Aber dies ist nur ein Nebenschauplatz; worum es wirklich geht, ist ein Problem, das alle eint: das Aufbereiten des Gebietes, damit es schließlich endgültig ins Gesamtweltbild eingeordnet werden kann. Der ursprüngliche Widerspruch wird also zunächst auf diesen Nebenschauplatz verwiesen, und es gilt nun, Meteorite mit allen Methoden der Naturwissenschaft zu untersuchen. Alles, was meßbar ist, messen, und was nicht meßbar ist, meßbar machen! So hat etwa G. Tschermak in Wien mittels mikroskopischer Untersuchungen umfangreiches Material zusammengetragen. Sein Hauptwerk *Die mikroskopische Beschaffenheit der Meteoriten erläutert durch photographische Abbildungen* wurde 1885 veröffentlicht. (Wien beherbergt im naturhistorischen Museum eine der bedeutendsten Meteoritensammlungen der Welt.)

Die chemische und mineralogische Zusammensetzung der

Meteoriten wurde studiert und eine eigene Fachsprache entwickelt. So sind es heute nicht mehr »Steine«, die vom Himmel fallen, sondern »Ataxite, Pallasite, Chondrite, Tektite« oder wie sie sonst noch heißen mögen.

Was nun geschieht, wenn ein Gebiet zu einer eigenen Wissenschaft geworden ist, haben wir schon im dritten Kapitel ausführlich besprochen. So, wie die Wärmelehre mit der Mechanik vereinigt werden mußte, so muß nun das neue Gebiet − selbständig geworden − in das Gesamtgebäude der Naturwissenschaft eingegliedert werden. Im Falle der Meteoriten geschah dies so, daß von den vier verschiedenen Schulen letztlich nur eine überlebte: Die Kosmisten. Und so wurde die Wissenschaft von den Meteoriten ebenso mit der Physik vereinigt wie die Chemie seit der Quantenmechanik. Die Bahnen der Meteoriten folgen den Gesetzen der Mechanik Newtons, ihre chemische Zusammensetzung gibt uns heute Aufschluß über außerirdische Materie. Die Wissenschaft von den Meteoriten ist zu einem unentbehrlichen Teil der modernen Naturwissenschaft geworden.

In diesem dritten Schritt wird der Widerspruch eliminiert. Durch den möglichen Einbau in das Gesamtgebäude wird nachträglich gezeigt, daß es ja gar kein echter Widerspruch war, denn solche darf es ja nicht geben! Wir haben schon gesehen, daß diese *Zuordnung* des neuen Gebietes auf zwei Weisen geschehen kann: durch eine Zusatzhypothese (wie etwa die Atomvorstellung) oder durch Einschränkung des Gültigkeitsbereiches einer alten Theorie. Erinnern wir uns der Schwierigkeiten nach der Entdeckung des Planeten Uranus, die wir im zweiten Kapitel ausführlich besprochen haben.

Erst auf dieser dritten Stufe wird der Widerspruch eliminiert, und erst ab dieser Stufe sprechen wir eigentlich von Naturwissenschaft. Diesen Bereich hat Karl Popper genau studiert, und wir haben uns im zweiten Kapitel seiner Erkenntnisse bedient. Der *vorwissenschaftliche* Bereich, das Tabu und die Abtrennung des neuen Gebietes auf einer eigenen Ebene sind aber sehr wichtig für unser Verständnis der Naturwissenschaft. Auch innerhalb des Bereiches der Wissenschaft möchte ich zwei Stufen in der Entwicklung unterscheiden. Die vierte Stufe ist die eigentliche Einordnung des neuen Phänomens durch Abänderung (Modifikation) der alten Theorie. Am Beispiel der inneren Planeten des Sonnensystems haben wir gesehen, wie Le Verriers Zusatzhypothese eines innersten Planeten versagt hat und das Problem der Drehung der Bahnachse des Merkur erst durch eine völlig neue Theorie – Einsteins Allgemeine Relativitätstheorie – eingeordnet werden konnte. Eine solche neue Theorie ist zwar immer eine Abänderung der alten Theorie, gleichzeitig aber auch ihre Erweiterung; denn sie muß die Ergebnisse der alten Theorie ebenfalls enthalten, sonst hätte sie einfach keine Chance, anerkannt zu werden. Es genügt ja nicht, daß irgendein genialer Mensch eine neue Theorie entwirft, sie muß auch öffentlich anerkannt werden, erst dann ist sie intersubjektiv, erst dann gehört sie zum Gebäude der Naturwissenschaft.

Hören wir, was Ludwig Boltzmann in einem Vortrag *Über die Entwicklung der Methoden der Physik* 1899 sagte: »Betrachten wir den Entwicklungsgang der Theorie näher, so fällt zunächst auf, daß derselbe keineswegs so stetig erfolgt, als man wohl erwarten würde, daß er vielmehr voll von Diskontinuitäten ist und wenigstens scheinbar nicht auf dem einfachsten, logisch gegebenen Weg erfolgt. Gewisse Methoden ergaben oft noch soeben die schönsten Resultate, und Mancher glaubte wohl, daß die Entwicklung der Wissenschaft bis ins Unendliche in nichts anderem als ihrer stetigen Anwendung bestehen würde. Im Gegensatz hierzu zeigen sie sich plötzlich erschöpft, und man ist bestrebt, ganz neue, disparate, aufzusuchen. Es entwickelt sich dann wohl ein Kampf zwischen den Anhängern der alten Methoden und den Neueren. Der Standpunkt der ersteren wird von ihren Gegnern als ein veralteter, überwundener, bezeichnet, während sie selbst wieder die Neuerer als Verderber der echten klassischen Wissenschaft schmähen.«

Erst auf dieser vierten Stufe, der Einordnung, durch Abänderung der Theorie, ist der Widerspruch wirklich eliminiert. Das gesamte Gebäude der Naturwissenschaft mußte geändert werden, um dies zu erreichen, die öffentliche Wirklichkeit ist eine andere geworden. Auf der dritten Stufe, die wohl auch schon zum wissenschaftlichen Bereich zählt, wurde dem Widerspruch noch Gewalt angetan, die Einschränkung des Gültigkeitsbereiches erinnert ja noch stark an die zweite Stufe, wo der Widerspruch durch Abtrennung einer Ebene zunächst nur entschärft ist. Auch die Zusatzhypothese ist noch nicht endgültig, sie muß sich ja immer erst bewähren. So drängt also die Entwicklung der Wissenschaft ganz von selbst zur höchsten Stufe, der Einordnung in das Gesamtgebäude. Dies ist der große Nutzen der Newtonschen Forderung nach Vereinheitlichung:

Ganz von selbst geht die Entwicklung in diese Richtung, die treibende Kraft ist der Widerspruch, der nicht ausgehalten werden kann und daher stufenweise immer besser eliminiert werden muß, bis schließlich das Gesamtbild der Wirklichkeit so verändert ist, daß es diesen Widerspruch darin wirklich nicht mehr gibt.

Hören wir dazu nochmals Ludwig Boltzmann, der im Nachruf für seinen Lehrer Stefan sagte: »Der Laie stellt sich da vielleicht die Sache so vor, daß man zu den aufgefundenen Grundvorstellungen und Grundursachen der Erscheinungen immer neue hinzufügt und so in kontinuierlicher Entwicklung die Natur immer mehr und mehr erkennt. Diese Vorstellung ist aber eine irrige, die Entwicklung der theoretischen Physik war vielmehr stets eine sprunghafte. Oft hat man eine Theorie durch Jahrzehnte, ja durch mehr als ein Jahrhundert immer mehr entwickelt, so daß sie ein ziemlich übersichtliches Bild einer bestimmten Klasse von Erscheinungen bot. Da wurden neue Erscheinungen bekannt, die mit dieser Theorie im Widerspruch standen; vergeblich suchte man sie diesen anzupassen. Es entstand ein Kampf zwischen den Anhängern der alten und denen einer ganz neuen Auffassungsweise, bis endlich letztere allgemein durchdrang. Man sagte da früher, die alte Vorstellungsweise wurde als falsch erkannt. Es klingt dies so, als ob die neue absolut richtig sein müsse, und andererseits, als ob die alte (weil falsch) völlig nutzlos gewesen wäre. Um den Schein dieser beiden Behauptungen zu vermeiden, sagt man heutzutage bloß: Die neue Vorstellungsweise ist ein besseres, ein vollkommeneres Abbild, eine zweckmäßigere Beschreibung der Tatsachen. Damit ist klar ausgedrückt, daß auch die alte Theorie von Nutzen war, indem auch sie teilweise ein Bild der Tatsachen gab; sowie, daß die Möglichkeit nicht ausgeschlossen ist, daß die neue wiederum durch eine noch zweckmäßigere verdrängt werden kann.«

Betrachten wir noch einmal diese Folge von vier Stufen, die ein Widerspruch durchlaufen muß, um vollständig eliminiert zu werden; um eine Einordnung der einander widersprechenden Beobachtungen in eine übergeordnete Theorie zu erreichen. Es wäre falsch, eine oder mehrere dieser Stufen für unnütz, hemmend, hinderlich zu halten: Jede von ihnen hat ihre besondere Bedeutung. Nur wenn der fällige Übergang von einer Stufe zur nächsten verhindert wird, stellen sich Störungen ein. Die erste Stufe ist − immer im Rahmen des abendländischen Denkens − notwendig, um »Spreu vom Weizen« zu trennen. Wir haben ja schon im ersten Kapitel besprochen, daß die Naturwissenschaft der bisher höchste Stand auf einem Weg ist, der Ordnung in das Chaos des Seienden bringen will und den Menschen damit Sicherheit verleiht. Das Chaos aber besteht ja gerade darin, daß so viele unübersichtliche Erscheinungen, Gefühle, Beobachtungen, Wahrnehmungen einander widersprechen. Alle gleichzeitig aufzunehmen und zu untersuchen, hieße einfach ins Chaos zurücksinken. Daher *muß* es ein Verfahren geben, das uns gestattet, gerade so viele Widersprüche auf die Reise durch die vier Stufen zu schicken, wie wir verkraften können. Zu viele auf einmal brächten uns Unsicherheit, Wanken des Weltbildes, letztlich Chaos. Zu wenige aber machen das Weltbild starr, unflexibel, letztlich tot. Niemand aber kann von sich aus entscheiden, wie viele gerade das wahre Maß ausfüllen; darum spricht auch Boltzmann vom »Kampf zwischen den Anhängern der alten und denen einer ganz neuen Auffassungsweise«. Die Methode der Naturwissenschaft in diesem Dilemma ist eben das Aufnehmen einiger Widersprüche und das Ableugnen, Tabuisieren aller anderen. Auf der ersten Stufe wird ein Widerspruch sozusagen »geprüft«, ob er schon aufgenommen werden kann, ob die Zeit für ihn reif ist.

Ich muß an dieser Stelle eine wichtige Doppelbedeutung dieser Stufenleiter der Widerspruchselimination erklären. So, wie jeder individuelle Mensch als befruchtetes Ei gewissermaßen aus einem einzelligen Lebewesen besteht, so hat sich die Menschheit − nach Darwinscher Lehre − aus Einzellern entwickelt. Und die Entwicklung des Individuums kann tatsächlich als kurze Wiederholung der ganzen Menschheitsentwicklung gesehen werden: Irgendwann entwickelt der Embryo im Mutterleib sogar Ansätze zu Kiemen, die natürlich bei der Weiterentwicklung verschwinden.

So sehe ich die hier beschriebene Stufenfolge auch in doppelter Bedeutung: Jedes Gebiet der Naturwissenschaft hat − wie die Meteorkunde − zunächst aus dem Tabu-Bereich heraustreten müssen und sich historisch langsam weiterentwickelt. (Wir werden noch in diesem Kapitel untersuchen, welche Stufen von verschiedenen Gebieten heute eingenommen werden.) So muß aber auch jeder einzelne neu auftretende Widerspruch die ganze Stufenleiter durchlaufen, bis er schließlich auf der vierten Stufe durch Einordnung eliminiert werden kann.

Gerhard Schwarz hat diese Stufenfolge am Beispiel von Konflikten gefunden. Konflikte sind natürlich auch Widersprüche, allerdings immer Widersprüche zwischen Menschen. Er sagt:»Logisch gesehen, handelt es sich bei einem Konflikt um einen Gegensatz, bei dem sich mit den einander kontradiktorisch ausschließenden Aussagen jeweils Menschen oder Gruppen identifizieren.« Für Konflikte findet Schwarz fünf Stufen (Kategorien); wir werden in unserem Schema die fünfte Stufe später noch erklären. Und auch für Konflikte gilt diese doppelte Bedeutung der Stufenfolge. Hören wir dazu Gerhard Schwarz:»Die nähere Analyse ergibt, daß diese fünf Kategorien eine brauchbare historisch-systematische Einteilung darstellen, weil

1. diese Kategorien als Stadien eines historischen Entwicklungsprozesses aufgefaßt werden können,
2. sie einen Reifeprozeß eines Individuums, einer Gruppe oder einer Institution beschreiben,
3. sie Stadien eines einzelnen Konfliktes darstellen können.«

Die Meteorkunde vor 1803 ist ein Beispiel für ein ganzes Gebiet auf der ersten Stufe, das im vierten Kapitel beschriebene Pendelexperiment stellt einen einzelnen Widerspruch auf dieser Stufe dar. Natürlich kann diese Unterscheidung nicht immer streng aufrechterhalten werden: Aus einem einzelnen Widerspruch kann sich manchmal ein ganz neues Gebiet entwickeln.

Die erste Stufe dient also der Selektion, der Auswahl der zumutbaren und gerade noch auszuhaltenden Widersprüche. Es gibt daher zwei Arten grundlegenden Fehlverhaltens auf dieser Stufe: kritikloses Annehmen aller Beobachtungen und Erscheinungen und stures Ableugnen alles (noch) nicht Erklärbaren. Jeder Widerspruch, der auf dieser Stufe bereits ausgeschlossen werden kann, macht Kräfte und Energien der Forscher frei für die rasche Weiterentwicklung anderer Probleme. Jeder Widerspruch, der auf dieser Stufe ausgeschlossen wird, verhindert vielleicht eine wesentliche Neuentdeckung, die einmal zu einem tragenden Pfeiler des Weltbildes werden könnte. So bleibt tatsächlich kein anderer Weg als der beschriebene: So wie Chladni müssen immer wieder forschende Menschen ihr Ansehen, ihren Ruf, ja die Zugehörigkeit zu den »normalen Menschen« riskieren, um neuen Widersprüchen zur öffentlichen Anerkennung zu verhelfen. Dabei geht es aber wirklich um den ganzen Einsatz: Können sie diese öffentliche Anerkennung nicht erreichen, so sind sie nachträglich gesehen mit Recht verlacht, verhöhnt und ausgestoßen worden, denn sie sind für Unsinniges eingetreten. Ich denke etwa an jene Gruppen, die mit Zähigkeit und Ausdauer nach dem »Ungeheuer von Loch Ness« suchen, die im Bermuda-Dreieck nach physikalischen Anomalien forschen, die die UFOs (Unidentifizierte Flugobjekte) für materielle Flugkörper aus anderen Welten halten.

Wer könnte nach dem Studium der Geschichte der Meteorkunde noch unbefangen sagen, welche der drei genannten Effekte (wenn überhaupt einer) in Zukunft − vielleicht in veränderter Form − zu einem Teil des naturwissenschaftlichen Weltbildes gehören könnten? Ich würde es nicht wagen! Und doch werden die Menschen, die sich mit derlei Fragen befassen, mit Recht als Außenseiter betrachtet. Denn ein Aufgeben der ontologischen Grenze würde − wie gesagt − ins Chaos zurückführen. Wohl aber ist die Frage berechtigt, ob solche Außenseiter nicht *als Außenseiter* trotzdem wenigstens Gesprächspartner der öffentlichen Naturwissenschaft bleiben könnten, anstatt daß sie mit Hohngelächter belegt und alle Kontakte mit ihnen abgebrochen werden. Die Gegenseite riskiert ja dabei wenig! Die Ansicht Lavoisiers, daß Meteorite Steine sind, in die der Blitz eingeschlagen hat, ist heute wohl mindestens ebenso lächerlich wie damals die Ansicht Chladnis von den fallenden Steinen. Trotzdem wird ihm dies niemand nachtragen, hat er doch nur seine Pflicht zur Verteidigung der ontologischen Grenze getan.

Die Bedeutung der zweiten Stufe haben wir schon betrachtet: Ungestört vom ursprünglichen Widerspruch kann nun ein neues Gebiet oder eine neue Beobachtung untersucht und vermessen werden; was aber besonders wichtig ist, die angemessenen Begriffe können nun neu geschaffen werden. Erst wenn ein Gebiet hier wirklich selbständig wird, kann der Schritt auf die nächste Stufe in Betracht gezogen werden. Wird er zu früh versucht, riskiert man damit einen Rückfall auf die erste Stufe, die Ableugnung. Als Beispiel möchte ich die Parapsychologie erwähnen, die meines Erachtens nach (als Gebiet) gerade erst den Schritt auf die zweite Stufe vollzieht. Noch gibt es viel zu wenig eigene Begriffe für parapsychologische Erscheinungen; solange Parapsychologen von Energien, Wellen, ja elektromagnetischen Phänomenen sprechen, *müssen* die Physiker protestieren. Wenn nun schon manchmal der Schritt auf die dritte Stufe gewagt wird, wenn einige Autoren solche Erscheinungen bereits quantenmechanisch zu verstehen glauben, ist die begreifliche Folge jener Gegenangriff der theoretischen Physiker, den wir im vierten Kapitel beschrieben haben. Er will die Parapsychologie auf die erste Stufe zurückstoßen.

Ein Gebiet, das sich heute festgefügt auf der zweiten Stufe findet, ist wohl die Akupunktur. Ohne den Anspruch, in der Schulmedizin eingegliedert zu sein, aber auch ohne allzu schwere Angriffe von ihrer Seite, entwickelt die Akupunktur eigene Begriffe; freilich hilft ihr dabei der mögliche Rückgriff auf die lange chinesische Tradition und auf unableugbare Erfolge der Methode in China. Ich erwähne aber gerade die Akupunktur, um zu zeigen, daß auch ihr die erste Stufe nicht erspart blieb, ja daß Reste davon heute noch spürbar sind. Professor Otto Prokop, den wir schon als militanten Gegner der Parapsychologie kennengelernt haben, beginnt einen Artikel im Septemberheft 1976 der Zeitschrift *Das Deutsche Gesundheitswesen* mit den Worten: »Da die Flutwelle der Akupunktur – nachdem zweimal abgeebbt – erneut über Europa hereingebrochen ist und auch die DDR erreicht hat..., ist es an der Zeit, sich grundsätzlich zu äußern.« Er verdammt in diesem Artikel die Akupunktur als »wohldosierte Lüge« und schließt mit der »Frage nach der Rechtssituation des ganzen Komplexes«. Sein Vorschlag lautet: »Rechtlicher Tatbestand sind dann Nötigung und Körperverletzung.« Wahrscheinlich kann der Kampf gegen die Ableugnung erst dann siegreich beendet werden, wenn das Gebiet sich auf der zweiten Stufe so weit entwickelt hat, daß der Schritt auf die dritte Stufe – die Aufnahme in den Bereich der öffentlichen Wissenschaft – unmittelbar bevorsteht.

Über Zuordnungen von Widersprüchen – Zusatzhypothesen und Einschränkung des Gültigkeitsbereiches – haben wir schon viel gesprochen. Auf dieser dritten Stufe beginnt ja der eigentliche Bereich der Neuen Wissenschaft. Es ist nahezu unmöglich, einer großen Menge von Aussagen in Form von Worten anzusehen, ob sie Widersprüche enthält. Daher bedient sich die Naturwissenschaft so weit als irgend möglich der Mathematik. Mathematik ist ja geradezu der Inbegriff der Widerspruchsfreiheit, und wir können daher sicher sein, daß alles, was mathematisch formuliert ist, keine Widersprüche mehr enthält. Daß Widerspruchsfreiheit aber nicht gleichbedeutend mit Wahrheit ist, haben wir schon besprochen. Hören wir die Kritik Hegels zu diesem Streben nach Mathematisierung des Wissens: »Die Vorstellungen hierüber hindern vornehmlich den Eingang zur Wahrheit. Dies wird Veranlassung geben, vom mathematischen Erkennen zu sprechen, welches das unphilosophische Wissen als das Ideal ansieht, das zu erreichen die Philosophie streben müßte, bisher aber vergeblich gestrebt habe.« Klingt hier nicht wieder die Spaltung, die Gabelung der beiden Wege an? Hegel sieht natürlich im anderen Weg die Straße der Philosophie, die ebenso wie alle religiösen Probleme von der Naturwissenschaft aus dem öffentlichen Bereich verbannt werden möchte. Allerdings bleibt ihr eine Chance, diesem Bannspruch zu entgehen: Sie kann sich der Neuen Wissenschaft unterordnen und die Axiome der Logik auch zu ihrem Glaubensbekenntnis machen. Damit wäre aber das letzte Bollwerk gegen den Ansturm der »Neuen Methodik« gefallen; so hat sich historisch ein einmaliges Drama abgespielt: Die Philosophie wurde ebenso gespalten wie der Himmel durch Galilei, und die Steine, die aus ihm herausfielen, durch die Aufnahme der Meteorwissenschaft in den öffentlichen Bereich: Zunächst versuchten einige Philosophen, den Axiomen der Logik auch im Bereich der Philosophie zum Sieg zu verhelfen. Heute hat sich daraus ein eigenes Gebiet gebildet, das wir »Logistik« nennen; folgerichtig wird es aber nicht mehr zur Philosophie gerechnet, es hat sich vollständig abgelöst. Die Logistik gehört heute — zusammen mit der Mathematik — zu den Formalwissenschaften.

Hegel führt seine Kritik natürlich noch genauer aus; er unterscheidet, so, wie wir dies besprochen haben, zwischen »richtig« und »wahr«, verwendet aber immer das Wort »Wahrheit«, wenn er sagt: » . . . ebenso wie es bestimmt wahr ist, daß das Quadrat der Hypotenuse gleich der Summe der Quadrate der beiden übrigen Seiten des rechtwinkligen Dreiecks ist. Aber die Natur einer solchen sogenannten Wahrheit ist verschieden von der Natur philosophischer Wahrheiten«. Und er spricht ganz deutlich vom *Weg* der Philosophie: »Er kann deswegen als der Weg des *Zweifels* angesehen werden oder eigentlicher als der Weg der Verzweiflung; auf ihm geschieht nämlich nicht das, was unter Zweifeln verstanden zu werden pflegt . . . Sondern er ist die bewußte Einsicht in die Unwahrheit des erscheinenden Wissens . . .« Ist es nicht deshalb lobenswert, ja geradezu notwendig, diesen Weg in die Privatsphäre abzudrängen? Bringt er doch eingestandenermaßen Verzweiflung, Unsicherheit, ja Widersprüchlichkeit. Die Mathematisierung dagegen gibt Sicherheit und Mut, weil sie Widerspruchsfreiheit garantiert, und sie ist intersubjektiv, für alle gleich gültig.

Der Widerspruch selbst tritt ja am deutlichsten in Form einander ausschließender Zahlenwerte auf: Die Theorie sagt einen anderen Wert voraus, als ihn die Messung durch das Experiment liefert. (Erinnern wir uns wieder an das Beispiel der äußeren Planeten aus dem zweiten Kapitel.) Wir können daher sagen, daß ein Gebiet der Wissenschaft um so besser eingegliedert ist, je mehr es mathematisiert werden konnte. So kommt es, daß sich immer mehr Gebiete mathematischer Methoden bedienen und sich damit der Physik unterzuordnen trachten. Die Chemie hat dies schon lange geschafft, heute ist die Biologie um diesen »Fortschritt« bemüht. Natürlich werden Chemiker (und noch mehr Biologen) mit Recht protestieren, wenn man sie als bloße Anhängsel der Physik beschreiben wollte. Diese Gebiete haben ihre eigenständige Begriffswelt, von der ein Physiker ebensowenig versteht, in die er ebensowenig eingedrungen ist wie ein Chemiker (oder Biologe) in die Begriffswelt der Physik. Die Tatsache, daß der Widerspruch zwischen Physik und Chemie durch die Quantenmechanik auf die vierte Stufe gehoben und dadurch eliminiert wurde, bedeutet nicht, daß nicht innerhalb dieser Gebiete die alten Gesetze weiterhin gelten und ihrer eigenen Methodik bedürfen, um sich weiterzuentwickeln.

Betrachten wir den entscheidenden Schritt auf die vierte Stufe doch etwas genauer anhand eines Beispiels. Am Beginn des zweiten Kapitels, als wir von Elementarteilchen-Beschleunigern sprachen, haben wir Einsteins Relativitätstheorie gestreift. Sie gibt unter anderem eine Formel, nach der Geschwindigkeiten addiert werden müssen. Vor Einsteins Theorie galt die Newtonsche Mechanik. Sie beschrieb die Bewegung der Gestirne genauso wie mechanische Vorgänge im irdischen Laboratorium. Aber sie geriet in heftige Widersprüche, wenn sie die »Bewegung« des Lichtes beschreiben sollte. Die Lichtgeschwindigkeit wurde — unabhängig vom Bewegungszustand des Beobachters — zahlenmäßig immer gleich gemessen, und es war keine Geschwindigkeit der Erde gegenüber dem Äther (als Träger der Lichtbewegung) festzustellen. Heute können wir genauer sagen, daß der Widerspruch zwischen den physikalischen Teilgebieten Mechanik und Elektrodynamik ins Blickfeld der Forschung geraten war (er hatte die Hürde zur zweiten Stufe genommen). Der Widerspruch konnte wohl durch Einschränkung des Gültigkeitsbereiches eliminiert werden: Die Newtonsche Mechanik galt fortan nur für Geschwindigkeiten, die sehr klein im Vergleich zur Lichtgeschwindigkeit waren; dies ist für alle bis dahin betrachteten Bewegungen in irdischen Labors genauso der Fall wie für die Bewegungen der nächsten Himmelskörper. Aber eine derartige Maßnahme ist immer nur vorläufig. Auch eine Zusatzhypothese wurde von Hendrik Antoon Lorentz vorgeschlagen: Bewegte Maßstäbe sollten kürzer erscheinen als ruhende! Erst Albert Einstein hob das Problem auf die vierte Stufe und eliminierte den Widerspruch zwischen Newtonscher Mechanik und Elektrodynamik mit seiner Relativitätstheorie. Nun muß eine neue Theorie – das haben wir schon gesagt – die Ergebnisse der alten Theorien ebenfalls liefern, sonst könnte sie nicht akzeptiert werden: in gewissem Sinne enthält also die neue Theorie die alten. Wenn dies aber so ist, wie kann dann ein echter Widerspruch wirklich eliminiert werden? Nun, die Voraussagen der Newtonschen Mechanik werden von der Einsteinschen Relativitätstheorie zwar nicht exakt, aber doch in so guter Näherung geliefert, daß bei kleinen Geschwindigkeiten der Unterschied nicht mehr meßbar ist. Beide Behauptungen können daher verteidigt werden: daß die neue Theorie völlig anders ist als die alte, weil sie *andere* Voraussagen macht, und daß die neue Theorie die alte enthält, weil die Unterschiede in den Voraussagen (bei kleinen Geschwindigkeiten) nicht meßbar sind.

Wir haben also schon wieder zwei widersprechende Behauptungen vor uns und müssen uns nach den Axiomen der Logik für eine entscheiden. Die übliche Entscheidung fällt zugunsten der letzteren Behauptung: Die alte Theorie ist in der neuen enthalten und kann sogar aus ihr abgeleitet werden, wenn bestimmte Grenzfälle betrachtet werden, etwa nur ganz kleine Geschwindigkeiten. Thomas Kuhn kämpft gegen diese Auffassung; er sagt etwa: »Das bekannteste und grellste Beispiel für diese eingeschränkte Konzeption einer wissenschaftlichen Theorie taucht in Diskussionen über die Beziehungen zwischen der heutigen Einsteinschen Dynamik und den älteren dynamischen Gleichungen auf, die sich von Newtons *Principia* herleiten. Vom Standpunkt dieses Essays aus sind diese beiden Theorien im selben Sinn grundlegend unvereinbar wie die Kopernikanische und die Ptolemäische Astronomie: Einsteins Theorie kann nur in der Erkenntnis akzeptiert werden, daß die von Newton falsch war. Heute bleibt das die Ansicht einer Minderheit.«

Wieso ist es möglich, daß die Frage, ob eine Theorie richtig oder falsch ist, nicht intersubjektiv entschieden werden kann? Erinnern wir uns der Unterscheidung von richtig und wahr, die wir im zweiten Kapitel beschrieben haben. In der Mathematik, der es nur auf formal beweisbare (also »richtige«) Aussagen ankommt, kann eine solche Entscheidung *immer* intersubjektiv getroffen werden. Nun muß aber die Naturwissenschaft wenigstens ein Körnchen Wahrheit enthalten, das heißt, sie will etwas mit der Wirklichkeit zu tun haben. Bloß richtige Aussagen sind noch nicht naturwissenschaftlich, sondern eben mathematisch (oder formalwissenschaftlich). Wahre Aussagen können aber (erinnern wir uns) nicht bewiesen werden. Der Trick der Naturwissenschaft war doch eben der Verzicht auf Wahrheit und das Anstreben der Widerspruchsfreiheit, aber nicht bloß innerer Widerspruchsfreiheit, sondern — und das ist die Verbindung zur Wirklichkeit — Widerspruchsfreiheit mit dem Experiment. Das Experiment ist aber nicht einfach beobachtete Wirklichkeit, sondern bereits veränderte — angepaßte — Wirklichkeit. Daher ist es durchaus möglich, daß zwei verschiedene Theorien, die beide mit einem bestimmten Satz von Experimenten nicht im Widerspruch stehen, trotzdem einander widersprechen. Die Übereinstimmung mit dem Experiment ist ja nie exakt, es müssen ja immer Idealisierungen, Korrekturen, Meßfehler in Kauf genommen werden. Hören wir dazu noch einmal Boltzmanns klare Sprache: »Daraus folgt, daß es nicht unsere Aufgabe sein kann, eine absolut richtige Theorie, sondern vielmehr ein möglichst einfaches, die Erscheinung möglichst gut darstellendes Abbild zu finden. Es ist sogar die Möglichkeit zweier verschiedener Theorien denkbar, die beide gleich einfach sind und mit den Erscheinungen gleich gut stimmen, die also, obwohl total verschieden, beide gleich richtig sind. Die Behauptung, eine Theorie sei die einzig richtige, kann nur der Ausdruck unserer subjektiven Überzeugung sein, daß es kein anderes, gleich einfaches und gleich gut stimmendes Bild geben könne.«

Hat also Thomas Kuhn nicht recht? Ich möchte seine Ansicht nicht so einfach abtun. Die Einsteinsche Theorie ist insofern besser (richtiger? wahrer?), als sie den Widerspruch auf der vierten Stufe eliminiert. Es gibt diesen Widerspruch zwischen Mechanik und Elektrodynamik fortan nicht mehr, wir können auch Geschwindigkeiten nahe der Lichtgeschwindigkeit physikalisch beschreiben,

146

und selbst die Lorentzsche Zusatzhypothese über die Maßstäbe ist nun ein »Ergebnis« der neuen Theorie. Dafür treten einige »Paradoxa« auf, die für den normalen Verstand ganz fürchterliche Widersprüche sind, die aber innerhalb der Theorie gar nicht als Widersprüche gelten, weil sie mathematisch berechnet werden können. Ein Beispiel ist etwa die erwähnte Verkürzung von Maßstäben: Bewegte Maßstäbe erscheinen kürzer. Nun ist aber Bewegung relativ! Der Fahrgast eines Zuges sieht die Landschaft bewegt, ein Wartender am Bahnschranken sieht den Zug bewegt. Für den Fahrgast erscheint der Maßstab des Wartenden verkürzt, für den Wartenden der Maßstab des Fahrgastes; wie gesagt, ein offensichtlicher Widerspruch für den gesunden Menschenverstand. Nicht aber für den Physiker, der beide Ergebnisse aus einer einheitlichen mathematischen Theorie ableiten kann. Durch die Elimination des ursprünglichen Widerspruches – so scheint es also – treten andere Widersprüche auf, die aber als bloße Paradoxa akzeptiert werden können, weil sie mathematisch ableitbar sind. Es sind – wie Physiker dann sagen – scheinbare Widersprüche, die auf die Unzulänglichkeit des menschlichen Verstandes zurückzuführen sind; ein Grund mehr, den Menschen aus dem Weltbild der Naturwissenschaft zu eliminieren. (Oder Fortschritt als Schritt fort vom Menschen zu begrüßen.)

Und damit haben wir auch für unser Schema die dritte Bedeutung gefunden, die Gerhard Schwarz bei Konflikten als »Reifeprozeß eines Individuums, einer Gruppe oder einer Institution« beschreibt: Jedes Problem hat ein ihm am besten entsprechendes Niveau auf unserer Stufenleiter. Obwohl wir wissen, daß Einsteins Theorie besser ist als die Newtons, wäre es geradezu irrsinnig zu versuchen, etwa den Fahrplan der Bundesbahn nach den Regeln der Einsteinschen Theorie zu erstellen. Selbst bei Düsenflugzeugen wäre es völlig unsinnig, solche Gesetze anzuwenden: Sie sind viel zu kompliziert und unnötig, da die Abweichungen bei den vorkommenden Geschwindigkeiten unmeßbar sind.

Obwohl wir uns seit Boltzmann ein Gas aus durcheinanderfliegenden Teilchen zusammengesetzt denken, ist es für viele Probleme angebracht, die alten beschreibenden Gesetze der Wärmelehre zu benutzen. Und nun wird auch ganz klar, was ich oben vom Verhältnis Chemie–Physik gesagt habe. Obwohl wir grundsätzlich die Einordnung anerkennen, ist es den meisten chemischen Problemen besser angemessen, diese Vereinheitlichung wieder zu vergessen und – entsprechend der zweiten Stufe – eigene Begriffsbildungen zu entwickeln.

Ich habe schon weiter oben gesagt, daß auf der vierten Stufe das Gesamtbild der Wirklichkeit so verändert wird, daß es den Widerspruch darin nicht mehr gibt. (Wir haben jetzt gesehen, daß der Widerspruch dafür an anderer Stelle als Paradoxon auftauchen kann.) Ganz entscheidend möchte ich aber betonen, daß wir uns diese Elimination des Widerspruches erkaufen um den Preis einer grundlegenden Veränderung der Welt (nicht nur unseres Weltbildes), die durch die Austreibung eines Geistes wieder ein Stück Leben eingebüßt hat. Denn wir können nicht umhin, das, was im Weltbild fehlt, auch in der Wirklichkeit abzuleugnen oder in die Privatsphäre zu verweisen. Thomas Kuhn, der von »wissenschaftlichen Revolutionen« spricht, wenn ein solcher Schritt durchgekämpft wird, sagt dies sehr deutlich: »Bei einem Blick auf eine Höhenlinienkarte sieht der Studierende Linien auf einem Bogen Papier, der Kartograph dagegen sieht das Bild eines Geländeabschnittes. Beim Blick auf ein Blasenkammer-Photo sieht der Studierende verworrene und unterbrochene Linien, der Physiker aber sieht die Aufzeichnung eines bekannten subnuklearen Vorgangs. Erst nach einer Anzahl solcher Umwandlungen des Sehbildes wird der Studierende ein Einwohner der Welt des Wissenschaftlers, der sehen kann, was der Wissenschaftler sieht, und reagiert, wie es der Wissenschaftler tut. Die Welt, in die der Studierende dann eintritt, ist jedoch nicht ein für allemal durch die Natur seiner Umwelt einerseits und der Wissenschaft andererseits festgelegt. Sie wird vielmehr gemeinsam von der Umwelt und der besonderen normal-wissenschaftlichen Tradition, der zu folgen der Studierende angehalten wurde, bestimmt. Deshalb muß zur Zeit einer Revolution, da sich die normal-wissenschaftliche Tradition verändert, die Auffassung des Wissenschaftlers von seiner Umgebung neu gebildet werden – in manchen vertrauten Situationen muß er eine neue Gestalt sehen lernen. Wenn er das getan hat, wird die Welt seiner Forschung hie und da mit der vorher von ihm bewohnten nicht vergleichbar erscheinen.«

»Studierende« in diesem Sinne sind wir aber alle, weil unsere Schulen schon von Kindesalter an eine Anpassung der Menschen an das Weltbild der Naturwissenschaft anstreben; damit wird ja die Öffentlichkeit dieses Weltbildes sichergestellt.

Wir haben uns im zweiten Kapitel überlegt, warum die Physik der Elementarteilchen so unglaubliche Anziehungskraft ausstrahlen kann; wir haben auch Gründe dafür gefunden, etwa die bisher weitestgehende Vereinheitlichung des Weltbildes, die in dem Feynmanschen Satz gipfelt: »Alles besteht aus Teilchen!«. Vielleicht können wir nun einen weiteren Grund angeben, der dieses Gebiet so faszinierend erscheinen läßt: Es ist schon so weit von der Welt der Menschen entfernt, daß nicht mehr zwischen guten (Fortschritt fördernden) und schlechten (störenden) Widersprüchen unterschieden werden muß: Alle Widersprüche, die in der Teilchenphysik auftreten, sind in diesem Sinne gut, sie dienen zur Verbesserung des Weltbildes, zum Fortschritt. Warum ist dies so? Nun, wir haben einige schlechte Widersprüche kennengelernt: das Pendelexperiment, das einfach ignoriert wird, paranormale Phänomene, gegen deren Untersuchung eine Gruppe theoretischer Physiker zum Angriff geblasen hat, schließlich vor 1803 Meteoritenfälle, die als Zeichen des Himmels angesehen worden waren. Alle diese Widersprüche haben mit Menschen zu tun, wenn auch im Falle des Pendels nur indirekt. Dies ist ja gerade der Grund, warum sie abgeleugnet werden müssen, warum sie nicht akzeptiert werden können: Der Mensch als lebendiges Wesen ist sicherlich das Widersprüchlichste, was wir kennen, und alles, was mit seiner Lebendigkeit zu tun hat, muß daher sehr vorsichtig − höchstens schrittweise − bearbeitet werden. (Denken wir etwa an das langsame Vordringen der Mathematisierung von der Physik über die Chemie in die Biologie oder gar Psychologie.) Wenn wir uns jedoch auf der Ebene der Elementarteilchen bewegen, dann haben wir den Menschen schon so weit zurückgelassen, daß derartige Gefahren außer Reichweite sind: Alle neuen Widersprüche sind daher »gut«. Dies ist vielleicht auch eine Erklärung für die merkwürdige Beobachtung, daß dieses wahrscheinlich fundamentalste Gebiet der Naturwissenschaft nicht nur die schärfsten Denker, kreativsten Experimentatoren anlockt, sondern daneben eine große Schar durchaus mittelmäßiger oder gar ziemlich beschränkter »Kleinmeister«, die zwar die Regeln der Naturwissenschaft beherrschen, aber nun ohne Risiko alles Erdenkliche tun können, ohne der Gefahr der Blamage ausgesetzt zu sein. Das Gebiet ist eben weit genug von dem Tabu-Bereich entfernt.

Heißt das, daß in diesem Gebiet die erste Stufe unserer Leiter gar nicht zur Anwendung kommt? Natürlich nicht! Jeder neue Widerspruch muß ja, nach unserer Ansicht, immer mit der ersten Stufe beginnen. Wie sieht sie aber dann aus, und was ist ihre Funktion? Nun, ein Experiment, das mit der gültigen Theorie in Widerspruch steht, wird zunächst einmal einfach als falsch angesehen. Die Experimentalphysiker müssen ihr Ergebnis glaubhaft machen können, um überhaupt Gehör zu finden. Der Sinn dieser Vorgangsweise ist natürlich klar: Würde jedes Ergebnis sofort akzeptiert werden, dann machte sich schnell eine Oberflächlichkeit breit, die bald das ganze Gebiet zerstören könnte. Der Experimentator setzt sich also, wenn er auf einem neuen, widersprüchlichen Ergebnis beharrt, zwar nicht der Lächerlichkeit aus, aber er läuft Gefahr, seinen Ruf als guter Physiker zu verlieren. Wer einige Male auf falschen Ergebnissen beharrt, wird in Zukunft kaum noch Gehör bei den Kollegen finden.

Wir sehen also, daß auch hier die erste Stufe eine ganz analoge Funktion wahrnimmt wie in anderen Gebieten. Ich möchte aber wieder anhand von Beispielen diese Situation darlegen. Der Nobelpreisträger L. Alvarez beschrieb einmal die Ereignisse, die zur Entdeckung des Positrons durch Anderson führten. Das Positron ist ein Elektron, dessen positive Ladung einen Widerspruch zum damaligen Weltbild darstellte, das nur negativ geladene Elektronen kannte. (Pikanterweise entwickelte etwa zur gleichen Zeit Paul Dirac eine Theorie, die zur Vorhersage solcher positiver Elektronen führte, sie war damals aber noch nicht Teil des physikalischen Weltbildes und Anderson daher nicht bekannt.) In einem Magnetfeld werden geladene Teilchen abgelenkt, und zwar positive und negative in verschiedene Richtungen. Um aber die Richtung der Ablenkung feststellen zu können, muß man die Bewegungsrichtung der Teilchen kennen. Da aber die Teilchen nur durch ihre Spuren in Nebelkammern (ähnlich den Kondensstreifen von Flugzeugen) sichtbar gemacht werden konnten, war diese Bewegungsrichtung auf einem Foto nicht zu erschließen. Dazu sagt Alvarez:

»Um die Tatsache zu erhärten, daß ich diese ›Regeln der Physik‹ nicht heute früh erfunden habe, wollen wir uns die einzig wichtige Zutat bei der Entdeckung des Positrons in Erinnerung rufen. Die meisten Physiker würden sagen, daß die Entdeckung des Positrons die Beobachtung einschließt, daß eine elektronartige Spur in einer magnetischen Nebelkammer auf die falsche Seite gebeugt ist. Aber das wäre nicht richtig, weil andere schon vorher in Nebelkammern elektronartige Spuren in die falsche Seite kurven gesehen haben; der Effekt wurde immer Elektronen zugeschrieben, die in die entgegengesetzte Richtung flogen . . .

Andersons große Entdeckung des Positrons beruht zur Gänze auf der Tatsache, daß er wußte, in welcher Richtung sein Positron flog; er placierte eine Bleiplatte in seine Nebelkammer und sah das Teilchen Energie verlieren und ›sich einkrümmen‹, nachdem es durch die Platte geflogen war. Viele Beobachter hatten Teilchen gesehen, die mit der Positronhypothese *verträglich* waren, aber Anderson war der erste, der imstande war, alle anderen Alternativen *auszuschließen*. Das ist der Grund, warum wir ihn als den Entdecker des Positrons anerkennen . . .

Während wir die strengen Kriterien diskutieren, die eine *große* Entdeckung in sich schließt, ist es interessant, sich zu erinnern, was daraufhin geschah. Anderson fühlte sich noch nicht befugt, die Entdeckung des Positrons zu verkünden. Er hatte zuerst eine weitere Alternative auszuschließen − das Magnetfeld könnte umgedreht worden sein. Eine Studie der Bilder derselben Filmrolle zeigt, daß die meisten abwärts gerichteten Spuren von negativen Elektronen stammten. Sie werden nun zustimmen, daß er jetzt, nach einer Überprüfung des Feldes, veröffentlichen hätte können. Aber nein! Eine Möglichkeit verblieb; die Ingenieurstudenten von Caltech (Kalifornische Technische Universität) sind berüchtigte Scherzbolde; Anderson hatte die Möglichkeit auszuschließen, daß während der Nacht, als die Nebelkammer periodische Bilder aufnahm, einige Studenten die Richtung des Feldes umgedreht und es später wieder in die ursprüngliche Richtung gebracht hätten. Diese Zusatzhypothese enthielt eine Zeitperiode, die abgeschätzt werden konnte (Abschalten des Generators, Aufschrauben der schweren Anschlüsse usw.), und um sie auszuschließen, mußte Anderson bis zu seiner eigenen Befriedigung beweisen, daß benachbarte Bilder . . . gewöhnliche Elektronen und keine Positronen zeigten. Erst als er so überzeugt war, fühlte er sich befugt, öffentlich von Positronen zu sprechen. *Er hatte alle anderen Alternativen ausgeschlossen.«*

Anderson mußte − wie Alvarez so schön sagt − »bis zu seiner eigenen Befriedigung beweisen«; tatsächlich gibt es auch hier kein anderes Kriterium als die Gewissenhaftigkeit des Experimentators.

Und wenn er sich mehrmals durch bedeutende Ergebnisse ausgezeichnet hat, wird es ihm immer leichterfallen, auch seine Kollegen schnell zu überzeugen. Wenn er also zur eigenen Befriedigung gekommen ist, kann er seine Ergebnisse veröffentlichen. Aber diese Veröffentlichung ist noch nicht die Geburtsstunde einer neuen Entdeckung, einer neuen Tatsache oder neuen Idee. Erst wenn sie öffentlich von den einschlägigen Fachkollegen anerkannt wird, hat sie die »Hürde in die Wirklichkeit« genommen. Die großen wissenschaftlichen Kongresse dienen unter anderem dazu, solche Konsensentscheidungen herbeizuführen und bekanntzumachen. Daher ist oftmals die Stimmung, die bei einzelnen Sitzungen herrscht, das Gesprächsklima, die Bereitwilligkeit, das Neue anzuerkennen, viel wichtiger als die nüchternen Daten, die sich schließlich im Konferenzbericht finden.

Eine ganz wichtige Entdeckung der Elementarteilchenphysik war der Nachweis der Existenz sogenannter »neutraler, schwacher Ströme«. Ich möchte hier gar nicht im einzelnen erklären, worum es sich dabei handelt, es ist für das folgende nicht wesentlich; schon Mitte der sechziger Jahre wurden Anzeichen dieses Phänomens in einer Blasenkammer des Europäischen Kernforschungszentrums entdeckt. Aber die allgemeine Stimmung der Fachkollegen, vor allem der Theoretiker, war so sehr gegen ein solches Phänomen eingenommen, daß diese Anzeichen einfach nicht ernst genommen werden konnten. Hätten die Experimentalphysiker, die an dieser Blasenkammer arbeiteten, allen Ernstes von einer Entdeckung gesprochen, wären sie damals wahrscheinlich lächerlich gemacht worden. 1968 entstand dann eine neue Theorie, die eine Vereinheitlichung von zwei der fundamentalen Kräfte zwischen Elementarteilchen in Aussicht stellte. Dies ist ein so wichtiger Schritt in der Entwicklung der Physik, daß er immer größtes Interesse entfacht; trotzdem dauerte es mehrere Jahre, bis diese Theorie selbst innerhalb der Gemeinschaft der Elementarteilchentheoretiker allgemein anerkannt — intersubjektiv — wurde. Diese Theorie sagte nun die Existenz eben solcher »neutraler schwacher Ströme« voraus, ja diese Voraussage bildete sogar einen ganz entscheidenden Test für die Richtigkeit der Theorie. Erst jetzt war das Klima aufbereitet, der Boden fruchtbar für die entscheidende Entdeckung. Mit verbessertem Gerät (eine größere Blasenkammer) wurde nun dieses Phänomen nachgewiesen und schließlich im Jahre 1973 veröffentlicht.

Die Reaktion der Fachkollegen war – wie immer – zunächst geteilt. Von einem Konsens war man weit entfernt, die Meinungen für oder wider die Gültigkeit des Experimentes prallten aufeinander. Die Gegner konnten sich mit dem Ergebnis einfach nicht abfinden, stand es doch im klaren Widerspruch zu allem, was bisher auf diesem Gebiet als richtig galt und gelehrt wurde. Die Befürworter dagegen sahen in dem Ergebnis eine Möglichkeit, durch Abänderung des Weltbildes zu einer weiteren Vereinheitlichung zu kommen. (Wir haben ein schönes Beispiel vor uns, wie ein Widerspruch um den Schritt auf die zweite Stufe kämpft.)

Ende August 1973 wurde in Bonn eine große Konferenz der Elementarteilchenphysiker veranstaltet. Zwar war die besprochene Neuentdeckung nur einer der Punkte einer langen Tagesordnung, aber der Konflikt darüber brach offen aus; so wurde eine eigene Parallelsitzung einberufen, in der die Spezialisten ihre Meinungsverschiedenheiten öffentlich ausfechten sollten. Tatsächlich gelang es, zu einem weitgehenden Konsens zugunsten der Entdeckung zu gelangen, der dann allen Teilnehmern in einer großen Sitzung ausführlich dargestellt wurde. Erst seit diesem Umschwung kann man eigentlich von der Existenz dieses Phänomens sprechen, erst durch den Konsens auf der Konferenz in Bonn wurde es zum allgemein anerkannten Bestandteil des Weltbildes der Naturwissenschaft.

Über ein anderes Problem der Elementarteilchenphysik, das den Kunstnamen »Quark« trägt, schreibt die Zeitschrift *Scientific American* im Mai-Heft des Jahres 1979: »Die Idee des Quark ist eine, die viel in der Physik der Elementarteilchen erklärt hat, die selbst jedoch schwer zu erklären ist. Die Idee besagt, daß Protonen, Neutronen und viele verwandte Teilchen, genannt Hadronen, nicht elementar sind, sondern aus kleineren Objekten aufgebaut sind: den Quarks ... Es dauerte jedoch mehr als 15 Jahre, eine befriedigende Theorie dafür zu entwerfen, wie die Quarks selbst sich in einem Hadron bewegen und wie sie miteinander wechselwirken. Die Theorie ist noch nicht vollständig, aber ein Konsens scheint sich abzuzeichnen, daß sie richtig ist.«

Ein Konsens scheint sich abzuzeichnen: Und darauf kommt es an, denn Intersubjektivität ist eine der Grundforderungen der Neuen Wissenschaft. Einigkeit herrscht immer darüber, daß Widersprüche eliminiert werden müssen und daß eine möglichst weitgehende Vereinheitlichung des Weltbildes anzustreben sei; auf welche Weise dies geschehen soll, stellt sich jedoch immer erst in einem historischen Prozeß als Ergebnis heftiger Auseinandersetzungen, ja Kämpfe, heraus.

Aber haben wir nicht schon im dritten Kapitel festgestellt, daß der Widerspruch »diskret-kontinuierlich«, der Welle-Teilchen-Widerspruch, nicht eliminiert werden konnte, ja daß eine weitgehende Vereinheitlichung des Weltbildes der Naturwissenschaft erst dadurch möglich wurde, daß dieser eine Widerspruch bestehen blieb? Es ist also nicht völlig undenkbar, daß ein Widerspruch ernst genommen wird, daß er aus seiner Verdammung als bloßer Irrtum heraustritt und zu einem Baustein des Turmbaues der Neuen Wissenschaft wird. Aber erst, wenn alle vier Stufen durchlaufen sind, wenn sich trotz zähen Ringens um Zuordnung und Einordnung des Problems kein Erfolg einstellen will, kann diese fünfte Stufe in der Geschichte eines Widerspruches angestrebt werden: Der Widerspruch wird auf dieser fünften Stufe »aufgehoben«, es kommt zu einer echten *Synthese* der einander ausschließenden Begriffe. Hegel hat so schön dargelegt, wie das Wort »aufheben« hier in seiner dreifachen Bedeutung zum Tragen kommt (und nur, wenn es so vollständig zum Tragen kommt, haben wir eine echte Synthese erreicht): Der Widerspruch ist in der Synthese aufgehoben, so, wie ein Gesetz aufgehoben, nicht mehr gültig ist; er ist aber auch aufgehoben, so, wie ein Andenken aufgehoben, bewahrt wird. Hören wir Hegels eigene Formulierung: »Das *Aufheben* stellt seine wahrhafte gedoppelte Bedeutung dar . . .; es ist ein *Negieren* und ein *Aufbewahren* zugleich.« Die beiden Bedeutungen widersprechen einander natürlich. Wenn sie trotzdem beide wahr werden, dann kommt es von selbst zur dritten Bedeutung des Wortes: Der Widerspruch wird »aufgehoben« auf eine höhere Ebene, die Synthese stellt ein völlig neues Bild her, die Welt wird mit dem Eintreten der Synthese noch grundlegender verändert, als wir dies schon bei der vierten Stufe, der Einordnung, kennengelernt haben.

All dies ist natürlich schwer in Worten auszudrücken, sind doch die Wörter unserer Sprachen mehr und mehr Werkzeuge im Dienst der logischen Axiome geworden, und eine echte Synthese kann den logischen Axiomen nicht mehr untergeordnet werden. Ich möchte daher das Gesagte gleich wieder an einem Beispiel erläutern: Nur ein einziges Beispiel steht uns dafür im Rahmen der Naturwissenschaften zur Verfügung, nur ein einziges Mal ist diese Synthese bisher erreicht worden: im Welle-Teilchen-Dualismus der Quantenmechanik.

Wir haben im dritten Kapitel Ursprung und Weg dieses Widerspruches genau besprochen. In welchem Sinn ist er tatsächlich »aufgehoben« in des Wortes dreifacher Bedeutung? Nun, wir haben schon dort gesagt, daß ein Widerspruch nicht einfach bestehen bleiben kann, weil er eindeutige Voraussagen unmöglich macht, und wir haben gleichzeitig gesagt, daß im mathematischen Apparat der Quantenmechanik natürlich kein Widerspruch besteht. Alle Rechenoperationen sind eindeutig, intersubjektiv; jeder, der richtig rechnet, kommt zum gleichen Ergebnis. Es gibt diskrete Zahlenwerte und kontinuierliche Funktionen, die miteinander verknüpft, aber nie verwechselt werden können. Im mathematischen Apparat ist der Widerspruch also aufgehoben, nicht mehr vorhanden. Der mathematische Apparat ist aber alleine, für sich, noch nicht sinnvoll, wir haben es ja mit Physik und nicht mit reiner Mathematik zu tun. Er ist also untrennbar mit seiner Interpretation verbunden, erst durch die Interpretation wird er mit Experimenten verknüpft. Erst wenn ich eine bestimmte Zahl, die als Ergebnis einer Rechnung »herauskommt«, etwa als Energiewert interpretiere, kann ich sie mit einem Experiment, in dem genau dieser Energiewert gemessen wird, vergleichen. Erst so kommt es zu Voraussagen, Möglichkeiten der Überprüfung der Theorie. Und in dieser Interpretation, der »Kopenhagener Deutung der Quantenmechanik«, bleibt der Widerspruch Welle−Teilchen bestehen, er ist hier »aufgehoben« wie ein wertvolles Sammelstück. Weil nun Mathematik und Interpretation untrennbar verknüpft sind, weil eines ohne das andere sinnlos wird, sind hier die beiden widersprechenden Bedeutungen des Wortes »aufheben« immer *gleichzeitig* gültig. Daher ist der Widerspruch aufgehoben auch in der dritten Bedeutung des Wortes: Ein Teilchen ist kein Teilchen mehr, es ist ebensogut immer ein kontinuierliches Phänomen. Die Welt wird tatsächlich eine andere: Ihre Urbausteine sind nicht mehr vorstellbar, das mechanische Bild als letztes Ziel mußte aufgegeben werden, eindeutige Voraussagen für einzelne Ereignisse sind nicht mehr möglich, die Frage »was ist ein Elektron« kann nicht mehr eindeutig (widerspruchsfrei) beantwortet werden. Werner Heisenberg sagt dies so: »Das Atom kann nicht mehr ohne Vorbehalte als ein Ding im Raum, das sich in der Zeit in einer angebbaren Weise verändert, objektiviert werden . . . das atomare Geschehen kann nicht immer als objektiver Ablauf in Raum und Zeit dargestellt werden. Erst diese Umkehrung der bisherigen Realitätsordnung, wenn ich so sagen darf, hat es möglich gemacht, das chemische Begriffssystem mit dem der Mechanik widerspruchsfrei zusammenzufügen.«

Zunächst wird natürlich nur das Bild der Welt, wie es die Physiker (und dann alle Naturwissenschaftler) erstellen, verändert. Aber diese Veränderung wird spätestens in der nächsten Generation öffentlich gelehrt, sie tritt in den technologischen Bereich ein und führt so zu einer tatsächlichen Umgestaltung. Veränderung der Welt, Transistoren, schnelle Rechner, ja die ganze elektronische Neugestaltung unserer Zivilisation sind Folgen dieser Veränderung des physikalischen Weltbildes (dieser Synthese widersprechender Begriffe).

Wir dürfen aus diesem großartigen Siegeszug jedoch nicht schließen, daß nun die gestaltende Kraft einer Synthese allgemein erkannt wurde und zu neuen, ähnlichen Taten anspornte. Das Gegenteil war der Fall, ist doch in einer Synthese der Widerspruch aufgehoben und nicht eliminiert, er wird in der Synthese nicht als bloßer Irrtum entlarvt. Daher verletzt eine Synthese eines der wichtigsten Vorurteile der Neuen Wissenschaft, nämlich daß es keine Widersprüche gibt. Wir haben schon im dritten Kapitel besprochen, daß es der schutzbietenden Vaterfigur Niels Bohrs bedurfte, um diesen ketzerischen Schritt überhaupt zu wagen. Heute, da diejenigen Physiker, die Niels Bohr noch persönlich kannten, die noch unmittelbar seine trostreiche Nähe erlebten, ihre Hauptrollen auf der Bühne des naturwissenschaftlichen Schauspieles allmählich abtreten, macht sich erneut Angst vor diesem Widerspruch breit. Wie alles in diesem Schauspiel, wird natürlich auch die Angst emotionsfrei vorgetragen: Man müsse die Kopenhagener Deutung einer Prüfung unterwerfen, ob sie nicht »verbessert, vervollständigt« werden kann. So, wie die beiden ersten Stufen, die Tabuisierung und die Ebenentrennung, den vorwissenschaftlichen Bereich darstellen, so stellt die fünfte Stufe, die Synthese, einen kühnen Schritt über diesen Bereich hinaus dar, ist sie doch nicht mehr den Axiomen der Logik unterworfen. Daher gehen Versuche, den Widerspruch doch noch zu eliminieren, immer in Richtung auf Rückfall in den eigentlich wissenschaftlichen Bereich, auf die dritte und vierte Stufe.

Die dritte Stufe haben wir ja geteilt in Einschränkung des Gültigkeitsbereiches und Zusatzhypothese. Es gibt daher auch drei verschiedene Strömungen, die die Quantenmechanik »verbessern« wollen. Die am wenigsten radikale Strömung möchte nur auf die vierte Stufe zurück und erklärt die Quantenmechanik zu einer »vorläufigen Theorie«, deren Einordnung erst bevorsteht. Radikalere Strömungen wollen auf die dritte Stufe zurück. Die einen wollen den Gültigkeitsbereich einschränken. Sie legen fest, daß die Quantenmechanik für Einzelereignisse keine Aussagen macht, daß sie nur für den Mittelwert vieler Experimente Voraussagen trifft. Die Bahn eines Elektrons ist daher in dieser Sicht nicht deswegen unbestimmt, weil das Elektron auch kontinuierliche Eigenschaften hat (die seiner Teilchennatur widersprechen), sondern weil für Einzelereignisse keine Aussagen getroffen werden dürfen. Damit wird vom Widerspruch nicht mehr geredet.

Die anderen wollen Zusatzhypothesen aufstellen: Sie glauben an sogenannte »verborgene Parameter«, die wir zwar (noch) nicht messen können, die aber die Bewegung der Teilchen in widerspruchsfreier Weise beschreiben. Ich möchte auf weitere Einzelheiten gar nicht eingehen, denn wiederum geht es mir mehr um ein Durchleuchten des historischen Geschehens: der Urangst vor dem Widerspruch, die selbst den großartigen Siegeszug der Synthese Welle−Teilchen vergißt und hektisch nach einer Möglichkeit zur Elimination dieses Widerspruches sucht.

Stellen wir noch einmal diese fünf Stufen in der Entwicklung eines Gebietes oder eines einzelnen Widerspruches zusammen:

1. Ableugnen, Tabuisieren
2. Abtrennung auf einer eigenen Ebene
3. Zuordnung durch
    a) Einschränkung des Gültigkeitsbereiches
    b) Zusatzhypothesen
4. Einordnung durch Abänderung des Weltbildes
5. Synthese durch »Aufheben« des Widerspruches.

Wir haben schon gehört, daß Gerhard Schwarz ähnliche fünf Stufen für Konflikte gefunden hat. Er nennt sie:

1. Flucht
2. Kampf mit dem Ziel
    a) Vernichtung
    b) Unterordnung

3. Delegation
4. Kompromiß
5. Konsens.

Zur Flucht sagt Gerhard Schwarz, sie »stellt vermutlich die ursprünglichste und natürlichste Verhaltensweise bei Auftreten eines Gegensatzes dar«. Dasselbe gilt natürlich auch für unsere erste Stufe; Ableugnen, Tabuisieren, ist ja gewissermaßen die Flucht vor dem Widerspruch, zumindest ist in beiden Fällen die treibende Kraft einfach Angst. Die weiteren Stufen stimmen natürlich nicht mehr so genau überein, geht es doch bei Konflikten um Widersprüche zwischen Menschen, während es beim »modernen Turmbau zu Babel«, beim Weltbild der Naturwissenschaft, um einen Bereich geht, aus dem der Mensch möglichst vollständig ausgeschlossen wird. Wir machen unsere Umwelt zu einer Ansammlung von Dingen, haben wir gesagt. Die Elimination des Widerspruches ist ja gerade die Methode, mit der wir Dinge zeugen, indem wir Geister austreiben.

Aber auch bei den Konfliktlösungsmethoden bis zur Stufe vier wird der Mensch nicht in seinem ganzen Umfang ernst genommen. So sagt etwa Gerhard Schwarz von seiner dritten Stufe, der Delegation: »Delegation bedeutet, daß die Kommunikation zwischen zwei oder mehreren Menschen über einen dritten − eine Zentralperson − vermittelt ist. Anstelle dieser Zentralperson können auch anonyme Strukturen (Regeln, Gesetze) treten . . . Der große Fortschritt, den dieses System der Konfliktbearbeitung brachte, wird aber mit einer Entfremdungssituation bezahlt: Wer an eine Autorität delegiert, will sein Problem von jemandem lösen lassen, der mit diesem Problem primär nichts zu tun hat. Im Rahmen des Rechtes ist diese ›Unbefangenheit‹ des Richters sogar notwendige Bedingung für jede Delegation: Nur wenn der Richter nicht in irgendeiner Form auf einer der Seiten des Konfliktes beteiligt ist, darf er Recht sprechen.«

Erst wenn sich Widersprüche (oder Konflikte) als so hartnäckig erweisen, daß der Schritt zur fünften Stufe unerläßlich wird, kehren wir der Methodik den Rücken und wagen den Schritt ins Neuland: Und hier stellen wir wieder Ähnlichkeiten fest: Konsens ist ja gleichbedeutend mit Synthese der widersprechenden Meinungen von Menschen. Gerhard Schwarz sagt dazu: »Eine solche Synthese als Resultat eines dialektischen Entwicklungsprozesses, den beide ursprünglich einander entgegengesetzten Standpunkte durchgemacht haben, aber in der Art, daß beide recht behalten haben und noch etwas dazugewonnen haben, kann man auch als echten Konsens bezeichnen. Diese Art von Konsens ist zur Zeit die beste Lösung eines Konfliktes.«

Hier wie dort stellen wir jedoch fest, daß die fünfte Stufe nur in Ausnahmefällen erreicht wird. Zu sehr haben uns die Vorurteile und Voraussetzungen unserer Gesellschaftsstruktur und der Naturwissenschaft geprägt, als daß wir ohne Angst mit einem »aufgehobenen« Widerspruch leben könnten. Bevor wir diesen tiefen Ursachen weiter nachspüren, wollen wir aber noch einen Blick in andere Kulturen werfen und sehen, inwieweit sich deren Vorurteile (mit allen ihren Folgen) von unseren unterscheiden.

6

Andere Weltbilder

»Immer habe ich nach Erkenntnis gedürstet, immer bin ich voll von Fragen gewesen. Ich habe die Brahmanen befragt, Jahr um Jahr, und habe die heiligen Vedas befragt, Jahr um Jahr. Vielleicht wäre es ebenso gut, wäre es ebenso klug und ebenso heilsam gewesen, wenn ich den Nashornvogel oder den Schimpansen befragt hätte. Lange Zeit habe ich gebraucht und bin noch nicht damit zu Ende, um dies zu lernen: daß man nichts lernen kann! Es gibt, so glaube ich, in der Tat jenes Ding nicht, das wir ›Lernen‹ nennen. Es gibt, o mein Freund, nur ein Wissen, das ist überall, das ist Atman, das ist in mir und in dir und in jedem Wesen. Und so beginne ich zu glauben: dies Wissen hat keinen ärgeren Feind als das Wissenwollen, als das Lernen.«

Dies läßt Hermann Hesse in seiner indischen Dichtung *Siddhartha* den Helden ausrufen. Siddhartha Gotama Sakyamuni war der Name des weisen Religionsstifters, der uns unter der Bezeichnung Buddha (der Erwachte) besser bekannt ist. In Hesses Dichtung sind Siddhartha und Gotama, der Buddha, zwei verschiedene Personen. Wie in vielen Werken Hesses wäre es ebenso falsch, die Personen der Handlung als getrennt anzusehen, wie sie als verschiedene Bilder einer einzigen Persönlichkeit zu verstehen. In seinem *Steppenwolf* sagt Hesse dies selbst ganz deutlich: »Die Zweiteilung in Wolf und Mensch, in Trieb und Geist, durch welche Harry sich sein Schicksal verständlicher zu machen sucht, ist eine sehr große Vereinfachung, eine Vergewaltigung des Wirklichen zugunsten einer plausiblen, aber irrigen Erklärung der Widersprüche, welche dieser Mensch in sich vorfindet und die ihm die Quelle seiner nicht geringen Leiden zu sein scheinen.« Harry Haller, Hesses »Steppenwolf«, eliminiert also seine Widersprüche durch Trennung der beiden Ebenen »Mensch, Geist« und »Wolf, Trieb«; scheinen ihm doch die Widersprüche als die Quelle seiner nicht geringen Leiden. Ob nicht viel eher diese Trennung, die Elimination, die Vergewaltigung des Wirklichen die wahre Quelle der Leiden ist? Aber als Mensch des Abendlandes gibt es für ihn offenbar keine andere Wahl. Gerade diese Spannung vermag uns Hesse so wunderbar zu vermitteln. Und er wird dabei ganz deutlich: »Trotz dieser scheinbar so klaren Einteilung seines Wesens in zwei Sphären, die einander feindlich sind, hat er es aber je und je erlebt, daß Wolf und Mensch sich für eine Weile, für einen glücklichen Augenblick miteinander vertrugen. Wollte Harry in jedem einzelnen Moment seines Lebens, in jeder seiner Taten, in jeder seiner Empfindungen festzustellen versuchen, welchen Anteil daran der Mensch, welchen Anteil der Wolf habe, so käme er sofort in die Klemme, und seine ganze hübsche Wolftheorie ginge in die Brüche.«

Und dann sagt uns Hesse ganz klar, wie wir seine Werke zu verstehen haben, wieso Siddhartha und Gotama in seiner indischen Dichtung als getrennte Personen erscheinen: »Auch in der Dichtung, selbst in der raffiniertesten, wird herkömmlicherweise stets mit scheinbar ganzen, scheinbar einheitlichen Personen operiert. An der bisherigen Dichtung schätzen die Fachleute, die Kenner am höchsten das Drama, und mit Recht, denn es bietet (oder böte) die größte Möglichkeit zur Darstellung des Ichs als einer Vielheit — wenn dem nicht der grobe Augenschein widerspräche, der uns jede einzelne Person eines Dramas, da sie in einem unweigerlich einmaligen, einheitlichen, abgeschlossenen Körper steckt, als Einheit vortäuscht. Am höchsten schätzt denn auch die naive Ästhetik das sogenannte Charakterdrama, in dem jede Figur recht kenntlich und abgesondert als Einheit auftritt. Nur von ferne erst und allmählich dämmert die Ahnung in einzelnen, daß das vielleicht alles eine billige Oberflächenästhetik ist, daß wir irren, wenn wir auf unsere großen Dramatiker die herrlichen, uns aber nicht eingeborenen, sondern bloß aufgeschwatzten Schönheitsbegriffe der Antike anwenden, welche, überall vom sichtbaren Leibe ausgehend, recht eigentlich die Fiktion vom Ich, von der Person, erfunden hat. In den Dichtungen des alten Indien ist dieser Begriff ganz unbekannt, die Helden der indischen Epen sind nicht Personen, sondern Personenknäuel, Inkarnationsreihen. Und in unserer modernen Welt gibt es Dichtungen, in denen hinter dem Schleier des Personen- und Charakterspiels, dem Autor wohl kaum ganz bewußt, eine Seelenvielfalt darzustellen versucht wird. Wer dies erkennen will, der muß sich entschließen, einmal die Figuren einer solchen Dichtung nicht als Einzelwesen anzusehen, sondern als Teile, als Seiten, als verschiedene Aspekte einer höheren Einheit (meinetwegen der Dichterseele). Wer etwa den Faust auf diese Art betrachtet, für den wird aus Faust, Mephisto, Wagner und allen anderen eine Einheit, eine Überperson, und erst in dieser höheren Einheit, nicht in den Einzelfiguren, ist etwas vom wahren Wesen der Seele angedeutet.« Durch diese Denkweise, die den Axiomen der Logik natürlich nicht gehorcht, führt uns Hesse unwillkürlich in jene andere Welt, die wir oft als mystisch, geheimnisvoll, unverständlich empfinden. Vielleicht hat gerade deshalb Hermann Hesse in unserer nüchtern gewordenen Welt so viele neue Anhänger gefunden. Die Welt der Yogis, der Heiligen, der Weisen, steht vielleicht bis zu einem gewissen Grade als Symbol für das Ziel, zu dem die »andere Straße« strebt, während wir auf unserer Straße der Naturwissenschaft zwar intersubjektiv, aber immer einsamer einer perfekten Maschinenwelt entgegeneilen. »Lernen, Wissenwollen« ist wohl Voraussetzung für die Bewährung in der Welt der Technik und ist nach dem Ausspruch Siddharthas der ärgste Feind des »Wissens«, der Weisheit. Verstehen wir diesen Gegensatz nicht sofort, wenn wir ihn mit dem Gegensatz »Widerspruchsfreiheit − Wahrheit« vergleichen? Lernen, Wissenwollen hat Widerspruchsfreiheit zum Ziel, während Wissen, Weisheit nach Wahrheit strebt. Das eine ist allgemein gültig, intersubjektiv, öffentlich, während das andere nur persönlich verwirklicht werden kann und darum privat bleibt.

Solange der Brückenschlag nicht vollzogen ist, bleibt allen den Menschen, die sich in unserer Öffentlichkeit nicht mehr zurechtfinden, keine andere Wahl, als sich aus ihr zurückzuziehen (»auszuflippen« ist wohl das Modewort dafür) in eine andere Welt. Angebote gibt es ja viele, die verlockendsten kommen meist aus anderen Kulturkreisen; zahlreich sind demnach auch die »Überläufer«, vor allem unter jungen Menschen.

Sehen wir uns doch diese »Angebote« einmal genauer an, versuchen wir doch einmal, in das Denken anderer Kulturen ein wenig einzudringen, ihre Weltbilder zu betrachten. Dies ist allerdings viel schwieriger, als wir vielleicht zunächst annehmen möchten. Denn nicht nur die Einzelheiten sind es, die uns anders, fremd erscheinen mögen, sondern die Vorurteile und Voraussetzungen, über die wir in unserem eigenen Kulturkreis meist gar nicht mehr nachdenken, die wir oft gar nicht mehr bewußt kennen. Nachdem wir aber nun in den ersten fünf Kapiteln versucht haben, unsere eigenen Vorurteile und Voraussetzungen aus dem Schlummer zu erwecken und kennenzulernen, kann es uns *vielleicht* gelingen, ein wenig offener anderen Kulturen gegenüberzutreten. Zumindest ahnen wir die vielfältigen Möglichkeiten des grundlegenden Mißverstehens, des Vorbeigehens am Wesentlichen, an der Wahrheit. Und eines hat uns ja schon Hesse gesagt: Wenn wir über andere Weltbilder etwas »lernen« wollen, wenn wir darüber »wissen wollen«, dann sind wir *sicher*, daß wir das Wesentliche verfehlen. So müssen wir gleich am Beginn unseres Unternehmens auf die Axiome der Logik verzichten, »Lernen« und »Nichts-Erfahren« nicht als einander ausschließende Alternative bestehen lassen. Vielmehr wollen wir versuchen, uns in andere Weltbilder »einzuhören«, »einzustimmen«, wie sich ein Solist dem Orchester anpaßt, ohne daß er nach der Frequenz des Stimm-Tones fragen muß.

Freilich wollen wir dabei behutsam vorgehen. Hören wir zunächst noch einmal den Indologen Heinrich Zimmer, bevor wir zu den Originalquellen schreiten. Schon am Ende des zweiten Kapitels haben wir seine Charakterisierung des indischen Denkens benutzt, um unser eigenes naturwissenschaftliches Weltbild abzugrenzen. Ich möchte diese Stelle hier nochmals wiedergeben. »Beiden Theorien eignet derselbe Ernst, aber ihr Nebeneinander führt zu keinem Konflikt. Augenscheinlich dank der allgemeinen Struktur indischen Denkens: für den gleichen Gegenstand . . . verschiedene Aspekte gelten zu lassen, die, jeder in sich theoretisch sinnvoll, keinen Anspruch auf alleinige Gültigkeit entwickeln. Sie sollen nicht die ganze Wirklichkeit erfassen und erklären, sondern nur ein einzelnes Stück Wirklichkeit benennen und begrifflich konstruieren. Aber die widerspruchslose Konstruktion der Gesamtwirklichkeit in ihrer Beziehungsfülle wird nicht als Aufgabe empfunden.«

Die Aximone unserer Logik sind also sicherlich nicht die Grundpfeiler indischen Denkens. Darum wird uns dieses Denken immer dort am fremdesten erscheinen, wo es unsere Axiome verletzt: wo

Begriffe nicht eindeutig sind, wo Widersprüche bestehen bleiben, wo nicht nach Grund und Ursache gefragt wird. Hören wir noch einmal Heinrich Zimmer: »Ordnung und Regelgang der Natur ist dem mythischen Denken geläufig. Seine Welt zerbirst erst an dem Entschluß, das Gesetz als allein gültige Anschauungsform des Geschehens in der gedanklichen Konstruktion des Wirklichen gelten zu lassen, aber den Willen irgendwelcher Mächte und die Möglichkeit undurchsichtiger Wirkungen als Erklärungshypothesen beiseite zu lassen.«

Als wenn er diese Sätze verdeutlichen wollte, sagt der indische Weise Aurobindo in einem Gedicht:

O Rasse von Erdgeschöpfen, die ihr, vom Schicksal getrieben,
Dem Zwang der größeren Mächte gehorcht, o Abenteurer
Des Kleinmuts in einer Welt, wo die Unsterblichkeit waltet,
Gefangene im Kerker einer verzwergten Menschheit,
Wie lange wollt ihr noch Kreise drehn in den Bahnen des Geistes
Um euer eigenes winziges Selbst und um kleinliche Dinge?
Doch ist die Geringfügigkeit ohne Wandel nicht eure Bestimmung,
Nicht seid ihr geschaffen zum Zweck einer sinnlosen Wiederholung . . .
Die Zellen der Natur umschließen allmächtige Kräfte.
An eurem Horizont harrt eurer ein größeres Schicksal . . .
Das Leben, das ihr führt, verbirgt das Licht, das ihr seid!

Aurobindo ist wahrscheinlich besonders geeignet, uns in indisches Denken einzuführen, denn westliche und östliche Kultur sind ihm gleichermaßen bekannt. Er wurde 1872 in Kalkutta geboren, kam aber schon mit sieben Jahren nach England und wurde dort streng europäisch erzogen. Seine Muttersprache — Bengali — lernte er erst mit zwanzig Jahren, nachdem er in seine Heimat zurückgekehrt war. Als er 1950 starb, hinterließ er ein umfangreiches Werk und eine geistige Tradition, die von einer 1878 in Paris geborenen Frau in Indien fortgeführt wurde. Aurobindo nannte sie einfach »die Mutter«; er sagt von ihr: »Als ich nach Pondicherry kam, wurde mir von innen her ein Programm für meine Disziplin vorgeschrieben. Dieses befolgte ich und erzielte Fortschritte für mich selber, aber ich konnte nicht viel tun, um anderen zu helfen. Dann kam die Mutter, und mit ihrer Hilfe fand ich die benötigte Methode.«

Können wir uns vorstellen, daß ein abendländischer Wissenschaftler in solcher Einheit von seinem Werk und einer Frau spricht? Aber Aurobindo sieht überall das Einende, Verbindende, nirgends das Trennende, Zersetzende. So sagt er auch über den Gegensatz östlichen und westlichen Denkens: »Osten und Westen betrachten das Leben von zwei entgegengesetzten Seiten der einen selben Wirklichkeit. Zwischen der pragmatischen Wahrheit, die das vitale Denken des modernen Europas, das so sehr an einem kraftvollen Leben und an dem vielgestaltigen Gottestanz der Natur hängt, mit solcher Leidenschaft und Ausschließlichkeit betont, und der ewigen, unwandelbaren Wahrheit, zu der sich der indische Geist, der der ruhevollen und stillen Vertiefung zugeneigt ist, auf der ebenso leidenschaftlichen Suche nach ausschließlichen Werten mit besonderer Vorliebe hinwendet, gibt es keine solche Trennung und Zwistigkeit, wie sie der einseitig ausgerichtete Geist, der aufspaltende Verstand und die verzehrende Leidenschaft eines von Ausschließlichkeit beseelten Willens zur Verwirklichung heute verkünden.«

Haben wir nicht im zweiten Kapitel besprochen, wie schon das erste Axiom unserer Logik auf Ausschluß alles in einem Begriff nicht Enthaltenen drängt? Wer »Katholik« ist, ist damit automatisch »Nicht-Protestant«, »Nicht-Muslim«, »Nicht-Jude« und so weiter. Dem hält Aurobindo entgegen: »Philosophien und Religionen streiten sich über den Vorrang der verschiedenen Erscheinungsformen Gottes, und verschiedene Yogis, Rischis und Heilige haben diese oder jene Philosophie oder Religion vorgezogen. Unsere Aufgabe ist nicht, über irgendwelche dieser Erscheinungsformen zu streiten, sondern sie alle zu verwirklichen und zu werden, nicht irgendeiner davon unter Ausschluß aller übrigen nachzufolgen, sondern Gott in allen seinen Erscheinungsformen und jenseits der Erscheinungsformen mit offenen Armen zu begegnen.«

Wer schon das erste Axiom unserer Logik nicht zu seinem Leitbild werden läßt, kann auch die anderen nicht anerkennen: Widersprüche sind für ihn nichts Schreckliches, er kann sie ruhig hinnehmen. So sagt Aurobindo: »Die Krönung meiner intellektuellen Entwicklung war jene Zeit, als ich deutlich sehen konnte, daß das, was der Intellekt sagt, richtig oder unrichtig sein kann, daß das, was der Intellekt rechtfertigt, wahr ist und daß das Gegenteil davon ebenfalls wahr ist. Ich gewährte nie einer Wahrheit Einlaß in meinen Geist, ohne ihn gleichzeitig für das Entgegengesetzte offen zu halten . . . und die erste Folge davon war, daß der Intellekt sein Prestige einbüßte.«

Erinnert uns das nicht an einen der Lieblingssätze Niels Bohrs, den wir im dritten Kapitel kennengelernt haben: »Das Gegenteil einer richtigen Behauptung ist eine falsche Behauptung, aber das Gegenteil einer tiefen Wahrheit kann wieder eine tiefe Wahrheit sein.« Und ist nicht auch die Quantenmechanik die Krönung der physikalischen Entwicklung?

Aber müssen wir es nicht fürchten, wenn der »Intellekt sein Prestige einbüßt«? Aurobindo scheint dies eher zu freuen. Und er begründet dies auch: »Das Leben entzieht sich den Formeln und Systemen, die der Verstand ihm aufzuerlegen bemüht ist; es zwingt uns zur Einsicht, daß es zu komplex ist, zu reich an einer Fülle unendlicher Möglichkeiten, um sich der Tyrannei durch die Willkür des menschlichen Intellekts zu unterstellen . . . Der Kern der Schwierigkeit liegt darin, daß im tiefsten Grunde unseres ganzen Lebens und Daseins, sowohl innen als auch außen, etwas vorhanden ist, über das der Intellekt niemals die Herrschaft ausüben kann: das Absolute, das Unendliche. Hinter einem jeden Ding im Leben steht ein Absolutes, nach welchem dieses Ding in seiner eigenen Weise sucht; alles Endliche bemüht sich darum, ein Unendliches zum Ausdruck zu bringen, von dem es fühlt, daß es seine eigentliche Wahrheit ist . . . dem logischen Verstand gelingt es nur, mit dem fertig zu werden, was festgelegt und endlich ist.«

Und wiederum klingt etwas an, was wir auch aus unserer eigenen Tradition kennen. Erinnern wir uns des Hegelschen Satzes aus dem ersten Kapitel: »Etwas ist lebendig, nur insoferne es den Widerspruch in sich enthält.« – »Das Leben entzieht sich den Formeln und Systemen, die der Verstand ihm aufzuerlegen bemüht ist«, sagt Aurobindo. Und er sagt auch gleich, was für dieses Leben, dieses Lebendigsein entscheidend ist: »Humor? Er ist die Würze des Daseins. Ohne ihn hätte die Welt ihr Gleichgewicht völlig eingebüßt – sie wankt schon genug – und wäre längst zum Teufel gefahren.« Daß dieses Gleichgewicht – die Einheit der Gegensätze – aber niemals stabil, bewegungslos, tot sein kann, sondern gerade wegen der Vereinigung entgegengesetzter Teile im höchsten Maße dynamisch sein muß, führt Aurobindo dramatisch aus: »Wenn du, während du große Taten vollbringst und gewaltige Ergebnisse zeitigst, erkennen kannst, daß du nichts tust, dann wisse, daß Gott das Siegel von deinen Lidern entfernt hat . . . Wenn du, während du allein, still und wortlos auf einem Berggipfel sitzest, die Umwälzungen erkennen kannst, die du hervorrufst, dann hast du die göttliche Schau und bist vom Schein der Dinge befreit.«

Aber auch Aurobindo weiß um die Trennung, das, was wir die Gabelung der Wege genannt haben, was zur »doppelten Buchführung« verleitet, er sagt: »Alle Menschen, deren geistige Entwicklung fortgeschritten ist und die über das Durchschnittliche hinausgelangt sind, müssen auf die eine oder andere Art oder wenigstens zu gewissen Zeiten und für bestimmte Zwecke die beiden Teile des Geistes voneinander trennen, den einen aktiven Teil, der eine Gedankenfabrik ist, und den in der Stille gebietenden Teil, der zugleich ein Zeuge und Wille ist und die Gedanken beobachtet, beurteilt, zurückweist, ausmerzt, annimmt, Verbesserungen oder Änderungen vorschreibt − der Meister im Hause des Geistes, der zur Selbst-Herrschaft befähigt ist.«

Auch Siddhartha Gotama Sakyamunik, der Buddha, der als Erhabener bezeichnet wird, sprach schon vor zweieinhalb Jahrtausenden den Unterschied zwischen Logik und Weisheit aus, als er sagte: »Wahrlich, ich habe die Lehre gefunden, die unergründliche, die schwer zu schauen und zu begreifen ist, die reine, erhabene, die nicht durch das logische Denken erlangt werden kann, die feine, die von den Weisen verstanden wird.«

Wie sehr es in dieser Lehre um die Vereinigung der Gegensätze geht, können wir den Worten des Buddha entnehmen, die er an fünf Asketen (seine ersten Jünger) richtete; er bezeichnet sich selbst dabei auch als »Vollendeter«:

»Zwei gegensätzliche Verhaltensweisen gibt es, ihr Mönche, nach denen sich ein Asket, der der Welt entsagte, nicht richten soll. Welche zwei? Die eine, die bei den Begierden sich der Lust und Freude hingibt, die niedrige, von häßlicher Art, die dem gewöhnlichen Menschen angemessen, unedel, zu keinem Ziel führt, und jene, die sich der Selbstpeinigung weiht, die leidvolle, unedle, die keinen Zweck hat. Diese beiden Gegensätze vermeidend, führt der durch den Vollendeten offenbar gewordene mittlere Pfad, der Schau und Erkenntnis bewirkt, zur Ruhe, zum Wissen, zur Erleuchtung, zum Verlöschen.

Und welches, ihr Mönche, ist dieser durch den Erhabenen offenbar gewordene mittlere Pfad, der Schau und Erkenntnis bewirkt, zur Ruhe, zum Wissen, zur Erleuchtung, zum Verlöschen führt? Es ist dies der edle achtfache Pfad, der da heißt: Rechte Anschauung, rechte Gesinnung, rechtes Wort, rechte Tat, rechtes Leben, rechtes Streben, rechtes Überdenken und rechtes Sichversenken.«

Die Lehre des Buddha hat vor allem in China und Japan viele Anhänger gefunden. Für uns ist dies von großem Nutzen, weil gerade Japaner sich in letzter Zeit mit unserem Denken vertraut gemacht haben und uns daher von ihrem Denken in einer Form erzählen können, die wir – vielleicht – begreifen.

Ryogi Okochi, Professor für Germanistik an der Universität Kobe, beginnt einen Artikel, der in einem Sammelband *Zu Werk und Wirkung von Werner Heisenberg* erschienen ist, mit den Worten: »Es ist sehr zu begrüßen, daß die Menschheit endlich angefangen hat, Probleme interdisziplinär und international zu lösen. Dieser Versuch wird im Bereich der Wirtschaft, der Wissenschaft und vor allem der Technik im großen und ganzen erfolgreich durchgeführt. Durch diese Zusammenarbeit werden seit einigen Jahren bemerkenswerte Leistungen erzielt. Trifft das gleiche jedoch auch im Bereich der Kultur zu, die den Grund der genannten menschlichen Tätigkeiten bildet? Ob diese Frage sich positiv beantworten läßt, bleibt noch offen. Denn die Zusammenarbeit zwischen den verschiedenen Kulturen setzt notwendig die gegenseitige Verständigung voraus; die gegenseitige Verständigung ihrerseits wiederum eine wenn auch noch so unzureichende Kenntnis von dem Selbstverständnis des Menschen in seinem jeweiligen Kulturkreis.«

Wie wunderbar klar hat Okochi doch damit genau unser eigenes Anliegen umschrieben! Ein Selbstverständnis in unserem eigenen Kulturkreis ist es ja, was wir mit dem Erkennen unserer eigenen Vorurteile und Voraussetzungen erreichen wollen; dazu gehört natürlich auch das Herantasten, das Abtasten der eigenen Grenzen des Erkennens, die durch diese Vorurteile und Voraussetzungen abgesteckt sind.

Die Stellung des Menschen in seinem Weltbild ist natürlich eine der zentralen Fragen; wir haben gesehen, daß das abendländisch-naturwissenschaftliche Weltbild den Versuch darstellt, den Menschen völlig außerhalb zu stellen, ein Modell der Wirklichkeit zu konstruieren, das vom Menschen mit seinen persönlich-individuellen Problemen absieht. Auch für Japaner ist die Frage der Stellung des Menschen eine der wichtigsten. Hören wir dazu wieder Okochi:

»Nach christlicher Überlieferung ist der Mensch von Gott als Ebenbild geschaffen. Ob diese Bestimmungen des Menschen heute noch in ihrer ursprünglichen Sinnerfahrung ernst genommen beziehungsweise gedeutet werden können, ist zwar fraglich, heute nämlich nach der Evolutionstheorie und insbesondere angesichts der Ergebnisse der differenziert entwickelten naturwissenschaftlichen Forschungen. Es gilt hier jedoch zu fragen, ob diese Antworten auch außerhalb des christlich-abendländischen Kulturkreises von Bedeutung sind. Wenn nicht, so müßte man genau und gründlich untersuchen, wie, inwieweit und in welchen Punkten nicht nur die Antwort, sondern vor allem die Frage nach dem Menschsein in den anderen Kulturkreisen anders gestellt und anders beantwortet wird. Erst die Kenntnis und das Verständnis der Andersartigkeit des andern kann die Grundlage der gegenseitigen Verständigung und der Zusammenarbeit zwischen den Kulturen ermöglichen.«

Und Okochi versucht nun, die japanisch-buddhistische Auffassung des Menschen näherzubringen: »Der Japaner sieht also den Ort, wo das Wesen des Menschen sich zeigt, nicht als den Ich-Punkt, den Körper-Ort, sondern als das Dasein in der Gestalt von Zwischenraum zwischen den Menschen.«

Während uns das erste Axiom der Logik vorschreibt, auszuschließen, was nicht eingeschlossen ist, sieht der Japaner das Wesen des Menschen im Zwischenraum zwischen den Menschen. Der Mensch erreicht damit sein wahres Wesen erst, wenn es ihm gelingt, nicht mehr auszuschließen, andere als wesentlich zu sich gehörig zu sehen, über sich selbst hinauszuwachsen. (Mehr zu werden, als er ist!) Im Abendland gibt es eine extreme Auffassung, die zwar nie ernsthaft vertreten wurde, aber immer wieder sozusagen durchscheint: der Solipsismus. Er führt das erste Axiom zum äußersten, schließt *alles* aus, was nicht eingeschlossen ist, und nimmt daher an, daß *Ich* der einzige wahre Mensch bin; alle anderen sind als *Du* nur durch mich existent, ausgeschlossen vom wahren Menschsein.

Natürlich ist diese Anschauung unsinnig; aber beim Aufwachsen eines jungen Menschen in unserem Kulturklima gibt es meist einen Zeitpunkt, in dem er sein eigenes Ich entdeckt und in dem ihm dieser Standpunkt vielleicht verlockend erscheint. Irgendwie schwingt er immer mit, weil wir Abendländer eben den Menschen als Einzelwesen betrachten können, ohne das Gefühl zu haben, wesentliches zu verlieren. »Zwischenraum« geht natürlich beim Betrachten des einzelnen verloren. Darum sagt auch Okochi: »Das japanische Denken begreift den Menschen nicht an sich solipsistisch, sondern in seiner ›Zwischenhaftigkeit‹, in der Wesensbestimmung des *Dazwischenseins zwischen Selbst und Anderem*, wobei das Andere nicht nur die Welt als Natur sein muß.«

Diese Auffassung des Menschen verstößt nicht nur gegen das erste Axiom der Logik, sie ist auch durchaus widersprüchlich; ein Vermeidenwollen dieser Widersprüche hindert uns daran, der östlichen Sicht des Menschen näherzukommen. Okochi sagt dies deutlich: »Das Selbst im Sinne japanischer Grunderfahrung findet sich nie ›in sich selbst‹, sondern immer ›draußen‹ im Verhältnis zu Anderem. Das Innerste des Innern befindet sich im Außen. Deshalb muß ein Japaner sagen, daß die Gegenüberstellung von Innen und Außen ein angemessenes Verständnis von Mitmenschlichkeit von vornherein unmöglich macht.«

»Die Gegenüberstellung von Innen und Außen«; schärfer ist das die Alternative: entweder Innen oder Außen. So erkennen wir an der anderen östlichen Denkweise unsere eigene Entwicklung: durch das Loslösen der Natur vom Menschen, durch den Versuch, ein vom Menschen unabhängiges Bild der Welt zu konstruieren, wird das Ich in die Isolation getrieben und dort – vereinsamt – als losgelöstes Selbst geboren, erzeugt. Zunächst bedeutete dies einen großen Fortschritt, erst so war die Freiheit, Selbständigkeit, Verantwortung möglich. Dies wird auch vom Japaner Okochi anerkannt:

»Diese japanische Auffassung des Menschseins als Zwischen ist der abendländischen Denkgewohnheit völlig fremd und unverständlich, im Abendland wurde und wird das Menschsein jedes Einzelnen als frei, selbständig und unabhängig von allem anderen aufgefaßt; dieses Ich ist durch und durch Ich selbst, niemand als dieses Ich selbst und von niemandem zu ersetzen. Gerade deshalb wird die Würde des Menschen als eines selbständigen einzelnen Individuums, ja gerade deshalb wird das Pflicht- und Verantwortungsgefühl des einzelnen Menschen ›Ich‹ dem anderen gegenüber so sehr betont. Die Beziehung zwischen den Menschen heißt: Beziehung zwischen den freien, selbständigen, gleichen und gleichberechtigten Individuen. Was bedeutet denn sonst das Motto der Französischen Revolution: Freiheit, Gleichheit, Brüderlichkeit? Was bedeutet denn sonst die großartige Menschenwürde der Unabhängigkeitserklärung der Vereinigten Staaten von Amerika? Und was sonst bedeutet die entscheidende Kriegserklärung der unterdrückten Klasse gegen die Unterdrückenden etwa bei Karl Marx? . . .

Diese Fragen und Einwände haben alle sicher in einem gewissen Sinn recht. Ohne diese drei epochemachenden Ereignisse wäre die Neuzeit und die Gegenwart des Abendlandes beziehungsweise der Welt einfach nicht denkbar. Das Dasein des Einzelnen, das Ich, ist ja von niemandem ersetzbar, das ist durch die biologische oder medizinische Forschung eindeutig bewiesen. Wenn es so ist, ist dann die oben erörterte Auffassung des Menschseins verkehrt und falsch? Widerspricht sie der wissenschaftlichen Forschung ganz und gar?«

Und wenn sie – im Sinne unserer Logik – der wissenschaftlichen Forschung widerspricht, könnte das nicht ein Grund mehr sein, daß der Mensch in unserem Weltbild ausgeklammert wird? Haben wir nicht immer festgestellt, daß der »Mensch mit seinem Widerspruch« sich einem logischen Erfassen entzieht und daß daher von ihm abgesehen wird?

Auch Okochi kommt zu dem Schluß: »Der Mensch, das Menschsein ist also so rätselhaft-widersprüchlich, so abgrundtief. Der Mensch *ist* Ab-grund.« Und mit Zielsicherheit verbindet er das abendländische Phänomen des Ich mit unserem zentralen Problem: der Straßengabelung, der Trennung des öffentlich-wissenschaftlichen und des religiös-privaten Weges:

»Klar ist der Unterschied dieser Auffassung des Menschseins zu der im heutigen Abendland so stark ausgeprägten Ich-Behauptung, man möchte fast sagen: der Ich-Besessenheit, gemäß welcher das Ich als geschlossene Mitte der Welt von vornherein ebenso als absolut wie als selbständig gedacht und fast fraglos vorausgesetzt wird, und zwar wiederum von diesem gar nicht so selbstverständlichen ›Ich selbst‹.«

Diese ungeheuer starke, sich-durchsetzen-wollende Egobezogenheit, der Ego-zentrismus in diesem Sinne, der meines Erachtens einer der Hauptgründe der Vereinsamung und Entfremdung des Menschen ist, könnte vielleicht die notwendige Folge der ›gottlos gewordenen Kultur‹ Europas und der europäisierten Länder – selbstverständlich auch das moderne Japan eingeschlossen – sein, wie sie Nietzsche schon vor einem Jahrhundert vorausgesehen hat: »Unsere ganze europäische Kultur bewegt sich seit langem schon mit einer Tortur der Spannung, die von Jahrzehnt zu Jahrzehnt wächst, wie auf eine Katastrophe los: unruhig, gewaltsam, überstürzt: einem Strom gleich, der *ans Ende* will, der sich nicht mehr besinnt, der Furcht davor hat, sich zu besinnen.«

Aber wenn der Mensch sich selbst mehr als Zwischenraum denn als Ich auffaßt, kann es dann überhaupt noch zwischenmenschliche Beziehungen geben? Sind sie ohne Ich überhaupt möglich? Okochi meint: »Die buddhistische Antwort darauf heißt: Ja. Und zwar nicht nur möglich, sondern eine solche Beziehung ist überhaupt die höchste zu erreichende Vollkommenheit des Menschseins, die jedoch zugleich die eigentlich wahre ›natürliche‹ Seinsweise des Menschen ist . . . Nicht-Ichhaftigkeit also ist im Buddhismus eine der wichtigsten Grundgestalten des Daseins . . . bedeutet jedoch nicht, daß ›Ich‹ überhaupt nicht existiere, sondern daß es nicht der falschen Vorstellung verfalle, es gäbe Ich ohne Zusammenhang und ohne Beziehung zu allen anderen Seienden. Dies nicht bloß äußerlich gemeint, sondern wesenhaft-innerlich. Je tiefer der Mensch teil hat an dem, was, ›von sich selbst her‹ lebt und sich verströmt, um so wesenhafter existiert er als Selbst in der Gemeinschaft mit allem Seienden. In dieser Ich-Losigkeit, in dieser Nicht-Ichhaftigkeit existiert der Mensch als ›Ichloses Ich‹, und dies ist nach dem Buddhismus eben die eigentlichste Seinsweise des Menschen, wie er so ist.«

Das »Ichlose Ich« als Widerspruch in sich ist für unser logisches Denken natürlich Unsinn, sicherlich jedoch jenseits der ontologischen Grenze naturwissenschaftlicher Erkenntnis, aus der Öffentlichkeit verbannt. Okochi erklärt dies auch, wenn er sagt: »Die Paradoxie der Interpretationen japanisch-buddhistischen Denkens, wie wir sie oben ausgeführt haben, ergibt sich nicht nur aus der Eigenart der japanisch-buddhistischen Denkweise, sondern auch aus der Struktur des abendländischen Denkens. Was dort als Einheit gedacht werden kann, auch sprachlich, also auch logisch, fällt hier auseinander.«

Wir erkennen die Ähnlichkeit zum Denken des Inders Aurobindo: Die Einheit der Gegensätze ist ihm Ziel, während Gegensätze bei uns als Widersprüche auftreten, die eliminiert werden müssen.

Weder Aurobindo noch Okochi sprechen direkt von Widersprüchen. Zwar sind ihre Formulierungen in unserem Sinne widersprüchlich, aber sie versuchen ja eben die Einheit der Gegensätze in den Vordergrund zu stellen. Uns bleibt dabei immer ein Rest von Schleier, weil wir die Widersprüche − auch unausgesprochen − erkennen und nicht so einfach übersehen können. Vielleicht hilft es uns daher, wenn wir − noch deutlicher − die Widersprüche klar aussprechen und trotzdem versuchen, sie nicht sofort als störend, schädlich, gefährlich zu betrachten, sondern uns offen zu halten, zuzuhören, uns »einzustimmen« in das Gesagte.

Ein anderer Japaner, Daisetz Taitaro Suzuki − Kenner des Westens wie des Ostens − versucht uns auf diesem Weg zu helfen; um dies zu erleichtern, stellt er das Gemeinsame der beiden Denkweisen in den Vordergrund und findet es vor allem in den Schriften des Meisters Eckart.

Wie Hermann Hesse in dem Ausspruch Siddharthas am Anfang dieses Kapitels, verweist Suzuki auf den Unterschied zwischen Wissen und Wissenwollen, Weisheit und Kenntnis, Wahrheit und Widerspruchsfreiheit. Er sagt:

»Alles in allem gesehen, gibt es zwei Quellen des Wissens oder zwei Arten der Erfahrung . . . oder zwei Formen der Wahrheit . . .

Solange dies nicht beobachtet wird, können wir das Problem des logischen Widerspruchs niemals lösen, der alle religiösen Erfahrungen kennzeichnet, wenn sie in Worten ausgedrückt werden. Dieser für die herkömmliche Art des Denkens so verwirrende Widerspruch kommt daher, daß wir uns der Sprache bedienen müssen, um eine innere Erfahrung mitzuteilen, die alles sprachliche Ausdrucksvermögen übersteigt.«

Und Suzuki beruft sich auf Meister Eckart, der diesen Unterschied ebenfalls betont: »Vergeblich trachtest du, ewige Dinge zu wissen. In göttlichen Dingen muß du ergriffen sein im Geiste.«

Noch deutlicher wird Eckart, wenn er Gott und Gottheit unterscheidet. Suzuki meint dazu: »Gott kommt und geht, er wirkt, er ist aktiv, er ist alle Zeit im Werden − die Gott*heit* aber verharrt unbewegt, ist unerschütterlich, unzugänglich . . . Dieser ›Widerspruch‹ wird nur vom ›inneren‹ Menschen, nicht vom äußeren begriffen, weil der letztere die Welt durch die Sinne und den Intellekt sieht und demzufolge unfähig ist, die abgründige Tiefe der Gottheit zu erfahren.«

Und dann wird Suzuki noch deutlicher, weist uns auf die Grenzen hin, die wir überschreiten müssen, um östliches Denken zu verstehen:

»Da wir, als Wesen, die gebunden sind an Sinne und Intellekt, jedoch nicht umhin können, von der Sprache Gebrauch zu machen, widersprechen wir uns selbst, wie wir aus Eckarts . . . Darlegungen ersehen. Eckart und alle anderen Denker seiner Art gehen hier weiter, indem sie die Regeln der Logik und Linguistik mißachten. Die Sache ist die, daß Linguistiker und Logiker ihre begrenzte Art und Weise, Erfahrungstatsachen zu studieren, aufgeben müssen, damit sie die Tatsachen selbst analysieren können und die Sprache dem unterwerfen, was sie dabei entdecken. So lange sie die Sprache zuerst rangieren lassen und versuchen, alle menschlichen Erfahrungen den Erfordernissen der Sprache anzupassen, statt daß sie umgekehrt verfahren, solange werden ihre Probleme ungelöst bleiben.«

Dem buddhistischen Denken hingegen stellen sich solche Fragen nicht, weil es von allem Anfang an auf Einheit der Gegensätze zielt. So sagt Suzuki: »Die buddhistische Philosophie ist die Philosophie der ›Leere‹, die Philosophie der Selbst-Identität . . . Selbst-Identität ist Geist, der aus sich herausgeht, um sich in sich selbst gespiegelt zu sehen . . . In der Selbst-Identität gibt es keinerlei Widersprüche.«

Es gibt dort keinerlei Widersprüche: nicht, weil sie eliminiert werden, sondern weil sie gar nicht als solche auftreten, die Einheit der Gegensätze ist erreicht!

Haben wir nicht immer schon gesagt, daß »Austreibung der Geister« mit »Elimination der Widersprüche« gleichbedeutend ist? In der Selbst-Identität findet sich der Geist − nach buddhistischer Lehre − in Harmonie mit seinen Gegensätzen, sie werden nicht als Widersprüche eliminiert, sondern sind wesentlich für das Leben. Uns ist diese Harmonie fremd geworden, wir sehen in ihr häufig das Überschäumen mystischer Gefühle und Empfindungen, die natürlich höchstens in der Privatsphäre geduldet werden können. Suzuki zitiert als westliches Beispiel aus *Centuries of Meditation* des Thomas Trahernes (1636−1674):

»Deine Freude an der Welt ist niemals echt, ehe du nicht allmorgendlich im Himmel erwachst, dich im Palast deines Vaters fühlst, den Himmel, die Erde, die Luft empfindest als paradiesische Freuden und ein solches Hochgefühl von allem hast, als seiest du unter Engeln.«

Und er sagt gleich dazu: »Empfindungen wie diese bleiben unverständlich, solange der Geist des Widerspruchs unser Bewußtsein beherrscht... Der Intellekt... schleicht sich ein und spaltet die Erfahrung, um sie intellektueller Behandlung zugänglich zu machen, die stets im Sinne der Unterscheidung erfolgt. Das ursprüngliche Gefühl der Identität ist dann verloren, und der Intellekt hat freie Bahn für die ihm eigene Praxis, die Wirklichkeit zu zerstückeln.«

Thomas Trahernes war Zeitgenosse Galileis. Können wir heute seine Worte noch verstehen, da der »Himmel« aufgespalten wurde, um ihn »intellektueller Behandlung zugänglich zu machen«?

»Das ursprüngliche Gefühl der Identität ist verloren«, nicht nur in bezug auf den Himmel, auch »Erde«, »Luft« sind naturwissenschaftliche Begriffe geworden, kennen wir doch die Gesetze, nach denen sie mechanisch erklärt werden können. Aber die Jahrhunderte sind auch am östlichen Denken nicht spurlos vorübergegangen. So schlägt Suzuki nicht etwa vor, zu diesem verlorenen Gefühl *zurückzukehren*! Es hieße, die Geschichte nicht ernst zu nehmen, und könnte daher niemals zur Einheit der Gegensätze führen, sind doch auch ursprüngliches Gefühl und das, was geschichtlich daraus wurde, Gegensätze, die vereint werden wollen.

Ähnlich wie bei Aurobindo, der dazu kam, »daß der Intellekt sein Prestige einbüßt«, ist die Antwort Suzukis. Zunächst zitiert er die Fragen eines buddhistischen Mönches aus dem achten Jahrhundert:

»Wie sprechen wir und sprechen nicht? Das ist das gleiche, wie wenn man fragte: Wie kommen wir über das Gesetz des Widerspruchs hinaus?«, und dann kommt er in Einklang mit dem Hegelschen Satz zu dem Schluß, daß der Widerspruch als tragendes Element des Lebendigen sich zwar nicht im Denken, wohl aber im Leben lösen läßt: »In diesen Widerspruch, der Leben heißt, sind wir immer verwickelt, und wir leben ihn − und indem wir ihn leben, ist er gelöst.«

Schön hat dies der buddhistische Schuhmacher Saichi gezeigt, auf den Suzuki nun zurückgeht: »Wir können sagen, daß Saichis ungezwungene Äußerungen, die mehr als sechzig Notizbücher füllen, Rhapsodien darauf sind, wie er den großen Widerspruch selbst lebt, der uns... in jeder Phase unseres Daseins begegnet...

Saichi lebt diesen Widerspruch und liebt ihn mit seinem ganzen Wesen. Jedes Abfallstück, das von seinem Arbeitstisch fällt, erzählt ihm von dem Welt-Drama, das unserem Versuch trotzt, es intellektuell zu lösen . . . Saichi lebt den großen Welt-Widerspruch, und indem er ihn lebt, löst er ihn.«

Wenn das aber die endgültige Antwort bleiben soll, haben wir eine neue Spaltung, eine neue Alternative vor uns, die unserer »Straßengabelung« allzusehr ähnelt: entweder Intellekt, Logik und Elimination der Widersprüche, oder Gefühl, Leben, Einheit der Gegensätze ohne klare Ausdrucksmöglichkeit. Das kann nicht unser Ziel sein und ist auch im östlichen Denken nicht enthalten — höchstens in westlicher Sicht. Auch dieser Gegensatz, dieses Entweder-Oder muß zur Einheit, zur Synthese gebracht werden. Und da hilft uns vielleicht jene östliche Hochkultur weiter, die wir noch nicht betrachtet haben: China.

In China hat nicht nur die Lehre Buddhas fruchtbaren Boden gefunden, China hat seit vielen Jahrtausenden östliches Denken geformt. Wie wir es nicht anders erwarten sollten, gibt es dabei nicht nur *eine* »Lehrmeinung«, nicht nur *eine* »Schule«; dies wäre ja das Ergebnis einer typisch westlichen Entwicklung, die auf Vereinheitlichung zielt. Von den vielfältigen Formen chinesischen Denkens ist im Westen die Lehre des Kungfutse, des Konfuzius, am besten bekannt. In dem Gespräch über die Intuition des Komponisten, mit dem wir unser Buch begonnen haben, erzählt Joachim von einem alten buddhistischen Priester, der sagte:

»Laotse, der um 500 vor Christus lebte, war bedeutender als Konfuzius, obwohl er nicht annähernd so berühmt ist. Die Lehre des Konfuzius ist überhaupt keine Religion; sie ist ein ethisches System mit Verhaltensregeln für diese Welt . . . Laotse hingegen war tief religiös; er glaubte fest an ein Leben nach dem Tode, an eine allmächtige, wohltätige Kraft, aus der wir zum Zweck unserer Veredelung in diesem Leben schöpfen können.«

Für uns ist die Lehre des *Tao* (bei uns Taoismus, neuerdings auch Dau, Dauismus genannt) am interessantesten; Tao ist der begriffliche Ausdruck für die Einheit der Gegensätze und daher nicht übersetzbar, weil wir diese Einheit sprachlich eben nicht kennen. Tao wird manchmal mit »Sinn«, manchmal mit »Weg« übersetzt, die beste »Übersetzung« ist aber wohl das Wort Tao selbst — ein Fremdwort in unserem Denken, dem wir uns nähern müssen, um es kennenzulernen.

Tao ist die Einheit *aller* Gegensätze und daher auch für den Chinesen nicht weiter aussprechbar, denn alle Sprache benennt nur Teile. Manchmal stehen für die Gegensätze die Begriffe Yin und Yang. Immer wieder hat diese Lehre Menschen des Abendlandes fasziniert, wenn sie über die Grenzen unseres Weltbildes nachzudenken begannen. Am Ende des vierten Kapitels sind wir besonders heftig an diese Grenze gestoßen, als die Alternative Zufall—Gesetzmäßigkeit auftrat; wir haben sie als entscheidende Sinnfrage für den Menschen im naturwissenschaftlichen Weltbild gesehen.

C. G. Jung hat über das Problem des Zufalls und dessen Gegensatz zum individuellen Schicksal der Menschen geschrieben. Wir haben ja gesehen, daß innerhalb des naturwissenschaftlichen Weltbildes für eine Versöhnung dieses Gegensatzes kein Platz ist. Jung schafft daher zunächst einen neuen Begriff: »Synchronizität«, gewissermaßen als Sinn hinter zufälligen Ereignissen. Was uns hier interessiert, ist aber vielmehr, wie Jung nun unser Weltbild verlassen muß, um diesen Begriff fassen zu können. Er sagt:

»Es war mir nun schon seit langem bekannt, daß es gewisse intuitive Methoden gibt, welche hauptsächlich vom psychischen Faktor ausgehen, die Tatsächlichkeit der Synchronizität aber als selbstverständlich voraussetzen. Ich richtete zunächst mein besonderes Augenmerk auf jene Hilfstechnik der intuitiven Ganzheitserfassung, welche für China charakteristisch ist, nämlich auf den I Ging. Der chinesische Geist strebt, im Gegensatz zu dem griechisch erzogenen westlichen, nicht nach der Erfassung der Einzelheit um ihrer selbst willen, sondern nach einer Anschauung, welche das Einzelne als Teil eines Ganzen sieht. Eine derartige Erkenntnisoperation ist dem reinen Intellekt aus naheliegenden Gründen unmöglich. Das Urteil muß sich daher in vermehrtem Maße auf die irrationalen Funktionen des Bewußtseins, nämlich auf die Empfindung und auf die Intuition, stützen. Der I Ging, diese — man darf wohl sagen — experimentelle Grundlage der klassischen chinesischen Philosophie, ist nun eine Methode, seit alters dazu bestimmt, eine Situation ganzheitlich zu erfassen und damit das Einzelproblem in den Rahmen des großen Gegensatzspieles von Yang und Yin zu stellen.«

Das Buch *I Ging*, auf das sich C. G. Jung hier beruft, das »Buch der Wandlungen«, ist das älteste Buch Chinas. Die Lehre des Tao ist wahrscheinlich mehr als viertausend Jahre alt, sie wird manchmal dem legendären Gelben Kaiser Huang Ti (2704–2595 vor Christus) zugeschrieben.

In diesem Buch heißt es: »Die heiligen Weisen vor alters machten das Buch der Wandlungen also: ... Indem sie die Ordnung der Außenwelt bis zu Ende durchdachten und das Gesetz des eignen Innern bis zum tiefsten Kern verfolgten, gelangten sie bis zum Verständnis des Schicksals.«

Wir, die wir uns auf die Außenwelt allein konzentrieren, die wir das Innere Leben ausschließen, gelangen nur bis zum Zufall. Erst die Einheit der Gegensätze Außenwelt–Innenwelt bringt das Verständnis des Schicksals.

Das *I Ging* ist *auch* ein Orakelbuch und hat als solches in unserer Zeit viele neue Anhänger gefunden. Worum es mir hier geht, ist aber vielmehr die Quelle östlichen Denkens, die Einheit der Gegensätze im Tao.

Lesen wir also noch ein wenig weiter in diesem Buch: »Die heiligen Weisen vor alters machten das Buch der Wandlungen also: Sie wollten den Ordnungen des inneren Gesetzes und des Schicksals nachgehen. Darum stellten sie das Tao des Himmels fest und nannten es: das Dunkle und das Lichte. Sie stellten das Tao der Erde fest und nannten es: das Weiche und das Feste. Sie stellten das Tao des Menschen fest und nannten es: die Liebe und die Gerechtigkeit.«

Die Gegensätze im menschlichen Bereich werden natürlich bestimmt durch den einen entscheidenden Gegensatz männlich–weiblich. Darum steht Yin auch immer für das Weibliche, Yang für das Männliche. Huang Ti, der Gelbe Kaiser, hatte vier weibliche Beraterinnen, aber nur einen männlichen. Von einer dieser Beraterinnen ist der folgende Ausspruch überliefert:

»In unserem Weltall ist alles Leben durch die Harmonie zwischen dem Yin und dem Yang entstanden. Wenn das Yang die Harmonie mit dem Yin besitzt, sind alle Probleme des Mannes gelöst, und wenn das Yin die Harmonie mit dem Yang hat, verschwinden alle Hindernisse auf dem Weg der Frau. Ein Yin und ein Yang müssen einander ständig beistehen. Solcherart wird der Mann sich gefestigt und stark fühlen. Die Frau wiederum wird bereit sein, ihn in sich zu empfangen ...«

Störung der Harmonie zwischen Yin und Yang bedeutet Krankheit (welch ein Gegensatz zu unserer Definition von Krankheit als

Abweichung verschiedener Meßgrößen — etwa Temperatur — von den Normwerten!); auch die aus dieser Sicht entstandene Heilmethode — die Akupunktur — berücksichtigt immer den ganzen Menschen.

Nicht nur ein Individuum kann krank sein, weil seine Harmonie zwischen Yin und Yang gestört ist; auch Kulturen, ja die Menschheit ist nach dieser Sicht krank, wenn sie aus dem Gleichgewicht, aus der Harmonie fällt. Jolan Chang, Taoist unserer Zeit, bringt dies in seinem Buch *Das Tao der Liebe* zum Ausdruck, wenn er sagt:

»Der Taoist empfindet grenzenlose Liebe zum Universum und zu allem, was darin lebt. Alle Formen von Vergeudung und Zerstörung sind in seinen Augen etwas Schlimmes, das ein Taoist auf jeden Fall verhüten will. Unter diesen Voraussetzungen ist es verständlich, daß ich nach Möglichkeiten suchte, um die allgegenwärtige Gewalt und Zerstörungslust aufzuhalten. Ich fragte also nach den Gründen, warum so viele erfolgreich erscheinende Menschen sich willentlich zugrunde richten. Warum begehen Tausende und Abertausende Selbstmord? Warum zerstören sich unzählige Männer, Frauen, ja Kinder durch Zigaretten, Drogen, Alkohol und ungesunde Ernährung und Lebensweise langsam selbst? Und warum müssen noch weit mehr Menschen alles und jedes so hassen, daß sie es zerstören wollen — und es sogar versuchen? Und warum ist denn die Geschichte der Menschheit eine Geschichte endloser Kriege? Aus Ehrgeiz? Aus Ruhmsucht? Oder nur aus maßloser Habgier? Oder aus dem schieren Willen zur Macht?

Seit meiner frühen Jugend habe ich mich mit diesen Fragen beschäftigt und nach Antworten gesucht. Ich bin viele Jahre in allen Teilen der Welt gereist, habe viele Menschen aus den verschiedensten Völkern und Kulturen kennengelernt und bin in die großen philosophischen Gedanken und religiösen Lehrgebäude der Welt eingedrungen. Dabei kam ich zu der Einsicht, die gemeinsame Wurzel all dieser Übel ist die Tatsache, daß es Männern und Frauen nicht gelingt, ein harmonisches Gleichgewicht zwischen dem Yin und dem Yang herzustellen.«

Und warum gelingt uns dies nicht? Weil wir zu sehr von Logik besessen sind, dem Intellekt zu viel Prestige einräumen?

Hören wir dazu eine Kennerin des Taoismus, J. C. Cooper:

»In einer Metaphysik, die auf Spontaneität gründet, ist es zwecklos, Logik, Folgerichtigkeit oder irgendeine ›philosophische Schule‹ zu suchen. Logik ist die Einstellung des Ochsen vor dem Tor, ein Angriff auf direktem Weg. Die nicht-logische Einstellung ermöglicht das Wechseln der Richtung, und sie erlaubt die Wahl verschiedener Wege, so daß man die Sache von allen Seiten betrachten kann. In der Natur gibt es wenig gerade Linien. Es besteht auch keine Notwendigkeit für die scharfe Entweder-Oder-Haltung, die im Westen so verbreitet ist und dem Bereich der Tatsachen, der Ethik und der Mechanik angehört, nicht aber der Mystik. Im Leben kann ein Ding aus dem anderen entstehen, und die zwei können leicht ihre Plätze tauschen. Wenn das starre Entweder-Oder herangezogen wird, so stärkt eins das andere durch den Gegensatz und den Widerspruch und erweitert so die Kluft. Daher kommt die geringe Betonung der Logik im östlichen Denken. Logik ist zu statisch und kleinlich und setzt oft Bedingungen voraus, die nicht notwendigerweise außerhalb des Verstandes des Logikers existieren müssen, so, wie der Mensch eine Reihe von Regeln aufstellen und dann durchsetzen kann und sie dann für unwiderruflich hält. Der östliche Geist hat niemals die Präzision der Begriffe gefordert, an der dem wissenschaftlichen Geist des Westens so viel liegt, der alles säuberlich benennen und hinter den starren Gittern des mentalen Gefängnisses einsperren möchte. In der exakten Wissenschaft mag das angehen, aber es ist nicht flexibel genug für das Leben, in dem ein größerer Spielraum der Möglichkeiten und mehr Freiheit zur Interpretation nötig sind.«

Gehen wir doch nun zurück zu den Quellen der Lehre des Tao. Laotse hat vor etwa zweieinhalb Jahrtausenden in seinem berühmten *Tao-Te-King* die präziseste Darstellung geschaffen. Über dieses Werk schrieb der Dichter Po Chu-i:

>»Wer redet, weiß nicht,
>wer weiß, redet nicht.«
>Diese Wort sprach, so sagte man mir, Laotse.
>Aber wenn wir glauben,
>daß Laotse selbst einer war,
>der wußte,
>wie kommt es dann,
>daß er ein Buch mit fünftausend Worten
>geschrieben hat?

Drückt dieses Gedicht nicht in wunderschöner Weise aus, daß das Prinzip des Widerspruchs, das Tao, die Einheit der Gegensätze, nur im Bereich des Lebendigen Heimat finden kann? Nie findet es endgültige Ruhe, ewig fließend, treibend und getrieben, muß es sich stets selbst erneuern, um bestehen zu können: Selbst die kürzeste und präziseste Fassung der Lehre *muß* mit dieser Lehre selbst in Widerspruch kommen, denn »wer weiß, redet nicht«!

Darum ist auch dieses Werk ein ewiges Ringen nach Worten, um den Widerspruch auszudrücken. Etwa in folgendem Kapitel:

> Um sein Nichtwissen wissen
> Ist das Höchste.
> Nicht wissen, was Wissen ist,
> Ist ein Leiden.
> Nur wenn man unter diesem Leiden leidet,
> Wird man frei von Leiden.
> Daß der Berufene nicht leidet,
> Kommt daher, daß er an diesem Leiden leidet;
> Darum leidet er nicht.

Fast wie eine Entschuldigung klingen die Worte, mit denen Laotse ein anderes Kapitel beschließt:

> Wahre Worte klingen
> Oft wie Gegensinn.

Dschuang-dsi, ein Meister der Lehre des Tao aus etwa derselben Zeit, spricht breiter und viel humorvoller als Laotse. Er ist für uns daher oft viel verständlicher. Auch ihn bedrückt die Schwierigkeit, über das Tao zu sprechen. Er sagt:

»Fischreusen sind da um der Fische willen; hat man die Fische, so vergißt man die Reusen. Hasennetze sind da um der Hasen willen; hat man die Hasen, so vergißt man die Netze. Worte sind da um der Gedanken willen; hat man den Gedanken, so vergißt man die Worte. Wo finde ich einen Menschen, der die Worte vergißt, auf daß ich mit ihm reden kann?«

Oder, an anderer Stelle: »Mit einem Brunnenfrosch kann man nicht über das Meer reden, er ist beschränkt auf sein Loch. Mit einem Sommervogel kann man nicht über das Eis reden, er ist begrenzt durch seine Zeit. Mit einem Fachmann kann man nicht vom *Leben* reden, er ist gebunden durch seine Lehre.«

Und — so seltsam das klingen mag — auch Dschuang-dsi führt diese Verständigungsschwierigkeiten auf die Überbewertung der Logik, des Intellekts, des »Wissenwollens«, zurück; seltsam, weil doch gerade die Logik, die Schärfe des Verstandes, versucht, durch immer genauer abgegrenzte Begriffe zu einer immer einheitlicheren, allgemeiner verständlichen, intersubjektiven Sprache zu gelangen und auf diesem Wege die Verständigung zu verbessern. Offenbar erreicht sie dies nur in einem ganz begrenzten Bereich und verliert die Verständigungsmöglichkeit für alles, was außerhalb dieses Bereiches, jenseits seiner Grenzen liegt. In seiner bilderreichen Sprache sagt Dschuang-dsi: »Schwimmhäute zwischen den Zehen und ein sechster Finger an der Hand sind Bildungen, die über die Natur hinausgehen und für das eigentliche Leben überflüssig sind. Fettgeschwülste und Kröpfe sind Bildungen, die dem Körper äußerlich angewachsen und für die eigentliche Natur überflüssig sind. In allerhand Moralvorschriften Bescheid wissen und sie anwenden, ist ebenfalls etwas, das von außen her dem menschlichen Gefühlsleben hinzugefügt wird und nicht den Kern von Tao und Leben trifft. Überflüssige Pflege logischer Spitzfindigkeiten führt zu nichts weiter, als daß man seine Beweise wie Dachziegel aufeinanderschiebt oder wie Stricke zusammenbindet, daß man sich in seinen Sätzen verklausuliert und sich ergötzt an leeren begrifflichen Unterscheidungen und mit kleinen vorsichtigen Schritten überflüssige Sätze verteidigt. Das alles sind Methoden, so überflüssig wie Schwimmhäute und sechste Finger, und nicht geeignet, als Richtmaß der Welt zu dienen.«

Wo finde ich einen Menschen, der die Worte vergißt, auf daß ich mit ihm reden kann? Denn nun müssen wir wohl einmal überdenken, was wir bisher aus anderen Kulturen vernommen haben. Wie aus dem Nebel scheint — geisterhaft — eine Brücke aufzutauchen, die die beiden Straßen verbindet. Diese Brücke aber ist nur mehr ein Phantombild aus der Vergangenheit, eine Erinnerung an längst vergangene Zeiten — eine Fata Morgana vielleicht. Was bleibt und in unsere Zeit gerettet scheint, ist das Widerlager auf der anderen Seite, der jenseitigen Straße. So gilt es, die Festigkeit der beiden Widerlager zu prüfen und eine neue Brücke zu errichten, die tragfähig und dauerhaft ist. Denn wir haben doch gesehen, daß die Logik uns daran hindert, die Einheit der Gegensätze zu erreichen, das Tao zu begreifen. *Vor* dem Zeitalter der Logik, der Naturwissenschaft, war diese Einheit offenbar möglich, heute ist sie es nicht mehr. Könnten wir logisch an das Problem herantreten, müßten wir die Logik ausschließen, um das Tao wieder zu begreifen. Damit hätten wir es aber schon verloren, denn *nichts* darf ausgeschlossen werden, ist doch das Tao die Einheit *aller* Gegensätze. Es gilt also, eine neue Einheit zu erreichen, aus der auch die Logik nicht ausgeschlossen wird, obwohl sie uns an dieser Einheit hindert. Das Unmögliche möglich zu machen ist also unsere Aufgabe, den unüberbrückbaren Gegensatz zu überbrücken. Die Naturwissenschaft mußte ihr Weltbild so weit entwickeln, bis dieser Gegensatz, die Kluft, die Trennung der beiden Straßen, tatsächlich unüberbrückbar geworden ist; erst dann führt der Brückenschlag in ein neues Zeitalter.

Noch aber sind wir dazu nicht bereit. Zu neu, zu furchterregend, ja auch zu zerbrechlich scheint uns die Einheit des Unvereinbaren, die Synthese der Widersprüche. Gewöhnen wir uns vielleicht noch ein wenig an das neue Alte, horchen wir noch ein wenig auf die Lehre des Tao, wie sie uns überliefert wurde.

Dschuang-dsi schreibt: »Das Tao schirmt und trägt alle Wesen; unendlich ist seine Größe. Ihm gegenüber muß der Edle alles eigne Streben aus seinem Herzen verbannen. Was wirkt, ohne zu handeln, heißt der Himmel; was Begriffe erzeugt, ohne zu handeln, heißt das *Leben*. Die Menschen lieben und den Dingen nützen, das heißt Güte. Das Nicht-Übereinstimmende übereinstimmend machen, das heißt Größe. Die Grenzen und Verschiedenheiten zu überwinden, das heißt Weitherzigkeit. Zahllose Widersprüche besitzen, das heißt Reichtum. Festhalten an den Prinzipien des *Lebens*, das heißt Herrschaft. Verwirklichtes *Leben*, das heißt Beständigkeit. Anschluß haben an das Tao, das heißt Vollkommenheit. Der Edle, der in diesen zehn Dingen erleuchtet ist, zeigt die Größe seines Herzens darin, daß er *über* seinen Werken steht. Sein Einfluß übt auf alle Wesen eine anziehende Macht aus . . . Seine Auszeichnung ist es, daß er erschaut, wie alle Dinge eine Heimat haben und Leben und Tod gemeinsame Zustände sind.«

Tao − die Einheit aller Gegensätze; auch Leben und Tod werden als gemeinsame Zustände erschaut. Ähnlich sagt es auch Liä-dsi, ein weiterer Meister des Tao: »Darum kommt es vor, daß wer sein Leben wert hält, es verliert; wer es verachtet, doch nicht stirbt; wer es liebt, nicht seine Fülle gewinnt; wer es unwichtig nimmt, es doch nicht dürftiger macht. Das scheint verkehrt, es ist aber nicht verkehrt, sondern es kommt davon her, daß Leben und Tod, Fülle und Dürftigkeit auf sich selber beruhen.«

Verliert damit die geisterhafte Brücke der Vergangenheit nicht von ihren fernöstlichen Zügen? Kommt uns das nicht vertrauter — wenn auch vergangen — vor? Wenn wir Jahrtausende zurückhorchen, gibt es offenbar etwas wie eine Einheit östlichen und westlichen Denkens! Denn aus *unserer* Tradition kennen wir doch den Satz: »Denn wer sein Leben retten will, wird es verlieren; wer aber sein Leben um meinetwillen und um der Freudenbotschaft willen verliert, wird es retten.« (Mk 8, 35)

Ist nicht überhaupt die Lehre des Jesus von Nazareth dem Tao viel näher als unserem heutigen Denken? Hat nicht auch er immer wieder versucht, uns Widersprüche nahezubringen? Etwa:

»Wer der Erste sein will, der sei der letzte und aller Knecht.« (Mk 9, 35)

Oder: »Wer an mich glaubt, der glaubt nicht an mich, sondern an den, der mich gesandt hat.« (Jo 12, 44)

Ja, die erste Glaubenswahrheit des Christentums: »Jesus ist wahrer Mensch und wahrer Gott« kann nur als Einheit der Gegensätze verstanden werden, logisch gesehen ist sie unsinnig!

Ja selbst das buddhistische »Verlöschen«, die »Ich-Losigkeit«, »Nicht-Ichhaftigkeit«, die uns Okochi mit so viel Bemühen näherbringen wollte, finden wir in unserer eigenen Geschichte wieder, sagt doch Jesus: »Wer mir nachfolgen will, verleugne sich selbst, nehme täglich sein Kreuz auf sich, und so folge er mir.« (Lk 9, 23)

Jesus scheute sich nicht, selbst einander vollständig widersprechende Sätze zu verkünden, etwa: »Wenn ich über mich selbst Zeugnis ablege, so ist mein Zeugnis nicht wahr« (Jo 5, 31), und »Auch wenn ich von mir selbst Zeugnis gebe, ist mein Zeugnis wahr.« (Jo 8, 14)

Schließlich hat schon bei der Beschneidung Jesu Simeon ausgerufen: »Dieser ist bestimmt . . . zum Zeichen des Widerspruchs.« (Lk 2, 34) (Allerdings wird dies meist abgeschwächt wiedergegeben in der Form »damit ihm widersprochen wird«.)

Wie konnte es kommen, daß die Weisheit alter Zeiten in unserem

Kulturkreis so vollkommen verlorenging? Haben nicht die christlichen Kirchen viel fester und bestimmter für die Erhaltung der Lehre gesorgt als die östlichen Glaubensgemeinschaften? Wenn es wahr ist, daß »wer redet, nicht weiß, und wer weiß, nicht redet«, könnte es dann nicht sein, daß gerade das Festhalten, Bewahren, Abgrenzen der Lehre zu ihrem Verlust führt? Daß die Lehre selbst ständigen Widerspruches bedarf, um lebendig zu bleiben? Ja daß der größte und entscheidendste Widerspruch, der von der Naturwissenschaft kommt, seinen Sinn und seine Vollendung darin findet, die totgeglaubte, in die Privatsphäre verbannte Lehre zu neuem Leben zu erwecken?

All dies sind Fragen, die nicht voreilig beantwortet werden dürfen. Auch das Festhalten, Bewahren, Abgrenzen kann nur dann Einfluß auf die Geschichte haben, wenn es sich im Leben der Menschen widerspiegelt. Dies gilt genausogut für die Naturwissenschaft. Wir werden uns daher zunächst (im nächsten Kapitel) noch genauer damit befassen müssen, wie die Naturwissenschaft die Tradition der religiösen Lehren auch im Alltagsleben der Menschen übernommen und fortgeführt hat. Vorher muß ich aber noch einem möglichen Mißverständnis begegnen: Wir haben die großartige Übereinstimmung der Weisheitslehren in den Hochkulturen des Ostens wie des Westens erahnen können; wenn es *eine* Wahrheit gibt, die nur jeweils verschieden dargestellt wird, darf uns das nicht mehr wundern. Was aber ganz wesentlich ist (und was für mich persönlich eines der tiefsten und bleibendsten Erlebnisse war), ist die Tatsache, daß wir *dieselbe* Wahrheit auch bei sogenannten »primitiven« Kulturen finden. Niemand ist von der Wahrheit ausgeschlossen: Keine besondere Intelligenz, kein Teilhaben an besonders alten oder hochentwickelten Kulturen ist Bedingung, der Weg steht jedem offen, der ihn nur ehrlich und wahrhaftig sucht. Und wird nicht auch »Tao« oft mit »Weg« übersetzt? Sagt nicht auch Buddha, er offenbare den »edlen, achtfachen Pfad«? Und sagt nicht auch Jesus: »Ich bin der Weg, die Wahrheit und das Leben«? (Jo 14, 6)

Die Wahrheit, die Weisheit, ist ein *Weg*. Sie kann nicht festgehalten werden, sie kann nicht in Büchern aufgeschrieben werden, sie kann nicht abgebildet, in Bildern oder Modellen gefaßt werden. Nur als Weg, als Handlung, kann sie gelebt werden, gewissermaßen immer nur als Ziel, nie erreichbar. Und darum ist sie auch Leben, stetige Veränderung.

Wir, die wir vom ersten Axiom der Logik aufgefordert werden, auszuschließen, abzugrenzen, sehen oft verächtlich auf »Entwicklungsländer«, »primitive« Kulturen, ja »Naturvölker« herab und meinen, auf sie verzichten zu können. Könnte es nicht sein, daß gerade sie es sind, die die alten Weisheiten hinüberretten in eine neue Zeit, gerade weil sie *nicht* von der europäischen Zivilisation und ihrem einschränkenden Denken erfaßt worden sind?

Carlos Castaneda berichtet uns ausführlich über seine Begegnung mit dem weisen Medizinmann der Yaki-Indianer, Don Juan Matus. Nur wenig von der Fülle der Weisheit, die in diesen Gesprächen zutage tritt, kann ich hier wiedergeben, hoffe aber doch, daß der Gleichklang mit dem bisher Gesagten offenbar wird. Was Tao-Weise als den »edlen Menschen« bezeichnen, was für Buddhisten der »Erleuchtete«, was Jesus den »aus dem Geiste Wiedergeborenen« nennt, ist für Don Juan schlicht der »Krieger«. Und er sagt zu Castaneda:

»Vor allem halte ich es für grundfalsch, daß du alles dermaßen ernst nimmst. Es gibt dreierlei schlechte Gewohnheiten, in die wir immer wieder verfallen, sobald wir im Leben mit ungewöhnlichen Situationen konfrontiert sind. Erstens können wir das, was geschieht oder geschehen ist, leugnen und so tun, als sei es nie geschehen. So machen es die Bigotten. Zweitens können wir alles unbesehen akzeptieren und so tun, als wüßten wir, was geschieht. So machen es die Frommen. Drittens kann ein Ereignis uns zwanghaft beschäftigen, weil wir es weder leugnen, noch rückhaltlos akzeptieren können. So machen es die Narren. Du etwa auch? Doch es gibt noch eine vierte Möglichkeit, die richtige nämlich, die des Kriegers. Ein Krieger handelt so, als sei überhaupt nichts geschehen, weil er an gar nichts glaubt, und doch akzeptiert er alles unbesehen. Er akzeptiert, ohne zu akzeptieren, und leugnet, ohne zu leugnen. Nie tut er so, als wisse er, noch tut er so, als sei nichts geschehen. Er handelt so, als ob er die Situation in der Hand hätte, auch wenn ihm vielleicht die Hosen schlottern. Diese Art zu handeln vertreibt die zwanghafte Beschäftigung mit den Dingen.«

Bedarf es noch weiterer Hinweise, um den Gleichklang herauszuhören? »Er akzeptiert, ohne zu akzeptieren, und leugnet, ohne zu leugnen.« Man könnte diese Sätze in einem Werk des Tao vermuten! Und Don Juan, der um die Einheit aller Gegensätze weiß, hat für Castaneda noch viele Überraschungen bereit. So etwa, wenn

Castaneda ihn fragt, »ob denn auch Frauen Krieger sein könnten«. Er schaute ihn an – offensichtlich verwundert über die Frage, und sagte:

»Selbstverständlich können sie das, und sie sind sogar besser ausgestattet für den Weg des Wissens als Männer. Männer andererseits sind etwas ausdauernder. Trotzdem möchte ich meinen, daß die Frauen, alles in allem, einen leichten Vorsprung haben.«

»Krieger« sein heißt, sich auf den »Weg des Wissens« zu begeben (und dazu bedarf es der Harmonie von Yin und Yang), wie könnten da Frauen oder überhaupt irgendwelche Menschen ausgeschlossen sein?

Wäre Don Juan Matus ein Einzelfall, wir könnten ihn als Ausnahme abtun; ja wir könnten uns sogar auf die erste Stufe der Widerspruchs-Elimination retten und behaupten, Castaneda hätte dies alles »bloß« erfunden. Aber wenn wir nur wirklich wollen, so finden wir den Gleichklang der Weisheit überall. Doug Boyd berichtet uns von Rolling Thunder, einem Medizinmann der Schoschone-Indianer, der unter dem bürgerlichen Namen John Pope als Bremser bei der Southern Pacific Eisenbahngesellschaft arbeitet. Auch Rolling Thunder weiß um die Schwierigkeit, über die Weisheit zu sprechen:

»Sie werden vielleicht jetzt enttäuscht sein, aber ein solches Wissen kann man nicht einfach mir nichts, dir nichts, unters Volk streuen. Man kann sich nicht einfach hinsetzen und über die Wahrheit reden. So läuft's nicht. Man muß sie leben und ein Teil von ihr werden. Dann erst hat man – vielleicht – die Chance, ihr wirklich auf den Grund zu gehen. Ich sage, ›vielleicht‹! Es ist ein sehr langsames Vorwärtskommen, Schritt für Schritt, und kein sehr leichtes dazu . . .

›Wirklich verstehen‹ heißt, nicht all die Fakten zu kennen, mit denen euch eure Schulbücher und Lehrer ständig überschütten. ›Verstehen‹ fängt bei Liebe und Achtung an, Achtung vor dem Großen Geist; und der Große Geist wiederum ist das Leben, das in allen Dingen steckt – in allen Lebewesen und Pflanzen, ja selbst in Steinen und Mineralien. Alle Dinge, und ich unterstreiche ›alle‹, haben ihren eigenen Willen, ihren eigenen Weg und ihre eigene Bestimmung, und das sollten wir endlich respektieren.

Eine solche Achtung beschränkt sich nicht auf ein vages Gefühl oder eine Einstellung: sie ist eine Art zu leben, sie muß gelebt werden. Eine solche Achtung heißt auch, daß wir niemals aufhören dürfen, unsere Verpflichtung uns und unserer Umwelt gegenüber wahrzunehmen und auszuführen.«

Erinnern wir uns des Zieles der Naturwissenschaft, der »Austreibung der Geister aus der Natur«? Und haben wir nicht gesagt, daß wir damit eigentlich erst »Dinge« erzeugen, weil wir die Widersprüche aus ihnen eliminieren? *Unsere* Dinge haben dann *keinen* eigenen Willen, *keinen* eigenen Weg und *keine* eigene Bestimmung, denn sie sind tot.

Wie die Chinesen die Akupunktur, haben auch die Indianer ihre eigene Heilkunst. Natürlich steht auch sie im Widerspruch mit dem Weltbild der Naturwissenschaft. Das Schicksal der Akupunktur haben wir im fünften Kapitel besprochen: Sie hat immerhin die Hürde zur zweiten Stufe der Widerspruchsskala genommen, sie wird nicht mehr abgeleugnet, verfolgt, ausgeschlossen. Der indianischen Heilkunst — von einem »primitiven« Volk stammend — konnte dies nicht gelingen. Doug Boyd, der Rolling Thunder selbst bei Heilzeremonien beobachtet hat, schreibt: »Viele Forscher und Historiker haben Berichte über eindrucksvolle Leistungen und Heilkenntnisse der amerikanischen Indianer veröffentlicht, aber zeitgenössische Fachleute scheinen zu befürchten, daß solche Berichte die ›moderne Wissenschaft‹ widerlegen könnten. Die vorherrschende Meinung war, daß moderne Methoden und Analysen den althergebrachten überlegen seien, und die Indianer wurden daher wegen ihrer Methoden, ihrer Heilungszeremonien, religiösen Rituale und heiligen Tänze verfolgt.«

Die Methode ist also hier noch radikaler; nicht nur die Lehre wird zum Unsinn, zur Täuschung, zum Betrug erklärt, ihre Vertreter werden gleich mit verfolgt und vernichtet. Rolling Thunder berichtet: »Vor Jahren hat man versucht, alle Medizinmänner auszurotten. Ich übertreibe nicht, auch wenn davon nichts in den Geschichtsbüchern steht. Dasselbe Schicksal ereilte auch meinen Großvater. Aber der Samen wird weitergegeben, vom Sohn zum Enkel, er bleibt über sieben Generationen hin erhalten. Die Indianer hatten aus langjähriger Erfahrung gelernt, diese Kinder zu verstecken, wenn ihr Leben wieder einmal durch die Weißen gefährdet war. Auch heute noch werden Kinder versteckt, damit sie nicht entführt und in das weiße Schulsystem gesteckt werden können.«

Seit den Tagen des Herodes hat sich am Wesen der Sache also

nicht viel geändert. Die Methoden wandeln sich, und es geschieht nicht mehr im Namen Gottes, sondern im Namen der Naturwissenschaft. Ist das aber — im Grunde genommen — nicht das Alte im neuen Gewand? Hat nicht die Naturwissenschaft gerade die Methoden und Sitten unserer Religionen übernommen und (in veränderter Form) fortgeführt? Das wollen wir im nächsten Kapitel genauer untersuchen.

7

Naturwissenschaft
als Religion unserer Zeit

In Goethes Monumentaldrama stellt Margarete ihrem Heinrich Faust die »Gretchenfrage«:

> Glaubst du an Gott?

Und Faust antwortet:

> Mein Liebchen, wer darf sagen,
> Ich glaub' an Gott?
> Magst Priester oder Weise fragen,
> Und ihre Antwort scheint nur Spott
> Über den Frager zu sein.

Und als Gretchen ängstlich weiterfrägt:

> So glaubst du nicht?

Sagt Faust:

> Mißhör' mich nicht, du holdes Angesicht!
> Wer darf ihn nennen?
> Und wer bekennen:
> Ich glaub' ihn.
> Wer empfinden

Und sich unterwinden
Zu sagen: ich glaub' ihn nicht?
Der Allumfasser,
Der Allerhalter,
Faßt und erhält er nicht
Dich, mich, sich selbst?
Wölbt sich der Himmel nicht dadroben?
Liegt die Erde nicht hierunten fest?
Und steigen freundlich blickend
Ewige Sterne nicht herauf?
Schau' ich nicht Aug' in Auge dir,
Und drängt nicht alles
Nach Haupt und Herzen dir,
Und webt in ewigem Geheimnis
Unsichtbar sichtbar neben dir?
Erfüll' davon dein Herz, so groß es ist,
Und wenn du ganz in dem Gefühle selig bist,
Nenn' es dann wie du willst,
Nenn's Glück! Herz! Liebe! Gott!
Ich habe keinen Namen
Dafür! Gefühl ist alles;
Name ist Schall und Rauch,
Umnebelnd Himmelsglut.

»Webt in ewigem Geheimnis *unsichtbar sichtbar* neben dir« — spüren wir nicht auch hier wieder den Gleichklang der Weisheit aller Zeiten und Völker?

Vielleicht wird dies noch deutlicher an der Stelle, da Heinrich Faust nach Worten ringt, um das Johannes-Evangelium »in mein geliebtes Deutsch zu übertragen«:

Geschrieben steht: »im Anfang war das *Wort*!«
Hier stock' ich schon! Wer hilft mir weiter fort?
Ich kann das *Wort* so hoch unmöglich schätzen,
Ich muß es anders übersetzen,
Wenn ich vom Geiste recht erleuchtet bin.
Geschrieben steht: im Anfang war der *Sinn*.
Bedenke wohl die erste Zeile,
Daß deine Feder sich nicht übereile!

Ist es der *Sinn*, der alles wirkt und schafft?
Es sollte stehn: im Anfang war die *Kraft*!
Doch, auch indem ich dieses niederschreibe,
Schon warnt mich was, daß ich dabei nicht bleibe,
Mir hilft der Geist! Auf einmal seh' ich Rat
Und schreibe getrost: im Anfang war die *Tat*!

Könnten wir — nach dem, was wir uns im vorigen Kapitel erarbeitet haben — nicht auch verstehen: im Anfang war das Tao? Und könnten wir Fausts Bemühen nicht auch als Ringen um eine Übersetzung dieses Begriffes verstehen? Geht es doch hier um die zentrale Frage, die Frage nach Gott; oder — mit den Worten Brahms' — um »die drei in unserem Leben auf dieser Welt wichtigsten Fragen: woher, warum, wohin?«
Sehen wir uns doch diese Stelle des Neuen Testaments im vollen Umfang an:

Im Anfang war das Wort,
Und das Wort war bei Gott,
Und das Wort war Gott.
Dies war im Anfang bei Gott.
Durch dieses ist alles geworden,
Und ohne es ward nichts von allem,
Was geworden ist.
In ihm war das Leben,
Und das Leben war das Licht der Menschen.
Das Licht leuchtet in der Finsternis;
Allein die Finsternis hat es nicht ergriffen.

Walther Nernst, der Begründer des »dritten Hauptsatzes der Wärmelehre«, schrieb am 13. Februar 1938 in einem Brief an den Nobelpreisträger Max von Laue über diese Stelle:
»Logos ist natürlich als Gesetz zu übersetzen. (Faust war wohl kein berühmter Übersetzer!!!); und da es am Anfang keine Menschen gab, so kann logos nur Naturgesetz bedeuten.«
Welch eine Fülle von Gedanken wird hier gelassen ausgesprochen! Im Anfang war also das Naturgesetz; und wenn wir den Gedanken weiterspinnen, muß es demnach heißen: Und das Naturgesetz war bei Gott, und das Naturgesetz war Gott. »Gott

als die Gesamtheit aller Naturgesetze« ist tatsächlich das Glaubensbekenntnis vieler Naturwissenschaftler. Denn dieser »Anfang« ist durchaus im Sinne des Neuen Testaments zu verstehen, als Ursprung, als Gott. Wissen wir doch ganz genau, daß am Anfang der *Welt* vor etwa zehn Milliarden Jahren das Universum aus einem Urknall entstanden ist. »Anfang« als Ursprung und »Anfang« als Beginn — diese Begriffe fallen demnach ebenso auseinander wie »Himmel« (der Götter) und »Himmel« (der Gestirne) seit Galilei. Während sich die Naturwissenschaft aber nur für den Himmel der Gestirne interessiert und den anderen Himmel in die Privatsphäre verweist, scheint dies mit dem Anfang, mit Gott, mit dem letzten Grund, nicht so zu sein. Denn Nernst ist keine Ausnahme. Auch Heisenberg quält diese Frage. Seit der von ihm mitbegründeten Quantenmechanik können wir den Satz »Alles besteht aus Teilchen« nicht mehr so wörtlich nehmen, denn Teilchen sind — widersprüchlich — ja auch immer Wellen (das haben wir ja ausführlich besprochen). Heisenberg sagt also von jenem Wandel der Auffassung:

»Bis dahin hatten wir immer an die alte Vorstellung des Demokrit geglaubt, die man mit dem Satz umschreiben kann: ›Am Anfang war das Teilchen.‹ Man nahm an, die sichtbare Materie sei zusammengesetzt aus kleineren Einheiten, und wenn man immer weiter teile, so komme man schließlich zu den kleinsten Einheiten, die Demokrit ›Atome‹ genannt hatte, und die man jetzt etwa ›Elementarteilchen‹, zum Beispiel ›Protonen‹ oder ›Elektronen‹, nennen würde. Aber vielleicht war diese ganze Philosophie falsch. Vielleicht gab es gar keine kleinsten Bausteine, die man nicht mehr teilen kann. Vielleicht konnte man die Materie immer weiter teilen, aber am Schluß ist es eigentlich gar kein Teilen mehr, sondern man verwandelt Energie in Materie, und die Teile sind nicht mehr kleiner als das Geteilte. Aber was war dann am Anfang? Ein Naturgesetz, Mathematik, Symmetrie?«

Auf jeden Fall keine Menschen, denn »da es am Anfang keine Menschen gab, so kann logos nur Naturgesetz bedeuten«. In der widerspruchsfreien Konstruktion der Gesamtwirklichkeit darf es überhaupt keine wahren Menschen — widersprüchlich abgründige Wesen — geben und daher auch nicht am Anfang. Und dies ist vielleicht die weitestreichende, tiefstgehende Folge dieses Absehens vom Menschen: Wenn wir in unserem Weltbild Menschen nur als (störende) Beobachter zulassen, wenn der eigentliche Sinn, die eigentliche Schönheit der Welt auch ohne Menschen und schon vor den Menschen erreicht werden kann, dann wird auch Gott, der letzte Grund, der Anfang, der Urheber zum unpersönlichen Schöpfer dieser Welt, der sich für den Menschen mit seinen ganz privaten persönlichen Problemen eigentlich nicht interessiert. Wohl hält er das ganze Werk in Gang, hat er es doch geschaffen. In diesem − intersubjektiven − Sinne sorgt er auch für die Menschheit; aber die Menschheit − Produkt aus göttlichen Naturgesetzen und reinem Zufall − ist eher ein Nebenprodukt, eher ein Fehler im Programm der Schöpfung, das ohne diesen »Unfall« viel reibungsfreier (widerspruchsfreier) und ungestörter ablaufen könnte. In diesem Sinne ist es wirklich nur konsequent, Gott als »Gesamtheit der Naturgesetze« aufzufassen. Die Spaltung der beiden Straßen, die Kluft, um die es uns immer geht, wird dadurch aber noch tiefer und gefährlicher. Tiefer, weil wir selbst, unser Ich, der eigentliche Mensch ganz klar und deutlich auf die andere Straße, in die Privatsphäre verwiesen werden. Diesseits, auf der öffentlichen Straße, bleibt der Mensch als Teil der Menschheit, als intersubjektiv erfaßbares Wesen auswechselbar und jederzeit zu ersetzen. Gefährlicher, weil wir nun erkennen, daß die ursprüngliche Spaltung des Galilei, der alle religiösen Fragen auf die andere Straße verweisen wollte, trügerisch war. Sehr wohl erhebt die öffentliche Naturwissenschaft Anspruch auf diesen Bereich. Sehr wohl beschäftigt sie sich mit Gott, also mit religiösen Fragen, hat sie doch den »Anfang« in des Wortes *doppelter* Bedeutung zum Gegenstand.

Könnte dies etwa den Versuch eines Brückenschlages bedeuten? Manche Naturwissenschaftler fassen es tatsächlich so auf. Haben wir nicht im sechsten Kapitel gesehen, daß erst die »Einheit von Innen und Außen« zum menschlichen Schicksal führt, während die Naturwissenschaft das Innenleben auf die andere Straße verweist und sich nur mit der Außenwelt befaßt? Doch Viktor Weisskopf sagte auf der Physikertagung 1976 in Bonn:

»Wir leben jetzt in einer Übergangszeit, und das macht diese Zeit so ungeheuer interessant. Ich sehe da zwei Fronten, eine ›innere‹ und eine ›äußere‹ Front. Die innere Front, etwa bei den Elementarteilchen oder in der Astronomie, ist da, wo man wirklich nach neuen, mehr fundamentalen Gesetzen sucht, die uns das Fundament dessen geben, wovon wir heute sprechen; denn schließlich wissen wir ja noch gar nichts. Wir behaupten, die Quantenmechanik erklärt alles. Aber die Quantenmechanik nimmt ja zum Beispiel an, daß es Massenpunkte gibt mit bestimmter Masse und Ladung . . . Aber warum denn gibt es Massenpunkte, warum gibt es identische Teilchen? Davon sagt uns die Quantenmechanik nichts. Hier sind die Probleme, die erst gelöst werden müssen, damit wir überhaupt verstehen, um was es sich handelt in der Natur.

Die äußere Front betrifft 90 oder 95 Prozent der Physik, nämlich alle die Phänomene, die uns umgeben . . . die Anwendung unseres quantenmechanischen Wissens auf komplizierte Systeme, auf organisierte Systeme.«

Spricht aus diesen Sätzen nicht wirklich eine gewisse Sehnsucht nach Wahrheit, Weisheit, Einheit? Aber die »innere Front« ist nicht der Mensch, es sind weder die Elementarteilchen, jene rätselhaften Gebilde, die uns gezwungen haben, einen einzigen Widerspruch im Weltbild der Naturwissenschaft bestehen zu lassen. Und ist nicht diese Wahl der Elementarteilchen als innere Front verständlich? Könnten wir den Satz »am Anfang war das Teilchen« heute verbessern in »am Anfang war das Welle-Teilchen-Phänomen« oder — noch krasser — »am Anfang war der Widerspruch von Welle und Teilchen«? Damit sind wir tatsächlich nahe der anderen Straße, nahe am Bereich des Individuums Mensch mit seinem Widerspruch; aber wir haben einen Widerspruch, der mathematisch abgebildet und genau abgegrenzt ist! Nichts ist es also mit dem Brückenschlag, wir bleiben eingegrenzt in der Welt der Naturwissenschaft.

Aber zeigt sich die Wegscheide, die Straßengabelung des Galilei nicht nun im neuen Licht? Ist nicht viel eher durch Galilei die Kluft erst deutlich geworden, nicht erst entstanden? War sie nicht schon eher da?

Im vorigen Kapitel haben wir vom Gleichklang der Weisheit des Westens und Ostens gesprochen, wie er aus den Worten des Jesus von Nazareth und der Weisen des Ostens zu spüren ist. Und wir haben schon vermutet, daß der Versuch abendländischer Religionsgemeinschaften, die Weisheit, die Lehre festzuhalten, abzugrenzen, zu bewahren, zu ihrer Erstarrung, ja zu ihrem Tod geführt hat. Denn was kann festhalten, abgrenzen, bewahren anders bedeuten, als sie der Logik zu unterwerfen, damit sie mitgeteilt, gelernt, gewußt werden kann? Gehe ich ganz falsch, wenn ich behaupte, daß die festgehaltene Lehre, die Kirche, von der Einheit der Gegensätze ausging und im Laufe ihrer Geschichte mehr und mehr Widersprüche eliminierte? Daß sie schließlich nur mehr wenige Widersprüche (etwa Jesus — wahrer Mensch und wahrer Gott) wie als Banner vor sich trug, sonst aber abgestorben war? Und daß Galilei diese Methode *übernahm*, nicht änderte? Daß er sie aber konsequent zu Ende dachte und das Evangelium als letzte Instanz durch das Experiment ersetzte? Daß dies aber die einzige wesentliche Neuerung war?

Wenn diese Vision stimmt, dann haben wir ein unglaublich dramatisches Schauspiel vor uns. Widerspruchsfreiheit wird zum eigentlichen Glaubensbekenntnis; und da das Evangelium selbst widersprüchlich ist, wird es durch das Experiment ersetzt. Das Ziel der neuen Lehre — das naturwissenschaftliche Weltbild — ist in sich widerspruchsfrei und steht nicht im Widerspruch zum Experiment. Am Ende dieses Weges aber steht ein neuer Widerspruch, die Quantenmechanik, der (aufgehobene) Widerspruch Welle-Teilchen (oder diskret-kontinuierlich)! Wie ein neues Banner wird nun dieser Widerspruch dem neuen Weltbild vorangetragen, »wir behaupten, die Quantenmechanik erklärt alles«. (Ich kenne Physiker, die meinen, der größte Wert der Quantenmechanik liege darin, daß sie es uns eigentlich erst ermöglicht, die Heilige Dreifaltigkeit zu verstehen!)

So hätte also die Naturwissenschaft den Weg der Kirche nur fortgeführt — natürlich auf ihre eigene Weise. Im Prozeß Galilei träte dann ein neuer Sinn zutage: Nicht gegen den drohenden Verlust der Wahrheit hätte sich die Kirche gewehrt, sondern dagegen, daß dieser Verlust so richtig offenbar und deutlich gemacht wird. Tatsächlich sind ja viele Funktionen, die vordem von der Kirche wahrgenommen wurden, auf die Naturwissenschaft übertragen worden. Und die Naturwissenschaftler selbst — allen voran die Physiker — bedienen sich auch (natürlich scherzhaft!) entsprechender Redewendungen. Albert Einstein wurde oft als »Papst der Physik« bezeichnet, das Lehrbuch *Atombau und Spektrallinien* von Arnold Sommerfeld wurde im »Goldenen Zeitalter der Physik« (1927—1933, als die Quantenmechanik entwickelt wurde) allgemein als »Bibel der Atomphysik« bezeichnet, und der Wissenschaftshistoriker Armin Hermann schreibt 1977 mit Recht:

»Wie der Ägypter die Pyramiden schuf und der mittelalterliche Mensch himmelstrebende Kathedralen, so zählen zu den großen

Kulturleistungen des 20. Jahrhunderts die Hochenergiebeschleuniger. Ehedem gaben Steinmetzen und Kunsthandwerker ihr Bestes und arbeiteten sinnvoll Hand in Hand, nun wirkten in sehr viel subtilerer Weise Physiker, Ingenieure, Techniker und Facharbeiter zusammen.«

Während die himmelstrebenden Kathedralen der Dreifaltigkeit geweiht waren, sind die Hochenergiebeschleuniger der Erforschung der Elementarteilchen, der neuen Gottheit, dem neuen Banner, gewidmet. Und wir haben im zweiten Kapitel besprochen, welche Gemeinsamkeit der Anstrengung dazu erforderlich ist, ja daß jeder einzelne Mensch sein Scherflein dazu beitragen muß, diese gewaltigen Anlagen errichten zu können. Nur weiß er meist nichts davon. Während großartige Leistungen der Vergangenheit durch Macht, Zwang, Druck oder durch Spenden, Sammlungen, Aufrufe auch von der Gemeinschaft getragen waren, bleibt heute diese Gemeinschaft anonym. Mit einem schwer durchschaubaren Steuersystem werden die Kosten in undurchsichtiger Weise auf die Bürger verteilt, sie machen mit, ohne sich dessen bewußt zu sein, ja meist ohne Verständnis für das, was wirklich getan und erreicht wird.

Freilich gibt es nicht nur Hochenergiebeschleuniger als »neue Gotteshäuser«, so, wie es nicht nur die himmelstrebenden Kathedralen gab. Die Naturwissenschaft als Religion unserer Zeit hat ein ebenso verästeltes System wie ihre Vorgängerin, die Kirche. Carl Friedrich von Weizsäcker schreibt dies ganz klar:

»Aber die Bedeutung der Wissenschaft geht über ihre technischen Anwendungen hinaus. Die Wissenschaft scheint irgendwie das Wesen und das Schicksal unserer Zeit auszudrücken. Ich versuche, diesen Gedanken in zwei Thesen zu fassen, die eine nicht ganz übliche Terminologie benützen ... Die Thesen lauten:

1. Der Glaube an die Wissenschaft spielt die Rolle der herrschenden Religion unserer Zeit.

2. Man kann die Bedeutung der Wissenschaft für unsere Zeit, wenigstens heute, nur in Begriffen erläutern, die eine Zweideutigkeit ausdrücken.

Religion und Zweideutigkeit werden damit die Schlüsselworte der nachfolgenden Überlegungen.

Man kann die beiden Thesen nur gemeinsam verstehen. So habe ich, indem ich den Glauben an die Wissenschaft als so etwas wie die Religion unserer Zeit bezeichnete, eine zweideutige Sprache gesprochen. In einem Sinne des Worts Religion ist diese These, wie ich meine, richtig, in einem anderen Sinne ist sie sicher falsch.«

Merken wir auch hier, wie die Grenzen der Logik überschritten werden? Die These ist in einem Sinne richtig, im anderen falsch. Nicht entweder richtig oder falsch, wie es die Axiome der Logik forderten! Wenn wir dennoch diese Axiome durchsetzen wollten, käme es sofort wieder zu jenem Auseinanderfallen von Religion und Religion, das wir schon beim »Himmel«, »Anfang« und den »Steinen« (Meteoriten) kennengelernt haben.

Aber hören wir, was Weizsäcker weiter sagt:

»Zunächst hat unsere Zeit sicher keine andere herrschende Religion. Von einem europäischen Standort aus konnte man im Mittelalter und noch im 19. Jahrhundert das Christentum als die herrschende Religion bezeichnen. Auf unser Jahrhundert paßt diese Behauptung nicht mehr, aus zwei Gründen. Erstens ist zwar das Christentum immer noch die offizielle Religion der Mehrheit der Bürger unserer westlichen Länder, aber es wäre eine Übertreibung, es herrschend zu nennen ... Zweitens genügt der europäische Standpunkt nicht mehr, um diejenige Welt zu beschreiben, die wir unsere Welt nennen müssen.«

Haben wir nicht selber gespürt, wie andere Kulturen uns helfen können (und wahrscheinlich müssen), um das schwere Werk, den Brückenschlag, auch nur in Angriff nehmen zu können? Die Gegensätze, die als Widersprüche auseinandergefallen sind, wieder zu vereinen, aufzuheben?

Weizsäcker spricht vom »Christentum«. Ich möchte lieber Kirche, festgehaltene Lehre, christliche Tradition sagen, um sie von der wahren Weisheit des Jesus von Nazareth klar zu unterscheiden.

Und dann sagt Weizsäcker:

»Vielleicht leben wir also in einer vorwiegend religionslosen Welt. Aber es ist psychologisch unwahrscheinlich, daß der Ort in der Seele des durchschnittlichen Menschen, den früher die Religion einnahm, heute leerstehen könnte. Meine erste These behauptet, an diesem Ort stehe heute die Wissenschaft, oder, wenn man genauer reden will, der Szientismus, das heißt der Glaube an die Wissenschaft.«

Wenn die Wissenschaft die Religion unserer Zeit ist, wenn sie Anspruch auf religiöse Fragen, religiöse Probleme erhebt, dann ist es sicher undeutlich, wenn wir weiterhin die »andere Straße« auch als religiöse bezeichnen. Religion ist offenbar auf beiden Straßen anzutreffen, der Begriff beginnt sich zu spalten wie der »Himmel« und unsere anderen Beispiele.

Wie können wir die beiden Wege noch deutlich kennzeichnen? Vielleicht hilft uns die Unterscheidung von »innen« und »außen«? Der öffentliche Weg der Wissenschaft wäre der »äußere«, sein Gegenstand ist die Außenwelt. Der private, individuelle, gefühlsmäßige Weg, der »innere Weg«, hätte eine Verinnerlichung, ein »Innenleben« zum Ziel. (»Innen« ist dabei natürlich nicht räumlich gemeint.) Nie können wir die Wege eindeutig charakterisieren; wie Weizsäcker es formulierte, können wir die Bedeutung der Wissenschaft für unsere Zeit eben »nur in Begriffen erläutern, die eine Zweideutigkeit ausdrücken«. (So kann ich nur hoffen, mich trotzdem mitzuteilen, wenn ich auf klare Deutlichkeit, Eindeutigkeit, verzichten muß.)

Die große Schwierigkeit liegt darin, daß eben *alle* Begriffe − wie Galileis Himmel − eine »innere« und eine »äußere« Bedeutung haben. Beim »Anfang«, bei »Religion« haben wir dies klar gesehen. Und Weisskopfs »innere Front« zeigt, daß sogar der Begriff »Innen« eine »äußere« Bedeutung hat: Denn die Elementarteilchen als »innere Front« sind *nicht* das, was wir mit dem inneren Weg bezeichnen wollen.

Weizsäcker spricht vom Szientismus, dem Glauben an die Wissenschaft. Es ist der Glaube des äußeren Weges, der äußere Glaube, die äußere Religion. Den Glauben, die Religion, das religiöse Bewußtsein des anderen, inneren Weges, beschreibt Suzuki so wunderschön klar:

»Das religiöse Bewußtsein in uns ist erwacht, wenn wir unser menschliches Leben durchwirkt sehen von einem Netz heftiger Widersprüche. Kommt dieses Bewußtsein zu sich selbst, dann haben wir das Gefühl, mit unserem ganzen Wesen am Rande eines völligen Zusammenbruches zu stehen. Das Gefühl der Sicherheit können wir nicht eher wiedererlangen, als bis sich uns ein Halt, eine Stütze, bietet in etwas, das die Widersprüche auflöst.«

Haben wir nicht schon immer gesagt, daß die Naturwissenschaft auf ihrem Weg die Widersprüche eliminiert, um Sicherheit zu bieten? Aber sie werden eben eliminiert, nicht aufgelöst, aufgehoben! Daß dieses religiöse Bewußtsein tatsächlich den Menschen des inneren Weges beschreibt, wird noch deutlicher, wenn Suzuki fortfährt, daß nicht Widersprüche in der Erfahrung gemeint sind, denn sie beunruhigen uns nicht weiter.»Doch stellen sich die Widersprüche zumeist im Bereich des Willens ein und behaupten sich dort. Greift man uns aber von dieser Seite aus an, so spüren wir den Zweifel am stärksten, wie einen eindringenden Pfeil.« Und in Übereinstimmung mit dem, was uns Suzuki (im vorigen Kapitel) von Saichi erzählt hat, meint er nun:»Die Frage: ›Was ist der Sinn des Lebens?‹ fordert dann keine abstrakte Lösung, sondern überkommt einen als ganz konkreter persönlicher Appell. Die Lösung muß sich auf dem Wege über die Erfahrung einstellen. Wir lassen dann alle die Widersprüche hinter uns, in die uns das Denken gestellt hat, denn wir müssen auf praktische Weise mit dem Leben in Einklang kommen.«

Suzuki beschreibt also das Bewußtsein eines »inneren« Menschen, den anderen, inneren Weg. Dem möchte ich den Menschen des äußeren, öffentlichen Weges gegenüberstellen, der sich dem Szientismus verschrieben hat, wie Weizsäcker es nennt. Vielleicht können wir sagen, daß »szientöse« Bewußtsein in uns ist erwacht, wenn wir die Welt erklärbar sehen durch ein vollständiges, geschlossenes und widerspruchsfreies Modell; wenn wir dem logischen Verstand, dem Intellekt, das höchste Prestige, den obersten Platz einräumen.

Natürlich ist kein Mensch rein szientös, so, wie es keinen nur religiösen Menschen gibt. In jedem von uns wohnen zwei Seelen, die Frage ist nur, ob sie im Einklang oder im Widerstreit stehen, ob eine die andere mehr oder weniger unterdrückt oder gar verleugnet. Joseph Weizenbaum beschreibt den extrem szientösen Menschen als »zwanghaften Programmierer«. So, wie die Mathematik der Inbegriff der Widerspruchsfreiheit ist, so ist ein Computer-Programm geradezu als »Gebet« des szientösen Menschen anzusprechen, ist doch jeder Widerspruch darin vollkommen undenkbar, sozusagen des Teufels. Und Weizenbaum sagt dann:

»Wir haben also ein Kontinuum vor uns; an dessen einem Extrem befinden sich diejenigen Naturwissenschaftler und Technologen, die dem zwanghaften Programmierer sehr ähnlich sind. Am anderen Extrem befinden sich die Naturwissenschaftler, Humanisten, Philosophen, Künstler und Theologen, die sich mit ihrer Gesamtpersönlichkeit und unter Berücksichtigung aller möglichen Perspektiven um ein Verständnis der Welt bemühen. Die Angelegenheiten unserer Erde scheinen sich in den Händen von Technikern zu befinden, deren psychische Verfassung sich der zuerst genannten in gefährlichem Maße annähert. Die Stimmen derer, die zur zweiten Gruppe gehören, scheinen indessen immer schwächer zu werden.«

Die Folgen dieser extremen Wissenschaftsgläubigkeit sind tatsächlich um so erschreckender, je weniger ihre Ursachen durchschaut werden. Denn sie verleitet dazu, eine untragbar gewordene Situation, in die uns die alles erfassende Technologie gebracht hat, blindlings mit noch mehr Technologie bekämpfen zu wollen. Wir werden das an einigen Beispielen in den folgenden Kapiteln noch genau untersuchen. Hören wir zunächst noch einmal Weizsäcker, wie er seine erste These weiter begründet:

»Viele Bewunderer der Wissenschaft meinen, sie unterscheide sich gerade darin von der Religion, daß sie Glauben durch Vernunft ersetzt. Eben diese Meinung ist nach meiner Ansicht eine Äußerung ihres Glaubens. Wir dürfen nur den Begriff des Glaubens nicht zu eng fassen; sonst verstehen wir nicht, was religiöser Glaube in Wahrheit ist. Das führende Element des Glaubens ist nicht das Für-wahr-Halten, sondern das Vertrauen. Für-wahr-Halten ist eine intellektuelle Haltung; es ist Zustimmung zu einer Meinung auch ohne die Basis des Wissens. Unter Vertrauen hingegen verstehe ich eine Beschaffenheit der ganzen Person, die nicht auf das bewußte Denken beschränkt ist. Wenn wir wirklich vertrauen, dann leben und handeln wir so, wie wir leben und handeln müssen, wenn das, worauf wir vertrauen, wirklich und wahr ist.«

Wie wenn das Modell der Wirklichkeit, das Weltbild der Naturwissenschaft, schon die ganze und wahre Wirklichkeit wäre, könnten wir ergänzen. Gerade dadurch, daß die Naturwissenschaft den Platz der Kirche in unserer Zeit eingenommen hat, ist die Kluft zwischen den beiden Wegen, die Spaltung von Innen und Außen so dramatisch geworden. Denn die Naturwissenschaft beschränkt sich eben nicht auf das Ordnen der Außenwelt, das Verbessern der Situation des Menschen in seiner Umwelt, sie beansprucht eben *auch* die Innenwelt (indem sie sie veräußerlicht), sie will selbst bestimmen, was für den Menschen gut ist, wie er zu leben hat, was er tun muß. Aber während die Kirche das Übertreten ihrer Verbote, Verstöße gegen ihr Bekenntnis, noch mit Strafen belegen mußte, kann die Naturwissenschaft gelassen bleiben (sie wird ja auch viel unpersönlicher vertreten!). Ein Verstoß gegen das Glaubensbekenntnis der

Naturwissenschaft, die Axiome der Logik, bestraft sich selbst; wer unlogisch ist, macht sich lächerlich. Damit sind die Verbote zu Tabus geworden, deren Einhaltung keinerlei eigener Überwachung mehr bedarf. All das haben wir ja an Beispielen genau untersucht. Hören wir dazu noch einmal Weizsäcker:

»Und wenn uns nun jemand fragt, was die siamesischen Zwillinge von Wissenschaft und Technik zu den Idolen unserer Zeit macht, so werden wir antworten müssen: ihre Vertrauenswürdigkeit; ihre bewährte Verläßlichkeit. Der primitive Junge aus irgendeinem Dorf in der Welt, der wenig von seinen Göttern und nichts von der Wissenschaft weiß, lernt, wie man auf das Gaspedal tritt, und der Wagen rollt. Der europäische Christ und der europäische Skeptiker leben ihren gemeinsamen unreflektierten Glauben an die Technik, wenn immer sie beim Betreten eines Zimmers am Schalter knipsen und erwarten, daß das Licht aufleuchten wird. Der romantische Schriftsteller, der ein Buch gegen das Weltbild der Naturwissenschaft geschrieben hat, ruft seinen Verleger telefonisch an, weil er sich beim Korrekturlesen verspätet hat; und schon durch diese kleine Handlung beugt er sich vor dem Gott, den er in seinen bewußten Gedanken verwirft. Und wenn das Auto, das elektrische Licht, das Telefon einmal nicht funktionieren, so werfen wir nicht der technischen Wissenschaft vor, sie sei falsch, sondern dem Apparat, er sei ›kaputt‹ oder ›schlecht gemacht‹; wir messen ihn am Maßstab unseres Glaubens an die Wissenschaft. So groß ist unser aller Wissenschaftsglaube.«

Und wir sind uns dieses Glaubens nicht einmal bewußt! Dadurch sind wir einerseits unfreier geworden als in den Zeiten der Kirche. Damals konnte man noch für andere Glaubensbekenntnisse − wenn auch unter Lebensgefahr − eintreten, ja man konnte sich gegen jedes Bekenntnis wenden. Die Naturwissenschaft kennt keine Alternative: Wer nicht glaubt, ist geistig nicht normal, ist irrsinnig. Andererseits war dieser Grad von Absolutheit, dieses Alles−erfassen-Wollen wahrscheinlich notwendig, um ein Zurück auszuschließen. Weil wir nicht mehr zurückkönnen, wollen wir es auch nicht wirklich (höchstens in der Traumwelt romantischer Schriftsteller). Erst dadurch, daß wir wirklich in die Enge getrieben sind, daß es keinen Ausweg gibt, sind wir gezwungen, das Unmögliche möglich zu machen, den Brückenschlag über die unüberbrückbare Kluft zwischen den beiden Wegen zu versuchen.

Wenn wir weit zurückgehen in die Vergangenheit, finden wir noch den Versuch, die Einheit von Glauben und Wissen zu bewahren. Vor etwa anderthalb Jahrtausenden vertrat der Kirchenvater Augustinus den öffentlichen Weg der christlichen Lehre. In der Beschreibung Augustinischen Lehrens sagt Gerhard Schwarz:

»Somit ist Glaube und Wissen für Augustinus kein Gegensatz, im Gegenteil: letztlich fallen Glaube und Wissen sogar in der Wahrheit zusammen«, und er zitiert Augustinus:

»Sei nur guten Mutes und beschreite vertrauensvoll die von der Vernunft gewiesenen Pfade. Nichts ist so steil und schwierig, das nicht mit Gottes Hilfe völlig eben und zugänglich würde.«

Heute können wir diesem Rat nicht mehr folgen, denn Gottes Hilfe hat mit dem von der Vernunft gewiesenen Pfade nichts mehr zu tun. Glauben und Wissen bilden keine Einheit mehr, sie sind zur Alternative geworden. »Glauben heißt nicht wissen«, und wer weiß, muß nicht glauben. Gerade deshalb aber sind sie auswechselbar geworden, konnte die Wissenschaft den Platz der Religion einnehmen und deren Aufgaben weiterführen.

»Wir Christen glauben und lehren, ja machen sogar unser Heil davon abhängig, daß Philosophie, das ist das Streben nach der Wahrheit, und Religion nicht voneinander verschieden sind«, sagte Augustinus. Als die Einheit der Gegensätze verlorenging, als die Gegensätze zu Widersprüchen wurden, die eliminiert werden mußten, war das Ziel darum auch nicht mehr Wahrheit, sondern Widerspruchsfreiheit. »Äußere Wahrheit« könnten wir die Widerspruchsfreiheit nennen, nachdem äußerer und innerer Weg sich trennten.

Und daß auch die Kirche begann, sich auf den äußeren Weg zu begeben, beschreibt Gisbert Greshake, Professor für Dogmatische Theologie an der Universität Wien, wenn er sagt:

»Es ist noch gar nicht so lange her, daß in den Katechismen, Glaubensbüchern und dogmatischen Kompendien im Kapitel über die ›Letzten Dinge‹ Andeutungen der Schrift wie in einem Puzzlespiel zu einem einzigen Bild komponiert wurden, so daß eine geschlossene große Reportage des kommenden Enddramas und Endzustandes entstand. Wie in kaum einem anderen Gebiet der Glaubenslehre blieben die Aussagen über die ›Letzten Dinge‹ auf dem Niveau einer primitiven ›Kindergartentheologie‹ stecken, in welcher die Endaussagen, ›kitschig verniedlicht‹ statt nach ihrer Aussageabsicht befragt wurden. Aus Bildern und Symbolen wurde so ein verdinglichtes

Zukunftsgemälde entworfen, das den kritischen Menschen eher befremdet und abstößt als überzeugt und ins Herz trifft, wie es die Frohe Botschaft doch eigentlich tun sollte . . . So kann man noch heute nicht wenige Bücher finden, wo unter Aufbietung enormen Scharfsinns über die Reihenfolge der Ereignisse am sogenannten Jüngsten Tag sehr seriöse Überlegungen angestellt werden. Wo zum Beispiel gefragt wird, ob erst der Weltenbrand oder die Auferstehung der Toten erfolgt, und wie sich dazu das Blasen der Posaune und die Wiederkunft Christi auf den Wolken des Himmels zeitlich und sachlich verhält. An solchen Überlegungen wird deutlich, wie bildhafte Aussagen mißverstanden und verdinglicht werden zu einer Art Zukunftsreportage vom Jüngsten Tag. Kurz vor der Jahrhundertwende noch berechnete ein Dogmatikprofessor aus Münster namens Baus aus Andeutungen der Bibel die Temperatur des Höllenfeuers . . . Solche und ähnliche Überlegungen zeigen deutlich, in welche Richtung die Aussagen vom ›Letzten‹ mißverstanden wurden, so daß der französische Theologe Y. Congar die herkömmliche Lehre von den ›Letzten Dingen‹ nicht zu Unrecht als eine ›Physik der Letzten Dinge‹ apostrophiert.«

Wie gesagt: Das Evangelium wurde durch das Experiment ersetzt, ansonsten hat sich nicht allzuviel geändert. Gerade bei den ›Letzten Dingen‹ tritt die Einseitigkeit des äußeren Weges besonders kraß, ja lächerlich zutage. Ist doch der »Tod als intersubjektives Phänomen« geradezu ein Schlag ins Gesicht des Individuums. Was mich am Tod wirklich berührt, ist *mein* Tod. Alles andere ist Ablenkung davon, die allerdings manchmal höchst willkommen sein kann.

Sehen wir uns doch gerade an diesem dramatischen Beispiel, dem Tod, die Art und Weise an, wie die Naturwissenschaft ihre Funktion als Religion unserer Zeit wahrnimmt. Der Tod als *mein* Tod ist natürlich ein rein inneres Problem, es gibt nichts Persönlicheres, Subjektiveres, als meinen Tod. Mit mir stirbt auch *meine* Welt, die innere Welt, und nichts vermag mich darüber hinwegzutrösten, selbst wenn noch so viele Taten und Werke als äußere Zeichen meines Lebens weiterbestehen.

Gisbert Greshake schreibt dazu: »Ist das, was wir Menschsein nennen, nur ein lichter Augenblick zwischen Noch-nicht-Sein und Wieder-zunichte-Werden? Ist es das Produkt des Zufalls, das vergeht, ähnlich dem Leben einer Eintagsfliege, von deren Werden und Vergehen kein Aufhebens zu machen ist? So sieht sich das Leben vom Tod in eine fundamentale Krise gestellt. Die Frage nach dem Sinn des Lebens und seiner Bedeutung läßt sich angesichts der Bedrohung durch den Tod nicht vermeiden. Weil das so ist, wird in der heutigen säkularisierten Welt, die auf eine radikale Infragestellung des Lebens keine Antwort mehr hat, die Wirklichkeit des Todes aus dem gesellschaftlichen Bewußtsein geschoben. Weil der Tod das Leben be-drängt, wird er verdrängt. Während sich früher das Sterben in einem sehr hohen Maß in der Öffentlichkeit, in Familie, Nachbarschaft und Gemeinde vollzog, stirbt man heute in diskreten kleinen Sterbezimmern in Krankenhäusern. Leichenhallen sorgen dafür, daß sich die Häuser der Lebenden vor den Toten verschließen können. Die Friedhöfe befinden sich außerhalb der Stadt, während sie früher um die Kirche gelegen waren, wo jeder, der sich zur Eucharistiefeier der Gemeinde der Lebenden versammelte, immer auch Kontakt mit den Toten aufnahm. So lebte man früher viel intensiver mit den Toten und mit der Realität des Todes.«

Der Tod — mein Tod — ist vielleicht der größte Widerspruch im Leben des Menschen — zumindest aber der nagendste. Denn einerseits zerstört er mein Leben, weil er es abrupt beendet, andererseits vollendet er mein Leben erst, erst durch den Tod wird es endgültig. Gisbert Greshake bringt diesen ungeheuren Widerspruch so schön zum Ausdruck: »Aber der Tod ist nicht nur im Leben, sondern das Leben ist auch im Tod gegenwärtig, so unsinnig das zunächst klingen mag. Aber wie die letzten Töne einer Melodie oder eines musikalischen Themas dieses erst ganz gegenwärtig machen und es zur vollendeten Gestalt bringen, so führt auch erst der Tod das Leben zu seiner Vollendung, er bringt es zu seiner endgültigen Gestalt. Bevor der Tod eintritt, hat das Leben nur Vorläufigkeitscharakter, es ist revidierbar, noch formbar, noch offen. Erst im Tod wird das Ganze des Lebens endgültig. Deswegen kommt im Tod das Leben zu sich selbst, der Tod birgt das Leben in sich hinein, er versammelt das Ganze des Lebens in sich.«

Die Auszeichnung des Edlen ist, »daß er erschaut, wie alle Dinge eine Heimat haben und Leben und Tod gemeinsame Zustände sind«, sagte Dschuang-dsi.

»Wenn der Geist die Form verläßt, so kehrt beides zurück zu seinem wahren Wesen. Darum heißen sie die Heimgegangenen.

›Heimgegangene‹ kommt von ›heimgehen‹, heimgehen in seine wahre Behausung«, fügt Liä-dsi hinzu.

Dieser nagende Widerspruch ist — wie gesagt — ganz persönlich, innerlich; er ist — um mit Suzuki zu sprechen — nicht ein Widerspruch der Erfahrung, sondern ein Widerspruch im Bereich des Willens. Ich will weiterleben, und ich will mein Leben vollenden. »Denn wer sein Leben retten *will*, wird es verlieren«, sagt Jesus. Darum ist dieser innere Widerspruch als solcher auch ganz leicht zu eliminieren, gehört er doch seiner Natur nach schon in die Privatsphäre, auf die andere Straße. Da es aber kein nur inneres Phänomen gibt, da alles auch eine äußere Seite hat, ist das Todesproblem *auch* ein Problem der Öffentlichkeit: Sterbende hinterlassen ihren Körper, oft einen »Letzten Willen«; Menschen, die eine Funktion in der Gemeinschaft dargestellt haben, sind plötzlich nicht mehr da, hinterlassen eine Lücke. Der Tod eines Menschen stellt an sich schon das erste Axiom der Logik in Frage, denn ein Mensch ist plötzlich nicht mehr identisch mit sich selbst. Darum wird »die Wirklichkeit des Todes aus dem gesellschaftlichen Bewußtsein geschoben«, wie Greshake sagt. (Wir kennen diese Methode ja schon ganz genau aus anderen Bereichen.) Früher vollzog sich der Tod »in hohem Maße in der Öffentlichkeit«, heute wird er verdrängt. Aber der »Ort in der Seele des Menschen«, den die Beschäftigung mit dem Tod früher einnahm, kann heute nicht leerstehen — um Weizsäckers Worte abzuwandeln. Und nach seiner These muß dieser Ort von der Wissenschaft erfüllt werden. Wie kann ihr das aber gelingen, wo doch der Tod als Widerspruch außerhalb ihrer ontologischen Grenze, im Tabu-Bereich liegt, verdrängt werden muß?

Um das zu klären, gehen wir am besten zunächst wieder einein-halb Jahrtausende zurück in die Zeit, da Gegensätze noch vereint werden konnten. Auch Augustinus stand vor dem Widerspruch des Todes. Hören wir dazu wieder Gerhard Schwarz, wie er Augustinus' Denken beschreibt:

»Und was ist nach dem Tod? Ist mit dem Tod alles zu Ende, so ist doch das Christentum wieder nur ein besserer Atheismus, der versucht, den Lebenden zu trösten. Kommen wir aber nach dem Tode in das Jenseits, ist erst recht wieder die angeblich überwundene Trennung da. Der . . . Satz Augustinus' wäre dann auch nicht ganz richtig, denn er dürfte nicht sagen: ›durch das Sterben wird die

Gerechtigkeit vollendet‹, sondern er müßte eigentlich sagen: ›durch das Leben nach dem Tode wird die Gerechtigkeit vollendet‹.

Wenn wir diese Frage genauer untersuchen, stellt sich etwas Interessantes heraus: Beide Alternativen sind unbefriedigend und eigentlich nicht recht denkbar ... Der Punkt, an dem Augustinus ansetzt, diese härteste Nuß zu knacken, ist die Formulierung, die dieser — wie es scheint, ausweglosen — Alternative zugrunde liegt, wenn es heißt: was ist ›nach‹ dem Tode. Diese Frage — meint Augustinus — sei falsch gestellt. Sie ist gleichbedeutend mit einer, die zwar den Menschen wesentlich weniger Sorgen macht als unsere eben angeführte, aber genauso sinnlos sich einer möglichen Antwort präsentiert, nämlich: ›Was tat Gott *bevor* er Himmel und Erde erschuf?‹ ...

Den beiden ... Fragen liegt nämlich die Auffassung zugrunde, daß es sinnvoll ist, von einer Zeit vor der Schöpfung und einer Zeit nach dem Tode zu sprechen. Diese Auffassung der Zeit aber ist in sich widersprüchlich und unhaltbar.«

Das Problem des Todes ist vom Problem der Zeit nicht zu trennen, sie bilden eine Einheit. Zeit aber ist ein Begriff, der auch für die Naturwissenschaft von größter Bedeutung ist. Doch hören wir zunächst noch, was Augustinus über die Zeit sagt:

»Was ist die Zeit? Wer könnte das leicht und kurz erklären? Wer vermöchte es auch nur gedanklich zu begreifen, um sich dann im Wort darüber auszusprechen? Gleichwohl, was ginge uns beim Reden vertrauter und geläufiger vom Munde als ›Zeit‹? Beim Aussprechen des Wortes verstehen wir, was es meint, und verstehen es auch, wenn wir es einen anderen aussprechen hören.

Was ist also ›Zeit‹? Wenn mich niemand danach fragt, weiß ich es; will ich es einem Fragenden erklären, weiß ich es nicht. Aber zuversichtlich behaupte ich zu wissen, daß es vergangene Zeit nicht gäbe, wenn nichts herankäme, nicht gegenwärtige Zeit, wenn nichts seiend wäre, und nicht künftige Zeit, wenn nichts bevorstünde.«

Ist die Zeit nicht ebenso widersprüchlich abgründig wie der Mensch? Untrennbar mit ihm verbunden? Hören wir, was Augustinus weiter dazu sagt:

»Wenn sie denn ›sind‹, Zukunft und Vergangenheit, so will ich wissen, wo sie sind. Wenn ich das vorerst auch nicht vermag, so weiß ich doch so viel, daß sie dort, wo sie ›sind‹, sei das wo immer, nicht Zukunft und Vergangenheit sind, sondern Gegenwart. Denn ist das Künftige auch dort als erst künftig, so ›ist‹ es dort noch nicht; ist das Vergangene auch dort vergangen, so ›ist‹ es dort nicht mehr. Mögen sie also beide, was immer auch sie sind, sein wo immer: sie ›sind‹ nur als Gegenwart.«

Klarer kann man den großen Widerspruch der Zeit wohl kaum fassen: Auch die Zukunft und Vergangenheit *sind* nur als Gegenwart! Und Augustinus fährt fort:

»Denn es sind diese Zeiten als eine Art Dreiheit in der Seele und anderswo sehe ich sie nicht: und zwar ist da Gegenwart von Vergangenem, nämlich Erinnerung; Gegenwart von Gegenwärtigem, nämlich Augenschein; Gegenwart von Künftigem, nämlich Erwartung. Erlaubt man uns, so zu sprechen, dann sehe ich auch drei Zeiten und gebe zu: ja, es ›sind‹ drei.«

Augustinus findet also den wahren Ort der Zeit in der Seele, das heißt im Innenleben, in der Innenwelt, auf der anderen Straße. Aber er wäre nicht der Wahrer der Einheit, wollte er sich ganz ans andere Ufer flüchten. Dort stört uns die Widersprüchlichkeit der Zeit nicht; aber Zeit ist ja auch meßbar, sie ist sogar als Meßgröße ganz wesentlich für unser Leben. Darum fragt auch Augustinus weiter:

»Allein, wenn man sie mißt, von woher und wo hindurch und wohin verläuft die Zeit? Von woher sonst als aus der Zukunft? Wo hindurch sonst als durch die Gegenwart? Wohin sonst als in die Vergangenheit? Also aus dem, was noch nicht ist, durch das hindurch, was ohne Ausdehnung ist, in das, was nicht mehr ist. Was aber messen wir, wenn nicht die Zeit in etwelcher Ausdehnung? Denn sprechen wir bei Dauer von einfach und doppelt und dreifach und gleich oder sonstwie in dieser Art, so gilt es ja von Zeit als Ausdehnung. In welchem Gebiet von Zeit also, der fließenden, bestimmen wir Maße von Zeit? Etwa in der Zukunft, aus der heraus sie vorüberzieht? Aber was noch nicht ›ist‹, das können wir nicht messen. Oder in der Gegenwart, durch die hindurch sie vorübereilt? Aber Ausdehnungsloses können wir nicht messen. Oder in der Vergangenheit, wohin sie vorüberflieht? Aber was nicht mehr ›ist‹, können wir nicht messen.

Mir brennt der Geist danach, dies ungemein verwickelte Rätsel zu entwirren.«

Und nach vielen, geradezu fesselnden Überlegungen, die uns aber leider zu weit führen würden, kommt Augustinus zu dem Schluß:

»In dir, mein Geist, messe ich die Zeiten. Nein, lärme nicht dagegen an! Es ist so; lärme mir nicht dagegen mit dem Schwall deiner sinnlichen Eindrücke! In dir, sage ich, messe ich die Zeiten. Der Eindruck, der von den Erscheinungen bei ihrem Vorüberziehen in dir erzeugt wird und dir zurückbleibt, wenn die Erscheinungen vorüber sind, der ist es, den ich messe als etwas Gegenwärtiges, nicht das, was da, den Eindruck erzeugend, vorüberging; nur ihn, den Eindruck, messe ich, wenn ich Zeiten messe. Also sind entweder die Eindrücke die Zeiten, oder ich messe die Zeiten überhaupt nicht.«

Können wir heute solche Gedankengänge überhaupt noch nachvollziehen? Erfaßt uns nicht vielmehr eine Sehnsucht nach dieser vergangenen Möglichkeit, solche Einheit auszudrücken? Denn mittlerweile hat die Geschichte die Welt verändert: Die Kirche hat begonnen, Widersprüche zu eliminieren, und die Naturwissenschaft hat dieses Werk radikal vollendet. Wenn die Austreibung der Geister aus der Natur zum Ziel wird, kann nicht länger Zeit »im Geiste gemessen« werden. Sehen wir uns an, was die Naturwissenschaft aus der Zeit gemacht hat.

Getreu dem Vorbild Galilei und dem Leitsatz »alles, was meßbar ist, messen, und was nicht meßbar ist, meßbar machen« machte Newton die Zeit meßbar, indem er sie spaltete; die Zeit fiel − wie der Himmel − auseinander in eine »absolute, wahre und mathematische Zeit« und eine »relative, scheinbare und gewöhnliche Zeit«. In unserer Sprache könnten wir sie vielleicht »äußere Zeit« und »innere Zeit« nennen. Natürlich ist die innere Zeit in Newtons Sprache scheinbar, der andere Weg gehört ja nicht zur öffentlichen Wirklichkeit, ist weniger wirklich, »bloß« subjektiv, eben scheinbar! Die äußere Zeit nennt Newton daher auch »wahr«, um sie verbindlich, intersubjektiv zu machen. Und er sagt:

»Die absolute, wahre und mathematische Zeit verfließt an sich und vermöge ihrer Natur gleichförmig und ohne Beziehung auf irgendeinen äußeren Gegenstand.

Die relative, scheinbare und gewöhnliche Zeit ist ein fühlbares und äußerliches, entweder genaues oder ungleiches Maß der Dauer, dessen man sich gewöhnlich statt der wahren Zeit bedient, wie Stunde, Tag, Monat, Jahr.«

Vergleichen wir doch diese nüchternen Definitionen mit dem Ringen des Augustinus, »dies ungemein verwickelte Rätsel zu entwirren«! Newton sagt nicht viel über die Zeit; seine Definitionen sind daher viel mehr *Aufforderungen*, die beiden Wege schön säuberlich getrennt zu halten, Anleitungen zum richtigen Handeln in der äußeren Welt. Denn logisch gesehen, sind sie eigentlich unsinnig. Wenn die wahre Zeit gleichförmig verfließt, dann bewegt sie sich offenbar, Bewegung setzt aber zu ihrer Beobachtung (oder gar Messung) schon wieder einen Zeitbegriff voraus. Wie schon Aristoteles sagte: »Wir erfassen Zeit nur, wenn wir erkennbare Bewegung haben. Wir messen nicht nur die Bewegung durch die Zeit, sondern auch die Zeit durch die Bewegung, da beide einander definieren.«

Und dies ist ein Trick, mit dem die Naturwissenschaft immer arbeitet, wenn es gilt, einen Begriff zu spalten, etwas, was nicht meßbar ist, meßbar zu machen, außen und innen zu trennen: Sie verwendet einen Zirkelschluß. »Wir messen nicht nur die Bewegung durch die Zeit, sondern auch die Zeit durch die Bewegung, da beide einander definieren.« Das ist deshalb möglich, weil der Mensch selbst ja die Einheit von außen und innen *immer* in gewissem Maße verkörpert, auch wenn er es nicht wahrhaben will oder sich dessen nicht bewußt ist. »Wenn mich niemand danach fragt, weiß ich es«, sagt Augustinus. Wir alle *wissen*, was Zeit ist, wir können sie nur nicht definieren, denn es ist ein inneres Wissen. Daher brauchen wir gar keine Erklärung, wir müssen uns nur *einigen*, wie wir sie messen. Und dazu genügt ein Zirkelschluß, wenn wir uns nur gemeinsam auf eine Standardbewegung festlegen, an der wir alle anderen Bewegungen messen. Dann haben wir das Ziel der Naturwissenschaft erreicht: die Intersubjektivität, die Öffentlichkeit, aus der alle Widersprüche entfernt sind; jeder, der mit demselben Standard mißt, kommt zu demselben Ergebnis. Stellt sich ein Widerspruch ein, war die Messung falsch.

In seinem Lehrbuch sagt dies Richard P. Feynman so deutlich: »Was ist Zeit? Es wäre schön, wenn wir eine gute Definition der Zeit finden könnten... Was jedoch wirklich wichtig ist, ist nicht, wie wir Zeit *definieren*, sondern wie wir sie messen. Eine Möglichkeit, Zeit zu messen, ist die Benützung von etwas, was immer wieder in regelmäßiger Art geschieht — etwas Periodischem... Alles, was wir sagen können, ist, daß wir eine Übereinstimmung finden zwischen einer Regelmäßigkeit der einen Art mit einer Regelmäßigkeit anderer Art. Wir können nur sagen, daß wir unsere Zeit-*Definition* auf der Wiederholung eines offensichtlich periodischen Ereignisses aufbauen.«

210

Zu Newtons Zeiten war diese Bezugsbewegung dem Planetensystem entnommen: Ein voller Umlauf der Erde um die Sonne ist ein Jahr und die Sekunde ein genau definierter Bruchteil davon. Heute sind wir längst der Anweisung Maxwells gefolgt, der doch vor mehr als hundert Jahren forderte: »Wenn wir also Zeitstandards erhalten wollen, die absolut unveränderlich sind, so dürfen wir sie nicht in der Bewegung unseres Planeten suchen, sondern in der Schwingungsdauer der unvergänglichen, unveränderlichen und völlig gleichartigen Moleküle.«

Längst liefern uns »Atomuhren« eine Genauigkeit, die alle Erwartungen übertrifft. Aber die Erweiterung des physikalischen Weltbildes, das Fortschreiten des modernen Turmbaus zu Babel, führte in Widersprüche, die zeigten, daß die Newtonsche Zirkeldefinition der Zeitmessung zu grob war. Albert Einstein konnte diese Widersprüche eliminieren, indem er die Bewegung des Lichtes zum neuen Standard erhob. Damit war die Zeit selbst viel radikaler eliminiert, als dies durch Newton gefordert worden war. Astronomen haben schon seit langem den Weltraum in Lichtjahren vermessen; ein Lichtjahr ist jene Längeneinheit, die das Licht in einem Jahr durchläuft. Nun kann die Zeit etwa in Lichtzentimetern gemessen werden, das ist jene (unvorstellbar kurze) Zeit, die das Licht braucht, um einen Zentimeter zu durcheilen. (Um ein Gefühl für solche Maße zu entwickeln, darf ich daran erinnern, daß ein Licht von der Erde zum Mond etwas über eine Sekunde braucht und nach ungefähr acht Minuten von der Sonne bei uns eintrifft.) Eine Sekunde, die natürlich nach wie vor eine wichtige Zeiteinheit bleibt, ist dann ein bestimmtes Vielfaches dieser elementaren Zeit.

Damit wurde aber die Zeit auf den Raum zurückgeführt — eigentlich eliminiert. In der Relativitätstheorie Einsteins, die auf diesem neuen Zeitbegriff aufbaut, spricht der Physiker daher auch vom »vierdimensionalen Raum-Zeit-Kontinuum«. Wir haben ja im zweiten und fünften Kapitel besprochen, welche Änderungen im Weltbild der Naturwissenschaft durch diese Revolution entstanden.

Die Ideen Einsteins wurden durch den Mathematiker Hermann Minkowski vervollständigt. Er führt den Gedanken des Raum-Zeit-Kontinuums in mathematischer Hinsicht zu Ende und garantierte damit die endgültige Widerspruchsfreiheit. Auf der Versammlung der Gesellschaft Deutscher Naturforscher und Ärzte am 21. September 1908 in Köln sagte er:

»Die Anschauungen über Raum und Zeit, die ich Ihnen entwickeln möchte, sind auf experimentell-physikalischem Boden erwachsen. Darin liegt ihre Stärke. Ihre Tendenz ist eine radikale. Von Stund an sollen Raum für sich und Zeit für sich völlig zu Schatten herabsinken, und nur noch eine Art Union der beiden soll Selbständigkeit bewahren.«

Klingt das nicht fast wie aus einer Predigt, einer Predigt für die Einheit? Aber nicht einer Einheit der Gegensätze, sondern einer Vereinheitlichung alles Äußerlichen, nachdem das Nicht-Meßbare, das Widersprüchliche, das Innere, abgespalten und verdrängt worden ist.

Aber sind wir nicht nun, nach diesen Überlegungen, weiter von unserem ursprünglichen Problem abgekommen? Wollten wir nicht sehen, was die Naturwissenschaft anstelle des verdrängten Todesproblems setzt? Daß dieses Problem vom Zeitbegriff nicht abgetrennt werden kann, haben wir bei Augustinus gesehen. Folgen wir noch einmal Gerhard Schwarz, wenn er beschreibt, wie die Bewältigung des Zeitproblems Augustinus auch das Todesproblem anders sehen läßt (wir erinnern uns, daß für Augustinus auch Zukunft und Vergangenheit »in der Seele gegenwärtig sind«):

»Wie ist das aber mit dem Tod? Wir verstehen jetzt besser, warum das eigentliche Problem des Todes ein Problem für den Lebenden ist: Zukunft und Vergangenheit sind nur wirklich als Problem der Gegenwart. Zukunft und Vergangenheit, Hoffnung und Erinnerung sind eine Weise, wie der Mensch sich als Endlicher bestimmt. Dann hat es aber keinen Sinn, von einer Zeit nach dem Tode zu sprechen, denn unabhängig von der gegenwärtigen Selbstbestimmung kann Zukunft nicht existieren, nicht gedacht werden. Es hat nur einen Sinn, vom Tode zu sprechen. Wir erinnern uns an Augustinus' Analyse des Todes: es zeigte sich, daß der Tod für den Menschen nicht ein Vorgang ist wie jeder andere, der in der Zeitlinie an einem Punkt lokalisiert werden könnte, denn die Zeitlinie ist eine Abstraktion, ein Abbild des gegenwärtigen Bewußtseins und seiner Selbstbestimmung. Die Frage, was ist ›nach‹ dem Tode, ändert sich somit in die Frage nach dem Sinn des Todes, die ist aber identisch mit der Frage nach dem Sinn eines Lebens, das sterben muß und dies auch weiß.«

»Unabhängig von der gegenwärtigen Selbstbestimmung kann Zukunft nicht existieren, nicht gedacht werden« — für Augustinus und alle, die sich heute noch mit seinem Denken eins fühlen können. Aber hat nicht die Naturwissenschaft gerade die Ablösung des inneren Menschen, des Selbst, aus dem öffentlichen Weltbild zum Ziel? Versucht sie nicht uns einzuhämmern, daß die sogenannte »reale Außenwelt« auch ohne uns Menschen existiert? Daß ich abnormal bin, wenn ich meine, irgend etwas Wesentliches an der Welt könnte sich ändern, wenn ich sterbe? Was intersubjektiv ist, ist nicht auf mich angewiesen. Also gibt es auch intersubjektive Zeit nach meinem Tod, und die innere — meine — Zeit ist im öffentlichen Weltbild, in der »eigentlichen Wirklichkeit«, uninteressant.

In einem solchen Weltbild wird — um der Widerspruchsfreiheit, der *äußeren* Wahrheit willen — der Tod eines Individuums eben doch zu einem Vorgang gemacht, der wie jeder andere auf der Zeitlinie an einem bestimmten Zeitpunkt stattfindet. Und da die Widerspruchsfreiheit als neues Glaubensbekenntnis ja auch die menschliche Gesellschaft, das Recht und Gesetz mitformt, ist es zur Aufrechterhaltung der äußeren Ordnung dringend notwendig, diesen Zeitpunkt des Todes genau festzulegen. Wir erinnern uns der (menschenwürdigen?) Diskussionen anläßlich der Herztransplantationen, ob der Zeitpunkt des Todes durch den Stillstand der Funktionen von Herz oder Hirn zu definieren sei. Jedenfalls muß dies intersubjektiv festgelegt werden, weil es über die rechtliche Zulässigkeit der Entnahme des Herzens aus dem sterbenden Spender entscheidet. (Natürlich tut sich eine Gesellschaft schwer, in deren Weltbild Menschen nur als Dinge vorkommen, den Zeitpunkt des Todes zu bestimmen!)

Können wir nach all dem noch verächtlich auf das Weltbild der »primitiven« Australneger herabsehen, wenn es dort über das Sterben heißt:

»Wenn wir sterben, wird die Energie dem Körper entzogen, von den Zehen und Füßen aufwärts. Wir werden kalt in den Füßen und nach und nach wird alle Energie durch den Körper hinauf und oben durch den Kopf hinausgezogen in die Geistige Welt. Die Aura beginnt nach und nach auch zu verschwinden... das braucht gewöhnlich ungefähr zweiundsiebzig Stunden. Alle Spuren des Geistigen Körpers sind dann beseitigt. Wir ruhen, fertig für den Beginn eines neuen Lebens in Bullima, der Geistigen Welt, in unserem gedankengeformten Körper (dem Dowee)..., ein Körper, der jede Erfahrung unseres Lebens enthält.«

Hat also die Naturwissenschaft doch nichts weiter zum Tod zu sagen, als den Zeitpunkt seines Eintretens festzustellen? Muß sie vor diesem Problem kapitulieren, weil sie mit den Widersprüchen den Menschen und auch die Zeit eliminiert hat?

Mitnichten! Sie wäre nicht die Religion unserer Zeit, wenn sie nicht für drängende Probleme höchst subtile Antworten bereit hätte, wenn sie uns nicht auch in tieferen Schichten unseres Daseins Sicherheit anböte. So wie für Augustinus Tod und Zeit nicht unabhängig voneinander betrachtet werden können, so hat die Naturwissenschaft einen anderen – freilich äußeren – Zusammenhang gefunden: Aus der Abspaltung der inneren Zeit, aus dem Beschränken auf die äußere, meßbare Zeit, folgt die ewige Erhaltung der Energie; und das müssen wir nun genauer betrachten.

»Die absolute, wahre und mathematische Zeit verfließt an sich und vermöge ihrer Natur gleichförmig und ohne Beziehung auf irgendeinen äußeren Gegenstand«, legte Newton fest. Alles, was nicht dieser Forderung entspricht, wird abgespalten, in die Privatsphäre verwiesen, verdrängt. Unter anderem ist dies die Bedingung dafür, daß wir einen Vorgang als »Experiment« bezeichnen. Nur das, was wiederholt werden kann, was immer wieder die gleichen Meßergebnisse liefert, was »reproduzierbar« ist, wird als Baustein zum Weltbild der Naturwissenschaft zugelassen. »Die Zeit ist homogen«, sagt der Naturwissenschaftler und bringt damit genau diese Grenzziehung zum Ausdruck. (Das ist natürlich keine Erkenntnis über die wahre Zeit, sondern eben eine Festlegung dessen, was zur Naturwissenschaft gezählt wird.)

Anders ausgedrückt, können wir sagen, daß die Naturgesetze unverändert bleiben, wenn wir die Zeitskala verschieben. Gemessen werden ja immer nur Zeitdifferenzen, und die sind unabhängig davon, wann zu zählen begonnen wurde. In der Fachsprache heißt dies, daß eine »Invarianz« der Naturgesetze gegen Verschiebungen der Zeitskala besteht. Und aus dieser Tatsache folgt das vielleicht fundamentalste Naturgesetz, der Satz von der Erhaltung der Energie. Er besagt, daß in abgeschlossenen Systemen die Summe aller vorhandenen Energien stets konstant bleibt, verschiedene Formen der Energie können sich ineinander umwandeln, aber Energie kann weder vergehen noch entstehen, sie ist »ewig«. Eigentlich haben wir auch hier wieder einen Zirkelschluß vor uns, denn ein abgeschlossenes System ist gerade dadurch definiert, daß die Energie in diesem System erhalten bleibt. Aber wegen des Zusammenhanges mit der Gleichförmigkeit der Zeit können wir ein abgeschlossenes System auch dadurch bestimmen, daß die Zeit in diesem System eben gleichförmig verfließt. Wenn wir zum Beispiel zulassen, daß während eines Billard-Spieles am Tisch gestoßen wird, dann werden unsere Stoßgesetze für dieses System nicht mehr gelten, das System ist nicht abgeschlossen; die Zeit ist auch nicht gleichförmig, weil der Zeitpunkt des Stoßes am Tisch vor allen anderen ausgezeichnet ist; es gibt dann eben eine »Beziehung auf einen äußeren Gegenstand«, den stoßenden Gegenstand, und das ist für die absolute, wahre und mathematische Zeit nicht erlaubt.

Wir wissen ja schon aus früheren Betrachtungen, daß Experimente immer idealisierte Situationen sind, die es in der erlebten Wirklichkeit nicht gibt. So gibt es natürlich auch keine abgeschlossenen Systeme, es ist völlig unmöglich, das Eindringen oder Abstrahlen jeglicher Energie (Wärme, langwellige Radiostrahlen, Schallwellen und dergleichen) zu verhindern. Aber im Labor, unter außergewöhnlichen Bedingungen, kann man einem solchen System doch nahekommen und dann eben auf die idealisierte Situation korrigieren. Hier ist für uns wichtig, daß dieses Naturgesetz, der Satz von der Erhaltung der Energie (zusammen mit anderen, sogenannten Erhaltungssätzen), zum fundamentalsten »Tiefsten« gehört, was die Naturwissenschaft kennt. 1918 wurde von der Göttinger Mathematikerin Emmy Noether dieser Zusammenhang zwischen Invarianzeigenschaften und Erhaltungssätzen mathematisch bewiesen. Für Heisenberg waren die Erhaltungssätze »entscheidende Elemente des Planes, nach dem die Natur geschaffen worden ist«. Darum ließ er auch die Möglichkeit zu, »am Anfang war die Symmetrie« sei die rechte Übersetzung des Evangelium-Beginnes; Symmetrie ist nämlich gleichbedeutend mit Invarianzeigenschaften.

Und daß diese »äußere Ewigkeit«, die durch Erhaltungssätze beschrieben wird, nun wirklich die Stelle des Absoluten einnimmt, hat Max Planck so schön gesagt:

»Ausgehen können wir immer nur vom Relativen. Alle unsere Messungen sind relativer Art. Das Material der Instrumente, mit denen wir arbeiten, ist bedingt durch den Fundort, von dem es stammt, ihre Konstruktion ist bedingt durch die Geschicklichkeit des Technikers, der sie ersonnen hat, ihre Handhabung ist bedingt durch die speziellen Zwecke, die der Experimentator mit ihnen erreichen will. Aus allen diesen Daten gilt es das Absolute, Allgemeingültige, Invariante herauszufinden, das in ihnen steckt.

So ist es auch mit der Relativitätstheorie. Ihre Anziehungskraft für mich bestand darin, daß ich bemüht war, aus allen ihren Sätzen das Absolute, Invariante abzuleiten, das ihnen zugrunde liegt. Das gelang in verhältnismäßig einfacher Weise.«

Klingt das nicht an einen Satz Aurobindos an, der sagte: »Hinter einem jeden Ding im Leben steht ein Absolutes, nach welchem dieses Ding in seiner eigenen Weise sucht; alles Endliche bemüht sich darum, ein Unendliches zum Ausdruck zu bringen, von dem es fühlt, daß es seine eigentliche Wahrheit ist.« Planck war bemüht, aus den Sätzen der Relativitätstheorie das Absolute, Invariante abzuleiten, das ihnen zugrunde liegt! Das Absolute *hinter* den Dingen, als ihr »Inneres«! Aber während Aurobindos Dinge in ihrer eigenen Weise danach *suchen*, versucht Planck es *abzuleiten* und — so fährt Aurobindo fort — »dem logischen Verstand gelingt es nur, mit dem fertig zu werden, was festgelegt und endlich ist«. Das Absolute, Invariante, das wir ableiten, bleibt also äußerlich, ein Schatten dessen, was wir wahrhaft suchen. So bleibt uns nichts anderes, als uns an diesen Schatten zu klammern.

»Wenn wir sterben, wird die Energie aus dem Körper hinausgezogen in die Geistige Welt«, sagen die Eingeborenen Australiens. Energie aber ist erhalten, unvergänglich, »ewig«. Energie also als Stellvertreter einer unsterblichen Seele?

»Der Satz von der Erhaltung der Energie stützt die Vermutung, daß nichts verlorengehen oder vollkommen beseitigt werden kann«, sagt Horst Kurnitzky bei der Beschreibung von Gräberkulturen. Kann uns aber ein solcher rein äußerlicher Schatten befriedigen, kann er uns den notwendigen existenziellen Schutz gewähren? Er könnte es sicher nicht, wenn die Trennung der beiden Wege, die Spaltung von Innen und Außen tatsächlich in der Weise möglich wäre, wie es die Naturwissenschaft erhofft. Aber wenn auch im Welt*bild* der Mensch eliminiert ist, die Welt wird wesentlich von ihm bestimmt. Und auch das Weltbild ist kreative Schöpfung von Menschen, es kommt von innen, auch wenn es sich nur äußerlich darstellt. Das, was wir intersubjektiv fordern, ist ja nur die vollkommene Übereinstimmung des Weltbildes mit den Axiomen der Logik und mit den Experimenten. Welche Form dieses Bild hat, auf welche Art und Weise es zustande kommt, wird dadurch ja noch nicht festgelegt. Und weil es eben aus der kreativen Schöpfung einzelner Individuen entsteht, spiegelt dieses *äußere* Weltbild das Innere dieser Individuen wider. Und zwar deren ganz persönliche Probleme − eben das Innere −, insoweit sie allen gemeinsam sind, denn nur was intersubjektiv wird, wird Baustein des Weltbildes. Wir können also sagen, daß das rein äußerliche Weltbild der Naturwissenschaft gewissermaßen das Innere ihrer Schöpfer widerspiegelt, und dies um so mehr, je stärker alles Innerliche daraus verdrängt wird.

Und das sind nicht bloß Hirngespinste, Hoffnungen, Träume, wir hören diesen Zusammenhang doch immer mitschwingen, wenn Physiker über ihre Wissenschaft sprechen. So sagte auf derselben Versammlung Deutscher Naturforscher und Ärzte in Köln, der wir die Worte des Mathematikers Minkowski entnommen haben, der Physiker Adolf E. Haas:

»Aus drei Motiven, die zu allen Zeiten die mächtigsten Triebfedern wissenschaftlicher Forschung darstellten, sind auch die Ideen hervorgegangen, die in dem obersten Prinzip der modernen Physik, die in dem Satze von der Erhaltung der Energie vereinigt erscheinen. Das *Bleibende* im Wechsel der Erscheinungen, das *Unveränderliche* inmitten aller Veränderung aufzufinden, war seit den ältesten Zeiten ein grundlegendes Problem der Naturphilosophie; das ganze menschliche Denken aber ist durch das Bestreben charakterisiert, die Mannigfaltigkeit der Erscheinungen, die sich unserer Wahrnehmung darbieten, in einem möglichst engen *Zusammenhang* zu bringen und derart die *Einheit* unserer Innenwelt gleichsam in die Außenwelt zu projizieren.«

Wenn die Einheit unserer Innenwelt in die Außenwelt projiziert ist, wenn das Weltbild nicht nur die Außenwelt, sondern auch Elemente des Inneren darstellt, haben wir dann nicht doch so etwas wie die Einheit der Gegensätze, den ersehnten Brückenschlag? Dazu wäre die Harmonie der Gegensätze erforderlich, wir aber unterwerfen alles den Axiomen der Logik; damit sind auch die »Elemente des Inneren« bloß äußerlich, eben bloß im Bild der Welt, der andere Weg bleibt verdrängt, abgespalten, privat. Die bloße »Gegenüberstellung von Innen und Außen macht ein angemessenes Verständnis von Mitmenschlichkeit von vornherein unmöglich«, sagte der Japaner Okochi.

»Mit jeder Verdrängung bleibt die Wiederkehr des Verdrängten nicht aus, die wiederum zu neuen Verdrängungsleistungen Anlaß gibt. Aber darin liegt auch der Fortschritt der Geschichte, die Entwicklung der Kultur; denn erst als wiedergekehrtes Verdrängtes wird das Verdrängte als solches bewußt. Die Möglichkeit der Versöhnung mit dem Verdrängten hat diese Negation zu ihrer Voraussetzung«, sagt Kurnitzky. Noch aber sind wir nicht soweit. Noch zählen es die Naturwissenschaftler – allen voran die Physiker – als Priester der neuen Religion zu ihren Verpflichtungen, die Grenzen zu schützen, die andere Straße ins Tabu zu verdrängen. Und unmittelbare Gefahr droht heute weniger von der Religion als von der Philosophie, könnte sie doch vielleicht eine Erweiterung der Logik zur Verfügung stellen, die Grenzen überschreiten, ohne dem Intellekt sein Prestige sofort gänzlich zu nehmen. Darum muß Ludwig Boltzmann diese Grenzen schützen, wenn er meint, die Philosophie sei der ständige Mißbrauch einer eigens zu diesem Zweck erfundenen Terminologie; und Richard Feynman sagte im Mai 1979 in einem Interview mit dem New Yorker Magazin *Omni*:

»Mein Sohn hört eine Vorlesung in Philosophie, und gestern abend sahen wir uns etwas von Spinoza an – und da gab's höchst kindische Schlüsse! Da waren alle diese Attribute und Substanzen, all das sinnlose Herumgerede, und wir begannen zu lachen. Nun, wie konnten wir so etwas tun? Hier ist gerade der große holländische Philosoph, und wir lachen ihn aus. Es ist so, weil es keine Entschuldigung dafür gibt! Im gleichen Zeitraum lebte Newton, lebte Harvey, der den Blutkreislauf studierte, lebten Leute mit Methoden der Analyse, mit denen sie Fortschritt erzielten! Sie können jeden einzelnen von Spinozas Sätzen nehmen und Sie können den gegenteiligen Satz dazu nehmen, und Sie betrachten die Welt – und Sie können nicht sagen, welcher richtig ist. Sicher, die Leute hatten Ehrfurcht, weil er den Mut hatte, diese großen Fragen aufzunehmen, aber es ist für nichts gut, den Mut zu haben, wenn er für die Frage nichts bringt.«

Sie können von zwei einander widersprechenden Sätzen nicht sagen, welcher richtig ist; also bringt es nichts, weg damit, auslachen! Dafür müssen die neuen Priester sorgen. Armin Hermann zitiert Stefan Zweig, wenn er sagt:

»Der Glaube an den ununterbrochenen, unaufhaltsamen Fortschritt hatte wahrhaftig die Kraft einer Religion; man glaubte an diesen Fortschritt schon mehr als ehedem an die Bibel. Auch die

Wissenschaft konnte Wunder tun, um die Menschen von ihrer Kraft zu überzeugen.« Aber schon Wilhelm von Humboldt hat erwartet, »daß die Wissenschaft dann ihren reichsten Segen über das Leben ausgießt, wenn sie sich gleichsam von ihm zu entfernen scheint«. Fortschritt als Schritt fort vom Menschen, von seinem Leben. Darum werden wir uns nun trotz aller Warnungen, trotz der Gefahr der Lächerlichkeit mit der Frage beschäftigen müssen, wie wir über die Grenzen der Logik hinausgelangen können, *ohne* auf den Anspruch des Intellekts zu verzichten.

8

Ausweglose Situationen

Vor etwa zweieinhalb Jahrtausenden lebte in Elea (in Unteritalien) ein Schüler des Parmenides, Zenon. Seine Betrachtungen über die Bewegung rufen noch heute zwiespältige Gefühle hervor, sind sie doch einerseits offensichtlich unsinnig, andererseits aber nicht zu widerlegen.

Zenon faßte seine Überlegungen in verschiedenen Formen zusammen. Er behauptete zunächst: »Der fliegende Pfeil kann sein Ziel nicht erreichen!« und war sogar bereit, diesen unsinnigen Satz zu beweisen. Denn wenn der Pfeil vom Ausgangspunkt zum Ziel kommen soll, muß er jedenfalls vorher den Mittelpunkt der Strecke erreichen. Hat er das geschafft, wird der Mittelpunkt zum Ausgangspunkt einer neuen Strecke, der zweiten Hälfte der ursprünglichen Distanz. Auch diese neue Strecke hat einen Mittelpunkt, der erst erreicht werden muß, dann aber sofort zu einem weiteren Ausgangspunkt wird. Wie oft wir dies auch machen, vor dem Pfeil liegt *immer* eine Strecke, wenn sie auch sehr schnell kürzer wird. Diese Strecke hat *immer* einen Mittelpunkt, der noch vor dem Ziel erreicht werden muß. Dagegen läßt sich nichts einwenden; mit den Worten Gerhard Schwarz': »Eine unendliche Zahl von jeweils halben Wegstrecken kann nie in einer endlichen Zeit durchlaufen werden. Und unendlich ist die Zahl der Wegstrecken, da jede Halbierung eines Ausgedehnten wieder zu einem Ausgedehnten führt. Man kann das Beispiel noch exakter fassen, wenn man es umdreht: Bevor das Bewegte (der Pfeil) zum Mittelpunkt kommen kann, muß es zuerst die Hälfte der ersten Hälfte durchlaufen, aber auch zu diesem Punkt kann es nicht gelangen, da vorher ebenfalls eine unendliche Zahl von Zwischenräumen zu durchlaufen wären. Das heißt, das zu Bewegende kann eigentlich den Ausgangspunkt gar nicht verlassen. Genau das will Zenon sagen: es gibt keine Bewegung.«

So sagt es auch Aristoteles (im 6. Buch der *Physik*): »Es gibt vier Aporien des Zenon bezüglich der Bewegung, die denen, die sie erklären wollen, große Schwierigkeiten bereiten: das erste ist, daß Bewegung nicht stattfindet, weil das Bewegte früher zur Hälfte des Weges gelangen muß als bis zu dessen Ende.«

Aristoteles bezeichnet die Aussagen des Zenon als »Aporien«. Wir wollen vorläufig dieses Wort, das in der philosophischen Tradition eine gewichtige Rolle spielt, einfach als Bezeichnung einer verwirrenden Situation hinnehmen; es genauer zu verstehen wird Ziel dieses Kapitels sein.

Die weiteren unsinnigen Behauptungen Zenons sind eigentlich nur Umformungen der ersten. So etwa, wenn Zenon darauf besteht, selbst Achilleus könne eine Schildkröte, die vor ihm läuft, nicht einholen. Aristoteles schildert uns dies so:

»Der zweite Beweis ist der sogenannte Achilleus, daß nämlich auch das langsamste Tier im Laufe nicht eingeholt werden könne vom schnellsten, da der Verfolger immer erst dahin kommen müsse, von wo das fliehende Tier fortgelaufen ist, so daß das langsamere immer einen Vorsprung behalte. Dies ist derselbe Grundgedanke wie bei der Halbierung des Weges, der Unterschied liegt nur darin, daß nicht immer wieder die Hälfte dazukommt.«

In unseren Tagen beschreibt etwa P. Lorenzen diese Zenonsche Behauptung mit den Worten: »Es gibt den berühmten ›Beweis‹ des Zenon im 5. Jahrhundert, daß Achilles die Schildkröte, die einen gewissen Vorsprung hat, nicht einholen kann. Denn in der Zeit, in der er den Vorsprung aufholt, gewinnt die Schildkröte einen neuen, wenn auch kleineren Vorsprung. Wird auch dieser aufgeholt, so ergibt sich trotzdem wieder ein neuer, und so weiter ohne Ende. Also, so sagt Zenon, kann Achilles die Schildkröte niemals einholen.«

Nun ist es wohl nicht mehr schwer, auch die weiteren Fassungen des Zenon — wenn auch lächelnd ungläubig — hinzunehmen. Hören wir dazu wieder Gerhard Schwarz, wie er die dritte Aporie beschreibt:

»Der fliegende Pfeil ruht, da er sich immer an einem Hier und in einem Jetzt befindet. Hier wird die Unmöglichkeit eines Übergan-

ges von einem Ort zu einem anderen ganz deutlich ausgesagt ...
Denn wie sollte er vor sich gehen? Fliegt der Pfeil bei einem Ort
weg, und kommt er ein wenig später in einem anderen Ort an? Wo
ist er dann dazwischen? Ist er dazwischen an einem ortlosen Ort in
einer jetztlosen Zeit, oder ist er *immer* in einem Jetzt an einem Ort?
Wenn er immer an einem Ort ist zu einem Jetztpunkt, dann ruht er
– wie Zenon behauptet. Denn Ruhe heißt, zu einem Zeitpunkt an
einem Raumpunkt zu sein. Bewegung aber würde heißen, einen Ort
verlassen zu können und – für kurze Zeit – ohne Platz zu sein, um
an einem anderen Ort anlangen zu können. Es würde heißen, das
Jetzt zu verlassen und nach – wie soll man sagen? nach nichts –
wieder in einem anderen Jetzt zu sein. Beides ist ein undenkbarer
Gedanke. Wenn aber Ort und Jetzt nicht gewechselt werden können,
gibt es keine Bewegung.«

Das Schlimme an diesem Unsinn ist, daß er sich nicht widerlegen
läßt. Zenon hat keinen Fehler gemacht, selbst wenn das von zeitge-
nössischen Wissenschaftlern manchmal (um der Beruhigung willen) behauptet wird. Und doch steht dieser Beweis im offensichtlichen Widerspruch zu unserer täglichen Erfahrung. Diogenes hat
dies schon damals so schön demonstriert; als er von Zenons Aporien hörte, stand er auf und ging einfach hin und her!

Fast jeder Mathematiker, Wissenschaftler, Logiker, Philosoph,
hat irgendwann zu den Zenonschen Aporien Stellung nehmen müssen. So kindisch, so unsinnig sie scheinen, sagen sie doch nicht
weniger aus, als daß eine widerspruchsfreie Konstruktion der Wirklichkeit, wie wir sie im Abendland anstreben, nicht möglich ist.
Denn offensichtlich liegt hier ein gewaltiger Widerspruch vor,
»Bewegung ist unmöglich« beweist Zenon, und doch beobachten
wir sie ständig. Da Zenon seine Behauptung aber beweisen kann,
folgt nach der Logik, daß die Erfahrung falsch ist – eben ein offensichtlicher Unsinn.

Nun, daß es sich im Sinne der Logik um einen Widerspruch, also
um einen Unsinn, handelt, haben wir nun oft genug betont. Sehen
wir vielleicht ein wenig genauer zu, worin die Ursachen dieses
Unsinns liegen können (damit folgen wir dem vierten Axiom der
Logik, wir fragen nach der Ursache und bleiben damit brav unserem Glaubensbekenntnis treu – was sollten wir denn auch anderes
tun?).

Zenon hat seinen Überlegungen vorausgesetzt, daß man den Pfeil und die Strecke, die er durchfliegt, fein säuberlich trennen und einzeln betrachten kann. Dies stimmt natürlich mit den Voraussetzungen der Naturwissenschaft überein, die ja auch die Außenwelt vom Menschen trennt, die Körper vom leeren Raum trennt, ja deren Erfolg ganz allgemein auf der Trennung der beiden Wege beruht.

Ganz kurz und trocken können wir dies etwa im *Kosmos Lexikon der Naturwissenschaften* (Ausgabe 1953) nachlesen. Dort heißt es unter dem Stichwort »Naturwissenschaft«:

»Auf den Gesetzen der Logik und der Kategorien Kausalität, Raum und Zeit sich gründende Erforschung der Natur . . . Voraussetzungen sind die Existenz einer realen Außenwelt und die Begreiflichkeit der Natur . . .«

Voraussetzung ist (unter anderem) die Existenz einer realen Außenwelt. Außenwelt? Warum Außenwelt und nicht Welt oder einfach Wirklichkeit? Doch offenbar, um sie von einer Innenwelt abzugrenzen? Ist aber die Innenwelt nicht Voraussetzung? Ist sie vielleicht so selbstverständlich, daß man sie nicht voraussetzen muß? Und wo ist die Grenze zwischen beiden? Etwa die Haut des Menschen? Das sicherlich nicht, denn die Anatomie und ihr technologischer Zwillingsbruder, die Chirurgie, zählen immer auch alles, was unter der Haut liegt, zur Außenwelt.

Es ist schon so, wie wir immer vermuteten, die Trennung ist die ontologische Grenze naturwissenschaftlicher Erkenntnis und läßt sich gar nicht irgendwo in der Welt finden, denn alles, was sich widerspruchsfrei einordnen läßt, liegt diesseits, ist Außenwelt, alles andere aber ist (logisch gesehen) Unsinn und wird daher verdrängt. Und nun kommt Zenon und beweist, daß wir es uns nicht so einfach machen können, daß diese Abtrennung gar nicht »funktioniert«. Es ist doch eine der wichtigsten Voraussetzungen − ein Vorurteil − der Naturwissenschaft, daß Widersprüche immer auf Irrtümern beruhen, die eliminiert werden müssen. Nun scheint diese Annahme nicht mehr zum Erfolg zu führen.

Wir haben schon gesagt, daß Zenon seinen Beweis unter der Annahme führt, daß Pfeil und durchflogene Strecke getrennt betrachtet werden können; eigentlich brauchen wir den Pfeil ja gar nicht, wenn wir nur die Strecke in der angegebenen Weise immer weiter zerlegen, kommen wir selbst nach beliebig vielen Schritten noch immer nicht zum Endpunkt. Und dies ist ebenfalls eine der Voraussetzungen der Physik, die ja auch den leeren Raum untersucht, um ihn mathematisch zu beschreiben. Offenbar führt der Versuch, alle Widersprüche zu eliminieren, erst recht in neue Widersprüche. Diese können dann nicht mehr so einfach als Irrtümer erklärt und eliminiert werden, sie sind standhafter, »wirklicher«. Dazu sagt Gerhard Schwarz:

»Der logische Satz des Widerspruches ist daher eine pragmatische Ordnung, um das Modell widerspruchsfrei konstruieren zu können. Es kann aber die Situation auftreten − und hier tritt sie auf −, daß dieser Satz fallengelassen werden muß! Raum und Körper sind ein wirklicher Widerspruch, eine seiende Aporie, die in der Natur nicht durch *Logik* außer Kraft gesetzt werden kann.«

Wahrhaft ketzerische Worte, verstoßen sie doch direkt gegen das Glaubensbekenntnis unserer Zeit! *Wenn* wir sie ernst nehmen, dann haben wir zunächst eine etwas genauere Beschreibung des Wortes »Aporie«; es wäre dann ein Widerspruch, der sich nicht als bloßer Irrtum entlarven und eliminieren läßt. Wie immer dem auch sei, vor solch zentralem Ansturm gegen unsere Religion müssen wir bis ins Innerste erzittern. W. Stegmüller drückt dies aus, wenn er über solche Aporien sagt, »welche unheilvolle Alternative uns . . . bis zum heutigen Tage bedroht: Die zu ihrer Überwindung ersonnenen Methoden sind entweder bloße Ad-hoc-Verfahren, die uns keine Garantie dafür geben, daß nicht doch Widersprüche im System enthalten sind, oder aber sie sind zwar radikal genug, um jede . . . Gefahr zu bannen, dann aber eliminieren sie einen großen Teil dessen, was wir beibehalten möchten und auch müssen, falls wir von dieser Mathematik im Felde der Naturwissenschaften einen Gebrauch machen wollen«.

Jedenfalls müssen solche Widersprüche zumindest in der Mathematik verschwinden. Und wenn die Mathematik imstande sein soll, Bewegung zu beschreiben, ja wenn Bewegung meßbar gemacht werden soll, dann muß sie sich mit den Zenonschen Aporien auseinandersetzen. Es brauchte mehr als zwei Jahrtausende, bis es Newton und Leibniz (unabhängig voneinander) gelang, einen mathematischen Formalismus zu erfinden, der Bewegung exakt beschreiben kann: Sie erfanden die Differentialrechnung. (In guter abendländischer Tradition wurde dieser Triumph mit einem heftigen Prioritätsstreit »gefeiert«.) Natürlich handelt es sich um einen *Trick*, der den Widerspruch *umgeht*, nicht als Irrtum entlarvt! In Zenonscher Sprache könnten wir den Trick etwa so beschreiben:

Wenn der fliegende Pfeil sein Ziel auch nicht erreichen kann, so kommt er ihm doch beliebig nahe. (Denn die Streckenteile vor ihm werden ja immer kleiner.) Es genügt nun, einen Formalismus zu finden, nach dem sich intersubjektiv entscheiden läßt, wann ein solches Beliebig-Nahekommen vorliegt und wann nicht. (Der Pfeil kommt natürlich nicht *jedem* Punkt beliebig nahe, wohl aber allen Punkten auf seiner Flugbahn.) Dann haben wir wieder eine Vorschrift, an die wir uns für Messungen und Rechnungen halten können. Was wirklich geschieht, was wahr ist, braucht uns dann nicht mehr zu kümmern, wir verschließen davor die Augen. Und es entwickelt sich eine eigene Sprache, der Zielpunkt heißt dann etwa »Grenzwert«, so daß wir so tun können, als gäbe es den Widerspruch nicht. Ehrliche Mathematiker werden allerdings auch heute noch darauf hinweisen. So sagt R. Courant in seinem Lehrbuch:

»Aber seit der Zeit von Zenon und seinen Paradoxien sind Versuche einer exakten mathematischen Formulierung des intuitiven physikalischen oder metaphysischen Begriffes der stetigen Bewegung mißglückt. Eine diskrete Folge von Werten . . . kann Schritt für Schritt durchlaufen werden. Aber wenn es sich um eine stetige Veränderliche x handelt, deren Werte ein ganzes Intervall . . . erfüllen, dann besteht die Schwierigkeit zu erklären, wie x sich dem festen Wert . . . so nähern soll, daß x hintereinander und in der richtigen Reihenfolge alle Werte des Intervalls annimmt . . . Die intuitive Idee eines Kontinuums und eines stetigen Fließens ist völlig natürlich. Aber man kann sich nicht auf sie berufen, wenn man eine mathematische Situation aufklären will; zwischen der intuitiven Idee und der mathematischen Formulierung, welche die wissenschaftlich wichtigen Elemente unserer Intuition in präzisen Ausdrücken beschreiben soll, wird immer eine Lücke bleiben . . . Zenons Paradoxien weisen auf diese Lücke hin.«

Zwischen der intuitiven Idee und der mathematischen Formulierung wird immer eine Lücke bleiben! Ist diese Lücke nicht vergleichbar mit der Kluft zwischen unseren Wegen?

Die Worte Courants erinnern aber doch auch an ein anderes Problem, das wir schon kennen und das mit Zenons Aporien verwandt ist: der Widerspruch diskret—kontinuierlich. Solange wir die Flugstrecke des Pfeiles kontinuierlich auffassen, ergibt sich kein Problem. Erst wenn wir sie zerlegen in diskrete Punkte (Mittelpunkte), stellt sich der Widerspruch ein. Diese Zerlegung ist aber notwendig, wenn wir messen wollen, denn dann müssen wir den Punkten der Strecke Zahlenwerte zuordnen. Das Meßbar-machen, das einerseits Widersprüche (Geister) austreibt, hat uns andererseits diese Aporie eingebracht. Der Trick, mit dem Demokrit diesen Widerspruch umging, ist die Einführung des Atoms. Wir haben das im dritten Kapitel ausführlich erörtert und dort auch gesehen, wie hartnäckig dieser Widerspruch immer zurückkehrte, bis er schließlich in der Quantenmechanik aufgehoben wurde. Damit hat ja die Physik ihr Meisterstück gefertigt; damit hat sie erst so recht Anspruch, als Religion unserer Zeit zu gelten. Damit hat sie aber auch diesen Widerspruch als Aporie anerkannt, als Widerspruch, der auch im Weltbild bestehen bleiben muß, will es sich nicht allzusehr von der Wahrheit entfernen.

Trotz dieser Anerkennung des Widerspruchs diskret−kontinuierlich in der Quantenmechanik mußten wir die Zenonschen Aporien zunächst als Unsinn betrachten. Zu sehr sind wir schon auf den Weg der Wissenschaft eingeschworen, zu selbstverständlich ist uns die Verdrängung, die Privatisierung des anderen Weges geworden. Dies wird so recht deutlich, wenn wir einmal versuchen, die Vorzeichen umzudrehen. Jorge Luis Borges beschreibt in seiner Erzählung mit dem seltsamen Titel *Tlön, Uqbar, Orbis Tertius* eine Welt (genannt Tlön), in der die Straße der Gefühle, der Widersprüche, der Mystik − kurz: die andere »innere« Straße − den öffentlichen Weg darstellt, während die Straße der Logik, des Intellekts, der Wissenschaft, in die Privatsphäre verwiesen, verdrängt wird. Natürlich gibt es dort keine Existenz einer realen Außenwelt. Was bei uns die Physik, ist dort die Psychologie. Doch hören wir den Autor selbst:

»Es ist nicht übertrieben zu behaupten, daß die klassische Kultur von Tlön eine einzige Disziplin umfaßt: die Psychologie. Die anderen sind ihr untergeordnet. Ich habe gesagt, daß die Menschen dieses Planeten die Welt als eine Folge geistiger Vorgänge auffassen, die sich nicht im Raum, sondern nacheinander in der Zeit abspielen ... Sie sehen nicht ein, daß das Räumliche in der Zeit fortdauern soll. Die Wahrnehmung eines Rauchgewölks am Horizont und danach der brennenden Steppe und danach der halberloschenen Zigarre, die das Brennen hervorbrachte, wird als Beispiel von Gedankenassoziation gewertet.«

Und Borges macht diese Umkehr der Vorzeichen am deutlichsten, wenn er in seiner Welt die Zenonschen Aporien bespricht −

natürlich auch mit vertauschten Wegen. Für eine Einsicht in unseren eigenen Standpunkt ist dies so förderlich, daß ich die Stelle hier im vollen Umfange bringen möchte:

»Unter den Lehren Tlöns hat keine so großen Anstoß erregt wie der Materialismus. Einige Denker haben ihn nicht so sehr klar, als mit leidenschaftlichem Eifer so formuliert, wie man ein Paradox vorträgt. Um diese unbegreifliche These dem Verständnis näherzubringen, ersann im 11. Jahrhundert ein Häresiarch das Sophisma von den neun Kupfermünzen, das ob seiner Anstößigkeit in Tlön so berüchtigt ist wie bei uns das von den Aporien der Eleaten. Von dieser ›spitzfindigen Beweisführung‹ gibt es viele Versionen, in denen die Zahl der Münzen und die Zahl der Funde Abwandlungen unterliegen; ich lasse hier die geläufigste folgen:

Am Dienstag überquert X einen menschenleeren Weg und verliert neun Kupfermünzen. Am Donnerstag findet Y auf dem Weg vier Münzen, die der Regen vom Mittwoch ein wenig geschwärzt hat. Am Freitag entdeckt Z drei Münzen auf dem Weg. Am Freitag morgen findet X zwei Münzen im Flur seines Hauses. Der Häresiarch wollte aus dieser Geschichte die Realität—id est die Kontinuität — der neun wiedererlangten Kupfermünzen deduzieren. *Es ist absurd sich vorzustellen* (bekräftigte er), *daß vier der Münzen zwischen Dienstag und Donnerstag, drei zwischen Dienstag und Freitag nachmittag, zwei zwischen Dienstag und Freitag früh nicht existiert haben — sei es auch auf eine geheime, dem Begreifen des Menschen verschlossene Art — in sämtlichen Augenblicken dieser drei Zeitspannen.*

Die Sprache von Tlön widersetzte sich der Formulierung dieses Paradoxons; die meisten verstanden es überhaupt nicht. Die Verfechter des gesunden Menschenverstandes beschränkten sich anfangs darauf, der Anekdote jeden Wahrheitsgehalt abzusprechen. Sie hoben wiederholt hervor, es handle sich um eine sprachliche Täuschung, beruhend auf der tollkühnen Verwendung zweier durch den allgemeinen Gebrauch nicht autorisierter und jedem strengen Denken fernstehende Neologismen: der Verben ›finden‹ und ›verlieren‹, die insofern eine Petitio principii (Zirkelschluß) beinhalten, als sie die Identität der neun ersten und der neun letzten Münzen voraussetzten. Sie gaben zu bedenken, daß jedes Substantiv (Mensch, Münze, Donnerstag, Mittwoch, Regen) nur einen metaphorischen Wert hat. Sie wiesen auf den erschlichenen Nebenumstand hin: *die der Regen vom Mittwoch ein bißchen geschwärzt hatte*, der voraussetzt, was erst bewiesen werden soll: die Andauer der Münzen zwischen dem Donnerstag und dem Dienstag. Sie erklärten, daß *Gleichheit* etwas anderes ist als *Identität*, und formulierten eine Art *reductio ad absurdum* anhand eines hypothetischen Falles: neun Menschen erleiden in neun aufeinanderfolgenden Nächten einen heftigen Schmerz. Wäre es nicht lächerlich zu behaupten, so fragen sie, daß dieser Schmerz ein und derselbe ist?«

Fällt es uns nicht schon schwer, solchen Ausführungen selbst in einer Erzählung zu folgen? Haben wir nicht fast ein bißchen Angst, zu nahe an die Grenze des Wahnes, des Irrsinns zu kommen, wenn wir nicht Abstand halten, uns mit dem Erzählten identifizieren? Und doch wird es notwendig sein, uns mit dem anderen Weg, mit dem Innenleben vertrauter zu machen, zu lernen, auch öffentlich darüber zu sprechen, soll das andere Widerlager beim Brückenschlag Festigkeit bewahren.

Freilich müssen wir wieder behutsam vorgehen. Sehen wir uns darum zunächst das Wesen einer Aporie näher an. Wir haben gesagt, es sei ein Widerspruch, der nicht als Irrtum entlarvt werden kann, dessen Elimination nicht auf Dauer sinnvoll oder gar unmöglich ist. Wie aber können wir eine Aporie erkennen? Gibt es dafür eindeutige Kriterien? Sozusagen eine Möglichkeit, durch »Messung« festzustellen, was ein Widerspruch aus Irrtum, was eine echte Aporie ist? Zweifellos wäre es schön, wenn wir ein solches Kriterium finden könnten! Wäre das aber möglich, dann gäbe es wahrscheinlich gar keine Aporien. Denn wir bewegen uns jetzt im Bereich der ontologischen Grenze, sozusagen im Niemandsland zwischen öffentlich-logischem Gebiet und der anderen, inneren, widersprüchlichen Gefühlswelt. Eindeutige Entscheidungshilfen − Kriterien − gehören aber zur Logik, zum öffentlichen Gebiet, und wenn wir sie auch im Niemandsland finden könnten, dann wäre ja bloß die Grenze falsch gezogen.

Das ist es ja, was Suzuki und die anderen Weisen des Ostens uns vermitteln wollten, wenn sie sagten, Widersprüche müssen *gelebt* werden, sie können nicht im Denken allein gelöst werden. Für uns ist diese Haltung aber zu weit im anderen Weg, wir wurzeln zu sehr auf unserer Straße der Logik, als daß wir dies ohne weiteres dauerhaft nachvollziehen könnten. Denn wir wollen die Logik nicht ausschließen, darauf haben wir uns ja schon geeinigt.

Wie also kann man entscheiden, ob ein Widerspruch eine echte

Aporie ist? Nun, es stimmt schon, daß diese Entscheidung nur vom Leben getroffen werden kann. Bis zu den Experimenten Rutherfords konnte der Widerspruch diskret—kontinuierlich durch die Atomhypothese des Demokrit eliminiert, sozusagen aus dem öffentlichen Weltbild »herausgehalten« werden. Erst dann kehrte er zurück und wurde in der Quantenmechanik als Aporie anerkannt und aufgehoben. Aber bis dahin konnte niemand voraussehen, daß dies einmal so kommen würde. Aporien, die eliminiert werden, kehren so lange zurück, bis sie als solche erkannt werden; aber bis zu ihrer endgültigen Anerkennung sind sie als solche eben noch nicht erkannt. Freilich gibt es immer wieder Menschen, die sozusagen ein Gespür für Aporien haben, und Philosophen werden sogar öffentlich darin geschult. Wenn aber nun jemand mahnend aufsteht und auf eine Aporie hinweist (wie es etwa Zenon tut), die in der Öffentlichkeit als Widerspruch eliminiert ist, dann entsteht ein neuer Widerspruch; er selbst steht dann im Widerspruch zur Öffentlichkeit, und dieser Widerspruch wird zunächst einmal eliminiert, das heißt der Mahner wird nicht ernst genommen. Das ist ja gerade der Grund, warum die neuen Priester die Philosophie als Ganzes verdammen müssen (wie wir gesehen haben), weil sie immer wieder auf Aporien hinweist.

Aber wir wollen unser Gefühl für Aporien doch schulen, wir wollen Antennen entwickeln, um sie wenigstens dann zu erkennen, wenn sie uns schon ins Gesicht springen. Damit wir nicht so stur bleiben wie die Pariser Akademie der Wissenschaften bei den Meteoriten. Wie können wir eine Aporie also doch beschreiben? Nun, zunächst handelt es sich um einen Widerspruch, der nicht nach den Axiomen der Logik beseitigt werden kann. Wir werden daher versuchen, eine Aporie in zwei einander (möglichst vollständig) widersprechende Aussagen zu fassen. Das haben wir schon im dritten Kapitel getan, als wir feststellten, daß der Widerspruch diskret-kontinuierlich in zwei Sätzen ausgedrückt werden kann: »Eine Strecke muß aus Punkten zusammengesetzt sein« und »eine Strecke kann nicht aus Punkten zusammengesetzt sein«. Wenn es nun möglich ist, eine der Aussagen als falsch zu erkennen oder einfach als falsch festzusetzen, dann haben wir ja den Widerspruch eliminiert. Also ist es für eine Aporie notwendig, daß *beide Aussagen wahr* sind. (Nicht richtig — wahr!) Und drittens ist es noch notwendig, daß die beiden Aussagen zusammenhängen, daß sie einander bedingen. Sonst kommt der Widerspruch gar nicht zum Vorschein, zum Tragen. Jeder der beiden Sätze ist erst dann wahr, wenn der andere auch wahr ist. (Nach der Logik gilt, daß einer der Sätze richtig, der andere falsch ist!)

Wir können also eine Aporie durch drei Bedingungen kennzeichnen:

1. Es liegen zwei einander widersprechende Aussagen vor.
2. Beide sind wahr.
3. Sie bedingen einander.

Wenn wir also eine Aporie nun doch so schön beschreiben können, haben wir dann nicht das gesuchte Kriterium gefunden? Nein, denn die Schwierigkeit liegt ja gerade darin festzustellen, ob diese drei Bedingungen zutreffen. Tun sie es, dann sind wir mit unserem Denken in eine Sackgasse geraten, wir sind in einer ausweglosen Situation. Wie der Wanderer, der ans Talende kommt, nur weiterkann, wenn er die Höhe erklimmt, müssen wir nun den Widerspruch *aufheben* in des Wortes dreifacher Bedeutung (wir haben das schon im fünften Kapitel besprochen). Eine völlig neue Situation wird dadurch geschaffen, wir ändern uns, die Welt ändert sich; einen Widerspruch aufheben bedeutet Leben!

Aber es scheint, daß wir uns mit jeder Faser unseres Daseins dagegen wehren, zu leben. Zu groß ist die Angst vor dem Unbekannten, dem Ungewissen, dem Verlust der Sicherheit! Darum haben wir in der Naturwissenschaft ein so unglaublich faszinierendes Gebäude — wahrhaft einen neuen Turm zu Babel — errichtet, um die Widersprüche zu eliminieren. Und wir verstehen jetzt die fünf Stufen besser, die wir im fünften Kapitel entwickelt haben: Irgendwann in der Geschichte zerfällt die Einheit von Gegensätzen, ein Widerspruch tritt auf, wird als solcher erkannt. Damit ist die erste Bedingung für eine Aporie erfüllt. Aber unsere unmittelbare Reaktion, die erste Stufe der Widerspruchselimination, ist die, daß wir die zweite Bedingung nicht wahrhaben wollen; wir behaupten einfach, eine der Aussagen sei falsch. Wir setzen es zunächst so fest. Intersubjektiv — dann kann nichts geschehen. Steine fallen nicht vom Himmel, wer es dennoch behauptet, ist ein Betrüger oder irr!

Erst wenn sich nach einiger geschichtlicher Entwicklung dieser Standpunkt nicht mehr halten läßt, wenn sich beide Aussagen als wahr herausstellen (wenn dreitausend Steine vor den Toren von

Paris vom Himmel fallen), versuchen wir es mit der dritten Bedingung und behaupten, die beiden Aussagen – einander widersprechend und doch beide wahr – haben nichts miteinander zu tun, sie sind unabhängig, sie bedingen einander nicht. Dies ist die zweite Stufe der Widerspruchselimination, die Ebenentrennung.

Wir haben im fünften Kapitel diese beiden Stufen als vorwissenschaftlichen Bereich erkannt. Die fünfte Stufe, die Synthese, das Aufheben des Widerspruchs, reicht eigentlich über die Wissenschaft hinaus. So können wir nun die Naturwissenschaft als die faszinierende Disziplin erkennen, die Aporien zwar weder vollständig ableugnet noch aber sie zur wahren Synthese bringt. Denn Ableugnen einer Aporie würde ja heißen, eine der drei Bedingungen nicht gelten lassen, und das gehört eben zum vorwissenschaftlichen Bereich. Aufheben würde heißen, den Widerspruch eben auch bestehen zu lassen, ins Leben vorzudringen mit all seinen Gefahren, Unbekannten, seiner notwendigen Todesangst. Den schmalen Bereich dazwischen hat unsere Naturwissenschaft ausgebaut zu einem vollständigen Bild der Welt, unerschöpflich ist ihre Kreativität im Erfinden immer neuer Methoden, einen Widerspruch weder vollständig abzuleugnen noch vollständig anzuerkennen. Wie sie das macht, haben wir schon eingehend besprochen. Vielleicht können wir aber jetzt noch deutlicher sehen, welche tiefe Rolle dabei die Hierarchie spielt. »Vereinheitlichung des Weltbildes« war doch die Idee, die Newton dem Galileischen Ansatz hinzufügte. Verschiedene Gebiete, die – auf der zweiten Stufe – noch getrennt betrachtet werden müssen, werden innerhalb des wissenschaftlichen Bereiches zugeordnet und schließlich eingeordnet unter eine gemeinsame, neue Theorie. Für Erscheinungen, die zunächst getrennt gesehen werden, ja einander widersprechen können, wird ein gemeinsamer Oberbegriff oder eine umfassende Theorie gefunden; damit wird der ursprüngliche Widerspruch zum bloßen Unterschied, es sind nur mehr verschiedene Formen eines einheitlichen, zugrunde liegenden Prinzips. Innerhalb der Hierarchie ist damit auch eine neue, höhere Ebene entstanden, aber zur Elimination des Widerspruches, nicht zu seiner Aufhebung. Diese höhere Ebene ist immer abstrakter, weiter von der unmittelbaren Erfahrung entfernt. Damit ist sie auch ein Stück weiter vom Menschen abgerückt. Das haben wir ja schon immer gesagt: Widerspruchselimination, Austreibung der Geister, ist Fortschritt, aber eben auch im Sinne des Schrittes fort vom Menschen.

Nehmen wir dazu wieder ein Beispiel. Wir sprechen immer von Energie. Energie kann tatsächlich nicht einmal gemessen werden, denn sie ist der gemeinsame Oberbegriff ihrer verschiedenen Formen: Wärme, Energie der Lage, der Bewegung, Schall, Strahlung und unzählige andere. Gemessen wird immer nur eine konkrete Form der Energie. Und doch sprechen wir von Energie, und sie ist sogar von ganz besonderer Bedeutung, ist sie es doch, die als Erhaltungsgröße im Tempel der Naturwissenschaft einen geheiligten Platz einnimmt. (Wir sprechen auch immer von Menschen; ich bin noch nie einem Menschen begegnet, es war immer ein Mann, eine Frau oder ein Kind.) Durch das *Absehen* von ganz wesentlichen Eigenschaften kommen wir also in der Hierarchie zur nächsthöheren Ebene. (Beim Aufheben eines Widerspruches dürfen wir nichts ausklammern!) Die immer weitergehende Vereinheitlichung des Weltbildes der Naturwissenschaft führt so in immer schwindelndere Höhen. Das ist es, was wir mit dem modernen Turmbau zu Babel meinen. Und wie Elisabet Pfaff ausgeführt hat, bringt uns dieser Turm zu Babel so wie sein biblischer Vorgänger auch eine neue Sprachverwirrung: das Spezialistentum. Durch das fortschreitende Zuordnen und Einordnen neuer Daten, Fakten, Tatsachen bildet sich für immer kleinere Gebiete eine eigene Fachsprache heraus, die schon von Experten der nächstliegenden Fächer nicht mehr verstanden wird. Während seit der Quantenmechanik Physik und Chemie im Weltbild vereinheitlicht sind und weitere Gebiete der Naturwissenschaften sich angliedern, gibt es in der Welt schon lange keine Physiker in des Wortes umfassender Bedeutung mehr. Theoretische Physiker und Experimentalphysiker wurden schon vor der Jahrhundertwende unterschieden, und heute gibt es Teilchenphysiker, Kernphysiker, Atomphysiker, Festkörperphysiker und viele andere mehr. Je tiefer ein Forscher in sein Fachgebiet eindringt, um so spezieller wird seine Sprache, um so weniger Kollegen gibt es, mit denen er sich noch verständigen kann: wahrhaft eine babylonische Sprachverwirrung!

Aber es gibt noch eine weitere Parallele. So, wie der biblische Turm zu Babel von den Menschen errichtet wurde, um Gott herauszufordern, so werden auch die obersten Ebenen unseres neuen Turmes mit göttlichen Eigenschaften versehen. Das haben wir ja im vorigen Kapitel besprochen. In seinem Vortrag vor der Versammlung Deutscher Naturforscher und Ärzte in Köln, den wir schon zitiert haben, bringt Adolf E. Haas auch dieses Anliegen so schön zum Ausdruck:

»In der Feststellung solcher Größen, die sich bei den mannigfachsten Änderungen anderer Werte selbst als *invariant* erweisen, findet die *Konstanzidee* ihren physikalischen Ausdruck; das *Einheitsbedürfnis* des forschenden Geistes aber findet seine Befriedigung in der Erkenntnis der *Einheitlichkeit* und der *Gleichartigkeit*, die die verschiedensten Naturerscheinungen miteinander verketten . . .

Der physikalische Einheitsgedanke . . . tritt in vier Hauptformen auf, die seinen verschiedenen Entwicklungsstufen entsprechen. Die Physik sieht einzelne Naturerscheinungen zunächst als *analog*, dann als *verwandt*, später als *identisch* an und überträgt schließlich die zwischen einzelnen Phänomenen festgestellte Identität durch die Annahme einer *einheitlichen Allkraft* auf sämtliche Erscheinungen.

Da die Annahme einer völligen Identität sämtlicher Naturerscheinungen doch in einem zu auffallenden Widerspruch zu deren offenbarer Mannigfaltigkeit stünde, mußte diese Vorstellung, zu der eigentlich sonst der Einheitsgedanke in seiner abschließenden Entwicklung geführt hätte, durch eine andere Annahme ersetzt werden. Es war die besonders durch Faraday ausgebildete Hypothese, daß alle physikalischen Phänomene einen gemeinsamen Ursprung hätten, daß daher alle Kräfte in der Natur nur die *verschiedenen Erscheinungsformen einer einzigen großen Allkraft* und als solche auch ohne weiteres in einander *umwandelbar* seien. Durch ihre Verschmelzung mit der Konstanzidee führt so die Einheitsidee zu der wichtigsten Annahme der modernen Energetik: zu der Vorstellung, daß sämtliche Formen der Energie einander *äquivalent* und daher auch in *konstanten Verhältnissen ineinander transformierbar* seien.«

Und wie sehr immer wieder der Widerspruch treibende Kraft zu dieser Vereinheitlichung, zu dieser »Hierarchisierung« ist, sagt Haas dann auch:

»Die erste Anregung zu der Entwicklung dieser Vorstellung gibt der Widerspruch, der zwischen der behaupteten Unveränderlichkeit der lebendigen Kraft und der Tatsache des unelastischen Stoßes besteht. Der Beseitigung des Widerspruchs dient die von Leibniz begründete Hypothese einer inneren Energie der Körper.«

»Lebendige Kraft« war früher der Fachausdruck für Energie. Erinnern wir uns der Analogie zwischen »ewiger« Erhaltung der Energie und Unsterblichkeit der Seele, die wir im vorigen Kapitel besprochen haben?

Was aber, wenn einmal kein gemeinsamer Oberbegriff gefunden werden kann? Wenn alle Versuche, die Hierarchie (den modernen Turm zu Babel) zu erweitern, nichts fruchten? Wenn wir, wie beim Problem Welle—Teilchen (diskret—kontinuierlich), erst durch eine Synthese den Widerspruch aufheben können? Die Logik kann uns dann nicht mehr helfen! »Damit befindet sich der Gedanke im Widerspruch zur Logik«, sagt Gerhard Schwarz. »Denn in der Logik gibt es zwei Möglichkeiten: Entweder es wird ein Oberbegriff für zwei Begriffe gefunden, dann lassen sie sich mit Hilfe einer spezifischen Differenz (eines Unterschiedes!) unterscheiden, oder sie haben keinen gemeinsamen Oberbegriff, dann gilt in der Logik, daß sie identisch sind.«

Wir befinden uns trotzdem nicht in der Einsamkeit, verlassen von allen vernunftbegabten Wesen. Denn die Philosophie des Abendlandes hat schon seit langem eine Methode entwickelt, mit Aporien umzugehen, Widersprüche aufzuheben, statt sie zu eliminieren. Nur ist diese Methode eben nicht auf der Straße der Öffentlichkeit zu finden, daher nicht allgemein bekannt und von den neuen Priestern sogar verhöhnt. (In den öffentlichen höheren Schulen wird ja auch unter dem Titel »Philosophie« meist Logik und Geschichte der Philosophie unterrichtet.) Unbestrittener Meister der Methode ist Hegel, dessen Worte wir ja schon oft zitiert haben, wenn es um Widersprüche ging. Allerdings müssen wir, die wir selbst in der Straße der Logik wurzeln, uns davor hüten, allzuviel von einer *Methode* zu erhoffen. Wir können nicht erwarten, daß wir im Bereich, der über die Logik hinausgeht, Methoden entwickeln können, wie das die Naturwissenschaft tut. Wir haben ja schon gesehen, daß in diesem Falle bloß die Grenzziehung falsch vorgenommen wäre und wir durch Verlagern der Grenze den Bereich der Naturwissenschaft einfach erweitern könnten. Erinnern wir uns, daß ein derartiger Versuch schon einmal lediglich dazu geführt hat, daß eine neue Einzelwissenschaft — die Logistik — von der Philosophie abgespalten wurde. Und all die östlichen Weisen hätten ja dann nicht recht damit, immer wieder zu betonen, daß aporetische Widersprüche nicht im Denken, sondern nur im Leben, handelnd, gelöst werden können! Es wird also wesentlich sein, daß wir die ganz konkrete Situation, den gegebenen Widerspruch, stets mit all seinen Schattierungen vor Augen haben, denn wir wollen nichts ausschließen, nichts verallgemeinern, nicht abstrahieren. Das Leben selbst kann nur in seiner Ganzheit, Einmaligkeit und Unvergleichlichkeit erfaßt werden! Darum zögere ich schon, diese Methode auch nur zu benennen.

> Nenn's Glück! Herz! Liebe! Gott!
> Ich habe keinen Namen
> Dafür! Gefühl ist alles;
> Name ist Schall und Rauch,
> Umnebelnd Himmelsglut.

Zu sehr werden Namen, Begriffe, durch Mißverständnisse eingeengt, abgeschliffen; sie schließen dann oft gerade das aus, worauf es ankommt.

Die Methode heißt Dialektik. Das Wort wird aber so leicht und oft mißverstanden, daß ich an Dschuang-dsi erinnern muß und hoffe, »einen Menschen zu finden, der die Worte vergißt, auf daß ich mit ihm reden kann«.

Die Methode der Dialektik ist also keine Methode im Sinne der Naturwissenschaft. Schon durch diesen Widerspruch weist sie über den äußeren Weg, den Weg der Logik, hinaus. Erich Heintel erklärt dies klar:

»Dialektisches Denken kann also niemals zu einer Methode in dem Sinne werden, daß sie ein generelles Schema zur Verfügung stellt, das auf verschiedene Inhalte ›angewendet‹ werden könnte. Es ist in diesem Sinne tatsächlich immer die Sache, die sich selbst dialektisch im Geiste reflektiert.«

Und noch etwas ist ganz besonders wesentlich: Es gibt keine Alternative Logik − Dialektik. Nicht entweder Logik oder Dialektik kann es heißen, denn die Dialektik setzt die Logik voraus. Wir müssen zunächst ja wissen, daß es sich um einen Widerspruch handelt, der nicht mehr länger eliminiert oder (als Unterschied) eingeordnet werden kann, also um eine Aporie, eine ausweglose Situation. Und dazu brauchen wir die Logik. Nicht entweder Logik oder Dialektik darf es also heißen, sondern *immer* Logik. Erst wenn wir in die Enge getrieben sind, in einer ausweglosen Situation, kommt uns die Dialektik gewissermaßen »von oben« zu Hilfe. Und ihre Wirkung ist um so stärker, je fürchterlicher die Widersprüche aufeinanderprallen, je ausgeloser, trostloser, entsetzlicher die Situation geworden ist. Denn sonst können wir ja noch einen der wunderbaren Kunstgriffe der Naturwissenschaft verwenden; sie sind bewährt, führen zu dauerhaften Lösungen, bieten Sicherheit.

So sagt auch Erich Heintel: »Es ist längst bekannt, daß die philosophische Dialektik den Satz vom Widerspruch nicht negiert, sondern voraussetzt: Widerspruch muß vorausgesetzt und als Widerspruch anerkannt werden, soll er ›aufgehoben‹ werden können. Der Satz vom Widerspruch muß ja gerade dann zu besonderer Bedeutung gelangen, wenn er im Rahmen der Wahrheitsfindung nicht das Scheitern eines Gedankenganges, sondern vielmehr seinen von der Sache her allein adäquaten Fortschritt erkennen läßt.«

Und schließlich gilt die Logik − allerdings im widersprüchlichen Sinn − ja auch in der Dialektik weiter, denn der Widerspruch wird in der einen Bedeutung des Wortes »aufheben« eben doch eliminiert; allerdings nicht nach »draußen«, sondern nach »oben«, denn er bleibt ja auch − in der zweiten Bedeutung des Wortes »aufheben« − bestehen (und wird gerade durch diesen Widerspruch aufgehoben, nach oben).

Genug der leeren Worte − wenden wir uns wieder einem Beispiel zu, wir wollen ja schließlich wissen, was die Dialektik leistet. Weil wir unser Beispiel zunächst wieder aus der Naturwissenschaft nehmen wollen, haben wir keine Auswahl: Es gibt bisher nur die Aporie Welle−Teilchen. Versuchen wir nun, anhand dieses Beispieles die Schritte zu erkennen, die zum Aufheben des Widerspruchs geführt haben.

Den ersten Schritt haben wir schon besprochen: Der Widerspruch tritt auf, er läßt sich nicht durch eine der ersten vier Stufen unserer Skala beseitigen.

Im zweiten Schritt bilden sich zwei Lager, die sich jeweils mit einer den einander widersprechenden Aussagen identifizieren, die eine für richtig und die andere für falsch erklären. Weil es aber *zwei* Lager sind, kann der Widerspruch damit nicht intersubjektiv eliminiert werden, es kommt notwendigerweise zum Kampf. (Wir erinnern uns der Beschreibung dieser Situation durch Ludwig Boltzmann.) Wenn es sich um eine echte Aporie handelt, führt irgendwann einmal der Kampf zu keinem Ergebnis; er kann wohl einige

236

Male siegreich für eine Seite enden, damit ist der Widerspruch eliminiert, er kehrt aber im Falle einer Aporie sicher später wieder. In unserem Beispiel standen die Anhänger einer reinen Wellentheorie und die einer reinen Teilchentheorie einander gegenüber. Erwin Schrödinger ist nur einer der Begründer der Quantentheorie, die bis zu ihrem Lebensende nicht von ihrem einseitigen Standpunkt abgehen konnten, er glaubte nur an Wellen. In dieser Phase kann – ja muß – sich der Widerspruch (als Aporie) bewähren. Nur wenn beide Seiten so von ihrer Position überzeugt sind, daß sie durch nichts davon abzubringen sind, kommt es zur nächsten Phase.

Im dritten Schritt beginnen *beide* Seiten einzusehen, daß ein Sieg nicht möglich, ein Durchsetzen gar nicht zweckmäßig ist, weil sie selbst dabei mehr verlieren als gewinnen. Sowohl die Wellentheorie als auch die Teilchenhypothese hatte so viel Erklärungskraft, konnte so viele Experimente richtig vorhersagen, daß ein Aufgeben ein großer Rückschritt gewesen wäre. Nicht alle Streiter kommen zu dieser Einsicht (Schrödinger ist ein Gegenbeispiel). Darum sagte auch Max Planck: »Eine neue wissenschaftliche Wahrheit pflegt sich nicht in der Weise durchzusetzen, daß ihre Gegner überzeugt werden und sich als belehrt erklären, sondern vielmehr dadurch, daß die Gegner allmählich aussterben und die heranwachsende Generation von vornherein mit der Wahrheit vertraut gemacht ist.«

Dies führt aber dann zum vierten Schritt. Innerhalb der beiden Lager werden die Argumente der Gegenseite betrachtet, auf ihren Wahrheitsgehalt geprüft. Der Widerspruch besteht jetzt nicht mehr ausschließlich zwischen den beiden Seiten, er tritt innerhalb der beiden Lager auf. Während einer gewissen Zeit untersuchte man zum Beispiel die Hypothese, daß Teilchen immer von sogenannten »Führungswellen« begleitet seien, die ihre Bahn bestimmen.

Wenn sich nun der Widerspruch innerhalb der beiden Seiten genügend stark festgesetzt hat, dann beginnt der Unterschied der zwei Lager zu verblassen, und es kommt im fünften Schritt zur Synthese, zur Aufhebung des Widerspruches, so, wie wir es für unser Beispiel (im fünften Kapitel) ausführlich erörtert haben.

Wir haben nun fünf Schritte eines dialektischen Prozesses unterschieden, die vom Auftreten einer Aporie bis zum Aufheben des Widerspruches in der Synthese führen. *Scheinbar* ist dies ein Schema, ebenso leer und tot wie die Formen und Formeln von Logik und Mathematik. Aber eben nur scheinbar, denn der wahre dialektische Prozeß findet eben nur im Leben statt, nur wenn ein ganz bestimmter Widerspruch durch diese fünf Schritte geht, *weil er uns weh tut*. Ohne die Schmerzen einer ausweglosen Situation kommt dieser Prozeß nicht in Gang, ist es doch viel einfacher — eben schmerzloser —, den Widerspruch zu eliminieren. Und daher weist auch dieser Prozeß immer über den äußeren Weg der Logik hinaus, kann er doch ohne Gefühle, ohne persönlichen Einsatz, ohne Beteiligung des ganzen Menschen nie vollzogen werden.

Sollte das etwa der ersehnte Brückenschlag sein? Zweifellos sind wir einer Vereinigung der beiden Wege näher als je zuvor! Aber die Geschichte weiß es besser. Ist doch der dialektische Prozeß so lange bekannt wie die formale Logik. Was nützt es uns, daß die schönsten Werkzeuge zum Bau unserer Brücke bereitliegen, wenn wir sie nicht verwenden können? Wenn sie ebenso verdrängt, abgelehnt, tabuisiert werden wie der andere Weg? Weil dieser Prozeß eben ein Teil des Lebens selbst ist, weil er eben keine beliebig anwendbare Methode darstellt, können wir auch nicht einfach hergehen und ihn benutzen, so wie die Logik zum neuen babylonischen Turmbau. Erst wenn die existentielle Angst vor dem Widerspruch des Lebens stark genug ist, wenn die Zeit dafür reif ist, kommt dieser Prozeß in Gang. Und er kommt in Gang, wenn wir ihn nicht behindern. Worauf es also zuerst ankommt, ist vielmehr, die Situation zu erkennen, den natürlichen Ablauf nicht zu stören, und das ist schwer genug. Wir werden jedoch kaum erwarten dürfen, daß auf der Straße der Naturwissenschaft selbst — ähnlich der Quantenmechanik — genügend viele Widersprüche aufgehoben werden, um sie mit der anderen Straße wieder zu vereinen. Im Gegenteil! Besteht doch zwischen den beiden Wegen auch ein Widerspruch, der eliminiert wird, indem die andere Straße in die Privatsphäre verwiesen, eben verdrängt wird. Auch dieser Widerspruch muß stark genug werden, muß allen schmerzlich spürbar werden, bevor es zur Synthese kommen kann.

Bevor wir uns aber nun dem Widerspruch zwischen den beiden Wegen, dem zentralen Problem, unserer eigentlichen Aufgabe zuwenden, wollen wir die fünf Schritte des dialektischen Prozesses noch von einer anderen Seite beleuchten. Wir haben schon im fünften Kapitel gesehen, daß unsere fünf Stufen der Entwicklung eines Widerspruchs annähernd dem Bild entsprechen, das Gerhard Schwarz für Konflikte — Gegensätze, mit denen sich Menschen identifizieren – gefunden hat. Hören wir noch einmal, wie er die fünf Schritte des dialektischen Prozesses beschreibt:

»*1. Phase: Der Gegensatz entsteht.* Anfangs ist das Auftreten eines aporetischen Konfliktes wie bei allen Konflikten von Fluchtreaktionen einer oder beider Seiten begleitet. Manchmal dauert es sehr lange, bis ein Konflikt als solcher akzeptiert und angegangen wird... Ist der Gegensatz aber nun aufgetreten und nicht mehr zu leugnen, dann beginnt die

2. Phase: Kampf. Beide Teile versuchen, recht zu behalten und dem anderen unrecht zu geben, das heißt sie versuchen, einander umzubringen...

3. Phase: Kompromisse. Meist ist es nicht notwendig, diesen Kampf zu Ende zu kämpfen. Er muß nur so lange gekämpft werden, bis *beide* Seiten einsehen, daß sie einander nicht vernichten oder unterwerfen können. Beide Seiten sind nun kompromißbereit. Dies bedeutet, daß sie in der Lage sind, zunächst Teile des gegenteiligen Standpunktes zu verflüssigen und eine Übereinstimmung zu erzielen. Je nachdem, wie groß diese Teile sind, wie wesentlich die Punkte des Gegensatzes sind, die dabei ausgeklammert werden, wird der Konflikt wieder auftreten. Es kommt erneut zum Kampf und neuerlich zur Einsicht, daß es nicht möglich ist, einander umzubringen...

4. Phase: Der Gegensatz tritt innerhalb der beiden Gegensätze auf. Die durch den Kompromiß kompromittierten, ›reinen‹ Gegensätze bemerken – oft erschreckt –, daß sich der Gegner in ihre eigenen Reihen eingeschlichen hat... Auch diese Phase dauert meist eine längere Zeit, in der die Möglichkeit zum Kampf gegen den Gegner immer mehr schwindet...

5. Phase: Die Synthese. Wächst nun in beiden Gegensätzen jeweils die Anzahl der Dissidenten, dann kommt irgendwann der Punkt, an dem die Gegensätze entdecken, daß sie gar nicht mehr so verschieden sind... Damit haben beide recht bekommen und recht behalten. Es ist etwas Neues entstanden, das einen Fortschritt darstellt, ohne die Gegensätze zu vernichten.«

Diese Art von Fortschritt bedeutet aber keinen Schritt fort vom Menschen, denn die Gegensätze werden nicht vernichtet. »Etwas ist also lebendig, nur insoferne es den Widerspruch in sich enthält«, sagte Hegel. Darum ist das Leben auf der anderen Straße, auf dem widersprüchlichen Weg zu finden; wir haben ihn daher auch mit

»Innen*leben*« bezeichnet. Diesseits liegt die »Außenwelt«, die Welt der toten Dinge.

Wenden wir uns doch endlich diesem entscheidenden Widerspruch zwischen den beiden Wegen zu! »Innen« und »außen« sind zunächst nur räumliche Gegensätze, durch irgendeine Grenze getrennt. Aber diese bloße »Gegenüberstellung von Innen und Außen macht ein angemessenes Verständnis von Mitmenschlichkeit von vorneherein unmöglich«, so sagte doch Okochi. Mit unserem »inneren« Weg meinen wir *nicht* diese bloße äußerliche Gegenüberstellung, die »innere Front« sind *nicht* die Elementarteilchen (wie Weisskopf meinte), »innen« ist *nicht* das, was unter der Haut liegt, denn auch der menschliche Körper gehört zur Außenwelt, ist Gegenstand der Naturwissenschaft (und damit genau so totes Ding wie Sonne, Mond und Sterne). Was also meinen wir wirklich mit »innen«? Etwa die Seele? Aber schon indem wir sie benennen, einen Namen, einen Begriff schaffen, machen wir sie zu einem äußerlichen Ding, einer Art Gespenst. Offenbar läßt sich das Innerliche, der andere Weg, alleine und für sich gar nicht betrachten, ohne selbst sofort äußerlich zu werden. Hören wir dazu wieder den Philosophen Erich Heintel:

»Hegels Hinweis, daß das, was *nur* innerlich ist, nur *äußerlich* sein kann, ist völlig berechtigt, weil das nur Innerliche als solches und an sich gedacht vom Äußerlichen in einer Weise ›abgetrennt‹ wird, die es notwendig selbst veräußerlicht: daher ist zum Beispiel die vom Leibe abgetrennte Seele so schwer anders zu denken, denn als eine . . . äußere Erscheinung (ein Gespenst).«

Eine solche äußerliche Seele — eben ein Gespenst — ist aber wirklich Unfug. Darum möchte etwa Erwin Schrödinger »von vorneherein verabreden, die Vorstellung einer den Körper als ihr Haus bewohnenden und zum Tode aus ihm ausziehenden, auch außer ihm existenzfähigen Seele als eine gar zu naiv-kindliche Konstruktion ohne weitere Diskussion beiseite zu lassen«. Wir können ihm nur beipflichten. Denn das wollten auch wir ja gerade vermeiden: daß der »innere« Weg verdrängt und alles nur äußerlich gesehen wird. Heißt das aber, daß es keine Seele gibt? Lassen wir uns nicht vorschnell in eine Alternative treiben, die etwa lauten könnte: Entweder die Seele existiert als Gespenst oder sie existiert gar nicht. Könnte nicht hier eine echte Aporie lauern? Könnte es sein, daß von den beiden Aussagen »Es gibt keine Seele« und »Es gibt eine Seele« beide wahr sind, und zwar nur dann, wenn die jeweils andere auch wahr ist? (Im Sinne des scherzhaften Spruches: »Sachen gibt's, die gibt's gar nicht!«)

Wir könnten dann Schrödingers Vereinbarung beitreten, müßten aber gleichzeitig von vornherein verabreden, die Vorstellung eines nur äußeren, abgeschlossenen Körpers, der unbeseelt wie eine Maschine bis zum Tode (durch mechanisches Versagen) funktioniert, als eine gar zu naiv-kindliche Konstruktion ohne weitere Diskussion beiseite zu lassen. Aber die Seele war ja nur stellvertretend für das »Innere« gemeint. Was also ist das »Innere«? Wenn wir versuchen, es uns ohne Äußeres vorzustellen, entzieht es sich unserem Zugriff, wird selbst Äußeres. Ja, schon das Benennen geht am eigentlichen Wesen vorbei. »Ob ich nämlich ... fragte, wie denn die Wendung ... ›in‹ den Erscheinungen zu verstehen sei, ob ich mich ... mit den Aporien herumschlage, die mit der Wendung ›im‹ Bewußtsein gegeben sind – immer gilt es, erscheinende Äußerlichkeit und eigentliche Innerlichkeit zu unterscheiden und trotzdem zusammenzudenken«, sagt Erich Heintel. Die Einheit ist es, die es anzustreben gilt. Was aber, wenn sie verloren ist? Wenn die Gegensätze zu Widersprüchen werden?

»Körper und Seele sind zu unterscheiden« und »Körper und Seele können nicht voneinander getrennt werden«, könnte dann etwa die Aporie heißen; und im umfassenderen Sinne, auf das Innere schlechthin, nicht nur auf die Seele, bezogen, hätten wir die zentrale Aporie in den zwei Aussagen gefaßt: *Die beiden Wege sind durch eine unüberbrückbare Kluft getrennt* und: *Die beiden Wege können nicht voneinander getrennt werden.*

Wenn das stimmt, wenn es sich wirklich um diese Aporie handelt, heißt das, daß die Trennung der beiden Wege nur deshalb aufrechterhalten werden kann, weil die Wege gar nicht getrennt werden können? Aber haben wir nicht tatsächlich schon immer festgestellt, daß die Naturwissenschaft nur deshalb alles messen und meßbar machen kann, weil wir Menschen ohnehin schon immer wissen, worum es sich in Wahrheit handelt? Denken wir etwa an die Zeit! Niemand kann sagen, was Zeit ist, niemand kann sie definieren. Aber gerade deshalb ist eine Definition nicht notwendig. Wir, die wir als Menschen *immer* Wurzeln in *beiden* Wegen haben, wissen es, darum genügt es, Zeit zu messen, sie meßbar zu machen, indem wir sie spalten, trennen, zerlegen. Ja es ist wirklich so, daß die

Möglichkeit der Beschränkung auf den äußeren Weg, die Möglichkeit der Verdrängung alles Widersprüchlich-Emotionalen, darauf beruht, daß in Wahrheit eine Trennung unmöglich ist. Das ist aber kein Brückenschlag – im Gegenteil! Wir leben ja in dieser äußeren Welt, in der diese Trennung ständig geübt wird. Gerade weil sie in Wahrheit nicht möglich ist, muß sie immer wieder betont, behauptet werden; ja die Wahrheit selbst muß gespalten werden in eine äußere und eine innere, und was als äußere Wahrheit in unserer Welt bleibt, ist eben die Widerspruchsfreiheit.

Können wir nicht doch noch etwas genauer, deutlicher erfassen, was uns bei dieser Trennung verlorengeht? Sicherlich zunächst die Einheit, das Tao.

> Wenn das Tao verlorengeht
> Kommt die Tugend.
> Wenn die Tugend verlorengeht
> Kommt die Wohltätigkeit.
> Wenn die Wohltätigkeit verlorengeht
> Kommt die Gerechtigkeit.
> Wenn die Gerechtigkeit verlorengeht
> Kommen die Verhaltensregeln.

So sagt Laotse. Verlust des Tao führt letztlich zu Regeln, Normen, zum Gesetz. »Im Anfang war das Naturgesetz«, sagte Walther Nernst und verschleiert damit den Verlust der Einheit; schon im Anfang wären ja die Wege getrennt, die Einheit gespalten! Gott ist nicht Naturgesetz, Gott ist die Liebe, und »das Gesetz ist gegeben worden, damit die Sünde größer werde« (Röm 5, 20). Sünde aber ist das Gegenteil von Liebe.

»Sünde heißt: sich in einem Zustand befinden, in dem jede Entscheidung in irgendeinem Punkt ein Versagen in der Liebe bedeutet«, sagt Gerhard Schwarz, und in seinem Büchlein *Die Kunst des Liebens* schreibt Erich Fromm, »daß die Grundlage für unser Verlangen nach Liebe im Erlebnis der Getrenntheit und dem daraus resultierenden Verlangen liegt, die Angst der Getrenntheit durch das Erlebnis der Vereinigung zu überwinden. Die religiöse Form der Liebe, die Liebe zu Gott, ist psychologisch gesehen nichts anderes. Sie entspringt ebenfalls dem Verlangen, die Getrenntheit zu überwinden und Einheit zu erleben.«

242

Und Erich Fromm geht auch genauer auf diese Getrenntheit ein. Wir erkennen darin die Spaltung, Trennung unserer Wege, wenn er sagt:

»Ich beziehe mich damit auf einen grundlegenden Unterschied zwischen Ost (China, Indien) und West, den man im Unterschied logischer Begriffe formulieren kann. Seit Aristoteles ist die westliche Welt den logischen Prinzipien der aristotelischen Philosophie gefolgt. Diese Logik basiert auf dem Satz der Identität, auf dem Satz vom Widerspruch und auf dem Satz vom ausgeschlossenen Dritten . . .

Dieses Axiom der Aristotelischen Logik hat unsere Denkgewohnheiten so tief beeinflußt, daß es als ›natürlich‹ und selbstverständlich empfunden wird, während andererseits die Feststellung, daß X gleich A *und* nicht gleich A ist, unsinnig erscheint.

Im Gegensatz zu der Aristotelischen Logik steht das, was man als *paradoxe Logik* bezeichnen könnte: die Annahme, daß A und Nicht-A sich als Aussagen von X nicht gegenseitig ausschließen. Die paradoxe Logik war im chinesischen und indischen Denken dominierend, aber auch in der Philosophie Heraklits, und schließlich wurde sie − unter der Bezeichnung ›Dialektik‹ − zur Logik von Hegel und Marx.«

Verlust der Einheit, Verlust des Tao wäre also auch Verlust der Liebe und daher Sünde. Können wir eine Verwandtschaft ahnen zwischen Sünde und Elimination, Liebe und Aufheben von Widersprüchen? Was sonst könnte das gewaltige Wort des Jesus von Nazareth, das »Liebet eure Feinde«, verlangen, als Aufheben eines Widerspruches? Denn es heißt ja nicht »Habet keine Feinde« oder »Macht eure Feinde zu Freunden«! »Liebet auch die, die ihr nicht liebt«, könnte man doch sagen. Zwischen mir und meinem Feind besteht ein Widerspruch, sonst wäre er nicht mein Feind. Wenn ich diesen Widerspruch eliminiere, verdränge, ableugne, dann behandle ich meinen Feind wie einen Freund − aber nur äußerlich, und das ist eben Sünde. Wenn ich den Widerspruch erkenne, ihn schmerzlich empfinde, dann habe ich den ersten Schritt des dialektischen Prozesses getan, selbst wenn es zunächst bedeutet, den Feind zu hassen. Denn was ist der Weg dieses Prozesses? Der Widerspruch − zunächst nur zwischen ihm und mir − tritt in meiner eigenen Brust, in meinem Innern auf, ich beginne meinen Feind zu verstehen, auch wenn ich ihn nicht akzeptieren kann. Den äußeren

Widerspruch (zwischen ihm und mir) zu verinnerlichen (zu meinem eigenen zu machen), verlangt also dieses Gebot. Darum ist auch der innere Weg der Weg höchster Toleranz. Wir wollen nichts ausschließen, ohne deshalb alles einzuschließen!

»Die paradoxe Logik legt den Nachdruck nicht auf das Denken, sondern auf das Erleben. Diese Haltung hat eine Reihe anderer Konsequenzen. In erster Linie führt sie zur *Toleranz*, wie wir sie in der indischen und chinesischen religiösen Entwicklung vorfinden. Wenn der richtige Gedanke nicht die letzte Wahrheit und nicht der Weg zur Erlösung ist, gibt es keinen Grund, andere zu bekämpfen, deren Denken zu anderen Formulierungen gekommen ist«, sagt Erich Fromm.

Dieser letzte Einsatz, diese Toleranz gegen alles Andersartige, dieses »Liebet eure Feinde« aber ist nicht möglich ohne Humor. »Er ist die Würze des Daseins. Ohne ihn hätte die Welt ihr Gleichgewicht völlig eingebüßt«, sagte Aurobindo. »Gerade die grundsätzliche Einstellung Jesu, die Welt und die Menschen realistisch zu nehmen und keine Fehlhaltung durchgehen zu lassen, dabei aber nie den ›Menschen‹ aus dem Auge zu verlieren und auch dem Kleinsten in Liebe zugewandt zu bleiben, ist doch Humor«, meint Gerhard Schwarz und sagt weiter:

»Die Überwindung des Widerspruchs zwischen Gott und Welt, zwischen dem Menschen und sich selbst durch die Liebe ist Humor. Der Humor relativiert nicht nur die Erhabenheit in dieser oder jener Richtung, sondern dringt auch durch Leid und Trauer zur Freude hindurch.«

Wenn Gott die letzte Einheit, Sünde das Auseinanderfallen der Gegensätze und Liebe ihre Wiedervereinigung meint, dann verstehen wir auch, was es heißt »Gott ist die Liebe«. Hören wir dazu noch einmal Erich Fromm:

»Die Lehrer der paradoxen Logik sagen, daß der Mensch die Wirklichkeit nur in ihren Widersprüchen wahrnehmen kann, daß er jedoch die letzte Realität, das Eine, niemals *gedanklich* erfassen kann. Dies führte zu der Folgerung, daß man als letztes Ziel auch gar nicht versuchte, *gedanklich* die Antwort zu finden. Der Gedanke kann uns nur zu dem Bewußtsein hinführen, daß er uns die letzte Antwort eben nicht geben kann. Die Welt der Gedanken bleibt in diesem Paradox gefangen. Die einzige Möglichkeit, die Welt letztlich zu erfassen, liegt nicht im Gedanken, sondern in dem

Erlebnis der Einheit. So führt die paradoxe Logik zu dem Schluß, daß die Liebe zu Gott weder das gedankliche Wissen von Gott noch der Gedanke von der eigenen Liebe zu Gott ist, sondern der Akt des Erlebens der Einheit mit Gott im Erlebnis der Liebe.«

Haben wir nicht im vorigen Kapitel gemerkt, wie das Ausklammern des Menschen im Weltbild der Naturwissenschaft zu einem Gott führt, der zwar oberster Schöpfer des Universums ist, sich aber um den Menschen wenig kümmert? Und auch das ist Ergebnis der Elimination eines Widerspruches, der eigentlich als Aporie ernst genommen werden sollte: Wir können diese Aporie so aussprechen: »Gott hat den Menschen (und das Universum) erschaffen« und »Der Mensch hat Gott erschaffen.« Wird nur die erste Aussage als wahr angenommen, dann begeben wir uns auf einen Weg, der sich immer weiter von seinem Anfang, von Gott entfernt, eben auf den äußeren Weg. Und dieser Weg führt schließlich zu einer tief-inneren Sehnsucht nach Einheit, nach der Wahrheit der zweiten Aussage. In einer leidenschaftlichen Predigt hat Wilhelm Willms, Pfarrer in Heinsberg, dies erschütternd ausgedrückt:

Gott spricht
ich bin ein ohnmächtiger Gott
glaubt ihr denn
ich ließe H-Bomben und Napalm fallen
ich ließe Menschen verhungern
glaubt ihr denn
ich machte Korruption
überall wohin man sieht
glaubt ihr denn
ich hätte die Erde verseucht
ich bin ohnmächtig ohne euch
glaubt ihr denn
ich kippte Weizen ins Meer
um die Wirtschaft anzukurbeln
glaubt ihr ich euer Gott
vernichtete Butterberge
glaubt ihr denn ich sorgte dafür
daß die Wirtschaft
ein Riesenrad schlägt
ohne Rücksicht auf Verluste

meint ihr ich teilte die Erde ein
in zwei Drittel Hungernde
und ein Drittel Wohlstandsverseuchte
ich bin ohnmächtig
ich sterbe wenn ihr sterbt
ich bin machtlos wenn ihr machtlos seid
wenn euer Herz herzlos ist
ist auch mein Herz herzlos
wenn euer Verstand nicht verständig ist
ist auch mein Verstand nicht verständig
wenn eure Hände nichts hergeben
geben meine Hände auch nichts her
ich sterbe wenn ihr sterbt
ihr habt mich allmächtig genannt
ich habe den starken Verdacht
ihr Menschen wolltet mir für
alles Dunkle und nicht Vollbrachte
den Schwarzen Peter zuschieben
den Teufel
ohnmächtig bin ich
und nicht allmächtig gegenwärtig bin ich
aber nur in euch
und wenn ihr mich wollt
die Güte bin ich aber nicht ohne euch
ich vermehre Brot
aber nur durch euch
wenn ihr Weizen züchtet
wenn ihr teilt und nicht alles
für euch behaltet
mein Erbarmen kann nur
durch euer Erbarmen wirksam werden
ich bin nichts wenn ihr nichts seid
mein Leben ist euer Leben
mein Tod kommt unweigerlich
wenn ihr mit eurer Sprache
mich totmacht
ihr müßt mich neu erfinden
ihr müßt mich glaubhaft aufweisen
diese Stadt ist gottlos

wenn ihr nicht göttlich
nicht heilig seid
diese Welt ist ohne Vater und Beistand
wenn ihr nicht
wirkliche Söhne und Töchter
im höchsten Sinne seid . . .

Trauen wir uns noch, die Konsequenzen weiter zu verfolgen? Heißt das nicht, daß der Weg der Naturwissenschaft ein Weg der Sünde ist? Weil er ohne Liebe ist? Aber die Naturwissenschaft ist ja selbst stolz auf ihre »Wertfreiheit«, und fürchten müßten wir diese Gedanken nur dann, wenn sie uns dazu verleiten könnten, die Naturwissenschaft abzulehnen, auszuklammern, zu verdammen. Wenn wir aber sogar unsere Feinde lieben, wie könnten wir aufhören, der Naturwissenschaft anzuhängen? Und die Einsicht einer Sünde soll doch zur Buße führen; Buße aber bedeutet Umkehr. Umkehr — aber nicht als zurück auf demselben Weg, sondern als Richtungsänderung. Wir können die Straße der Naturwissenschaft also getrost weiterbauen, wenn wir nur nicht stur geradeaus weiterwollen, wenn wir suchend die neue Richtung ertasten, erahnen können. (Und das haben wir doch schon immer mit unserem Brückenschlag ausdrücken wollen!) Wenn wir dazu imstande sind, dann kann es nur nützlich sein, wenn wir unsere Lage möglichst genau kennen, deutlich sehen.

Im *Hohelied der Liebe* (1 Kor 13, 2) sagt Paulus:

Und wenn ich die Prophetengabe hätte
Und durchschaute alle Geheimnisse
Und besäße alle Erkenntnis,
Und wenn ich allen Glauben hätte,
So daß ich Berge versetzte,
Hätte aber die Liebe nicht,
so wäre ich nichts.

Beschreibt das nicht sehr genau unsere Lage? Liegt die Macht der Naturwissenschaft nicht gerade in ihrer Voraussagekraft (Prophetengabe)? Erlaubt sie uns nicht, alle Geheimnisse zu durchschauen? Bringt sie uns nicht Erkenntnis? Und haben wir nicht so viel Glauben an sie, daß sie Berge versetzt? In des Wortes eigentlicher Bedeutung? Haben wir nicht Seen geschaffen, Dämme errichtet, das Meer und die Lüfte bezwungen?

Aber haben wir die Liebe? Haben wir sie im *öffentlichen* Leben? Ist sie nicht auch in die Privatsphäre verdrängt? Ja hat nicht gerade unsere Zeit sogar die höchste Form der Liebe, die Liebe zwischen den Geschlechtern gespalten in eine innere und eine äußere Liebe, die äußere aus der Privatsphäre genommen und in jeder Hinsicht technisch vollendet? Und ist dadurch nicht die innere (innige) Liebe noch vollkommener verdrängt worden, ganz und gar entschwunden? So daß wir nach wahrer Liebe — der einen, ganzen, ungeteilten, der göttlichen Liebe — nur mehr Sehnsucht empfinden? Und zwar um so brennender, je vollkommener die »Liebestechnologie« entwickelt ist!

Können wir das wirklich alles der Naturwissenschaft anlasten? Wir haben doch schon gesagt, daß sie den Weg der Kirche nur vollendet hat, daß die Spaltung der Straßen viel älter ist. Hat nicht schon Paulus, der Autor des Hohelieds der Liebe, den ersten Axthieb zur Spaltung der Einheit geführt? Schreibt er doch kurz nach dem *Hohelied der Liebe*, diesem Meisterwerk, in seinem Brief an die Korinther (1. Kor 14, 34 bis 35):

»Die Frauen sollen in der Versammlung schweigen. Es steht ihnen nicht an, das Wort zu ergreifen. Sie sollen sich unterordnen, wie auch das Gesetz gebietet. Wenn sie etwas wissen wollen, sollen sie daheim ihre Männer fragen. Denn es schickt sich nicht für eine Frau, in der Versammlung das Wort zu ergreifen.«

Das Tao, die Einheit von Yin und Yang, ist damals schon zerstört worden und mit ihm die höchste Form der Liebe; der erste große Widerspruch, der Widerspruch männlich—weiblich (Yin—Yang), wurde eliminiert, und die Sünde nahm somit ihren Lauf. Wie soll ein Mann seine Feinde lieben, wenn er nicht einmal seine Frau lieben kann, weil sie sich unterordnen soll? Wie das Gesetz gebietet! Wohl ein Naturgesetz?

Die Naturwissenschaft hat diesen Weg nur vollendet. Ganz in diesem Geiste sagte einer ihrer bedeutendsten Vertreter, Max Planck:

»Wenn eine Frau, was nicht häufig, aber doch bisweilen vorkommt, für die Aufgaben der theoretischen Physik besondere Begabung besitzt und außerdem den Trieb in sich fühlt, ihr Talent zur Entfaltung zu bringen, so halte ich es, in persönlicher wie auch in sachlicher Hinsicht, für unrecht, ihr aus prinzipiellen Rücksichten die Mittel zum Studium von vornherein zu versagen, ich werde ihr gerne, soweit es überhaupt mit der akademischen Ordnung verträglich ist, den probeweisen und stets widerruflichen Zutritt zu meinen Vorlesungen und Übungen gestatten, und habe in dieser Beziehung auch bis jetzt nur gute Erfahrungen gemacht.

Andererseits muß ich aber daran festhalten, daß ein solcher Fall immer nur als Ausnahme betrachtet werden kann, und daß es insbesondere höchst verfehlt wäre, durch Gründung besonderer Anstalten die Frauen zum akademischen Studium heranzuziehen, wenigstens sofern es sich um die rein wissenschaftliche Forschung handelt. Amazonen sind auch auf geistigem Gebiet naturwidrig. Bei einzelnen praktischen Aufgaben, zum Beispiel in der Frauenheilkunde, mögen vielleicht die Verhältnisse anders liegen, im allgemeinen aber kann man nicht stark genug betonen, daß die Natur selbst der Frau ihren Beruf als Mutter und als Hausfrau vorgeschrieben hat, und daß Naturgesetze unter keinen Umständen ohne schwere Schädigungen, welche sich im vorliegenden Falle besonders an dem nachwachsenden Geschlecht zeigen würden, ignoriert werden können.«

Also wirklich ein Naturgesetz!

Erinnern wir uns der Worte des Taoisten Jolan Chang: »Dabei kam ich zu der Einsicht, die gemeinsame Wurzel all dieser Übel ist die Tatsache, daß es Männern und Frauen nicht gelingt, ein harmonisches Gleichgewicht zwischen dem Yin und dem Yang herzustellen.«

Wundert es dann, wenn Erwin Schrödinger — in seinen öffentlichen Reden und Schriften stets strenger Logiker, privat ein spontan-kreativer Widerspruchsgeist — schon 1925 resignierend schreibt:

»Überschaut man den theoretischen und praktischen Enderfolg des abendländischen Denkens während anderthalb Jahrtausenden, so ist er nicht gerade ermutigend. Der westlichen Weisheit letzter Schluß, daß alle Transzendenz ein für allemal zu verschwinden hat, läßt sich auf dem Gebiet des Erkennens, für das er eigentlich gemeint ist, nicht wirklich durchsetzen... Der Zustand hat, wie schon oft bemerkt worden ist, eine erschreckende Ähnlichkeit mit dem am Ausgang des Altertums. Und zwar nicht nur hinsichtlich der allgemeinen Religions- und Sittenlosigkeit, sondern auch in *dem* Punkt besteht Übereinstimmung, daß beide Epochen auf dem

Gebiete der pragmatischen Erkenntnis in feste und sichere Bahnen eingelaufen zu sein glauben, die nach der Überzeugung des Zeitalters wenigstens hinsichtlich ihrer allgemeinen Form und ihrer Grundlagen dem Wechsel der Meinungen entrückt scheinen: damals die Philosophie des Aristoteles, heute die moderne Naturwissenschaft. Hält der Vergleich auch in diesem Punkte Stich, so steht es um die letztere übel! Will man sich also wundern, daß uns Enkeln bei näherem Zusehen der Mut gebricht, uns dieser reichlich passiven Verlassenschaft Erben zu erklären und Gedanken weiterzudenken, die so offenkundig nach zweitausend Jahren zum zweiten Mal dem Bankerott zusteuern!«

Liegt nicht gerade in dem offenkundigen Bankerott ein Hoffnungsschimmer? Besteht die Hoffnung nicht gerade in der Hoffnungslosigkeit, Ausweglosigkeit der Lage? Müssen wir nicht erst ans Talende gelangen, bevor wir aufsteigen können? Die Spaltung der beiden Wege *muß* bis zum bitteren Ende verwirklicht werden. Erst wenn sie bis über die Schmerzgrenze getrieben wird, kann auch öffentlich eingesehen werden, daß sie unmöglich ist.

Wir müssen uns aber jetzt noch umsehen, wie sich dieser Verlust der Einheit, das Fehlen der Liebe, in unserem täglichen Leben, unseren Handlungen in der Gemeinschaft auswirkt. Bisher haben wir ja vorwiegend den theoretischen Überbau, den modernen Turmbau zu Babel, das Weltbild der Naturwissenschaft betrachtet. Würde es nicht tief in unser tägliches Leben, unsere Gewohnheiten eingreifen, wir brauchten uns nicht weiter darum zu sorgen!

9

Atomkraftwerke:

Erste Zeichen einer Zeitenwende?

Der Morgen des 6. August 1945 war hell und warm. Nur ein paar kleine, weiße Wolken standen am Himmel, der so blau war wie die funkelnden Gewässer des Inlandmeeres und die sieben Finger des Ota-Flusses. Hiroshima liegt in einer Ebene, die durch das Delta des Ota-Flusses entwässert wird. Die Stadt besteht aus sechs einzelnen Inseln.

Nur ein paar spärliche Bomben waren bisher auf Hiroshima gefallen; der laute Chor der Grillen drückte den Frieden des beginnenden Tages aus, als die heiße Augustsonne ihren Aufstieg am Firmament begann. Das einsame Flugzeug, das nach acht Uhr morgens hoch am Himmel seine Bahn zog, wurde daher auch wenig beachtet. Der Schiffszeichner Tsutomo Yamaguchi beobachtete, wie ein kleiner Gegenstand aus dem Bauch des Flugzeugs fiel. Fünfhundert Meter über der Stadt, um 8 Uhr 15 des 6. August 1945, verwandelte sich dieser kleine Gegenstand in einen gleißenden Feuerball, hundertmal heller als die Sonne, und riß einhundertdreißig- bis einhundertvierzigtausend Menschen augenblicklich in den Tod.

Die Uranbombe hatte die Menschheit durch die Hölle in das nukleare Zeitalter gestoßen.

Yamaguchi erinnert sich an diesen fürchterlichen Augenblick: »Plötzlich leuchtete ein Blitz auf, wie wenn man eine riesige Magnesiumfackel anzündet. Als ich mich hinwarf, kam eine ungeheuerliche Explosion. Wie lange ich halb ohnmächtig auf der Straße lag, weiß ich nicht. Aber als ich die Augen wieder öffnete, war es rings um mich her so dunkel, daß ich nichts sehen konnte. Es war, als sei es in der Hitze des Morgens plötzlich Mitternacht geworden.«

Yamaguchi war einer der wenigen, die das Inferno überlebten; aber er hatte es noch nicht überstanden. Aus dem Grauen von Hiroshima flüchtete er zu seinen Verwandten nach Nagasaki; nur drei Tage später, am 9. August 1945 um 11 Uhr 2 Minuten, sah er zum zweiten Male jenen unwirklich-furchtbaren Atomblitz, diesmal von einer Plutoniumbombe.

Eigentlich war eine andere Stadt − Kokura − als zweites Ziel »ausersehen« worden, aber schlechtes Wetter zwang den Piloten des B-29-Bombers zum Abdrehen; er flog das Ersatzziel an. Dort hatte sich der Morgennebel verzogen, und Nagasaki bot sich als ein gutes Ziel. Trotzdem »gelang« der Abwurf nicht so exakt wie geplant, so daß die Bombe in Nagasaki »nur« sechzig- bis siebzigtausend Sofortopfer forderte.

»So tritt das nukleare Zeitalter über die Schwelle«, heißt es nüchtern im Vorwort eines japanischen Bildbandes, der die Menschheit an die Schrecken dieser Tage erinnern soll, um eine Wiederholung solcher Wahnsinnstaten auszuschließen.

Der 6. August wurde zum Tag Null eines neuen Zeitalters, des Atomzeitalters. Und das Grauen, das unvorstellbare Inferno, das dieses neue Zeitalter eingeläutet hat, kann nicht mit Worten erfaßt werden. Im Mai 1978 schrieb der Bürgermeister von Nagasaki:

»Die Erinnerungen an diese furchtbare Tragödie können niemals aus dem Gedächtnis derer, die sie erlebt haben, gelöscht werden, wie sehr sie es auch versuchen mögen, eine Tragödie, die so ungewöhnlich ist, daß sie nicht leicht von jemandem verstanden werden kann, der sie niemals erlebte . . . Es ist bedauerlich, daß viele Leute sich die Atombombe lediglich als etwas größere, gewöhnliche Bombe vorzustellen scheinen.«

Wohl hat es Hekatomben von Toten und Verwundeten auch bei »gewöhnlichen« Bombenangriffen gegeben. Bombenteppiche, Phosphorbomben, Napalm und dergleichen mehr haben furchtbare Verwüstungen angerichtet; aber sie waren *vorstellbar*! Die Menschen wußten, was geschah, wenn es auch grauenvoll war. Riesige Bomberverbände, das Dröhnen zahlloser Motoren, ständige Detonationen, vielleicht das Bellen von Abwehrfeuer waren die teuflische Begleitmusik solcher Szenen. Nichts dergleichen warnt die Menschen vor der Atombombe. Buchstäblich aus blauem, friedlichem Himmel, ohne Alarm oder Warnung, verwandelt sie *im Bruchteil einer Sekunde* durch den Hitzeblitz und die darauffolgende Druckwelle eine blühende, lebendige Stadt in eine Wüste von Schutt und Staub. Die Überlebenden finden sich *plötzlich* in einem Trümmerfeld, meist ihrer Kleider entblößt, die ihnen die Gewalt der Explosion vom Leibe gerissen hat; sie merken erst allmählich, daß ihr Fleisch verbrannt ist von einem einzigen kurzen Hitzestrahl, dessen Temperatur allerdings dem Inneren der Sonne entspricht.

Tsutomo Yamaguchi, der dies zweimal erlebt hat, traf nach dem Erwachen aus der Ohnmacht fünf Jungen, die nackt und schreiend aus einer zerstörten Fabrik gelaufen kamen:

»Noch niemals hatte sich mir ein so entsetzlicher Anblick geboten wie diese fünf zitternden Jungen. Das Blut rann in Strömen aus tiefen Schnittwunden am ganzen Körper, mischte sich mit ihrem Schweiß, und ihre Haut war tiefrot verbrannt wie gesottene Hummern. Zuerst schien es wahrlich seltsam: Auf ihren verbrannten und verwundeten Rücken und Brustkörben wuchs grünes Gras. Dann sah ich, daß hundert scharfe Grashalme tief in die Haut eingedrungen waren, offenbar durch die Macht der Explosion hineingespießt.«

Und Matsu Moriuchi, die in Nagasaki den Luftschutzraum einer Schule erreichte, bevor die Bombe explodierte, schreibt:

»Es war ein strahlend-blaues Aufflammen. Etwas derartig Strahlendes hatte ich in meinem ganzen Leben noch nie gesehen. Kurz vorher hatte einer der Lehrer am Eingang des Schutzraumes etwas ausgemessen. Er arbeitete mit bloßem Oberkörper und hielt das Bandmaß ausgestreckt, in jeder Hand ein Ende. In dem strahlenden Licht sah er wie ein wunderschönes Standbild aus.«

Und — einen Augenblick später, als Moriuchi wieder zu sich kam: »In dem dämmrigen Licht, das durch die Öffnung des Schutzraumes eindrang, sah ich einen Haufen halbnackter Leute in dem Durchgang liegen. Ihre Bäuche waren wie Ballons aufgeblasen, ihre Haut in großen Fladen abgeschält — herunterhängend wie Fransen an einem Teppich. Sie waren so still, daß ich dachte, sie seien tot. Aber das war nicht der Fall. Sie stöhnten fortgesetzt: ›Wasser! Gebt mir Wasser!‹ Diese Gestalten waren die Lehrer, die eine kurze Zeit vorher so vergnügt dabeigewesen waren, einen Luftschutzraum zu bauen.«

Im selben Schutzraum überlebte Sadako Moriyama die Katastrophe. Sekunden nach der Explosion kam sie wieder zu sich: »Dann bekam ich einen derartigen Schreck, daß ich dachte, mein Herz würde zerbrechen. Vom Eingang her kam jetzt etwas Licht. Als ich hinblickte, krochen langsam zwei Wesen herein, die wie große, dicke, häßliche Eidechsen aussahen und krächzende, stöhnende Laute von sich gaben. Andere folgten ihnen nach: Minutenlang war ich gelähmt vor Entsetzen. Dann wurde das Licht etwas heller, so daß ich sehen konnte, es waren menschliche Wesen! – bei lebendigem Leibe durch Feuer oder Hitze enthäutet und die Körper ganz zerquetscht an den Stellen, wo sie gegen etwas Hartes geschleudert worden waren. Es waren die Lehrer, die draußen an der Erweiterung des Schutzraumes gearbeitet hatten . . . Ich stand auf und ging hinaus, vorsichtig über die Leute auf der Erde hinwegsteigend . . . Die Sonne war verschwunden . . . Im Sandkasten lagen vier Kinder . . . die sich ein paar Minuten vorher beim Libellenfang so vergnügt getummelt hatten . . . Alle waren nackt und enthäutet. Die Haut ihrer Hände war an den Handgelenken abgerissen und hing von den Fingerspitzen dicht hinter den Nägeln wie ein umgedrehter Handschuh herab. In dem trüben Licht glaubte ich, noch viele andere Kinder überall im Hof herumliegen zu sehen.«

Heute sind die Städte wieder aufgebaut, Leben pulsiert in ihnen wie in jeder anderen Großstadt. Aber im Zentrum von Hiroshima, dort, wo fünfhundert Meter über der Oberfläche eine zweite – totbringende – Sonne für einen kurzen Augenblick aufgeleuchtet ist, stehen auch heute keine Häuser: Ein großer Park mit vielen Mahn- und Denkmälern erinnert an die Stunde, da an diesem Ort das Atomzeitalter seinen schrecklichen Einzug hielt. Unter den stummen Zeugen, die in einem Museum zusammengetragen wurden, ist vielleicht die steinerne Freitreppe einer Bank am erschütterndsten: Der Schatten von Menschen, die zum Zeitpunkt der Explosion vor der Bank warteten, ist vom Hitzeblitz für alle Zeiten in den Granit eingebrannt.

Wie konnte es so weit kommen? Waren es Wahnsinnige, waren es Verbrecher, die dieses Inferno entfachten? Ist es möglich, daß denkende, fühlende Menschen ein so kompliziertes Ding erfinden, um mit einem Schlag mehr als hunderttausend *Mit*menschen zu eliminieren?

Ich glaube nicht, daß so etwas möglich ist. Der Wahnsinn konnte nur dadurch Wirklichkeit werden, daß dieses Ding — diese Atombombe — in einer Welt erfunden wurde, *in der es keine Menschen mehr gibt.*

Haben wir nicht immer betont, daß die Naturwissenschaft ihre Erfolge erzielt, weil sie vom Menschen absieht? Weil sie alles wahrhaft Menschliche auf die andere Straße, in die Privatsphäre verweist, verdrängt, tabuisiert? Und haben wir nicht gesehen, daß diese Verdrängung so sehr betont werden muß, weil sie gar nicht möglich ist? Weil jeder lebendige Mensch immer schon die widersprüchliche Einheit verkörpert! Haben wir nicht auch von der doppelten Buchführung gesprochen, von den zwei Seelen in jeder Brust?

Es ist wohl klar, daß bei den neuen Priestern — allen voran die Physiker! — diese Trennung der Seelen geradezu vorbildhaft aufrechterhalten wird. (Bis an die Grenze der Schizophrenie.) So kommt es, daß Naturwissenschaftler in ihrer eigenen Privatsphäre empfindsam mitfühlende Gemüter sein können, in ihrem öffentlichen Wirken aber *ohne Gewissensbisse* an nuklearen, chemischen oder biologischen Kampfgeräten arbeiten, weil in ihrem rational aufgebauten Weltbild Menschen bereits nicht mehr aufscheinen. Nur die eine — gefühlsbetonte, private — Seele hat noch Mitmenschen. Die andere — rational-logische, naturwissenschaftliche — kennt nur mehr Dinge (und sei es in Gestalt von Menschen).

Am klarsten, deutlichsten wird diese Spaltung am »Papst der Physik«, Albert Einstein. Er war es, der 1905 den physikalischen Grundstein für die Erkenntnis legte, daß Materie ebenso eine Form der »ewigen Energie« sei wie Wärme, Schall, Licht und dergleichen. Und daß Materie daher ebenfalls in jede andere Form von Energie verwandelt werden kann (und umgekehrt). Nur ist die Ausbeute dabei ein Vielfaches aller vorher bekannten Formen von Energieverwandlung. Jetzt erst konnte man verstehen, woher die Sonne (und andere Fixsterne) ihre ungeheure Strahlungsenergie über Milliarden von Jahren nimmt: Sie verwandelt ständig einen kleinen Teil ihrer Materie in Energie. Damit war vielleicht der letzte Schritt auf dem Weg getan, der die Sonne endgültig in ein totes Ding verwandelte. Nicht nur ihre Bahn, ihre Form, ihre Masse waren bekannt, nein, auch ihre »Seele«, ihre Energiequelle war nun logisch erklärbar. (»Dir Seele des Weltalls, o Sonne, sei heut' das erste der festlichen Lieder geweiht«, so beginnt eine der wunderschönen Kantaten von Wolfgang Amadeus Mozart.) Verständlich, daß der Mensch versucht war, dieses lebenspendende »Ding« nachzuahmen, den Prozeß, der der Sonne so lange so mächtige Energie verleiht, im Experiment selbst schöpferisch nachzuvollziehen.

Es bedurfte aber noch der Entdeckung der Uran-Kernspaltung durch die Chemiker Otto Hahn und Fritz Strassmann, bevor dies im Laboratorium möglich war. Bei der Spaltung eines Uran-Atomkernes wird nicht nur ein Teil der Materie dieses Kernes in verwandelter Form als Energie freigesetzt, es werden dabei auch Neutronen ausgestoßen, die selbst wieder andere Urankerne spalten können. So kommt es zu der berüchtigten Kettenreaktion; wie eine Lawine breitet sich der Spaltungsprozeß aus und setzt dabei ungeheure Energien frei.

Der »Zufall« wollte es, daß diese Entdeckung (Ende 1938) mit den Vorbereitungen zum Zweiten Weltkrieg zusammenfiel. Bis zur technischen Anwendung dieser Erkenntnisse war zwar noch viel Entwicklungsarbeit zu leisten, aber durch den Beginn des Krieges wurden sie wesentlich beschleunigt. Schon 1941 gelang es Enrico Fermi, in einem Reaktor in Chicago die erste kontrollierte Kettenreaktion in Gang zu setzen, und vier Jahre später war die Atombombe fertig. Aber zur Durchführung so hochkomplizierter Entwicklungsarbeiten bedurfte es des konzentrierten Einsatzes aller verfügbaren Kräfte und Materialquellen. Die Physiker allein wären dazu nicht imstande gewesen, und die Politiker hatten von diesen Möglichkeiten keine Ahnung, ja sie hielten sie zunächst für Hirngespinste oder zumindest grobe Übertreibungen. So mußten Physiker die maßgebenden Politiker erst zur Entwicklung der Bombe überreden, und das war gar nicht so einfach. Ohne das Gewicht der Persönlichkeit Einsteins, des »Papstes der Physik«, wäre es vielleicht nie dazu gekommen.

Und nun offenbart sich diese Spaltung der Persönlichkeit: Nicht weil er teuflische Absichten hatte, nicht weil er Kriegshetzer war, nein, als besonnener vorsichtiger Mann, ja als Pazifist konnte Einstein Präsident Roosevelt für die Entwicklung der Atombombe gewinnen. Er, der als *Privatmann* erklärte: »Töten im Krieg ist nach meiner Auffassung um nichts besser als gewöhnlicher Mord«, unterzeichnete am 2. August 1939 folgenden Brief an Präsident Roosevelt (der Text war von Szilard und Wigner entworfen worden):

»Ein neues Werk von Enrico Fermi und Leo Szilard, das mir im

Manuskript vorgelegt wurde, veranlaßt mich zur Annahme, daß das Element Uran in naher Zukunft zu einer neuen, wichtigen Energiequelle gemacht werden könnte. Gewisse Aspekte der dadurch geschaffenen Situation scheinen Wachsamkeit und nötigenfalls rasches Handeln seitens der Regierung zu erfordern. Ich halte es daher für meine Pflicht, die folgenden Tatsachen und Empfehlungen Ihrer Aufmerksamkeit zu unterbreiten:

Im Laufe der letzten vier Monate hat sich durch die Arbeit von Joliot/Curie in Frankreich sowie von Fermi und Szilard in Amerika die Wahrscheinlichkeit ergeben, daß sich in einem großen Quantum Uran eine Atomkern-Kettenreaktion auslösen läßt, durch die gewaltige Kraftmengen und beträchtliche Quantitäten neuer radiumartiger Elemente erzeugt würden. Es scheint heute fast gewiß, daß sich dies in allernächster Zukunft verwirklichen läßt.

Dieses neue Phänomen würde auch zur Konstruktion von Bomben führen, und es ist denkbar – obschon weit weniger sicher –, daß auf diese Weise eine neue Art Bomben von extremer Wirkungskraft konstruiert werden könnte. Eine einzige Bombe dieses Typs, auf einem Boot transportiert und in einem Hafen zur Explosion gebracht, wäre sehr wohl imstande, den ganzen Hafen nebst einem Teil des umliegenden Gebietes zu zerstören. Immerhin könnten sich solche Bomben sehr gut als zu schwer für den Transport mittels Luftfahrzeugen erweisen.

Die Vereinigten Staaten besitzen nur sehr spärliche und mäßig ergiebige Uranerzvorkommen. Einige gute Adern befinden sich in Kanada und in der früheren Tschechoslowakei; die wichtigste Uranquelle bildet aber Belgisch-Kongo.

Angesichts dieser Lage halten Sie es vielleicht für wünschenswert, daß zwischen der Regierung und der Gruppe jener Physiker, die in Amerika auf dem Gebiet der Kettenreaktion arbeiten, ein ständiger Kontakt erhalten bleibt. Ein Weg, um dies zu erreichen, wäre der, daß Sie mit dieser Aufgabe eine Persönlichkeit beauftragen, die Ihr Vertrauen besitzt und vielleicht in inoffizieller Stellung dienen könnte. Seine Aufgabe würde in folgendem bestehen:

a) An die Regierungsdepartments heranzutreten, um sie über die weitere Entwicklung zu informieren und Empfehlungen bezüglich des Vorgehens der Regierung zu unterbreiten, wobei dem Problem der Sicherung eines Vorrats an Uranerz für die Vereinigten Staaten besondere Aufmerksamkeit zuzuwenden wäre;

b) die Versuchsarbeiten, die augenblicklich innerhalb der Budget-
grenzen von den Universitätslaboratorien fortgeführt werden, zu
beschleunigen, indem, sofern solche Arbeiten erforderlich sind,
Fonds beschafft werden durch Fühlungsnahme Ihres Beauftragten
mit Privatpersonen, die bereit sind, hierfür Beiträge zu leisten, vielleicht aber auch durch Erlangung der Mitarbeit seitens industrieller
Laboratorien, die über die nötige Einrichtung verfügen.

Ich weiß, daß Deutschland augenblicklich den Verkauf von Uran
aus den tschechischen Bergwerken, die es übernahm, eingestellt
hat. Daß es diese Maßnahme so frühzeitig getroffen hat, erklärt sich
vielleicht daraus, daß der Sohn des deutschen Unterstaatssekretärs
von Weizsäcker dem Kaiser-Wilhelm-Institut in Berlin, wo gewisse
amerikanische Uranarbeiten jetzt wiederholt werden, zugeteilt
wurde.«

Arthur Compton, selbst Nobelpreisträger der Physik und damals
mit dabei, erinnert sich an diese Zeit:

»Rein menschlich betrachtet, war das bemerkenswerteste an diesem Appell an den Präsidenten, daß gerade Albert Einstein, ein pro-
minenter Vorkämpfer für den Frieden, den Brief unterzeichnete.
Seit Charles Darwin hat sich wohl kein anderer Wissenschaftler
einen so hohen Platz in der Geschichte des menschlichen Denkens
erobert . . . Einstein benutzte seine außergewöhnliche wissenschaftliche Reputation auch dazu, seine humanitären Gedankengänge zu
propagieren. In deren Mittelpunkt stand die Errichtung einer friedlichen Welt, in der Männer und Frauen in Freiheit leben könnten.
Er selbst tat alles in seiner Macht Stehende, um diese Welt zu reali-
sieren.«

Präsident Roosevelt beauftragte daraufhin zwar seinen militärischen Adjutanten, einen Ausschuß einzusetzen, der mit allen erfor-
derlichen Vollmachten ausgestattet war; trotzdem ist dieser Appell
Einsteins und seiner Mitarbeiter nicht sehr erfolgreich gewesen. Es
gab vor allem noch zu wenig finanzielle Unterstützung durch die
Regierung. Arthur Compton meint dazu:

»In Washington gab es weder eine Einzelpersönlichkeit noch eine
Behörde, die bevollmächtigt war, sich mit neuen wissenschaftlichen
Entwicklungen zu befassen, deren Bedeutung – obwohl dringlich
und lebenswichtig – noch nicht richtig klargestellt war. Das entsprach einfach nicht der amerikanischen Tradition. Die Tatsache,
daß die Regierung auf die Förderung der Uraniumforschung nicht

vorbereitet war, war nur eines von mehreren Beispielen, die gewisse Mitglieder der Nationalen Akademie der Wissenschaften zum Handeln aufrüttelten. Auf ihre Anregung hin schuf Präsident Roosevelt den Nationalen Forschungsausschuß für Fragen der Verteidigung.«

Erst jetzt begannen Geldquellen zu fließen, die intensive Entwicklungsarbeit konnte ungehemmt einsetzen; das geheime Projekt erhielt den Decknamen »Manhattan«. Arthur Compton beschreibt die Haltung der Physiker in jenen Tagen:

»Nunmehr entwickelte sich unter den Physikern jener Jagdgeist, der plötzlich spürbar wird, wenn das gejagte Wild in Sicht kommt. Der hohe Preis, der dem erfolgreichen Jäger winkte, gestaltete die Jagd außerordentlich aufregend. Konnte die Wissenschaft, die sich mit der Erforschung der Energie befaßt, der Menschheit jemals ein größeres Geschenk machen? Der Glaube der Physiker, daß es irgendwie gelingen werde, Atomkraft frei zu machen, beruhte zugegebenermaßen nur auf einer bruchstückhaften Beweisführung. Aber jeder Wissenschaftler war davon überzeugt, daß der Wert dieser Energie schließlich die für den Erfolg benötigten riesigen Aufwendungen um ein Vielfaches übertreffen würde. Dies war der Augenblick, in dem der Physiker das Flügelrauschen des Schicksalsengels vernahm.«

Die erste Atombombe wurde als Versuch in der Wüste von Nevada zur Explosion gebracht. Wilhelm Brenig schreibt darüber:

»Als Robert Oppenheimer, der Organisator dieses Experimentes, den atomaren Rauchpilz über der Wüste von Nevada aufsteigen sah, soll er gesagt haben: ›Wir haben die Arbeit des Teufels getan.‹ . . . Die beiden Bomben des Manhattan-Projekts, deren Herstellung sich die Amerikaner rund zwei Milliarden Dollar hatten kosten lassen, wurden abgeworfen; die eine auf Hiroshima, die andere auf Nagasaki. Sie kosteten rund zweihunderttausend Menschen das Leben. Die Physiker hatten in der Tat die Arbeit des Teufels getan.«

Die Angst vor den Deutschen aber war — in dieser Hinsicht — unbegründet. Die meisten Physiker wurden — als Juden oder Gegner — aus Deutschland vertrieben; Werner Heisenberg war einer der wenigen, die blieben. Und er konnte die Weichen so stellen, daß der Bau eines Reaktors zur Energieversorgung als Ziel gesteckt wurde; die Bombe hätte zu viel Aufwand erfordert. Der Wissenschaftshistoriker Armin Hermann schreibt darüber:

»Die Entscheidung Speers fiel in der von Heisenberg gewünschten Weise ... Damit konnte das einzige erreichbare Ziel nur noch sein, einen energieerzeugenden Uranbrenner zum Betrieb von Maschinen zu bauen ... Einen Wettlauf um die Atombombe zwischen den Vereinigten Staaten und dem Dritten Reich hat es also nie gegeben ... Heisenberg war freilich viel zu sehr Physiker, um nicht doch mitunter die kluge Zurückhaltung zu verwünschen, zu der er gezwungen war. Als er von den gigantischen Anstrengungen für die Entwicklung der Flugbombe und der Rakete erfuhr, die als V1 und V2 jedem Zeitgenossen zum Begriff wurden, da hat er zeitweise bedauert, daß dem deutschen Atomenergie-Projekt nicht auch die gleiche Unterstützung zuteil geworden ist.«

In einem Interview mit dem Magazin *Der Spiegel* wurde Heisenberg 1967 gefragt, ob ihn nicht die reine Neugier gereizt habe, ein solches Projekt zu verwirklichen; ähnlich wie Robert Oppenheimer, den »Vater der amerikanischen Atombombe«, der einmal gesagt hat, alle Dinge, die technisch verlockend seien, müßten einen Physiker reizen. Heisenbergs Antwort weist auf die Seelenspaltung hin:

»Selbstverständlich ist jeder Physiker in dieser Versuchung. Die Frage ist immer, was sozusagen die anderen Komponenten seines Gewissens dazu sagen.«

Aber auch der Uran-Reaktor kam bis Kriegsende nicht mehr in Gang. Die deutschen Physiker wurden nach England gebracht und in Farmhall interniert. Dazu sagt Armin Hermann:

»Die Wissenschaftler hausten in Farmhall wie eine sonderbar moderne Art von Mönchen. Ihre Exerzitien waren Kernphysik und Kerntechnik.«

Und als am Abend des 6. August 1945 die Nachricht vom donnernden Einbruch des Atomzeitalters bekannt wurde, demonstrierte nun Otto Hahn die Spaltung in der Brust jedes Physikers. Allein, in seinem *privaten* Zimmer in Farmhall sagte er zum aufsichtführenden britischen Offizier, der ihm die Botschaft brachte:

»Ich verliere fast wieder etwas die Nerven bei dem Gedanken an das neue große Elend«; aber unmittelbar darauf, im Speisesaal — der innerhalb der Mauern von Farmhall als *öffentlich* gelten konnte — sagte er beim Abendessen zu den Kollegen:

»Wenn die Amerikaner eine Uranbombe haben, dann sind Sie alle zweitklassig. Armer Heisenberg ... Auf jeden Fall, Heisenberg, sind Sie eben zweitklassig, und Sie können einpacken.«

Auf dem wertfreien Weg naturwissenschaftlicher Logik gibt es eben kein Gut und Böse, sondern nur Erfolg oder Mißerfolg, Funktionieren oder Versagen. Aber weil diese Spaltung immer *zwei* Seelen erzeugt, weil die »anderen Komponenten des Gewissens« eben nie vollständig unterdrückt, zum Schweigen gebracht werden können, spüren vielleicht gerade Physiker diesen Widerspruch besonders schmerzlich. Sie sind es doch, die als neue Priester das Glaubensbekenntnis verteidigen, die das Banner der Widerspruchsfreiheit hochhalten. Und wenn alle Widersprüche als schlecht, als Irrtümer, als Versehen – als Störung des Weltbildes angesehen werden, ist dann nicht der Mensch, das widersprüchlich abgründige Wesen, die beharrlichste Störung? Fordert er nicht geradezu heraus, ihn zu eliminieren, damit Weltbild und Welt besser übereinstimmen? Könnte das nicht auch – unterbewußt – einer der Gründe sein, daß Naturwissenschaftler – als gespaltene Wesen – die Entwicklung solcher Wahnsinnsgeräte nicht verhindern? Und wäre das nicht zumindest der Schatten einer Erklärung dafür, daß dreißig Jahre später die Entwicklung noch immer weitergeht und zur Neutronenbombe führte, die noch viel »sauberer«, ganz speziell dazu konstruiert ist, möglichst nur Menschen zu eliminieren und möglichst viele Dinge, »Außenwelt«, dabei zu erhalten?

Jedenfalls gehen die Naturwissenschaftler auch auf diesem Gebiet nach dem Grundsatz Galileis vor; alles, was meßbar ist, wird gemessen, und was nicht meßbar ist, wird meßbar gemacht. Und wie wir schon am Beispiel der Zeit im siebenten Kapitel gesehen haben, genügt es dazu, eine Meßvorschrift anzugeben und sich auf Maßeinheiten zu einigen. Gerade an diesen neuen Maßeinheiten des Atomzeitalters, die ebenso wertfrei und nüchtern definiert werden wie vordem etwa die der Himmelsmechanik, wird die ganze Doppelzüngigkeit, die Schizophrenie der Spaltung, offenbar.

Die Maßeinheit für die Zahl der Todesopfer nach einer Atombombenexplosion ist das »Megadeath« (Megatote, eine Million Todesopfer!), denn längst sind die paar hunderttausend Toten von Hiroshima durch den »Fortschritt« überholt. Werden aber (durch radioaktiven Ausfall) später noch weitere Menschen getötet, so spricht man vom »Bonus Kill« (Bonus-Tötung). Die Supermächte können einander gegenseitig mehrfach ausrotten. Die Einheit für die Anzahl solch kompletter Vernichtungen heißt »Overkill« (Über-Tötung). Die Größe der Bomben wird einfach in Megatonnen (Millionen Tonnen) angegeben. Diese Einheit entspricht der Sprengkraft von einer Million Eintonnenbomben mit gewöhnlichem (chemischem) Sprengstoff. Die Bombe in Hiroshima hatte »nur« die Kraft von dreizehneinhalbtausend solcher Bomben. Wasserstoffbomben, wie sie seither entwickelt wurden, haben zehn, manchmal noch mehr Megatonnen Sprengkraft.

Angesichts dieses unvorstellbaren Wahnsinns, angesichts dieser grauenhaften »Neugestaltung« unserer Welt durch die naturwissenschaftlich-technologische Fortschrittsspirale, ist es fast selbstverständlich, daß viele Naturwissenschaftler zur Umkehr mahnen, die Folgen dessen, was nicht mehr ungeschehen zu machen ist, wenigstens abschwächen wollen.

Schon vor dem Abwurf der Bombe auf Hiroshima gab es einige Physiker, die den Einsatz verhindern wollten; der Gedanke tauchte auf, man solle zunächst die furchtbare Macht der neuen Waffe über unbewohntem Gebiet demonstrieren, um die Kapitulation des Gegners zu erreichen. Schließlich verfaßten die verantwortlichen Physiker einen Bericht, dessen wesentlicher Inhalt vom Kriegsminister Stimson zusammengefaßt wurde:

»Die Ansichten unserer wissenschaftlichen Kollegen über die erste Anwendung dieser Waffen sind nicht einmütig: Sie reichen von dem Vorschlag einer rein technischen Demonstration bis zu dem der militärischen Anwendung, die am besten geeignet ist, die Kapitulation herbeizuführen. Die Befürworter einer rein technischen Demonstration möchten die Anwendung von Atomwaffen international ächten und befürchten, unsere spätere Verhandlungsposition könnte gefährdet werden, wenn wir die Bombe einsetzen. Andere dagegen heben die günstige Gelegenheit hervor, durch sofortige militärische Verwendung amerikanische Menschenleben zu retten. Sie glauben, der Einsatz der Bombe werde die Aussichten der internationalen Politik bessern, wobei sie mehr an die Verhinderung weiterer Kriege als an die Beseitigung dieser besonderen Waffe denken. Wir stehen dieser letzten Ansicht näher; *wir sind nicht in der Lage, irgendeine technische Demonstration vorzuschlagen, die mit Wahrscheinlichkeit den Krieg beenden könnte; wir sehen keine annehmbare Alternative zur unmittelbaren militärischen Anwendung.*«

Arthur Compton, der damals mit dabei war, erinnert sich: »Eine schwere Bürde lastete auf unseren Herzen, als wir am 16. Juni ...

diesen Bericht übergaben. Zwar waren wir stolz und glücklich, daß es uns vergönnt gewesen war, an der Befreiung der Atomenergie für den Gebrauch durch den Menschen mitzuarbeiten. Aber was für eine Tragödie war es doch, daß diese Kraft zuerst im Kriege und für menschliches Zerstörungswerk benutzt werden mußte. Wenn es jedoch mittels der Bombe gelingen sollte, den Krieg abzukürzen und Menschenleben zu sparen, wenn wir uns damit der Zeit näherten, in der Kriege nicht mehr als Mittel zur Regelung internationaler Streitfälle benutzt würden, dann waren unsere Hoffnungen und unser Mut berechtigt.«

»Wobei sie mehr an die Verhinderung weiterer Kriege als an die Beseitigung dieser besonderen Waffe denken.« Tatsächlich kann man ja zur »Verteidigung« der Atombombe anführen, daß es gerade durch ihre Existenz *bisher* keinen weiteren Weltkrieg, keinen Krieg zwischen »Supermächten« gegeben hat. Dieser Zustand gegenseitiger Angst wird treffend als »Gleichgewicht des Schreckens« bezeichnet. Was aber, wenn dieses Gleichgewicht aus den Fugen gerät? Oder wenn sich ein machthungriger Diktator, ein Irrer, ein Erpresser, einer Atombombe bemächtigt?

Schon 1957 warnten achtzehn deutsche Atomphysiker in einem Manifest vor der trügerischen Verblendung durch dieses scheinbare Gleichgewicht. In der Schrift heißt es:

»Wir leugnen nicht, daß die gegenseitige Angst vor den Wasserstoffbomben heute einen wesentlichen Beitrag zur Erhaltung des Friedens in der ganzen Welt und der Freiheit in einem Teil der Welt leistet. Wir halten aber diese Art, den Frieden und die Freiheit zu sichern, auf die Dauer für unzuverlässig, und wir halten die Gefahr im Falle ihres Versagens für tödlich ... Jedenfalls wäre keiner der Unterzeichneten bereit, sich an der Herstellung, der Erprobung oder dem Einsatz von Atomwaffen in irgendeiner Weise zu beteiligen. Gleichzeitig betonen wir, daß es äußerst wichtig ist, die friedliche Verwendung der Atomenergie mit allen Mitteln zu fördern, und wir wollen an dieser Aufgabe wie bisher mitwirken.«

Hinter dieser Haltung — so menschenfreundlich sie gemeint ist — stehen alle Vorurteile der Naturwissenschaft. Atomenergie ist wertfrei, weder gut noch böse. Erst ihre Anwendung durch den Menschen macht sie gut (friedliche Verwendung, Kraftwerk) oder böse (kriegerische Verwendung, Bombe). Also folgt daraus die Meinung, man könne durch Verbote, Beschränkungen, Einflußnahme die kriegerische Nutzung eliminieren (tabuisieren), und die Atomenergie ist nur mehr »gut«. Wahrscheinlich hat dieses Manifest wegen seiner Logik, und weil es von neuen Priestern stammt, in der Öffentlichkeit wesentlich mehr Beachtung gefunden als ein Radiovortrag, den der Philosoph Karl Jaspers etwa ein halbes Jahr vorher gehalten hat. Er sagte dabei:

»Überall gibt es Leute, die protestieren. Man will die Bombe als solche für verbrecherisch erklären. Aber wie pazifistische Gesellschaften nicht das geringste zur Verhinderung der Kriege beigetragen haben, so sind alle Bestrebungen, die nur die Atombombe als solche verwerfen, ohne sie im Gesamtzusammenhang der realen Handlungen der Staaten und der offenen Antriebe der meisten Menschen zu sehen, vergeblich und gefährlich. Denn sie kommen nicht an die Wurzel des menschlichen Unheils, sondern haften am Symptom. Weil sie vom Wesentlichen ablenken, tragen sie bei zur Vernebelung, als ob mit Empörung und Aufrufen etwas getan sei. Denn hinter dieser Fassade von Meinungen und Affekten setzen sie, ob Pazifisten oder nicht, im alltäglichen Tun und Urteil die Lebens- und Denkweise fort, die als der Boden der menschlichen Wirklichkeit jene Schrecken zur Folge hat. Das empörte angstvolle Beschwören ist als solches so unwahr wie sonst die Verschleierung des eigenen faktischen Lebens. Aber die Wirklichkeit geht über solche nichtigen Meinungen hinweg. Denn gegen das selbstzufriedene Bewußtsein ›steht die Wahrheit im Bunde mit der Wirklichkeit‹ (Hegel).«

Aber unsere Welt, das öffentliche Geschehen wird beherrscht von der Logik, die alle Begriffe fein säuberlich trennt. So sind sowohl die Worte des Philosophen als auch die Mahnungen der neuen Priester ungehört verhallt. Was sich seither entwickelt hat, ist eine neue Spaltung, aber weniger in der Brust einzelner Physiker als vielmehr eine Trennung in zwei Lager. Die einen arbeiten weiter an der »Verbesserung« von Atomwaffen, die anderen widmen sich ganz der friedlichen Nutzung der Atomenergie, sie entwerfen Kernkraftwerke oder entwickeln die physikalischen Grundlagen dazu weiter. Wer sich einmal für eines der beiden Lager entschieden hat, ist fürderhin jeder moralischen Überlegung enthoben: In *beiden* Lagern ist die Arbeit technisch-naturwissenschaftlich und daher wertfrei. So werden die beiden Seiten der Atomenergie — die gute und die böse — streng voneinander getrennt, aber doch streng parallel weiterentwickelt. Während die eine militärisch geheimgehalten wird, steht die andere im Brennpunkt des Interesses: Sie ist es doch, die der Menschheit endlich ihr größtes Geschenk überbringen sollte, begleitet vom »Flügelrauschen des Schicksalsengels«.

Und da geschah es, daß diese Menschheit ihr größtes Geschenk aus den Händen der Physiker nicht so ohne weiteres annehmen wollte! Dabei war gerade dieses Geschenk besonders gut vorbereitet, besonders zärtlich verpackt. Ich erinnere mich der Faszination, mit der ich selbst als Student in den späten fünfziger Jahren Vorträgen zu diesem Thema gelauscht habe. Da wurde sorgfältig, mit allen zur Verfügung stehenden Kenntnissen vorausgesagt, zu welchem Zeitpunkt die Industrienationen mit den herkömmlichen Energiequellen kein Auslangen mehr finden. Da wurden die Kosten des Stromes aus Kernkraftwerken vorsichtig abgeschätzt, gezeigt, wie sie mit fortschreitender Entwicklung sinken. Und siehe da, es ergab sich, daß just zu dem Zeitpunkt, da man auf Atomstrom nicht mehr verzichten würde können, auch seine Kosten den Preis herkömmlicher Energie erreicht, vielleicht sogar unterboten haben würden. Aufgrund so ermutigender Vorausschau in die nähere Zukunft wagten die Physiker auch gleich eine längerfristige Planung. Wenn die Uranvorkommen zur Neige gehen, dann kann Plutonium eingesetzt werden, das in eigenen Reaktoren, den »schnellen Brütern«, erzeugt wird. Und diese künstlichen Vorräte sollten so lange halten, bis durch Kernfusion in einer völlig neuen Art von Kraftwerken Energie aus Schwerem Wasserstoff gewonnen werden könnte; erst dann haben wir wirklich jenen Prozeß nachvollzogen, der der Sonne ihre ungeheure Strahlungsenergie − ihre Seele − zur Verfügung stellt. (Denn weder Uran noch Plutonium sind in erwähnenswerten Mengen in der Sonne anzutreffen, so daß die ersten Kernkraftwerke eigentlich nur einen Abglanz des Sonnenprozesses darstellen.)

Freilich haben wir diesen echten »Sonnenprozeß« schon verwirklicht − in der Wasserstoff-Bombe. Aber die Bombe gehört ja ins »böse« Lager, darüber soll doch gar nicht gesprochen werden, die »gute« Atomenergie könnte dadurch beschmutzt, angeschwärzt, »schlecht« gemacht werden! Denn alle diese Erwägungen und Voraussagen werden streng nach den Spielregeln der Naturwissenschaft vollzogen. Ich glaube auch heute noch, daß sie *innerhalb dieser Spielregeln* einen Gipfelpunkt menschlicher Tätigkeit darstellen. Die besten, die intelligentesten, ja die kreativsten Männer haben sich zusammengetan, um diese Leistung zu vollbringen. Nirgends ist ein Fehler, eine Schwachstelle, ein Irrtum zu finden, es ist wirklich ein großartiges Geschenk in herrlicher Verpackung.

Aber eben innerhalb der Spielregeln, die auf der Straße der Naturwissenschaft gelten!

Sehen wir uns doch diese Spielregeln einmal für unseren ganz konkreten Fall an. Zunächst müssen alle »Werte«, alle emotionsgeladenen, widersprüchlichen Fragen entschieden und als Vorurteile außer Streit gestellt werden. Erst dann kann die wertfreie Methode der Naturwissenschaft zur höchsten Entfaltung kommen. Weil über diese Vorurteile gar nicht gesprochen wird, weil diese Entscheidungen stillschweigend getroffen werden, scheinen sie freilich nirgends auf. So, wie es wohl früher ohne Frage selbstverständlich war, daß jemand, der einem Mönchsorden beitrat, an Gott glaubte, so brauchen auch die neuen Priester über ihre Vorurteile gar nicht zu sprechen; weil sie überhaupt erst durch das Festhalten daran zu dem werden, was sie sind: eben zu neuen Priestern, zu Naturwissenschaftlern.

Versuchen wir trotzdem, diese Vorurteile für den ganz konkreten Fall, für die »gute« Atomenergie, zu fassen.

Zunächst wird einmal die Notwendigkeit des Industriewachstums (Wirtschaftswachstum) außer Streit gestellt. Davon gehen ja alle Berechnungen aus, daß auch der Energiebedarf wachsen wird. Man kann zwar darüber reden, *wie stark* er wachsen soll, aber daß er überhaupt wachsen muß, ist Voraussetzung, Vorurteil. Sodann wird der Glaube an den Segen der naturwissenschaftlich-technologischen Fortschrittsspirale vorausgesetzt. Ein eigener Begriff wurde geschaffen: Lebensqualität. Und was ist — immer innerhalb der Spielregeln — Lebensqualität? Das, was uns der Fortschritt bringt. Ganz im Sinne der Methodik ein schöner Zirkelschluß: Fortschritt hebt die Lebensqualität, weil Lebensqualität das ist, was der Fortschritt bringt.

Mit diesem zweiten Vorurteil verwandt, aber doch davon zu unterscheiden, ist die völlig unbestreitbare Ansicht, daß Forschung unser Wissen vermehrt. Ist nicht Wissen gerade das Ergebnis der Forschung? Wie könnte es da anders sein, als daß es durch weitere Forschung vermehrt wird! Und daß durch diesen Prozeß des Forschens und der Anwendung des Wissens unsere Umwelt neugestaltet, die Natur umgestaltet wird, muß ebenfalls gut sein, wollte doch heute niemand mehr wie die Urmenschen in Höhlen hausen!

Und wer in diesem Prozeß der Veränderung die fachlichen Entscheidungen zu treffen hat, ist ebenfalls ohne weiteres einzusehen: Fachleute, Experten natürlich, denn sie sind es ja gerade, die dazu geschult worden sind.

Schließlich — und das rührt schon so tief an die Wurzeln unseres Weltbildes, daß es fast keiner Erwähnung mehr bedarf — bringt uns die naturwissenschaftlich-technologische Fortschrittsspirale Sicherheit. Denken wir doch an die armen Urmenschen, die vor wilden Tieren ebenso zittern mußten wie vor den Gewalten der Natur, vor Stürmen, Gewittern, Fluten, Kälte; ja die sogar bei einer Sonnenfinsternis oder einem Meteorfall in Panik gerieten, weil sie an den Zorn der Götter glaubten. Haben wir es nicht herrlich weit gebracht?

Aber alle diese Vorurteile können überhaupt nur dann aufrechterhalten werden, wenn wir *ausschließlich* die »gute« Atomenergie (die Kraftwerke, die friedliche Nutzung) betrachten; wenn wir das »böse« Lager vollkommen vergessen, verdrängen, ausschließen. Auch dort gibt es freilich Vorurteile, die außer Streit gestellt werden müssen, damit die wertfreie Arbeit einsetzen kann. Eines dieser Vorurteile könnte etwa heißen: Amerikanische (oder je nach Ort auswechselbar: russische, französische, englische usw.) Menschenleben sind wertvoller als die der Feinde. Dieses Vorurteil wurde in den dramatischen Kriegstagen vor dem Einsatz der ersten Atombombe sogar überdacht, ja ausgesprochen. Als nämlich unter den Physikern einige gegen den Einsatz der Bombe eintraten, formierte sich eine Gegengruppe. Ihre Meinung faßt Arthur Compton zusammen:

»Sind nicht die Männer unserer Streitkräfte ein Teil der Nation? Haben sie, die ihr Leben für die Nation einsetzen, nicht ein Anrecht auf die Waffen, die in ihrem Lande entwickelt worden sind? Sollen wir, kurz gesagt, weiterhin amerikanisches Blut vergießen, wenn wir das Mittel besitzen, einen schnellen Sieg zu erringen? Nein! Wenn wir auch nur das Leben einer Handvoll Amerikaner retten können, dann laßt uns die Waffen anwenden — jetzt!«

Freilich stehen die Vorurteile der beiden Lager miteinander im Widerspruch. Ja die Definition der Begriffe ist nicht einmal mehr dieselbe. Während »Sicherheit« im »friedlichen« Lager immer

Sicherheit für die Menschheit im intersubjektiven Sinn bedeutet, heißt »Sicherheit« im »kriegerischen« Lager Schutz vor dem Feind, Sicherheit der eigenen Nation. Darum muß ja die Spaltung der Lager ganz streng aufrechterhalten werden. Physiker des einen Lagers kennen die anderen meist gar nicht, es gibt keine Verbindungen. Am schönsten wäre es, wenn man im Sinne des Manifests der achtzehn deutschen Atomphysiker das kriegerische Lager überhaupt ächten und damit eliminieren könnte. Da das aber nicht mehr geht, muß man eben zur zweiten Stufe der Widerspruchselimination übergehen, zur Ebenentrennung, zur strengen Spaltung ohne Querverbindungen.

Karl Jaspers hat dies in seinem Radiovortrag deutlich ausgedrückt:

»Schließlich möchte man von der Atomgefahr am liebsten nichts wissen. Man wehrt ab: unter der Drohung der totalen Katastrophe läßt sich keine Politik und keine Planung machen. Wir wollen leben, nicht sterben. Tritt aber jenes Unheil ein, so ist alles aus. Es hat keinen Sinn, daran zu denken.

Aber welche gewollt blinde Lebensverfassung und Politik! Das Wegschieben des Möglichen geht gegen die Würde der Vernunft . . .

Wenn im Gefühl der Unmöglichkeit, weil Ungeheuerlichkeit, die außerhalb aller Horizonte normaler Vorstellungen liegt, heute wieder die Beruhigung sich festhalten will, so müssen wir gegen sie angesichts der bekanntgewordenen Tatsachen mit vollem Ernste sagen: warum soll die Menschheit nicht zugrunde gehen können, und zwar bald? Es ist doch schon ungeheuerlich, daß der Mensch die kosmischen Energien, die Kraft der Sonnensubstanz selber auf unsere Erde versetzt, indem er sie aus der bis heute ruhenden Erdmaterie frei macht.

Wie wir auf die reale Möglichkeit durch Gedanken und Tat antworten, entscheidet über Tod und Leben der Menschheit. Die Situation erzeugt eine Verantwortung, die nur bei vollkommener Aufrichtigkeit zum Bewußtsein kommen kann.«

Aber diese Aufrichtigkeit ist offenbar nicht möglich. Sind wir doch, statt unserem Brückenschlag (der Synthese der beiden Wege) näherzukommen, nun auf eine neue Spaltung des äußeren Weges gestoßen! Und sie ist notwendig, damit dem Siegeszug der *friedlichen* Atomenergie auf der Straße der Naturwissenschaft nichts mehr entgegensteht. Nichts kann ihn aufhalten, zu gut waren die

268

Vorbereitungen, zu sorgfältig die Abschätzung der Vor- und Nachteile, zu genau die Planung.

Und doch erhoben sich Einsprüche, ja Proteste von privater Seite gegen die öffentliche Arbeit an den Kernkraftwerken. Freilich waren sie vorwiegend irrational, gefühlsbetont, einfach ein »Wir wollen das nicht!«. Zunächst wurden sie auch überhört; mußten diese Einwände nicht von Außenseitern, von »Ausgeflippten« kommen, wo sie doch nicht einmal logisch formuliert waren?

Aber dann begann sich diese neue Bewegung zu verstärken; und ihre mächtigste Waffe blieb zunächst einmal die Handlung: Dort, wo Kernkraftwerke entstehen sollten, schlugen Gegner einfach Zelte und Lager auf und waren durch nichts weniger als Gewalt dazu zu bewegen, wieder abzuziehen. Wieder waren es nicht Argumente, sondern das gelebte »Wir wollen das nicht!«, das am kräftigsten wirkte. Denn logische Argumente gibt es letztlich keine. Niemand beherrscht den Bereich der Logik, die Erklärung der Wirklichkeit entlang der äußeren Straße, besser als Physiker und Techniker. Und sie hatten keinen Fehler gemacht, nichts übersehen, nichts ausgelassen.

Außer den Menschen selbst. Und dieser Mensch – widersprüchlich abgründiges Wesen – begann nun die andere, innere Seite plötzlich in die Öffentlichkeit zu tragen; er lehnte wie ein störrisches kleines Kind das größte Geschenk, das ihm – begleitet vom »Flügelrauschen des Schicksalsengels« – dargebracht werden sollte, einfach ab; er sagte: Wir wollen das nicht!

Natürlich versuchten die neuen Priester – wie es ihre Aufgabe ist – den Angriff von der anderen Straße abzuwehren, ihre Religion zu retten: Sie versuchten, die Gegner zu »sachlicher« Auseinandersetzung zu zwingen. Und da in unserer Welt die ontologische Grenze Sinn von Unsinn trennt, da jeder, der nicht sachlich argumentieren will, sich selbst ausstößt, ist ihnen das auch immer wieder gelungen. Darum blieben sie Sieger, denn alles, was sie sagten und taten, war ja richtig, beweisbar, stichhaltig. Und trotzdem konnten sie nicht überzeugen, denn die Widersacher redeten aneinander vorbei, sie verstanden einander nicht mehr. Die einen – Verteidiger der Religion Naturwissenschaft – glaubten, sie hätten sich nicht klar genug ausgedrückt, es handle sich um Mißverständnisse. Die anderen – Gegner von der »inneren« Straße – aber wollten die Vorurteile angreifen, anzweifeln, zumindest öffentlich zur Diskussion stellen. Wie aber kann in einer Welt, in der die Logik allein regiert, ein Gefühl, so stark es auch sein mag, verteidigt werden? Sobald die sachliche Diskussion beginnt, sind die Vertreter der Straße der Naturwissenschaft unbedingt Sieger; wenn aber Emotionen auftreten, sagen sie mit dem Recht einer mehrtausendjährigen, bewährten Tradition: »So kann man nicht miteinander sprechen!« Es gibt also eine Alternative, ein Entweder-Oder: Entweder wir reden sachlich, logisch nüchtern (dann siegt der äußere Weg), oder wir reden gar nicht miteinander (dann wird der äußere Weg gar nicht angegriffen).

Gegen diese Alternative hilft tatsächlich nichts anderes als Handeln und trotzdem reden.

Konrad Lorenz, selbst Nobelpreisträger (aber nicht in Physik), sprach dies deutlich in der Zeitschrift *Die Wochenpresse* vom 24. November 1976 aus:

»Die einzige Motivation, aus der das Verlangen nach Atomkraftwerken erwächst, ist der dogmatische, beinahe zu einer Religion gewordene Glaube an die Möglichkeit eines unbegrenzten Wirtschaftswachstums.«

Und er faßte seine Stellungnahme mit den Worten zusammen:

»Ich gestehe, ohne mich dessen zu schämen: Ich habe einfach Angst — und nicht nur um mich und die Meinen.«

Freilich müssen die Argumente der Gegner wenigstens zum Teil irrational, emotional, widersprüchlich bleiben; kommen sie doch vom anderen, »inneren« Weg, der ja gerade wegen seiner Widersprüche zum Schweigen verurteilt war.

Könnte es sein, daß wir auf der Straße der Naturwissenschaft so rasch, so weit vorwärtsgekommen sind, die Unterdrückung des anderen Weges so unerträglich geworden ist, daß wir uns einem Talende nähern? Weil es nicht mehr darum geht, *wie* die Menschheit weiterlebt, sondern *ob* sie noch weiterbestehen kann? Daß wir in eine ausweglose Situation geraten und daß nun ein dialektischer Prozeß von ungeheuren Ausmaßen einsetzt? Ungeheuer deshalb, weil es um nichts weniger geht als den Brückenschlag, das Aufheben des Widerspruchs zwischen den beiden Wegen!

Wenn dem so ist, dann wäre das Auftauchen der Gegner von Kernkraftwerken der erste Schritt dieses gewaltigen dialektischen Prozesses: Der Widerspruch zwischen den beiden Wegen taucht auf! Im wahrsten Sinne des Wortes: Er taucht auf aus der Versenkung, aus dem Untergrund, aus dem Unterbewußtsein, aus der Privatsphäre, in die er bisher vollkommen verdrängt war. Wenn es sich aber wirklich schon um diesen letzten großen Widerspruch handelt, dann ist er begleitet von einer Unzahl einzelner Aporien, denn dann geht es um die Herausforderung *aller* Vorurteile, die die Straße der Naturwissenschaft begrenzen. Und das macht die Lage so undurchsichtig! Denn über alle Vorurteile zugleich kann unmöglich gesprochen werden, immer muß ein einzelnes herausgeschält und zunächst allein »behandelt« werden. Weil sie aber alle zusammenhängen, können die neuen Priester bei einem einzelnen losgelösten Widerspruch immer beweisen, daß sie recht haben, daß nur ihre Seite richtig, die andere falsch ist. Das ist ja gerade der Grund, warum die Gegner schon verloren haben, wenn sie sich ganz den Axiomen der Logik unterwerfen, kommt es doch gerade darauf an, daß der Mensch — das widersprüchlich abgründige Wesen — nicht mehr ausgeklammert wird.

Trotzdem müssen wir — wollen wir doch auch weiterhin miteinander sprechen — die Aporien nun trennen und einzeln betrachten. Wir haben ja die Vorurteile schon zusammengetragen. Sehen wir nun, ob die gegenteilige Meinung ebenfalls berechtigt ist.

Schon das erste Vorurteil, daß nämlich Wachstum von Wirtschaft, Industrie und Energiebedarf notwendig ist, enthält eine solche Fülle von einzelnen Behauptungen, Meinungen und deren Folgen, daß viele Bücher darüber geschrieben worden sind. Für uns ist eine Betrachtung bis in alle Einzelheiten gar nicht notwendig, es geht uns ja gerade um das, was mit Worten eigentlich gar nicht ausgedrückt werden kann, und da sind weniger Worte eher vorteilhaft. Fassen wir also eine der Behauptungen heraus, und sehen wir zu, ob das Gegenteil auch berechtigt ist: »Energiewachstum erhält Arbeitsplätze« und »Energiewachstum verringert Arbeitsplätze«.

Die erste Behauptung wird ganz offensichtlich von den neuen Priestern vertreten, sonst wäre es ja zur Planung von Kernkraftwerken gar nicht gekommen. Aber die zweite Behauptung ist seit der Welle der Automatisierung ebenfalls berechtigt. Immer mehr Tätigkeiten rücken aus dem Bereich des Menschen in die Welt der Maschinen. Während dies zunächst vorwiegend solche Arbeiten waren, die viele Menschen als ihrer unwürdig betrachteten, sind es seit dem Vormarsch des Computers immer mehr auch »höherstehende«, ja verantwortungsvolle Aufgaben, die den Menschen entzogen werden.

Aber für unser eigentliches Problem wird die ausweglose Situation noch deutlicher, wenn wir das zweite Vorurteil untersuchen: »Fortschritt hebt Lebensqualität.« Nun behaupten die Gegner plötzlich: »Fortschritt senkt Lebensqualität.« Wie kann das sein? Haben wir nicht Lebensqualität einfach als das *definiert*, was uns der Fortschritt bringt? Und damit Fortschritt als das, was Lebensqualität erhöht? Schön im Kreis?

Vielleicht ist immer dann, wenn die Naturwissenschaft mit einer so deutlichen Zirkeldefinition auskommen muß, die Nähe einer echten Aporie zu wittern. Weil sie dann Begriffe spalten muß, wie Galilei den Himmel spaltete, wie Newton die Zeit spaltete und wie wir das an vielen Beispielen gesehen haben. Trifft das, was Augustinus über die Zeit sagte, nicht auch auf »Lebensqualität« zu? Was also ist »Lebensqualität«? Wenn mich niemand danach fragt, weiß ich es: Will ich einem Fragenden es erklären, weiß ich es nicht.

Wenn wir aber nun – getreu der Forderung Galileis – Lebensqualität meßbar machen, sie spalten in eine äußere, meßbare und eine innere, die uns in der Öffentlichkeit nichts angeht, dann können wir die äußere Lebensqualität tatsächlich so im Zirkel definieren. Die Lebensqualität entlang der Straße der Naturwissenschaft – und nur sie zählt in der Öffentlichkeit – wird dann wirklich immer durch Fortschritt verbessert. Und es nützt nichts, wenn jemand auf die andere, innere Lebensqualität verweist, aufzeigt, daß die zwischenmenschlichen Beziehungen mehr und mehr gestört werden, daß uns die Liebe verlorengeht. Denn was nicht meßbar gemacht werden kann, zählt nicht. (»Zählen« kann man wirklich nur, was auch meßbar ist.) Und haben wir nicht schon im ersten Kapitel aufgezeigt, daß zwischenmenschliche Beziehungen durch das immer umfassendere Telefonnetz »vermehrt« werden? Wird nicht auch »Liebe« durch die Pille oder andere Produkte des Fortschritts erleichtert?

Aber eben nur äußerlich! Was nützt der Hinweis, wenn die andere, innere Seite nicht faßbar, eben nicht meßbar ist? Solange der Kampf über den Graben zwischen den beiden Wegen gefochten wird, ist er für die andere Seite hoffnungslos. Nun aber scheint sich der historische Augenblick zu nähern, wo die Spaltung so tief (so abgründig?), so endgültig geworden ist, daß plötzlich der Satz »Fortschritt senkt Lebensqualität« nicht mehr ausschließlich auf die unmeßbare, innere Lebensqualität zutrifft; daß er nun auch für die meßbare Lebensqualität Geltung bekommt. Der Prozentsatz an giftigen Abgasen in der Luft kann gemessen werden. Die Tonnen Rohöl, die bei einem Supertanker-Unfall das Meer verschmutzen, können gezählt werden. Natürlich war das schon immer möglich, aber niemand hat sich öffentlich darum gekümmert. Sind es doch Meßgrößen, die nicht die Welt (ohne Menschen), sondern die Umwelt des Menschen betreffen.

Durch das Aufzeigen der inneren Lebensqualität werden also plötzlich Meßgrößen öffentlich beachtet, die das Wohlbefinden der Menschen in ihrer Umwelt betreffen, der Mensch rückt plötzlich wieder in das Blickfeld der Naturwissenschaft; der Satz »Fortschritt senkt Lebensqualität« kann nicht länger als unwahr oder nur für die private, innere Lebensqualität gültig abgetan, verdrängt werden. Damit sind wir aber in eine Sackgasse, in eine ausweglose Situation geraten, denn beide − einander widersprechende − Sätze sind wahr, und zwar immer gleichzeitig, nicht mehr in getrennten Bereichen: eine echte Aporie.

Haben wir das einmal akzeptiert, dann ist es leicht, auch die weiteren Aporien einzusehen. »Forschung vermehrt Wissen« lautete das nächste Vorurteil in unserer Liste. »Forschung vermindert Wissen« ist ebenso wahr, behaupten die Gegner. Auch die Naturwissenschaftler geben zu, daß Forschung eine gewisse Art menschlichen Wissens vermindert, nur nennen sie dieses »abgespaltete« Wissen anders; Albert Einstein sagte wörtlich: »Wissenschaftliche Forschung kann durch Förderung des kausalen Denkens und Überschauens den Aberglauben vermindern.« Das, was vermindert wird, heißt also nicht Wissen, sondern Aberglauben. Nun haben wir ja schon im fünften Kapitel gesehen, daß viele Teile unseres heutigen Wissens früher einmal Aberglauben waren − etwa die Meteorkunde oder Akupunktur. Der Hinweis darauf nützt aber gar nichts, denn auch Wissenschaftler geben zu, daß die Trennungslinie da und dort falsch gezogen sein kann. Worauf es ankommt, ist nicht die Lage der Grenze oder ihr Verschieben, sondern der Nachweis, daß Forschung immer *gleichzeitig* Wissen vermehrt *und* vermindert. Daß das in der Natur selbst begründet ist, weil sie sich der Logik unterwirft und ausschließt, was nicht eingeschlossen wird. Wir haben doch schon gesehen, daß durch das Fortschreiten zu größerer Vereinheitlichung des Weltbildes neue, gemeinsame Oberbegriffe geschaffen werden (etwa Energie als Oberbegriff für Wärme,

Schall, Licht, Bewegungsenergie usw.). Der neue Begriff wird aber gewonnen durch *Absehen* von ganz wesentlichen Eigenschaften.

Auch das hat Albert Einstein ganz deutlich gesagt; allerdings aus der Sicht des Physikers, für den das Absehen keinen Verlust bedeutet: »Wenn es nun wahr ist, daß die . . . Grundlage der theoretischen Physik nicht aus der Erfahrung erschlossen, sondern frei erfunden werden muß, dürfen wir dann überhaupt hoffen, den richtigen Weg zu finden? Noch mehr: Existiert dieser richtige Weg nicht nur in unserer Illusion? Dürfen wir überhaupt hoffen, von der Erfahrung sicher geleitet zu werden, wenn es Theorien gibt, welche der Erfahrung weitgehend gerecht werden, ohne die Sache in der Tiefe zu erfassen? Hierauf antworte ich mit aller Zuversicht, daß es den richtigen Weg nach meiner Meinung gibt, und daß wir ihn auch zu finden vermögen. Nach unserer bisherigen Erfahrung sind wir nämlich zu dem Vertrauen berechtigt, daß die Natur die Realisierung des mathematisch denkbar Einfachsten ist. Durch rein mathematische Konstruktion vermögen wir nach meiner Überzeugung diejenigen Begriffe und diejenige gesetzliche Verknüpfung zwischen ihnen zu finden, welche den Schlüssel für das Verstehen der Naturerscheinungen liefern.«

Mathematische Konstruktion also ist das Merkmal des »richtigen Weges«, den wir damit als die Straße der Naturwissenschaft erkennen. Und Einstein wies auch ganz deutlich auf das notwendige Absehen von wesentlichen Eigenschaften hin: »Die physikalischen Vorgänge sind nach Newton als gesetzliche Bewegungen der materiellen Punkte im Raum aufzufassen. Der materielle Punkt ist einziger Repräsentant des Realen, soweit dieses veränderlich ist. Zu dem Begriff des materiellen Punktes gaben offenbar die wahrnehmbaren Körper Veranlassung; man dachte sich den materiellen Punkt als analog den bewegbaren Körpern, indem man letzteren die Merkmale der Ausdehnung, der Form, der räumlichen Orientierung, aller ›inneren‹ Qualitäten wegließ, nur Trägheit, Translation beibehielt und den Begriff der Kraft hinzufügte.«

Man gelangte zu dem Begriff, indem man alle »inneren« Qualitäten wegließ. Deutlicher läßt sich die Trennung der beiden Wege nicht mehr aussprechen. Aber solange Forschung äußeres Wissen vermehrt und »nur« inneres Wissen (Aberglauben?) vermindert, ist die Situation noch nicht ausweglos, sind wir noch nicht am Talende. Wiederum scheint sich aber das Nahen des Augenblickes abzu-

274

zeichnen, da durch die weiterschreitende Verästelung unseres Wissens, die Vereinsamung des Fachgelehrten, vor allem aber durch den Religionsanspruch der Naturwissenschaft, auch Wissen um die Außenwelt vermindert wird. Denn die Sicherung der ontologischen Grenze, das Bewahren der neuen Religion, wird mehr und mehr von Priestern ausgeführt, die einen immer kleineren Teil des gesamten Weltbildes der Naturwissenschaft wirklich verstehen. Der Religionsanspruch zwingt sie dazu, auch dort bewahrend einzugreifen, wo sie nur mehr glauben, etwas zu wissen. Damit wird aber die Grenze zwischen Wissen und Aberglauben (an die Allmacht der Naturwissenschaft) verwischt, aufgehoben. Forschung vermindert dann dasselbe Wissen, das zu vermehren sie antritt.

Nach diesen Gedankengängen ist es wohl leicht einzusehen, daß wir nicht entscheiden können, welche der beiden Behauptungen richtig, welche falsch ist: »Menschenwürdiges Dasein erfordert unberührte Natur« und »Menschenwürdiges Dasein erfordert Umgestaltung der Natur«. Der Hinweis auf den Höhlenmenschen, dessen Los wir nicht teilen wollen, gilt jetzt nicht mehr; denn es handelt sich nun nicht mehr um einen theoretischen Streit, sondern um das brennende Problem der Kernkraftwerke, die Frage, ob wir auf der Straße der Naturwissenschaft *wie bisher* weitergehen können. Und daß wir nicht in die Vorzeit zurückwollen, darüber besteht ja wohl Einigkeit. Dieser Widerspruch weist vielmehr auf die verlorengegangene Einheit des Menschen mit seiner Umwelt, mit der Natur hin. So, wie es der indianische Medizinmann Rolling Thunder in einer Rede vor Psychiatern, Psychologen und Ärzten sagte. Doug Boyd berichtet darüber:

»Er sprach über die Natur, über Pflanzen, Tiere und alle anderen Bewohner dieser Erde und betonte, daß die Kraft der Menschheit und ihr letztendliches Überleben nicht von der Manipulation und Beherrschung der Natur abhängt, sondern ausschließlich von der Fähigkeit, mit der Natur in Einklang zu leben, sich als fester Bestandteil des ganzen Lebenskreislaufes in sie einzufügen.«

Wenn wir schließlich das nächste Vorurteil unserer Liste hernehmen, »Entscheidungen müssen von Fachleuten getroffen werden«, dann paßt dazu vielleicht das schlichte Wort des Dschuang-dsi: »Mit einem Fachmann kann man nicht vom *Leben* reden, er ist gebunden durch seine Lehre.« *Leben* meint vorwiegend den anderen Weg, das Innenleben. Solange die Entscheidungen der Experten sich auf Dinge der Außenwelt beschränken, so lange tritt kein Widerspruch auf. Welche Turbinenart für ein bestimmtes Kraftwerk am besten geeignet ist, können wirklich nur Fachleute entscheiden. Nun aber wollen sie uns ja mit einem Geschenk erfreuen, mit der friedlichen Atomenergie. Sie wollen uns alle überzeugen, daß diese gut für uns ist, daß wir uns nicht fürchten sollen, daß sie uns glücklich machen wird – kurz: Sie greifen mit ihren Entscheidungen in unsere Privatsphäre ein, sie wollen über unsere Emotionen bestimmen, uns helfen, auch in unserem Inneren widersprüchliche Gefühle zu eliminieren. Und da wird die Grenze notwendigerweise überschritten! Weil die Entscheidungen von solcher Tragweite geworden sind, daß sie sich nicht mehr auf die »Außenwelt« allein beschränken lassen.

Und damit sind wir bei jenem Vorurteil angelangt, an dem sich der Kampf der Meinungen am heftigsten entzündet hat: bei der Sicherheit. Es war doch von allem Anfang an klar, daß die Entscheidung für die Straße der Naturwissenschaft Verzicht bedeutet. Sonst wäre es ja gar keine Entscheidung! Austreibung der Geister aus der Natur ist schon ein Verzicht. Aber der Preis wurde in Kauf genommen für das, was dafür einzuhandeln war: Sicherheit. Freilich mochte da und dort einer im einsamen Kämmerlein von innerer Unsicherheit, Zweifeln über den Sinn seines Lebens, Angst vor seinem Ende geplagt worden sein, aber die private Unsicherheit spielte keine Rolle. Öffentliche Sicherheit war es, um die es ging und die uns der Fortschritt auch bescherte.

Und nun war plötzlich nicht mehr klar, ob uns die Straße der Naturwissenschaft nicht zurück in die totale Unsicherheit führen würde. »Wir wollen das nicht, weil wir es nicht für sicher halten, weil wir Angst haben«, sagten doch die Gegner der Atomenergie und wurden durch die Ereignisse in Harrisburg und Tschernobyl bestätigt. Obwohl es äußerlich um deren friedlichen Zweig, um die Kernkraftwerke geht, schwingt im Unterbewußtsein sicher immer auch die Angst vor »der Bombe« mit. (Anders ist das gar nicht denkbar, es wäre schizophren.) Darum hieß es auch in der Pariser Zeitschrift *Le Monde* nach dem Wahlgang im November 1978, in dem das österreichische Volk sich gegen den Betrieb von Kernkraftwerken entschieden hatte:

»Nicht mehr als Erpressungen und beschwichtigende Versicherungen haben vernünftige Argumente vermocht, die Ursünde von der Kernenergie abzuwaschen: die Tausenden von Toten von Hiroshima und Nagasaki. Einer Energie, die unter dem Zeichen des Todes geboren wurde, gelingt es nicht, glauben zu machen, sie könne das Symbol des Lebens sein.«

Die Physiker und Techniker aber standen diesem Treiben zunächst fassungslos gegenüber. Kamen doch die Gegner von der anderen Straße, die es ja gar nicht gibt, gar nicht geben darf, die zumindest in der Öffentlichkeit nichts zu suchen hat! Ihre erste Reaktion war daher auch die Verteidigung der ontologischen Grenze: Die Gegner wurden im schlimmsten Fall für irr erklärt. So schrieb etwa S. McCracken von der Universität Boston über die Plutonium-Gefahr:

»Eine Gesellschaft, die Zigaretten toleriert, diese Gefahr aber als Vorwand nimmt, den außerordentlichen Nutzen von Plutonium zurückzuweisen, ist wahnsinnig.«

Aber die Gegner waren nicht so leicht zu beseitigen, der dialektische Prozeß trat in die zweite Phase, der Kampf dauerte an. Der eigentliche Gegenstand, um den an der Oberfläche gekämpft wird, sind die Kernkraftwerke. Aber nur eine dünne Schicht darunter geht es um die Aporien, die wir besprochen haben. Und noch tiefer, ganz am Grunde, geht es um die zentrale Aporie, den Widerspruch zwischen den beiden Straßen, um unseren Brückenschlag. Die Gegner mußten immer wieder Niederlagen einstecken, weil sie sich auf das Gebiet der Naturwissenschaft begaben und dort einfach widerlegt werden konnten. (Was sie behaupten, mag wahr sein, aber es ist nicht beweisbar, daher nicht richtig.) Und siehe da, die neuen Priester und ihre Gefolgschaft wurden verwundbar, weil sie begannen, emotional zu erwidern. Auf den Werbespruch: »Atomkraft? Nein danke!« antworteten sie mit »Steinzeit? Nein danke!« (obwohl darüber, wie gesagt, wohl Einigkeit herrscht).

Wir haben viel von den alten chinesischen Taoisten über die Einheit der Gegensätze gelernt. Heute, da die Einheit schon längst verloren ist, da die Gegensätze zu Widersprüchen wurden, die aufgehoben werden sollen, können wir versuchen, wieder einem Chinesen zu lauschen, der sich intensiv damit beschäftigt hat. In seiner philosophischen Schrift *Über den Widerspruch* sagt Mao Tse-tung:

»Im Entwicklungsprozeß eines komplexen Dinges gibt es eine ganze Reihe von Widersprüchen, unter denen stets einer der Hauptwiderspruch ist; seine Existenz und seine Entwicklung bestimmen oder beeinflussen die Existenz und die Entwicklung der anderen Widersprüche . . .

Hieraus folgt: Wenn ein Prozeß mehrere Widersprüche enthält, muß einer von ihnen der Hauptwiderspruch sein, der die führende und entscheidende Rolle spielt, während die übrigen nur eine sekundäre, untergeordnete Stellung einnehmen. Infolgedessen muß man sich beim Studium eines komplizierten Prozesses, der zwei oder noch mehr Widersprüche enthält, die größte Mühe geben, den Hauptwiderspruch herauszufinden . . . Tausende und Abertausende Gelehrte und Praktiker verstehen diese Methode nicht; das Ergebnis ist, daß sie in einem dichten Nebel umherirren, vergeblich nach dem Hauptkettenglied suchen und daher auch die Methode zur Lösung der Widersprüche nicht finden können.«

Beim Kampf um die friedliche Atomenergie haben wir schon sechs Aporien gefunden, ohne auf die Vollständigkeit der Liste zu achten. Der Hauptwiderspruch ist ohne Zweifel das Sicherheitsproblem, liegt es doch der Spaltung der beiden Wege am nächsten. Dieser Widerspruch ist sicherlich immer mitgemeint, wenn auch an der Oberfläche um andere Aporien gekämpft wird.

Wegen der beharrlichen Weigerung der Gegner, den logischen Argumenten zu weichen, mußten die Befürworter von Kernkraftwerken einsehen, daß sie nicht gewinnen konnten. Bitter war die Enttäuschung, wenigen gelang ein echtes Verständnis der Lage, sie »irrten in einem dichten Nebel umher«.

Der dialektische Prozeß ging in die dritte Phase. Nun trat zumindest der Widerspruch zwischen den Expertenentscheidungen klar zutage, denn die Meinungen der Fachleute begannen auseinanderzulaufen; bald gab es zu vielen Expertenmeinungen die Gegenmeinung eines anderen Experten. Doch so, wie die Kirche ihre Rangordnung hat, so gilt dies auch für die neuen Priester. Wenn Einstein ein »Papst der Physik« war, dann sind Nobelpreisträger »Kardinäle«. Zunächst konnte man also durch die Hierarchie noch etwas Ordnung schaffen; wenn die Meinung eines »gewöhnlichen« Experten der Meinung eines Nobelpreisträgers entgegenstand, dann galt sie einfach nichts (der Widerspruch war schon erledigt). Als aber auch Nobelpreisträger einander widersprechende Meinungen vertraten, mußte man zu anderen Methoden greifen. S. McCracken, dessen Streitschrift wir schon einmal zitiert haben, warb für folgende Lösung:

»Das Problem ist, daß die behauptete Spaltung innerhalb der wissenschaftlichen Gemeinschaft fast ohne Ausnahme alle diejenigen mit einschlägiger Fachkenntnis – die Spezialisten in Kernphysik, Gesundheitsphysik, Strahlungsmedizin – dafür, und Wissenschaftler aus fast allen anderen Gebieten, die nichts mit dem Problem zu tun haben, dagegen findet. Das ist genauso wahr für Kernenergie im allgemeinen wie für die sorgfältig kontrollierte Nutzung von Plutonium.«

Danach gibt es also zwei Arten von Experten: Die etwas vom Problem verstehen, sind dafür, die nichts verstehen, sind dagegen. Wieder eine wunderbare Definition im Kreis herum (denn wer dafür ist, versteht etwas, wer dagegen ist, versteht eben nichts davon!); der Widerspruch innerhalb der eigenen Reihen ist auf der zweiten Stufe eliminiert. Damit ist aber einerseits klar geworden, daß allzu energische Versuche, den Gegner lächerlich zu machen, zur eigenen Lächerlichkeit führen; andererseits führt dies bereits in die vierte Phase des dialektischen Prozesses: In den Reihen der Befürworter treten Dissidenten auf, der Widerspruch tritt innerhalb der Vertreter des öffentlichen Weltbildes auf.

Natürlich sind im wahren Leben die Verhältnisse immer noch komplizierter, als ich sie hier schildern konnte. Vor allem gibt es viele Nebenkriegsschauplätze.

So witterten Religionsgemeinschaften und Kirchen, die sich von der Naturwissenschaft mit Recht verdrängt fühlten (und auf sie neidisch waren), Morgenluft, als sie die neue Priesterschaft wanken sahen. Für letztere ist das natürlich besonders ärgerlich. Auch damit setzte sich McCracken auseinander:

»Kürzlich geschah etwas Komisches beim National Council of Churches (Nationaler Rat der Kirchen), dessen eine Abteilung Plutonium als moralisch zweifelhaft erklärt hat und nach einem Moratorium für seine Anwendung rief. Verteidiger dieser bizarren Einmischung der Theologie in die Naturwissenschaft, welche Echos von Galileis Begegnung mit der Inquisition wachrief, erklärten, daß wegen der tiefen Spaltung der wissenschaftlichen Gemeinschaft in der Plutonium-Frage die theologische Gemeinschaft eine entscheidende Stimme haben sollte. Plutonium, sagten sie, wäre nicht eine technische oder naturwissenschaftliche Angelegenheit, sondern eine moralische. Es ist natürlich immer einfacher, für und wider im weichen Sumpf ›moralischer Angelegenheiten‹ zu argumentieren . . .«

Im weichen Sumpf des anderen Weges, während die Straße der Naturwissenschaft doch so ehern mit dem Granit der Logik gepflastert ist! Aber nun scheinen diese Pflastersteine locker zu werden, sie geben da und dort nach. Während im Lager der neuen Priester die Dissidenten sofort auffallen, einfach weil dieses Lager öffentlich ist, sind Abweichungen im anderen Lager nicht so leicht festzustellen. Aber das liegt in der Natur des Widerspruches zwischen den beiden Wegen, dessen Seiten eben nicht symmetrisch gleich sind. Hören wir auch dazu wieder Mao Tse-tung:

»Kann man aber in gleicher Weise an die beiden gegensätzlichen Seiten eines Widerspruches, sei es nun der Hauptwiderspruch, sei es ein Nebenwiderspruch, herangehen? Nein, das kann man auch nicht. Die Seiten eines jeden Widerspruchs entwickeln sich ungleichmäßig. Zuweilen scheint es, daß zwischen ihnen ein Gleichgewicht besteht; doch dieses ist nur vorübergehend und relativ, während die ungleichmäßige Entwicklung das Grundlegende bleibt. Von den beiden Seiten des Widerspruchs ist die eine unweigerlich die hauptsächliche, die andere die sekundäre Seite. Die hauptsächliche Seite ist jene, die im Widerspruch die führende Rolle spielt. Der Charakter eines Dinges wird im wesentlichen durch die Hauptseite des Widerspruchs bestimmt, die eine dominierende Stellung einnimmt.«

Es ist wohl klar, daß in unserem Falle die neuen Priester die dominierende Stellung einnehmen, daß die Straße der Naturwissenschaft die »Hauptstraße« des Widerspruches ist. Doch hören wir weiter:

»Wir sagen oft: ›Das Neue löst das Alte ab.‹ Das ist allgemeines und ewig unumstößliches Gesetz des Weltalls ... Jedes Ding birgt in sich den Widerspruch zwischen seinen zwei Seiten — dem Neuen und dem Alten —, der eine Reihe von Kämpfen mit vielen Windungen und Wendungen hervorbringt. Im Verlauf dieser Kämpfe wächst das Neue vom Kleinen zum Großen und gewinnt schließlich die beherrschende Position, während das Alte vom Großen zum Kleinen schrumpft und seinem Untergang entgegengeht. Sobald das Neue die Oberhand über das Alte erhält, wandelt sich das alte Ding qualitativ in das neue Ding um. Daraus folgt, daß der Charakter eines Dinges im wesentlichen durch die hauptsächliche Seite des Widerspruchs bestimmt wird, die die dominierende Stellung einnimmt. Tritt in der die beherrschende Position einnehmenden hauptsächlichen Seite des Widerspruchs ein Wechsel ein, so ändert sich dementsprechend der Charakter des Dinges.«

So weit sind wir aber noch nicht. Noch kann nicht davon gesprochen werden, daß sich an unserem Weltbild, unserer neuen Religion etwas *Wesentliches* ändert. Zwar gibt es eine Vielzahl ganz neuer Ideen, manches wird in Frage gestellt; Alternativen tauchen auf, werden erprobt; aber noch sind es nur Signale entlang unserem Weg. Signale allerdings, die nicht nur auf bevorstehende Weichenstellungen hinweisen, sondern immer häufiger vor Prellböcken warnen, die da und dort einen Schienenstrang abschließen.

Ausweglose Situationen sind zu erkennen, ein gewaltiger Prozeß ist in Gang gekommen. Das Wetterleuchten am Horizont ist unverkennbar; es kündet vom Gewitter einer neuen Zeitenwende. Wird es ein klärendes, reinigendes Gewitter sein, oder wird auch das nächste heranbrechende Zeitalter Angst und Schrecken verbreiten wie das Atomzeitalter?

Die Entscheidung liegt weitgehend bei uns selbst. Aber weder die Öffentlichkeit noch private Individuen können allein tätig verändernd eingreifen. Erst die Einheit beider, die es wiederzufinden gilt, vermag Böses abzuwenden. Wann und wo der Weg aus dem Talende auf neue Höhen führt, ist aber noch nicht abzusehen. So möchte ich am Schluß dieses Kapitels noch einmal Karl Jaspers zu Wort kommen lassen, der schon 1956 in seinem Radiovortrag sagte:

»Während alles Planbare in den politischen Raum rückt, müßte etwas Unplanbares geschehen. Hier findet die Frage: was wollen wir denn tun? keine Antwort mehr, die angibt, wie es zu machen sei, sondern hört einen Appell an schlummernde Möglichkeiten. Die Umkehr ist nicht zu erzwingen. Nur Realitäten sind zu zeigen und die fordernden Stimmen aus Jahrtausenden zum Sprechen zu bringen. Bis in den Unterricht der Schulen müßte dringen, was Menschen von Möglichkeiten der Zukunft wissen können. Ob dadurch im einzelnen Menschen etwas geschieht, das ist schon im jungen Menschen seiner Freiheit überantwortet. Wenn die Grundtatsachen unseres politischen Daseins heute offengelegt sind, die Konsequenzen der Verhaltensweisen entwickelt werden, dann liegt die Antwort bei jedem einzelnen, nicht durch eine Meinung, sondern durch sein Leben.«

10

Drei Stationen des Fortschritts

»Das rasche und weiträumige Vordringen der Industriellen Revolution hat zwar alle Kontinente und Länder der Erde irgendwie in seinen Bann gezogen. Doch gibt es noch sehr weite Gebiete der Erde, wo das Leben der großen Mehrheit der Bewohner noch in vorindustrieller Weise vor sich geht. Alle Kulturstadien der Menschheitsgeschichte, von der Steinzeit angefangen bis ins Mittelalter, sind heute noch auf der Erde vertreten. Ja der Anteil dieser sogenannten ›unterentwickelten‹ Länder und ihrer Bevölkerung an unserer Erde ist erstaunlich groß.« So schrieb Max Pietsch 1961 in seinem Buch über die industrielle Revolution. Kaum jemand zweifelt daran, daß dieser Zustand möglichst rasch »verbessert« werden muß; nur über das Wie kann es verschiedene Meinungen geben, nicht aber darüber, daß alle Welt möglichst gründlich und rasch in den Genuß der Früchte der naturwissenschaftlich-technologischen Fortschrittsspirale kommen soll. Darum gibt es auch keine »unterentwickelten« Länder mehr, sondern »Entwicklungsländer«, die sich auf dem Weg ins bessere, »entwickeltere« Zeitalter befinden.

Die Unfähigkeit, mit den »äußeren« Problemen der menschlichen Gemeinschaft fertig zu werden, wird dabei auf mangelnde intellektuelle Ausbildung zurückgeführt. Der Durchbruch der Logik in der Neuen Wissenschaft (verbunden mit dem Experiment als Kriterium äußerer Wahrheit) hat auch uns erst ermöglicht, den Hunger zu stillen, Naturkräfte in die Schranken zu weisen, das Leben angenehmer zu gestalten. So schreibt Max Pietsch:
»Zwischen Hunger und Analphabetismus besteht nachweisbar ein

wechselseitiger Zusammenhang. Einerseits bindet der Lebenskampf auf der untersten Ebene die Kräfte so weit, daß die geistige Entwicklung sehr erschwert wird. Andererseits können Hunger und Armut nicht ohne systematische Schulung und Erziehung überwunden werden. Es sollen ja rückständige Wirtschaftsweisen mit neuen, ›wissenschaftlichen‹ Methoden überwunden werden – und dies ohne Zwang, das heißt durch Belehrung, Experiment und angewandte Technik.«

Wenn es der neuen Religion, der Naturwissenschaft, gelungen ist, Verbote durch Tabus zu ersetzen (deren Übertretung sich von selbst bestraft), dann müssen sich ihre Methoden auch überall »ohne Zwang« durchsetzen lassen. Es gehört ja mit zu ihrem Siegeszug, daß sie konsequent, in sich geschlossen und widerspruchsfrei alles erklären und alle überzeugen kann. Können wir nicht die Verbreitung dieser Methode mit der Missionstätigkeit der Vorgängerin Kirche vergleichen? Und bewährt sich nicht gerade auf diesem Felde die neue Methode, das neue Glaubensbekenntnis besonders gut? Findet doch diese Missionstätigkeit *auf eigenen Wunsch* der Missionierten statt! Es bedarf keiner Überredung, keiner Drohung, keines Zwanges. Ganz von selbst wünschen sich alle Völker den Segen der neuen Religion, die Früchte von Technologie und Industrie. Die neuen Missionare brauchen daher auch nichts zu fürchten, sie sind als Fachleute willkommene Gäste der Entwicklungsländer, und für die Hilfe schulden diese den entwickelten Ländern Dank. Der Erfolg beweist die Richtigkeit der Vorgangsweise. Während die Missionare der Kirche zwar von Liebe sprachen, aber für die Erfüllung der Wünsche und Sehnsüchte den einzelnen auf das Jenseits, das Leben nach dem Tode vertrösten mußten, können die neuen Missionare die Verbesserung der Lebensbedingungen bereits im diesseitigen Leben versprechen. Allerdings um den Preis, daß von Liebe nicht mehr die Rede ist! Denn wenn nun ganz offenbar wird, daß die neue Religion den Hunger stillen kann, dann muß dabei verborgen bleiben, daß auch »Hunger« (so wie Himmel, Zeit, ja alle Begriffe) gespalten wurde. Nur der meßbare Hunger, der äußere Hunger, der durch eine bestimmte Zahl von Energieeinheiten pro Tag (Kalorien oder Joule) gestillt werden kann, wird beseitigt. Der andere Hunger, der innere Hunger, der Hunger nach Liebe, nach Nähe eines anderen Menschen, nach Wärme, nach Geborgenheit, muß verdrängt werden. (Wer wollte es noch wagen, öffentlich über das zu sprechen, was nicht einmal meßbar, definierbar ist!)

So erschienen die Missionare der neuen Religion – die Entwicklungshelfer – als Lotsen auf der Straße der Naturwissenschaft, die weniger geübte Wanderer vor Fehltritten warnten, den besten Weg weisen konnten und die Richtung festlegten. Sie, die nichts anderes kennen als diese Straße, wissen nicht um ihre Gefahren, die schon vor zweieinhalb Jahrtausenden von Taoisten ganz klar gesehen worden sind. Dschuang-dsi berichtet uns von einem Jünger des Konfuzius, der auf seiner Wanderung einen alten Mann sah, wie er in seinem Gemüsegarten Gräben zur Bewässerung zog. Er schlug ihm vor, doch einen Ziehbrunnen anzuwenden, um mit wenig Mühe viel zu erreichen. Da stieg dem Alten der Ärger ins Gesicht, und er sagte lachend:

»Ich habe meinen Lehrer sagen hören: Wenn einer Maschinen benützt, so betreibt er all seine Geschäfte maschinenmäßig; wer seine Geschäfte maschinenmäßig betreibt, der bekommt ein Maschinenherz. Wenn einer aber ein Maschinenherz in der Brust hat, dem geht die reine Einfalt verloren. Bei wem die reine Einfalt hin ist, der wird ungewiß in den Regungen seines Geistes. Ungewißheit in den Regungen des Geistes ist etwas, das sich mit dem wahren Tao nicht verträgt. Nicht, daß ich solche Dinge nicht kennte: ich schäme mich, sie anzuwenden.«

Und Goethe spricht die Spaltung der beiden Wege, die Straßengabelung, noch deutlicher an, wenn er in *Wilhelm Meisters Wanderjahren* Susanne, die Besitzerin einer Spinnerei, sagen läßt:

»Das überhandnehmende Maschinenwesen quält und ängstigt mich: es wälzt sich heran wie ein Gewitter, langsam, langsam; aber es hat seine Richtung genommen, es wird kommen und treffen. Schon mein Gatte war von diesem traurigen Gefühl durchdrungen. Man denkt daran, man spricht davon, und weder Denken noch Reden kann Hilfe bringen. Und wer möchte sich solche Schrecknisse ganz vergegenwärtigen! ... Hier bleibt nur ein doppelter Weg, einer so traurig wie der andere: entweder selbst das Neue zu ergreifen und das Verderben zu beschleunigen oder aufzubrechen, die Besten und Würdigsten mit sich fortzuziehen und ein günstigeres Schicksal jenseits der Meere zu suchen. Eins wie das andere hat sein Bedenken; aber wer hilft uns, die Gründe abwägen, die uns bestimmen sollen?«

Wiederum ein schreckliches Entweder-Oder also, bei dem uns die Logik eine dritte Möglichkeit verwehrt. Aber ist nicht gerade diese Spaltung, die uns so tief berührt und in innere Widersprüche stürzt, der eigentliche Grund für die Missionstätigkeit? Weil wir die Wege gar nicht trennen können, müssen wir auf ihrer Spaltung mit so viel Energie und Ausdauer beharren, so haben wir doch gesagt. Das Widersprüchliche immer neu in die Privatsphäre verweisen, ausschließen, verdrängen. Den Triumph der neuen Religion immer wieder bestätigen und vergrößern. Also müssen alte Vorstellungen, müssen Geister nicht nur bei uns ausgetrieben werden, sondern in der ganzen Welt, für die ganze Menschheit. Zu groß könnte die Verlockung, die Versuchung werden, »die Besten und Würdigsten mit sich fortzuziehen und ein günstigeres Schicksal jenseits der Meere zu suchen«. (So, wie es viele junge Menschen heute ja tatsächlich tun!)

Und so offenbart sich die Doppelbedeutung der Naturwissenschaft in aller Schärfe: Einerseits befriedigt sie den Drang nach Erkenntnis, sie führt zu einem immer umfassenderen Weltbild; andererseits ist sie die Religion unserer Zeit, die uns glauben macht, daß dieses Weltbild mit der ganzen Wirklichkeit übereinstimmt, nichts Wesentliches vernachlässigt. Die beiden Seiten bedingen einander, keine könnte ohne die andere zur vollen Entfaltung kommen. Wenn die Naturwissenschaft nicht wirklich ein Weg zur Erkenntnis wäre, dann könnte sie nie den Platz der Religion unserer Zeit beanspruchen. Und wenn die neue Religion uns nicht glauben machen könnte, daß sie tatsächlich die Wahrheit erfaßt, könnte sie nie als Weg zur Erkenntnis der Wirklichkeit gelten.

Die beiden Seiten stehen aber auch im Widerspruch! Denn wenn die Naturwissenschaft Erkenntnis vermittelt, bedarf sie des Glaubens nicht, und wenn sie uns Glauben vermittelt, verläßt sie den Boden der Erkenntnis. Wir haben das schon immer gesagt, nun aber konnten wir den Widerspruch ganz deutlich als Aporie fassen. Erst diese Aporie verleiht der Naturwissenschaft ihr Leben, denn »etwas ist lebendig, nur insoferne es den Widerspruch in sich enthält«. Die lebendige Spannung dieses Widerspruches ist es auch, die die naturwissenschaftlich-technologische Fortschrittsspirale in Gang hält. Denn wo das Weltbild nicht mit der Wirklichkeit zusammenstimmt, muß die Welt verändert werden, um dem Anspruch der neuen Religion zu genügen. (Wir haben das schon im ersten Kapitel am Beispiel des freien Falles im luftleeren Raum besprochen.)

Diese treibende Aporie der Naturwissenschaft haben wir in anderer Form schon kennengelernt, als wir vom »Widerspruch der Widersprüche« sprachen. Er wird doch dadurch eliminiert, daß Widersprüche eingeteilt werden in gute, Fortschritt fördernde und schlechte (Geister!), die verdrängt werden müssen. Erst dadurch wird es möglich, im Glaubensbekenntnis der neuen Religion als Vorurteil zu verkünden, daß es gar keine Widersprüche gibt. Und nur, wenn es wirklich keine gibt, können Voraussagen getroffen werden. Wenn es aber wirklich keine gäbe, dann könnten wir aufgrund der Theorie, aufgrund des Weltbildes, alles voraussagen und brauchten kein Experiment. Ein der treibenden Aporie verwandter Widerspruch kann also so gefaßt werden: Aufgrund des naturwissenschaftlichen Weltbildes können Voraussagen getroffen werden. (Der Beweis liegt im Erfolg der Methode, die ja auf der Annahme dieser Behauptung beruht.) Aber das Gegenteil ist auch wahr: Aufgrund des naturwissenschaftlichen Weltbildes können keine Voraussagen getroffen werden, denn sonst könnten wir ja auf Experimente völlig verzichten. Natürlich wird versucht, diesen Widerspruch auf der zweiten Stufe durch Ebenentrennung zu eliminieren, so, wie ja auch die Widersprüche eingeteilt werden in gute oder schlechte. Einige Voraussagen können getroffen werden, andere nicht. Weil es sich aber um eine echte Aporie handelt, kann diese Trennung nicht wirklich aufrechterhalten werden. In jedem Einzelfall muß entschieden werden, ob eine Voraussage gemacht werden soll oder nicht. Erst im nachhinein ist es möglich, die Entscheidung zu beurteilen, je nachdem, ob die Voraussage vom Experiment bestätigt oder widerlegt wurde.

Dieser Widerspruch findet sich auch in der Brust jedes Naturwissenschaftlers. Der Forscher in ihm wird Voraussagen immer vorsichtig und vorläufig behandeln, geht es ihm doch um eine Verbesserung des Weltbildes. Der Priester in ihm wird Voraussagen immer als endgültige Wahrheiten darstellen, geht es ihm doch um eine Verkündigung des Weltbildes. Wundert es uns, wenn gerade Missionare, Lehrer und Techniker mehr vom Priester, weniger vom Forscher in ihrer Brust zulassen? Ich möchte diese Gedankengänge wieder durch ein Beispiel unterstützen, das besonders eindringlich ist, hat es doch wenigstens in einem der Beteiligten zur Einsicht in die Vorurteile, zur Bekehrung geführt. D. G. Osborne vom University College in Daressalam (Tansania) hat es veröffentlicht, weil er meint: »Es zeigt die Gefahren einer autoritären Physik auf und wird in der Hoffnung festgehalten, daß es andere, die auch Physik unterrichten, interessiert und ermutigt.«

Erasto Mpemba war Schüler der Magamba Secondary School in Tansania. In Osbornes Veröffentlichung schreibt er: »Ich erzähle euch jetzt über meine Entdeckung, welche auf einer falschen Verwendung eines Eisschrankes beruht.« Mpemba und seine Mitschüler machten sich nämlich selbst Speiseeis, indem sie Milch aufkochten, zuckerten, abkühlen ließen und in das Gefrierfach des Eisschrankes stellten. Eines Tages, als um den letzten Platz im Gefrierfach ein Wettlauf entstand, stellte Mpemba seine Milch heiß hinein. »Ich entschloß mich an diesem Tag, das Ruinieren des Eisschrankes zu riskieren, indem ich heiße Milch hineinstellte.« Zu seiner großen Überraschung stellte Mpemba aber fest, daß seine heiße Milch schneller gefror als die kalte Milch der Mitschüler. Als er den Physiklehrer nach der Ursache fragte, erhielt er nur zur Antwort: »Du warst verwirrt, so etwas kann nicht geschehen«, und gab sich vorerst damit zufrieden. Aber in den folgenden Ferientagen erfuhr er von einem Freund, der Speiseeis verkaufte, daß heiße Flüssigkeiten immer schneller zu Eis werden als kalte. Da erwachte in ihm der Forschergeist − den Priestergeist lernte er aber sogleich in seinem Lehrer kennen. Auf das immer drängendere Fragen Mpembas griff der Lehrer nämlich zu der bewährten Verteidigungswaffe für die ontologische Grenze: Er machte ihn lächerlich. Mpemba beschreibt diese Zeit, in der er sich als Ausgestoßener fühlte:

»Die letzte Antwort, die er mir gab, war: ›Nun, alles was ich sagen kann ist, daß das Mpembas Physik ist und nicht die allgemeine Physik.‹ Ab diesem Zeitpunkt sagte der Lehrer, wenn ich eine Problemlösung verfehlte, weil ich die Logarithmen falsch nachgeschlagen hatte: ›Das ist Mpembas Mathematik!‹ Und die ganze Klasse übernahm das, und jedesmal, wenn ich etwas falsch machte, sagten sie zu mir ›Das ist Mpembas . . .‹, was immer es war.«

Aber Mpemba gab sich nicht geschlagen. Er wiederholte sein Experiment − immer mit dem gleichen Ergebnis. Und eines Tages besuchte Dr. Osborne aus Daressalam die Schule, und Mpemba legte ihm − unter dem Gelächter seiner Kollegen − die Frage vor. Osborne erzählt: »Ich gestehe, daß ich dachte, er hätte sich geirrt, aber glücklicherweise erinnerte ich mich der Notwendigkeit, Studenten zu ermutigen, Fragen und kritische Einstellung zu entwickeln. Keine Frage sollte lächerlich gemacht werden. In diesem Fall gab es noch einen Grund zur Vorsicht, denn alltägliche Ereignisse sind selten so einfach, wie sie scheinen, und es ist gefährlich, ein oberflächliches Urteil darüber zu fällen, was sein kann und was nicht. Ich sagte, daß mich die Tatsachen, wie sie gegeben waren, überraschten, weil sie der Physik, die ich kannte, zu widersprechen schienen. Aber ich fügte hinzu, daß die Abkühlgeschwindigkeit durch irgendeinen Faktor beeinflußt werden könnte, den ich nicht beachtet hatte.«

Daheim in Daressalam bat Osborne einen jungen Techniker, die Angaben zu überprüfen. Der Techniker berichtete, daß das anfangs heiße Wasser tatsächlich zuerst gefror, fügte aber in einem »Augenblick unwissenschaftlicher Begeisterung« hinzu: »Aber wir werden das Experiment so lange wiederholen, bis wir das richtige Ergebnis erhalten.«

Das Beispiel ist deshalb so eindringlich, weil wohl jeder Naturwissenschaftler, der es nicht zufällig kennt, das falsche Ergebnis verteidigen würde. Die beobachteten Tatsachen stehen in zu auffälligem Widerspruch mit dem Weltbild. Die Priesterseele wird herausgefordert und spricht darauf an. Dabei ist die Sache eigentlich schon lange bekannt, nur wird sie meist nicht erwähnt; wahrscheinlich macht sie uns zu unsicher und erzeugt daher Unbehagen. In einem Büchlein hat Jearl Walker viele solche paradoxe Beobachtungen zusammengestellt; er schreibt darin über unser Beispiel:

»In kalten Gegenden, wie Kanada oder Island, ist es allgemein bekannt, daß Wasser im Freien schneller friert, wenn es zuerst heiß ist. Obwohl das vollständig falsch scheinen mag, ist es nicht nur ein Altweibermärchen, denn schon Francis Bacon hat es bemerkt.«

Durch die Veröffentlichung Osbornes wurde das Phänomen wieder ins Blickfeld der Physiker gerückt. Natürlich läßt sich im nachhinein auch dieser Widerspruch eliminieren. Sowohl Osborne als auch Walker geben physikalische (also widerspruchsfreie) Erklärungen. Daß die beiden Erklärungen selbst nicht übereinstimmen (einander widersprechen), stört dabei weniger; Hauptsache, es gelingt zu zeigen, daß jeder Widerspruch grundsätzlich eliminiert werden kann. Wir erkennen an diesem Denken aber wieder den Priester in jedem Physiker. Der Forscher läßt Widersprüche lieber noch bestehen, läßt sie warten und reifen, ehe er eine Erklärung vorschlägt, die nicht selbst wieder überprüft werden kann.

Erinnern wir uns der tieferen Ursachen des Strebens nach Elimination der Widersprüche: Es sollte Ordnung in das Chaos tragen und damit Sicherheit vermitteln. Durch die immerwährende Neugestaltung der Welt und ihres Bildes ist das auch weitgehend gelungen (allerdings um den Preis der Vereinsamung des Individuums Mensch). Die Umgestaltung der Welt aber besorgt nicht die Naturwissenschaft selbst, sondern ihr »siamesischer Zwilling«, die Technik. Damit aber die Technik überhaupt ihre Machtstellung halten kann, muß in *ihrem* Bereich der Widerspruch der Voraussagekraft eliminiert werden; nur der Satz »Voraussagen können mit Sicherheit getroffen werden« darf als richtig gelten, sein Gegenteil muß bekämpft werden. Darum gibt es im Bereich der Technik auch nicht Forschung, sondern Entwicklung. Denn nur vollständige Widerspruchsfreiheit erlaubt eindeutige Vorschriften des Handelns, gibt damit Sicherheit, verleiht Macht.

In seiner Antrittsvorlesung als Professor der Mathematik an der Universität Hamburg (am 20. Januar 1951) hat Helmut Hasse den Zusammenhang zwischen Widerspruchsfreiheit und Macht besonders schön dargestellt. Er sprach zunächst über Mathematik als Wissenschaft, dann über Mathematik als Kunst, und meinte schließlich, die Mathematik als Macht sei »eine Realität, die auch dem dieser Wissenschaft Fernstehenden aufgrund dessen, was er über ihre Anwendungen weiß, sofort einleuchten wird«:

»Durch die eben gegebene Erläuterung ist, wenigstens in erster Annäherung, klargestellt, was ich meine, wenn ich jenes weitere Moment als die Macht der Mathematik bezeichne. Vielleicht wird man sich nur etwas an der Wahl des Wortes ›Macht‹ stoßen. Ich habe Anlaß zu der Annahme, daß ich hinsichtlich dieses Wortes mißverstanden werden könnte. Denn man hat mich verschiedentlich danach gefragt, wie ich es verstehe, und von einer Seite wurde mir sogar vorgeschlagen, statt ›Macht‹ doch lieber gleich ›Versklavung‹ zu sagen. Das sei ferne von mir! An diese Art von Macht über andere, die zur Versklavung führt, habe ich nicht im entferntesten gedacht.

Ich habe vielmehr genauestens in mir nach den seelischen Erlebnissen gesucht, die mir die Beschäftigung mit der Mathematik gebracht hat; und da habe ich neben dem Erlebnis der *Begeisterung* für die objektive, ewige Wahrheit und dem Erlebnis der Freude an der *kristallklaren oder berauschenden Schönheit* noch ein Drittes gefunden, nämlich das Erlebnis des *Vollgefühls der eigenen Kraft*, wenn es mir gelungen war, eine allgemeine Methode zu schaffen, nach der man ein offenes Problem lösen und alle weiteren in Zukunft etwa auftauchenden speziellen Fragen über den behandelten Gegenstand beantworten kann.«

Erinnert uns das »Vollgefühl der eigenen Kraft« nicht an das »Flügelrauschen des Schicksalsengels«, das die Entwicklung der Atombombe begleitete? Doch hören wir, was Hasse weiter sagte:

»Ich meine also nicht die Macht über andere, sondern die Macht über die spröde Materie, eine Materie, die im Falle der Mathematik nicht in der Außenwelt, vielmehr in der Begriffswelt unseres Denkens liegt.

Ganz allgemein ist der Trieb zur Macht einer der häufigsten Beweggründe für das Aufwärtsstreben der Menschen. Ist er auf Macht über andere Menschen gerichtet, so ist er eine große Gefahr für den Fortschritt und die Glückseligkeit der Menschheit. Ist er auf die Macht über die äußere Materie gerichtet, so wirkt er sich im Fortschreiten der naturwissenschaftlichen Erkenntnis und der technischen Vervollkommnung im allgemeinen zum Segen der Menschheit aus.«

Wie recht hätte doch Hasse, wenn es wirklich möglich wäre, »Macht« ebenso zu spalten wie den Himmel, die Zeit (und all die anderen Begriffe). In eine »Macht über die äußere Materie«, die sich zum Segen der Menschheit auswirkt, und eine »Macht über andere Menschen«, die eine große Gefahr für die Glückseligkeit der Menschheit darstellt! Da das aber in Wahrheit unmöglich ist, bedarf die Technik stets der schützenden Hand der Naturwissenschaft in ihrer Rolle als Religion. Die Priesterschaft vermittelt das Gefühl der Sicherheit, im Schatten dessen die Techniker die Welt in ihrem Sinne umgestalten und damit wiederum der Naturwissenschaft »Beweise« für ihre Theorien liefern.

Doch sehen wir uns diesen Gang der naturwissenschaftlich-technologische Fortschrittsspirale etwas genauer an. Anfangs »funktionierte« die Spaltung, die Elimination dieses Widerspruches, ja noch klaglos, noch war das Talende, die ausweglose Situation, ferne. Begonnen hat es − wie wir sahen − mit der Vertreibung der Götter des Himmels; die Himmelsmechanik machte die Gestirne zu Dingen, deren Bahnen berechnet und vorausgesagt werden konnten. Galilei tat den entscheidenden Schritt, er löste die Neue Wissenschaft als selbständige Disziplin aus dem großen Schatz der Überlieferung; Descartes und Newton erweiterten das System. Diese erste Epoche ist bestimmt durch die Mechanik, die zunächst immer Himmelsmechanik war. Mir kommt es hier vor allem darauf an, daß es immer schon offen vorhandene Widersprüche waren, die eliminiert wurden. Die Mythen der Himmelsgötter, Geister und Dämonen in Flüssen, Vulkanen und anderen Naturgewalten waren in offensichtlichen Widerspruch zu einem rationalen Weltbild geraten, das von den Axiomen der Logik regiert war. Friedrich Klemm, Bibliotheksleiter am Deutschen Museum in München, schreibt:

»Die durch die Verbindung von Erfahrung und Verstand bestimmte quantitative Naturwissenschaft trat ihren Siegeszug an. Damit eröffnete sich auch für die Technik ein neuer Zeitabschnitt. Das vornehmlich durch überkommene Übung und Erfahrung bestimmte technische Schaffen suchte man jetzt verstandesmäßig zu durchdringen, wissenschaftlich zu erfassen. Eine systematische, auf wissenschaftlichen Erkenntnissen bauende, rationale Technik begann damit ihren Weg in der Kulturgeschichte der Menschheit. Doch es ist bemerkenswert, daß erst in der zweiten Hälfte des 18. Jahrhunderts große fruchtbare technische Schöpfungen entstanden, während die erste Hälfte mehr auf Sammlung, Systematisierung und wissenschaftliche Durchdringung bereits vorhandenen technischen Wissens gerichtet war.«

Die Mechanik allein war nicht zu diesen großen fruchtbaren technischen Schöpfungen imstande. Zu klar, eindeutig, widerspruchsfrei, zu leblos war ihr Weltbild. Zahllos waren die Versuche, kraftspendende Maschinen zu erfinden, die ausschließlich auf den Gesetzen der Mechanik beruhen; keiner dieser Versuche gelang. Noch heute bemühen sich manche Erfinder vergeblich, ein solches »Perpetuum mobile« zu ersinnen. Aufgrund der widerspruchsfreien Mechanik allein gelingt es offenbar nicht, ein bewegtes (lebendiges) Ding zu schaffen. Die zweite Disziplin, die sich zu jener Zeit entwickelte, die Wärmelehre, konnte erst zusammen mit der Mechanik den technischen Durchbruch erzielen.

Die Dampfmaschine läutete die große Industrielle Revolution ein. 1776 wurde die erste dieser Maschinen, erfunden von James Watt, in einem Hüttenwerk in Betrieb genommen. Elf Jahre später zog die

Wattsche Dampfmaschine in die Baumwollspinnerei ein, und bis zur Jahrhundertwende standen über achtzig in Betrieb. Innerhalb von weniger als zwanzig Jahren vervierfachte sich die Erzeugung von Roheisen in England. Damit konnte die Naturwissenschaft ihren Fortschritt beschleunigen. Sie, die auszog, offensichtliche Widersprüche zu eliminieren, konnte mit ihrem »siamesischen Zwilling«, der Technik, einen Dritten im Bunde anlocken: die Industrie. Und mit deren Hilfe wurde es möglich, offensichtliche Bedürfnisse der Menschheit zu befriedigen. Billigere Stoffe zur Bekleidung aller Menschen, Dampfeisenbahnen zur schnelleren Fortbewegung, bessere Werkzeuge zur Bodenbearbeitung waren nur einige der Bedürfnisse, die nun befriedigt werden konnten.

Natürlich habe ich wieder vereinfacht. So dürfen wir die notwendige Entwicklung der Chemie und andere Teile der Naturwissenschaft nicht außer acht lassen. Durch die Dampfmaschine allein, ohne die Entwicklung der Chemie, wäre es nicht zu dem Aufstieg der Textiltechnik gekommen. Worauf es mir aber nun ankommt, ist das wesentliche Element dieser ersten Epoche naturwissenschaftlich-technologischer Entwicklung: Die Epoche der Mechanik (so wollen wir sie einfach nennen) eliminierte vorliegende Widersprüche und befriedigte vorhandene Bedürfnisse der Menschen. Natürlich immer intersubjektiv, entlang der Straße der Naturwissenschaft. Die Mechanik (als männlicher Partner) war immer dominierend, die Wärmelehre ihr untergeordnet. Und so gipfelte diese Epoche, die aus der experimentellen Forschung entsprang, in einem ersten Höhepunkt religionsartigen Glaubens an die Macht des neuen Weges. Der Himmelsmechaniker Laplace (1749–1827) brachte dies in einem neuen »Gottesbegriff« zum Ausdruck, dem Laplaceschen Dämon: Wenn es einen Dämon gäbe, der imstande wäre, Ort und Geschwindigkeit aller Teilchen des Universums in einem einzigen Zeitpunkt zu erfassen, er könnte jegliches Geschehen, alle Vorgänge und Veränderungen für die gesamte Vergangenheit berechnen und für alle Zukunft voraussagen! Wörtlich sagte Laplace: »Ein Geist, der für einen Augenblick alle Kräfte, die die Natur beleben und die Lage aller Dinge, aus denen sie besteht, kennen würde, könnte in derselben Formel die Bewegungen der größten Körper des Weltalls und die des kleinsten Atoms einschließen. Für ihn würde nichts unbestimmt sein, und die Zukunft wie die Vergangenheit würde offen vor ihm liegen.« Und von Napoleon nach dem

Schöpfer des Planetensystems befragt, antwortete er: »Diese Hypothese benötige ich nicht.« Walter Frese beschreibt diese Zeit mit den Worten:

»Die Natur war ein Uhrwerk, nach eigenen Gesetzen seit ewigen Zeiten ablaufend, und darin eingefügt war der notwendig willenlose und somit hilflose Mensch. Dieses ›trostreiche‹ Weltbild eines kompromißlosen Materialismus charakterisierte sehr treffend ein Naturwissenschaftler der neueren Zeit, Bernhard Bavink (1879−1947), indem er sagte, daß Gott in einem unendlichen Universum der Astronomie zuerst *wohnungslos*, danach in einer deterministischen Welt auch *arbeitslos* geworden sei.«

Das Pendel war auf die andere Seite gewandert, die Forscherseele von der Priesterseele verdrängt worden. So kam es auch zu jener starren Haltung in der Frage der Meteoriten, die wir im fünften Kapitel ausführlich besprochen haben. Nicht, weil die Naturwissenschaft in ihrer eigentlichen Aufgabe, der Wahrheitssuche, versagt hatte, nicht, weil sie ihr schlecht oder zu langsam entsprach, kam es zu diesem Umschlag; nein, weil sie in so atemberaubend großartiger Weise vorwärtsstürmte, weil sie so rasch so tief ins zu erforschende Unbekannte eindrang, entstand die neue Angst, den Boden zu verlieren. So mußte sie, die ausgezogen war, die Grenzen des Kleinmuts zu überschreiten, die Tiefen des Universums ebenso zu erfassen wie die Geheimnisse der Materie und ihrer Bausteine, nun ihre eigenen Grenzen besonders streng hüten. Ihr Weg schien schnurgerade ins Unendliche zu führen, jeder Verbindung mit dem anderen Weg traten die Priester entschieden entgegen.

Mit der Erstarrung als Folge der Götzenanbetung, wie sie im Laplaceschen Dämon so deutlich zum Ausdruck kommt, näherte die erste Epoche, das mechanische Zeitalter, sich schon ihrem Ende. Sie machte Platz für ein anderes Gebiet der Naturwissenschaft, das schon längere Zeit vorbereitet worden war, nun aber zur vollen Entfaltung kam: die Lehre von den elektrischen und magnetischen Erscheinungen. Etwa zur gleichen Zeit, da Laplace seinen Dämon postulierte, fand Coulomb das Gesetz für die Kraft, die zwei elektrisch geladene Körper aufeinander ausüben. (Das Gesetz war zwar schon vorher von bedeutenden Physikern festgestellt worden, aber Coulomb war der erste, der es veröffentlichte.) Es spielt in der Elektrizitätslehre dieselbe Rolle wie Newtons Gravitationsgesetz in der Mechanik.

Nicht alle Probleme von Mechanik und Wärmelehre waren gelöst, nicht alle Widersprüche zugeordnet oder eingeordnet (auf der dritten oder vierten Stufe eliminiert). Im Gegenteil! Gerade Mpembas Beispiel vom schnelleren Frieren des heißen Wassers zeigt, wie wenig wir auch heute noch von diesen klassischen Gebieten wirklich verstehen. Zahllos sind ähnliche Fälle, in denen wir vor der widersprüchlich verworrenen Erscheinung der Wirklichkeit mit unserem rationalen Wissen versagen. Die Bewegung zweier Körper (etwa Planeten oder Sterne), die sich *allein* in einem sonst leeren Raum befinden, können wir genau beschreiben und vorhersagen. Kommt auch nur ein einziger weiterer Körper in die Nähe, versagt unsere mathematische Beschreibung. Zwar gibt es gute Verfahren, dieses sogenannte »Dreikörperproblem« näherungsweise zu lösen, und in einigen speziellen Fällen gibt es auch genaue Lösungen. Aber allgemeine exakte Berechnungen gibt es nicht. Der Laplacesche Dämon ist also *nicht* einfach die Erweiterung unseres Könnens bis ins Unendliche. Nicht weil wir so viel können, hat Laplace diesen Dämon erfunden, sondern weil wir in Wahrheit so wenig können! Gerade darum mußte ja die Priesterseele in den Vordergrund rücken, weil die Forscherseele nie zugeben könnte, daß wir jemals die Gesamtwirklichkeit widerspruchsfrei erfassen werden.

Das Ende der Epoche der Mechanik kam also nicht dadurch heran, daß keine Widersprüche mehr zu eliminieren waren, sondern dadurch, daß ein neuer, viel herausfordernderer Widerspruch ins Blickfeld kam. Und so stürzten sich die jungen, heranwachsenden Wissenschaftler lieber auf den neuen Widerspruch als auf die vielen alten, deren Elimination keine besonderen Lorbeeren versprach. Sie wurden schnell vergessen, ohne je den mühsamen Weg über die ersten beiden Stufen bis in den wissenschaftlichen Bereich anzutreten.

Nach der Veröffentlichung des Gesetzes der elektrischen Kräfte durch Coulomb wurde dieses neue Gebiet — auf der zweiten Stufe sauber abgetrennt — rasch entwickelt. Magnetische und elektrische Phänomene wurden bald vereinheitlicht, sie konnten als verschiedene Erscheinungsformen einer gemeinsamen Ursache, der elektromagnetischen Kraft, beschrieben werden. (Der Widerspruch wurde zum bloßen Unterschied, er wurde bis zur vierten Stufe entwickelt.) Schließlich entdeckte Michael Faraday (1791–1867) die elektromagnetische Induktion, die zur Voraussetzung für die Entwicklung von

Generatoren zur Stromerzeugung wurde. James Maxwell gelang die umfassende Beschreibung all dieser Phänomene durch einen Satz mathematischer Gleichungen.

Aber noch war die Mechanik zumindest in der Begriffsbildung dominierend. Wir haben ja im dritten Kapitel genau besprochen, wie Maxwell seine Gleichungen mechanisch verstehen wollte und elektrische Kräfte mit Spannungen im Äther verknüpfte. Und Maxwell war es ja auch, der als Vorläufer Boltzmanns die Wärmelehre der Mechanik unterordnete, indem er den Atombegriff benützte. Worauf es mir hier ankommt, ist der Übergang in ein neues Zeitalter naturwissenschaftlich-technischen Fortschrittes; wir können es Epoche des Elektromagnetismus nennen. Entscheidend ist, daß der Eintritt in dieses Zeitalter notwendig wurde, weil die Spannung zwischen dem Anspruch der Mechanik, wie er durch Laplace formuliert worden war, und den tatsächlichen Leistungen der Methode zu groß wurde; weil Priesterseele und Forscherseele zu weit auseinanderklafften. Der Satz »es gibt keine Widersprüche« stand in zu auffälligem Widerspruch zur Wirklichkeit.

Durch den Eintritt der zweiten Epoche konnte so das Vorurteil gerettet werden; ein neues Gebiet wurde wirkungsvoll von Widersprüchen gesäubert, und damit nahm man den alten Problemen die Schärfe. Durch die Beschränkung der Priesterfunktionen wurde so die Religion und damit das Priesteramt gerettet. Aber es waren nun nicht mehr offensichtliche Widersprüche, die es zu eliminieren galt. Während die Bewegung der Gestirne Nacht für Nacht beobachtet werden kann, während Steinfälle, Flußläufe, das Atmen der Meere ständig ins Auge springen, kommen elektrische und magnetische Erscheinungen in der unberührten Natur selten vor. Gerade deshalb aber sind sie zunächst um so furchterregender, geisterhafter. Gewitter, Wetterleuchten, Elmsfeuer sind Erscheinungen, die geradezu nach einer übernatürlichen Erklärung verlangen. Selbst wenn alle Geister aus ihnen ausgetrieben sind, wenn der Intellekt sie widerspruchsfrei einordnen kann, sind wir während eines Gewitters vor Angst nicht gefeit. Und ich meine damit nicht die begründete Angst vor dem Blitzschlag, sondern die viel tiefer gehende, existentielle Angst vor dem Donner, dem Grollen der Geister und Götter.

Während die Schwerkraft immer und überall auf alle Gegenstände wirkt und bloß gemessen werden muß, um erfaßt zu werden, bedürfen elektrische Kräfte einiger Vorbereitung, um überhaupt in

Erscheinung zu treten. Heute, nachdem Faradays Entdeckung und ihre technischen Folgen die Welt völlig verändert haben, ist es nur mehr schwer vorstellbar, daß elektrische Erscheinungen auch im Laboratorium ursprünglich gar nicht so leicht hervorzurufen waren. Einerseits handelt es sich also um Phänomene, die erst aufgespürt werden mußten, um meßbar gemacht zu werden; andererseits brachte aber gerade ihre Einbeziehung in das Weltbild der Naturwissenschaft einen Wandel, der vor allem im technischen Bereich unsere Welt vielleicht noch entscheidender veränderte als die Dampfmaschine.

In den dreißiger Jahren des 19. Jahrhunderts entstanden der schon erwähnte Generator zur Stromerzeugung und der Elektromotor; und 1860 baute E. Lenoir einen Gasmotor mit elektrischer Zündung. Sechzehn Jahre später erfand N. A. Otto den Viertaktmotor; als Sproß dreier Ahnen — Mechanik, Wärmelehre und Elektromagnetismus — entwickelte sich dieser zu dem ausgereiften, feinnervigen Instrument, das um die Mitte unseres Jahrhunderts die große Motorisierungswelle auslöste.

Während die Mechanik — als Wissenschaft — vorliegende Widersprüche eliminierte, und durch die Industrie der mechanischen Epoche vorhandene Bedürfnisse befriedigt wurden, wurden also in der elektromagnetischen Epoche Widersprüche zunächst gesucht; erst dann konnten sie erfolgreich eliminiert werden. Und die Technik jener zweiten Epoche spürte Bedürfnisse der Menschen auf, um sie zu befriedigen. Die Dampfeisenbahn befriedigte das offensichtliche Bedürfnis nach schnelleren und allgemein zugänglichen Verkehrsverbindungen. Das Bedürfnis, die Eisenbahnen zu elektrifizieren, ist sicher weniger offenkundig, es mußte aufgespürt werden, um befriedigt werden zu können. (Weniger die Notwendigkeit, als vielmehr die Bequemlichkeit ist es, die zu diesen Bedürfnissen Anlaß gibt.)

Am Ende des 19. Jahrhunderts beschrieb Arthur Wilke die Wende von der mechanischen zur elektrodynamischen Epoche mit den Worten:

»Es ist noch nicht lange her, da nannte man unsre Zeit ›das Jahrhundert des Dampfes‹, und mit Recht, denn in erster Reihe hat ja die Dampfmaschine die modernen Erwerbs- und Verkehrsverhältnisse gestaltet. Kaum ist aber Sklave ›Dampf‹ zu voller Kraft herangewachsen, da tritt eine junge Riesin in den Dienst der Menschheit, die dem Anschein nach mit Bruder Dampf einträchtig zusammen für ihre Herren arbeiten will, in Wirklichkeit aber darauf ausgeht, ihn ganz zu verdrängen. Das ist die *Elektrizität.* Jahrzehntelang im Wachstum zurückgeblieben, begann sie sich plötzlich vor etwa fünfundzwanzig Jahren zu entwickeln, und in dieser kurzen Zeit ist sie schon so weit herangewachsen, daß sie die Technik umzugestalten beginnt. Man sieht es ihr nicht mehr an, daß sie ihre langen Kinderjahre in den Laboratorien zugebracht hat und stille Gelehrte ihre ersten Schritte geleitet haben. Aber gerade diese einseitige Verborgenheit und die jetzigen Erfolge fesseln das Interesse aller Gebildeten, weil der beispiellos rasche Siegeslauf auch den Unkundigen von ihr noch größere Taten in der Zukunft erwarten läßt.

Und so ist es gekommen, daß der arme Dampf schon heute in der Meinung der Menge entthront und ihm die Würde aberkannt worden ist, daß das Jahrhundert nach ihm benannt werde. Nicht mehr das ›Jahrhundert des Dampfes‹, nein, das ›Zeitalter der Elektrizität‹ will die Jetztzeit genannt sein. Das ist nicht dankbar, aber erklärlich.«

Heute, nachdem wir schon mehr als ein Drittel Jahrhundert im Atomzeitalter leben, hat die erste Epoche den Dank, den wir ihr schulden, erhalten. Immer häufiger finden wir Dampflokomotiven als Denkmäler aufgestellt. Die wunderbare Kunst reiner Mechanik, die sich im Gestänge der Steuerung vor den Treibrädern ausdrückt, fasziniert Techniker und Laien ebenso wie die riesigen Dampfkessel, in denen aus der Vereinigung von Wasser und Feuer der lebendige Dampf erzeugt wurde. (Wasser und Feuer stehen im Taoismus auch für die Symbole Yin und Yang – weiblich und männlich.)

Was aber die Elektrizität zu ihrem Siegeszug führte, war ihre Anpassungsfähigkeit, ihre allgemeine Verwendbarkeit. Hören wir das wieder aus der Feder Arthur Wilkes:

»Vor allem ist es die Universalität der Leistungen, welche die Elektrizität auszeichnet. Brauchen wir Licht? Die Elektrizität spendet es uns und besser als jedes andre Agens. Verlangen wir bewegende Kraft, nun, dort steht der elektrische Motor, ein Zwerg an Gestalt gegen die gleich kräftige Dampfmaschine. Wir frieren; derselbe Draht, der uns schon eben half, gibt uns auch Wärme, ein bißchen zu teuer zwar für die heutigen Verhältnisse, allein mit der Zeit wird sich dies schon ändern. Und so können wir fortfahren und aufzählen, was alles die Elektrizität jetzt oder dereinst zu leisten vermag, aber wir fassen es lieber kurz zusammen und sagen: *In der Elektrizität besitzen wir jede benötigte Energieform: bewegende Kraft, Licht, Wärme und so weiter, in der bequemsten und intensivsten Form*, und damit haben wir ihren Wert bestimmt . . .«

Als die Elektrotechnik die Welt umgestaltete und damit die zweite Epoche naturwissenschaftlich-technologischen Fortschrittes bestimmte, da bedurfte auch sie des Schutzes der neuen Priester. Und je weiter die Umgestaltung fortschritt, je mehr der individuelle Mensch vernachlässigt wurde, je weniger der innere Weg Beachtung fand, um so stärker mußte der priesterliche Schutz zur Wirkung kommen. Die Priesterseele begann zum zweiten Male in der Geschichte von Naturwissenschaft und Technik die Forscherseele zu verdrängen, die Harmonie beider Seelen wurde gestört. So wie Laplace am Ende der ersten Epoche seinen allwissenden Dämon ersann, um der neuen Religion Ausdruck zu verleihen, so begann sich nun ein neuer Glaube unter den Naturwissenschaftlern zu verbreiten: Sie glaubten an die Vollendung des Weltbildes. Hatte man nicht alle offen auftretenden Widersprüche schon in der ersten Epoche eliminiert (soweit das eben möglich war)? Hatte man nicht in der zweiten Epoche sogar Widersprüche gesucht, um sie eliminieren zu können? Das Ende der Entwicklung schien bevorzustehen, der »Turm zu Babel« sah seiner Vollendung entgegen. Kein neues Gebiet, keine unerforschten Naturerscheinungen warteten darauf, meßbar gemacht zu werden, die Fülle der Macht schien bald erreicht. Am Ende des 19. Jahrhunderts war dies der neue Glaube, die Priesterseele hatte ein zweites Mal den Sieg über die Forscherseele davongetragen.

Und gerade als die Naturwissenschaft die Hand ausstreckte, um den letzten Klimmzug bis zum höchsten Gipfelpunkt zu vollbringen, brach der ganze Berg unter ihr auseinander. Die Widersprüche zwischen den drei großen Gebieten der Physik traten erneut zutage, sie klafften auf. Der große Widerspruch zwischen Elektrodynamik und Mechanik, verborgen in der Ätherhypothese, führte zur Relativitätstheorie Einsteins; der Widerspruch zwischen Mechanik und Wärmelehre zur Atomphysik und schließlich bis zur fünften Stufe, er wurde in der Kopenhagener Quantenmechanik aufgehoben. (Wir haben das im einzelnen besprochen.)

Friedrich Dessauer schreibt dazu: »Im Anfang unseres Jahrhunderts waren Weltraumstrahlung, Kernbau der Atome, Äquivalenz von Materie und Energie nicht einmal geahnt. Die in verschiedenen Epochen, sogar von Autoritäten, aufgestellten Behauptungen, wie: der Kosmos sei in allem Wichtigen erkannt, oder: die Physik sei im wesentlichen abgeschlossen, sind jedesmal von den Ereignissen widerlegt worden.«

Diesmal waren es aber keine neuen Widersprüche der Natur, keine bisher verborgenen Erscheinungen, die erklärt werden mußten. Es waren die Widersprüche im Weltbild, nicht in der Welt, die über die Hürde zur dritten und vierten Stufe drängten. Wir haben ja auch (im dritten Kapitel) gesagt, daß die Atome (ja der ganze Mikrokosmos) *erfunden* wurden, um die Wärmelehre mit der Mechanik in einer übergeordneten Theorie zu vereinen. Widersprüche im Weltbild, Widersprüche, die wir selbst erzeugt haben, sind es also, die in die dritte Epoche, in das Atomzeitalter überleiten. Die Naturwissenschaft bereitete diese Wende schon seit Beginn unseres Jahrhunderts vor; die Technik folgte ihr nach und bestätigte den Eintritt der dritten Epoche am 6. August 1945 mit dem wahrhaft weltverändernden Ereignis von Hiroshima.

Im Atomzeitalter werden Widersprüche *erzeugt*, um eliminiert zu werden. Und die Industrie dieses Zeitalters muß Bedürfnisse der Menschen *hervorrufen*, um sie befriedigen zu können. Sonst käme die Spirale naturwissenschaftlich-technologischen Fortschrittes zum Stillstand, würde sich zumindest verlangsamen. Wir untersuchen heute an der Spitze physikalischer Forschung in der Elementarteilchenphysik Bausteine der Materie, die nur mit großem Aufwand erzeugt werden können und die nach millionstel Bruchteilen einer millionstel Sekunde wieder zerfallen. Zeigt das nicht klar, daß wir die Erscheinungen, die wir unserem Weltbild eingliedern wollen, erst hervorrufen müssen? Aber wir haben keine andere Wahl. Wenn wir aufhören, die Spitze der Forschung weiter vorzutreiben, dann breitet sich von dort schnell der beginnende Rost in alle Fugen und Spalten nach unten aus, und das ganze Gebäude zerfällt; das Mauerwerk des neuen Turmes zu Babel bricht ein, er wird zur unbewohnbaren Ruine. Und wenn wir aufhören, Bedürfnisse hervorzurufen, dann kommt das Industriewachstum zum Stillstand, der Fortschritt hört auf, wir verlieren unsere Sicherheit und nähern uns dem Chaos.

Aber woher wissen wir, daß dem wirklich so ist? Gibt es Beweise, Erfahrungen, wenigstens Anzeichen? Oder geschieht es zum dritten Male in der Geschichte von Naturwissenschaft und Technik, daß sich die Priesterseele Vorrang verschafft?

Die Epoche der Mechanik gipfelte im Glauben an den notwendigen, willenlosen Ablauf des Weltgeschehens, im Glauben an den Laplaceschen Dämon. Die Epoche des Elektromagnetismus mündete in den Glauben an den bevorstehenden Abschluß des Weltbildes, an die Fertigstellung des neuen Turmes zu Babel. Ist es der Glaube des Atomzeitalters, daß alles, was noch nicht möglich ist, in Zukunft einmal möglich sein muß? Einfach der Glaube an den Fortschritt? Weil wir nach der zweiten Epoche lernen mußten, daß ein Abschließen des Weltbildes doch nicht möglich ist, glauben wir nun daran, daß es immer besser wird, daß all unsere Hoffnungen und Wünsche einmal befriedigt werden können. Konrad Lorenz sprach vom »dogmatischen, beinahe zu einer Religion gewordenen Glauben an die Möglichkeit eines unbegrenzten Wirtschaftswachstums«.

Haben wir nicht wiederum ein Zeichen vor uns, daß sich die öffentliche Straße der Naturwissenschaft einem Talschluß nähert? Zum dritten Male hat die Priesterseele über die Forscherseele gesiegt. Eine neue Epoche muß eine neue Art von Widersprüchen aufnehmen, um sich mit ihnen auseinanderzusetzen. Nach den offensichtlichen Widersprüchen der mechanischen Epoche, nach den versteckten, aufzusuchenden Widersprüchen der elektrodynamischen Epoche, hat das Atomzeitalter die von uns selbst erzeugten Widersprüche bearbeitet. Ja es ist ihm sogar gelungen, einen davon bis zur fünften Stufe zu treiben, ihn aufzuheben. Welche neue Art von Widersprüchen wird der nächsten Zeitenwende vorbehalten sein? Kann es innerhalb des öffentlichen Weges noch etwas Unerwartetes geben, bevor wir ans Talende gelangen und uns dem einen, dem großen, dem stets verdrängten Widerspruch zwischen den beiden Straßen zuwenden müssen?

Freilich wird nichts unversucht bleiben, aus der ausweglosen Situation herauszufinden, ohne den steilen Weg zur Höhe anzutreten. Zwar hat es das Atomzeitalter vermocht, die Chemie mit der Physik zu vereinen, aber noch bleibt die Biologie als selbständiges, abgetrenntes Gebiet. Wundert es uns, wenn heute die begabtesten jungen Naturwissenschaftler sich der Biologie zuwenden? Aber in dem Versuch, die Wissenschaft vom Lebendigen der Logik genauso zu unterwerfen wie Chemie und Physik, wird innerhalb dieser Wissenschaft die Spaltung deutlich. Zufall und Notwendigkeit treten einander als unversöhnliche Alternativen gegenüber, wie wir am Ende des vierten Kapitels gesehen haben. In der auftretenden Kluft versinkt gerade das, was diese Wissenschaft in den Griff bekommen sollte: das Leben.

Warum muß die Vereinigung der Physik mit einem anderen Teil der Naturwissenschaft immer bedeuten, daß dieser der Physik unterworfen wird? (So, wie innerhalb der Physik die Mechanik dominiert.) Haben wir darin nicht den absoluten Sieg des männlichen Prinzips erkannt? Dem sich alle weiblicheren Disziplinen unterordnen müssen? Ohne die Aufrechterhaltung der Spannung, ohne Widerspruch, geht aber notwendigerweise alles Leben verloren! Wenn Lebewesen mechanisch − sei es auch quantenmechanisch − erklärt werden können, haben wir sie zu toten Dingen gemacht.

Noch deutlicher als in der Biologie wird dies in der Psychologie, vor allem im Behaviorismus. Carl Rogers war ein Psychologe, der sich mit der ganzen Kraft seiner Persönlichkeit gegen die Unterwerfung durch die Methoden der logischen Wissenschaften wehrte. Er setzte sich daher besonders mit B. F. Skinner auseinander, der das Spalten der Begriffe, die Trennung der beiden Wege und das Tabuisieren aller Widersprüche bis ins letzte vertrat. So schreibt etwa Skinner:

»Die Hypothese, der Mensch sei nicht frei, ist wesentlich für die Anwendung der wissenschaftlichen Methode auf die Untersuchung menschlichen Verhaltens. Der freie innere Mensch, der für das Verhalten des äußeren biologischen Organismus verantwortlich gemacht wird, ist lediglich ein vorwissenschaftlicher Ersatz für die vielfältigen Ursachen, die im Laufe wissenschaftlicher Analyse entdeckt werden. Diese ganzen Alternativursachen liegen *außerhalb* des Einzelnen.«

Wird hier nicht ganz deutlich die Verdrängung, Ableugnung des inneren Weges verlangt? An anderer Stelle schreibt Skinner:

»Der Mensch war, so glaubten wir einmal, frei, um sich in der Kunst, in Musik und in der Literatur auszudrücken, in die Natur hineinzufragen, sein Heil auf je eigene Art zu suchen . . . Die Wissenschaft behauptet dagegen, daß eine Handlung von Kräften in Gang gesetzt wird, die auf den einzelnen einwirken; Laune ist nur ein anderer Name für ein Verhalten, dessen Ursache wir noch nicht entdeckt haben.«

301

Durchläuft es uns nicht eiskalt bei diesem Bild des Fortschrittes? Bei dieser extremen, feindseligen Haltung des Hasses gegen die andere Straße? Wo doch die Abspaltung nur möglich ist, weil jeder Mensch – und daher auch Skinner – die widersprüchliche Einheit selbst darstellt! Genau an diesem Punkt hakt auch Carl Rogers mit seiner Kritik an Skinner ein:

»Wenn er meint, daß es die Aufgabe des Behaviorismus sei, die Menschen ›produktiv‹, ›gut erzogen‹ und so weiter zu machen, so hat er unverkennbar eine Entscheidung getroffen. Er hätte sich beispielsweise dafür entscheiden können, die Menschen unterwürfig, abhängig und herdenhaft werden zu lassen. Doch behauptet er in einem anderen Zusammenhang, daß die menschliche ›Fähigkeit zur Entscheidung‹, die Freiheit des Menschen, seinen Kurs zu bestimmen . . ., daß diese Kräfte im wissenschaftlichen Bild vom Menschen nicht existieren. Hier liegt der tiefsitzende Widerspruch . . . Die Wissenschaft im allgemeinen befindet sich in der gleichen widersprüchlichen Situation wie Skinner. Eine persönliche, subjektive Entscheidung, die ein Mensch trifft, setzt wissenschaftliche Tätigkeiten in Gang, die mit der Zeit zu der Behauptung führen, es könne so etwas wie eine persönliche, subjektive Entscheidung gar nicht geben.«

Nur wenn Werturteile vor der eigentlichen wissenschaftlichen Arbeit gefällt werden, wenn sich alle Beteiligten auf diese Vorurteile einigen, kann die Logik fruchtbringende Arbeit leisten. Daher müssen diese Werturteile außer Streit gestellt werden. Bleiben sie aber unbedacht, dann macht die wertfreie Wissenschaft die Menschen zu Sklaven ihrer eigenen Methode und tötet ihre Freiheit. Rogers fordert daher, daß die Vorurteile neu überdacht werden müssen: »Die Bedeutung der Wissenschaft liegt in der objektiven Verfolgung eines von einem oder mehreren Menschen subjektiv gewählten Zieles. Dieser Zweck oder Wert kann nie von dem spezifischen wissenschaftlichen Experiment oder Forschungsunternehmen erschlossen werden, das durch die Zielsetzung erst ins Leben gerufen wurde und seinen Sinn erhält. Folglich muß jede Diskussion über die Kontrolle von Menschen durch den Behaviorismus sich zuerst und zutiefst mit den subjektiv gewählten Zwecken beschäftigen, denen diese wissenschaftliche Anwendung dienen soll.«

Wiederum erfassen wir die Lage in ihrem ganzen Ernst: Wenn

302

wir die Straße der Naturwissenschaft weitergehen und auch die behavioristische Psychologie der strengen Logik unterwerfen, entfernen wir den individuellen Menschen so radikal aus unserer Welt, wie Skinner es will. Als letzte Hoffnung bleibt uns daher nur eine Verbindung zum anderen Weg, also unser Brückenschlag. Kann es uns wundern, daß auch Rogers sich an die Quantenmechanik klammert wie an einen Rettungsring? Sie war es doch, die uns gezeigt hat, daß ein Widerspruch auch innerhalb der Wissenschaft aufgehoben werden kann:

»Wenn wir uns dafür entscheiden, unsere wissenschaftlichen Kenntnisse zur Befreiung der Menschheit anzuwenden, dann verlangt diese Entscheidung von uns, daß wir mit dem großen Paradoxon der Verhaltenswissenschaften offen und ehrlich leben . . . Wir werden mit der Erkenntnis leben müssen, daß es genauso nutzlos und engstirnig wäre, die Realität der Erfahrung von verantwortungsvoller, persönlicher Entscheidung zu leugnen wie die Möglichkeit einer Verhaltenswissenschaft zu verneinen. Der Widerspruch, der zwischen diesen zwei wichtigen Elementen unserer Erfahrung offensichtlich besteht, ist vielleicht von gleicher Bedeutung wie der Widerspruch zwischen der Wellentheorie und der Korpuskeltheorie des Lichts, die beide als wahr bewiesen werden können, obwohl sie einander ausschließen. Wir können unser subjektives Leben genausowenig schadlos verleugnen wie die objektive Beschreibung jenes Lebens.«

Sollte es uns gelingen, eine wissenschaftliche Theorie zu schaffen, die den »Widerspruch zwischen diesen zwei wichtigen Elementen unserer Erfahrung« aufhebt, wir hätten tatsächlich noch einmal einen Ausweg gefunden. Eine verborgene Klamm, vielleicht einen Höhlenweg, der uns erlaubt weiterzugehen, ohne den Berg zu erklimmen. Aber mit eherner Sicherheit führt auch der neue Pfad an ein Ende, und die Steilwände werden um so erschreckender, je weiter wir ins Hochgebirge vordringen. Möglich, daß wir mit immer neuen Theorien immer mehr Widersprüche aufheben können (obwohl wir es bisher erst ein einziges Mal geschafft haben). Möglich, daß wir immer mehr vom intersubjektiven Menschen in unser Weltbild einfügen können. Aber ist unser Ziel nicht der *ganze* Mensch? Das Individuum mit *all* seinen Sorgen, Wünschen, Sehnsüchten, das auf der anderen Straße lebt, harrt des Brückenschlages, der Einheit *aller* Gegensätze.

Denn auch die Technik stellt ursprünglich die Synthese eines Widerspruches dar und führt heute zur Störung, Vereinsamung, zur Entfremdung des inneren Menschen. Friedrich Dessauer beschreibt diese Synthese ganz deutlich:

»Es gibt das Reich ohne Grenzen der menschlichen Bedürfnisse, Nöte, Wünsche. Es wächst immer, weil jede Erfüllung neues Begehren weckt. Es gibt das Reich der Naturgegebenheit, Stoffe, Energien, Gesetze. Auch hier sehen wir keine Grenze. Neue und überraschende Entdeckungen gibt es jedes Jahr ... Die beiden unbegrenzten Reiche sind verschiedener Art. Sie darzulegen, bedarf es verschiedener Sprachen, anderer Begriffe. Aber in der Technik begegnen sie sich. Die Erfüllung der so unermeßlich verschiedenartigen menschlichen Bedürfnisse durch die Technik geschieht sozusagen aus der Vorratskammer der Naturgegebenheiten, der Naturgesetze. Jedoch findet sich dabei die Erfüllung nicht fertig vor, wie sich etwa Früchte zur Stillung des Hungers fertig in der Natur vorfinden und mit einigem Arbeitsaufwand geerntet werden können.

Die technischen Lösungen der von menschlichen Bedürfnissen gestellten Aufgaben müssen ›erfunden‹ werden. Das ist mehr als ›erarbeitet‹. Es geht ein Suchen voraus, und zwar nicht in fertig Vorhandenem, sondern in dem Nichtvorhandenen, aber *Möglichen.*«

Die Technik scheint ihr Leben, ihre treibende Kraft aus diesem Widerspruch zu schöpfen, ähnlich wie die Naturwissenschaft aus ihren Aporien lebt. Können wir diese verwickelten Zusammenhänge vielleicht besser durchleuchten, wenn wir wieder einmal wagen, auch den Gegensatz männlich−weiblich (Yang−Yin) zuzulassen? (Nicht nur richtig−falsch oder gut−schlecht.) Die Befriedigung von Bedürfnissen ist seit alters eine weibliche (mütterliche) Aufgabe; Ansporn zu Leistungen eine väterlich-männliche, und Ideen, Theorienbildung sind der Inbegriff des Männlichen. Die Naturwissenschaft mit ihrer Logik, ihren Theorien, ihrem Kampf gegen die Widersprüche wäre dann das männliche Prinzip schlechthin. Die Technik, deren Ziel es ist, Bedürfnisse zu befriedigen, trägt viele weibliche Züge, ist aber der männlichen Naturwissenschaft unterworfen. Und innerhalb der Naturwissenschaft selbst können wir männliche und weibliche Aufgaben erkennen: Die Priesterseele, Verteidiger der ontologischen Grenze, starr und abgeschlossen gegen alles Verändernde, stellt den männlichen Partner der weiblichen Forscherseele dar, die offen, einfühlsam sich ins Unbekannte vorwagt, um mit viel Spürsinn Neues zu erahnen, auf daß es von der Priesterseele in Besitz genommen und verteidigt werden kann.

So stellt sich der Fortschritt in Naturwissenschaft und Technik, der Wechsel ihrer Epochen, bildhaft-dramatisch als ewiger Kampf der Geschlechter dar: Am Beginn einer Epoche überwiegt das Interesse am Neuen, an der lebendigen Forschung; das Weibliche dominiert. Rasch verändert sich das Bild, ewig fließend sind die Erkenntnisse, aber unklar und verschwommen bleibt der Wissensstand. Am Höhepunkt einer Epoche erreichen wir — vielleicht — für kurze Augenblicke den schwindelnden Gipfel der Harmonie der beiden Seelen; bis das Männliche überwiegt, die Priesterseele hervortritt und das erarbeitete Weltbild als festes Glaubensbekenntnis verkündet. Dadurch jedoch erstarrt die Bewegung, das Leben entweicht, kristallklare Bilder der Welt sind vom Todeshauch umweht.

Aus dem Todeskampf einer Epoche erwacht neues Leben, geboren aus dem Weiblichen; die Forschung übernimmt wieder die Führung, allerdings auf einem neuen, jungfräulichen Feld. Dieser Kampf ist unentscheidbar, ein ständig sich erneuerndes Hin und Her des Pendels; bis die Technik so weit unterworfen ist, daß sie mit der Atombombe einen totalen Sieg über das Leben ermöglicht. Welche Bedürfnisse hat diese Art von Kriegstechnik eigentlich befriedigt? Sicher keine intersubjektiv menschlichen! Ist nicht die Technik der Atombombe geradezu die Perversion einer Tätigkeit, die auszog, den Menschen zu helfen, ihre Bedürfnisse zu befriedigen? Die von der Spannung zwischen der männlichen Wissenschaft und der weiblichen Bedürfnisstillung getragen wird?

Angesichts der Tragweite des Schreckens dürfen wir nichts unversucht lassen, die Zusammenhänge zu erhellen, nichts ausschließen, was uns Aufschluß geben könnte. Horst Kurnitzky wies auf den Zusammenhang zwischen Kultur, Opfer und Unterdrückung des Weiblichen hin. Er stützt seine Überlegungen oft auf alte Mythen:

»Eva war nicht die erste Frau Adams; in der jüdischen Mythologie hat sie noch eine Vorgängerin, nämlich Lilit. In dieser Version heißt es, daß Gott Adam und Lilit zur gleichen Zeit aus Erde geschaffen habe. Zwar verhindert die Existenz des Schöpfergottes eine Gleichberechtigung der Geschlechter von vornherein; trotzdem berichtet dieser Mythos vom Geschlechterkampf, und beide haben eine wenn auch verdrängte Mutter: die Erde ... Lilit wollte die Herrschaft Adams nicht anerkennen und nicht seine Dienerin sein. Darum verließ sie Adam, wurde aus dem Paradies geworfen und in eine Nachtdämonin verwandelt ... Lilit wird mit der zu verdrängenden Sexualität identifiziert und als deren Verkörperung auf die Seite der Natur geschlagen, wiewohl durch die Dämonisierung Lilits allererst dieser Verdrängungsprozeß und die Trennung von Mensch und Natur möglich werden. Nun wird das mit Angst besetzte weibliche Geschlecht als Schreckgespenst für Strafandrohungen herangezogen, wie bei der Weissagung der Zerstörung Babels oder dem Strafgericht Gottes über die Feinde des Volkes.«

Kurnitzky faßt zusammen: »Die Unterdrückung der Sexualität, wie sie durch das unterdrückte weibliche Geschlecht verkörpert wird, ist nicht nur die Voraussetzung der Kultur, sondern auch des gesellschaftlichen Reichtums als materieller Basis der Kultur ... Denn nach der Verdrängung und Zerstörung des weiblichen Geschlechtes oder seiner Spaltung in einen verdrängten und einen patriarchal-gesellschaftlichen Teil wird das Substitut des verdrängten Teiles mit der gleichen Begierde besetzt, wie sie vordem Ödipus dem verbotenen Liebesobjekt gegenüber an den Tag legte.«

Wenn das stimmt, wenn wir das annehmen können, dann offenbart sich uns wieder eine neue Sicht der beiden Wege. Der öffentliche, äußere Weg der Logik und der Naturwissenschaft ist der männliche Weg, der andere, innere, verdrängte, private Weg der Widersprüche und Gefühle ist der weibliche Weg. Unterdrückung der Weiblichkeit (nicht der Frauen, auch der weiblichen Seite in den Männern!) wäre dann wesensgleich mit der Verdrängung des anderen Weges. Freilich gibt es auch auf dem äußeren Weg »weibliche« Anteile, die wir ja gerade herausgearbeitet haben, Aber es sind – wie Kurnitzky sagt – Substitute, die mit der gleichen Begierde besetzt werden wie die verbotenen Liebesobjekte. Wahre Liebe, die Harmonie und damit gleiche Wertigkeit der Partner voraussetzt, degeneriert damit zur Begierde.

Durch die Elimination der Widersprüche schaffen wir Dinge, haben wir doch bereits vorhin festgestellt. Das Ausschließen der Widersprüche, die Verdrängung des anderen (weiblichen) Weges, erfordert immer neue Opfer. Die Austreibung der Geister bedeutet schließlich auch nicht weniger als ihre Abtötung. Durch das Töten der Geister in der Natur gewinnen wir Macht über sie und können sie beherrschen. Im Ritual, so meint Kurnitzky, wird dieses symbolische Töten aber durch echte Opfer dargestellt:

»Die Azteken . . . opferten auch die Herzen der lebendigen Gefangenen, um ihre Herrschaft über die Natur und die von ihnen unterworfenen Stämme zu sichern. Naturbeherrschung, in welcher historischen und existierenden Gesellschaft auch immer, baut auf dem Opfer auf, sie geht auf Menschenopfer zurück.«

Verstehen wir nun vielleicht besser den Zusammenhang zwischen Fortschritt als Vorwärtsschreiten auf dem äußeren Weg und als Schritt fort vom Menschen? Haben wir in unserer Welt, die von Naturwissenschaft und Technik geprägt ist, nicht auch den wahren Menschen, das widersprüchlich-abgründige Wesen, geopfert, um die Natur beherrschen zu können? Unsere individuellen Gefühle, privaten Wünsche und Triebe verdrängt, um zu einer allgemeingültigen und allgemein verbindlichen Weltansicht zu kommen? Und nun, da wir auf diesem Wege bis zur Phantasie einer totalen Beherrschung der gesamten Natur gelangt sind, steht plötzlich die Möglichkeit der totalen Opferung der gesamten Menschheit als Schreckgespenst vor uns. Die Atombombe ist dabei nur eine der möglichen Formen dieses Opfers, wenn auch die radikalste. Eine Welt, die vom Behaviorismus geformt ist (wie Skinner sie zeichnet), ist vielleicht nicht so brutal, aber sicher nicht weniger wirksam in ihrer vollständigen Aufopferung aller Menschlichkeit. Schließlich bleibt noch die Biologie, die uns die Möglichkeit des »technischen« Eingriffes in die Erbanlagen der Menschen als eine der weiteren Opfermethoden in naher Zukunft verspricht.

Wahrscheinlich liegt aber gerade in dieser Vervielfachung des Schreckens unsere Hoffnung. Der Weg der Logik hat uns so viel gebracht, so viel Sicherheit, Bequemlichkeit, ja so viel von *allem*, was an äußerlichem Schönen und Guten überhaupt denkbar ist; erst wenn die Aussichten für die Zukunft so umfassendes Grauen einschließen, daß das viele Schöne und Gute davon überschattet wird, können wir auf den Brückenschlag hoffen. Auch Kurnitzky spricht dies an, wenn er schreibt, »daß die menschliche Emanzipation und Wiedergewinnung auch andere Produktionsweisen erfordert, als sie die Industrie verkörpert; ebenso eine Naturwissenschaft, die den Prozeß der Entfremdung reflektiert, das heißt über einen Triebbegriff verfügt . . .; ebenso eine Logik, die ein anderes als das herrschende Produktionsverhältnis verkörpert«.

Wir dürfen nicht erwarten, daß alle Mitmenschen, die diese Ursachen aufspüren, die Trennung genauso beschreiben wie ich. Das wäre gar nicht wünschenswert. Die Lage ist viel zu ernst, viel zu kompliziert, viel zu unüberschaubar, als daß sie einheitlich, intersubjektiv gefaßt werden könnte. Alle verschiedenen Blickwinkel müssen willkommen sein, nichts und niemand darf ausgeschlossen werden, nur die *gemeinsame* Anstrengung aller Beteiligten *in ihrer Individualität* kann den Brückenschlag erhoffen lassen.

Wir haben doch von den Weisen des Ostens gesprochen, denen es wohl gelungen ist, »diese beiden Wahrheiten oder Anschauungen wirklich in Einklang zu bringen«. Und zwar nicht nur in einer Lehre, sondern vielmehr durch ihr eigenes Leben. Schließlich ist auch Jesus von Nazareth ausgezogen, um durch sein Leben zu zeigen, daß diese Einheit möglich ist. Und diejenigen, die ihn wahrhaft verstanden haben, die seinem Geiste gefolgt sind, vermochten ihr wenigstens nahezukommen. So schreibt Gerhard Schwarz über Augustinus, dessen Kraft zur Vereinigung von Gegensätzen wir schon kennengelernt haben:

»Augustinus' Gedanken wurden vom Leben selbst gedacht, und man muß daher seine Entwicklung verfolgen, um mit ihm in die großen Geheimnisse der Welt einzudringen.«

Wer aber wirklich die Synthese aller Widersprüche zum Ziel seines Lebens macht, der muß auch die Schmerzen der Sünde, der Ausweglosigkeit bis zur bitteren Neige erfahren. Auch Augustinus mußte die Höhen und Tiefen ausloten, die dem Ur-Widerspruch männlich—weiblich entspringen. Er selbst schreibt in seinen *Bekenntnissen*:

»Man hatte mir die Genossin meines Lagers, weil sie ein Hindernis für meine Ehe sei, von der Seite gerissen, sie, die mir ans Herz gewachsen war. Verwundet und verletzt, blutete mir das Herz. Sie war heimgekehrt nach Afrika und gelobte . . ., sie wolle keinem Manne mehr gehören. Meinen natürlichen Sohn, dessen Mutter sie war, hatte sie bei mir zurückgelassen. Ich aber, ich Unseliger, war nicht einmal imstande, es einem Weibe gleichzutun. Ich fand den Aufschub der Hochzeit unerträglich. Also nahm ich mir, weil ich ja nicht ein Freund der Ehe war, sondern ein Sklave der Lust, eine andere Genossin, natürlich nicht als Gattin. Ich tat das, als gälte es,

die Sucht meiner kranken Seele im Verlaß auf die Dienste einge-
fleischter Gewohnheit bei Kraft zu erhalten und unversehrt, ja noch
üppiger hinüberzuschleppen ins Reich der ehelichen Vorrechte.
Und doch heilte jene Wunde nicht, die mir die Trennung von der
früheren Gefährtin geschlagen hatte; nach dem wühlenden Schmerz
der Entzündung ging sie in Fäulnis über, und ihr gleichsam nun käl-
teres Schmerzen ließ um so weniger Hoffnung.«

Ist es nicht zutiefst erschütternd, mit welcher Wahrhaftigkeit,
welcher Schonungslosigkeit Augustinus (Heiliger und Kirchenvater) den eigenen Kampf um die Liebe, diese höchste Einheit tiefster
Widersprüche schildert?

Ungezählt sind die Namenlosen, die durch ihr Leben die Einheit
dargestellt haben, ohne sie gedanklich zu fassen; denn »wer weiß,
redet nicht, wer redet, weiß nicht«. Es geht also bei unserem
Brückenschlag nicht mehr darum, zu zeigen, daß die Einheit verwirklicht werden kann. Historische Beispiele kennen wir. Es geht
darum, herauszufinden, wie wir sie nach den Umwälzungen, die
uns Naturwissenschaft und Technik gebracht haben, erreichen können. Denn zurück können und wollen wir ja nicht.

Schließlich glaube ich auch, daß wir die großen Meisterwerke
unserer Genies nicht zuletzt deshalb lieben, weil sie uns wenigstens
in der Kunst die Einheit von Logik und Gefühl vermitteln. Der zeitgenössische Komponist Johann Nepomuk David hat das wunderschön ausgedrückt, als er vom Finale der Jupitersymphonie sagte:

»Ein Ineinander von ›Fuge in Sonate‹ oder gar von ›Sonate in
Fuge‹ ist ein Widerspruch, der undenkbar und unlösbar scheint. —
Wie aber, wenn jener Entwicklungspunkt erreicht wäre, da man mit
dem Kopfe fühlt und mit dem Herzen denkt . . .? Dürfen wir nicht
annehmen, daß Mozart am Ende dieser Schaffensperiode auf jener
inneren und äußeren Höhe war, durch die es wohl möglich ist, daß
solche sich ausschließende Dinge, wie ›Fuge in Sonate‹ oder gar
›Sonate in Fuge‹ entstehen, unangestrebt gelingen können.«

11

Alles wird digitalisiert!

Ein Umsturz in welcher Richtung?

Im Oktober 1979 fand in Detroit, in den Vereinigten Staaten von Amerika, eine Schachmeisterschaft besonderer Art statt. Zwölf Gegner traten zu diesem Kampf an, der schon zum zehnten Male abgewickelt wurde. »Antreten« ist hier nur symbolisch zu verstehen, denn obzwar die Teilnehmer besser Schach spielen konnten als fast alle Bürger Amerikas, kamen sie in weniger intellektuellen menschlichen Bereichen nicht einmal an die Fähigkeiten entwicklungsgestörter Krüppel heran: Wir sprechen von den zehnten nordamerikanischen Computer-Schachmeisterschaften.

Was soll es bedeuten, wenn Maschinen gegen Maschinen »spielen«? Wohl nicht weniger als den letzten Schritt zu einer Verherrlichung der Widerspruchsfreiheit, zu einer Anbetung des Nur-Meßbaren, zu einer Verabsolutierung der Leistung.

Und das ist es doch, was uns der Computer verheißt: den Endsieg der Galileischen Methode, alles meßbar zu machen. Messen heißt ja, etwas in Zahlen auszudrücken, Daten zu sammeln.

Die Fähigkeit des Computers, solche Daten zu speichern und sie sogar zu »verarbeiten«, geht über alles hinaus, was sich Menschen je erträumen konnten. »Datenverarbeitungsmaschine« wird der Computer ja auch genannt, und seine Weise der Verarbeitung, Verknüpfung von Zahlen garantiert die Widerspruchsfreiheit, den Einklang mit den Axiomen der Logik. Was mit Hilfe der Mathematik früher noch ziemlich mühsam nach Widersprüchen durchforstet werden mußte, wird heute in Sekundenschnelle vom Computer gesäubert. Es kommt einfach heraus, ist »out-put« und damit logisch. Sehen wir uns doch einmal an, wie es zu dieser Entwicklung gekommen ist.

Es gibt zwei verschiedene Weisen zu messen. Wenn wir etwa eine Fensterscheibe kaufen wollen, so können wir entweder einen Faden an den Rahmen legen und durch Knoten oder andere Markierungen Länge und Breite festhalten, oder wir können einen Maßstab verwenden und die Größe in zwei Zahlenwerten aufschreiben. Die beiden Methoden heißen (aus offensichtlichen Gründen) »analog« und »digital« (ziffernmäßig). Zunächst scheint es sich hier um ein harmloses Entweder-Oder zu handeln, zumindest in unserem einfachen Beispiel. Sehen wir aber etwas genauer hin, dann werden wir dahinter – wenn auch versteckt – einen Widerspruch finden, der durchaus dem Widerspruch unserer beiden Wege ähnelt.

Mathematisch gesehen, ist die erste Methode eigentlich eine Konstruktion und gehört in den Bereich der Geometrie; die zweite Methode, Meßzahlen aufzuschreiben, fällt in das Gebiet der Arithmetik, der Zählkunst. Sowohl Geometrie als auch Arithmetik stellen – für sich allein betrachtet – geschlossene, widerspruchsfreie Gebiete dar (wie etwa Mechanik und Wärmelehre in der Physik). Geometrisch gesehen, kann die Diagonale eines Quadrates oder der Durchmesser eines Kreises ohne Schwierigkeiten konstruiert werden. Erst wenn wir die beiden Gebiete vereinen, wenn wir jeder Strecke eine Meßzahl zuordnen wollen, stellen wir einen Widerspruch fest. Es gibt keine »rationale Zahl« (welch ausdrucksstarker Begriff!), die dem Verhältnis des Durchmessers zur Seite des Quadrates oder zum Umfang des Kreises entspricht. Der Bereich der Zahlen muß erweitert werden durch die sogenannten »irrationalen« Zahlen; damit ist der Widerspruch zunächst einmal eliminiert, kehrt aber immer wieder. Denn während die rationalen Zahlen geordnet (und dann, wie eine unendliche Reihe von Soldaten, abgezählt) werden können, geht das bei den irrationalen Zahlen nicht mehr. Sie führen schließlich in den Widerspruch der (kontinuierlichen) Strecke, die aus (diskreten) Punkten zusammengesetzt sein muß, aber nicht sein kann. Es ist der Widerspruch des Zenon von Elea, der letztlich in der Quantenmechanik zum Welle-Teilchen-Dualismus führte und der in der Mathematik von der Differentialrechnung über Mengenlehre und Topologie immer neue Disziplinen schuf. Ich halte ihn für die treibende Aporie der Mathematik, die deren Entwicklung Leben verleiht.

Gehen wir aber nun noch weiter zurück in graue Vorzeiten, dann sehen wir die Geometrie als Kind der Vermessungskunst der Mutter Erde. Arithmetik, die Kunst des Zählens, geht letztlich auf das Geld und dieses wieder auf Opfer für die Götter zurück. Kurnitzky meint, daß das Geld noch immer den auf Verdrängung und Unterdrückung aufbauenden Reichtum verkörpert; und zwar Unterwerfung der Natur als Rohstoff und Verdrängung des weiblichen Geschlechts. Muß ich noch mehr sagen, um auch diesen Widerspruch Geometrie—Arithmetik (analog—digital) seiner Geschlechtslosigkeit zu entkleiden?

Vielleicht mag das alles zu weit hergeholt erscheinen. Gehen wir daher wieder direkter auf den Gegensatz analog—digital ein. In gewissem Sinne liegt darin auch der Gegensatz von Raum und Zeit verborgen. Schopenhauer sagt dies deutlich:

»Auf diesem Nexus (Zusammenhang) der Theile der Zeit beruht alles Zählen . . ., folglich auch die ganze Arithmetik, die durchweg nichts Anderes, als methodische Abkürzungen des Zählens lehrt . . . Eben so beruht auf dem Nexus der Lage der Theile des Raums die ganze Geometrie.«

So ist es verständlich, daß ursprünglich die Geometrie der Physik das Werkzeug lieferte; sollte doch in der Mechanik zunächst der Raum logisch erfaßt werden. Selbst Newton, neben Leibniz Erfinder der Differentialrechnung, hat seine Physik noch geometrisch dargestellt und erläutert. 1710 verfaßte Christian Wolff ein Lehrbuch der Mathematik, in dem er schreibt:

»Die wenigsten sehen die Geometrie mit rechten Augen an und können dannenhero nicht begreifen, warumb Plato diejenigen, welche in derselben unerfahren waren, aus seinem Auditorio zurücke wieß und zum Studieren nach unserer Mund-Art untüchtig erklährete. Man bildet sich ein, es komme in ihr auf das blosse Feldmessen an: Da sie doch den Grund zu aller genauen Erkäntnis in allen natürlichen Wissenschaften leget und ohne sie durch die Kunst wenig ausgerichtet werden kan . . . Hier habe ich nur erinnern wollen, daß man durch Geometrische Auflösungen verschiedener Aufgaben öfters leichte finden kan, was man durch Rechnung weitläufig und nicht ohne Verdruß suchen müßte. Und das war die Absicht der Alten, die zuerst auf die Geometrischen Auflösungen gedacht haben, welche die Unverständigen heute zu Tage für ein leeres Spiel-Werck ansehen.«

Nach und nach wurde die Geometrie verdrängt, Arithmetik, Algebra und Analysis setzten sich durch. Nicht mehr durch geometrische Zeichnungen und Konstruktionen werden Naturgesetze dargestellt, sondern durch Gleichungen. Verweilen wir für einen Augenblick bei der Gleichung, stellt sie doch selbst eigentlich einen Widerspruch dar. Denn sie sagt uns doch, daß das, was links vom Gleichheitszeichen steht, gleich ist mit dem, was rechts davon steht. Wenn die beiden Seiten aber wirklich gleich sind, wenn links *dasselbe* steht wie rechts, dann sprechen wir gar nicht mehr von einer Gleichung, sondern von einer Identität. Also behauptet die Gleichung, daß das, was nicht gleich ist, trotzdem gleich ist.

Nehmen wir ein Beispiel aus der Physik, um diesen Vorgang deutlich zu machen. Kraft ist gleich Masse mal Beschleunigung, setzte Newton fest. Natürlich ist Kraft etwas anderes als das Produkt von Masse und Beschleunigung. Sie wird auch ganz anders gemessen. Was besagt dann die Gleichung? Wenn wir bei einem (freilich idealisierten) Experiment Kraft messen, die Masse des Probekörpers kennen (weil wir sie schon gemessen haben) und seine Beschleunigung bestimmen, dann ist die *Maßzahl* der Kraft gleich der *Zahl*, die sich durch Multiplikation von Masse und Beschleunigung ergibt (freilich müssen wir gleiche Einheiten zugrunde legen). Was Kraft ist, lernen wir dadurch auch nicht, aber wir wissen es immer schon. Was Beschleunigung ist, können wir intersubjektiv festlegen. Wir brauchen nur Meßvorschriften und Einheiten. Die Gleichung sagt immer nur den Zahlenwert bestimmter Größen voraus.

Genau das hat Kurnitzky gemeint, wenn er sagt: »Die reine Harmoniewelt der Zahlen, der jede Qualität gleichgültig ist, ist auch heute noch der Abstraktionsgrad, der die Naturwissenschaften eint.« Geometrische Darstellungen von Naturvorgängen sind noch zu bildhaft, zu ähnlich, zu wenig von der Natur abgehoben (zu weiblich); erst die völlige Loslösung von der erfahrbaren Welt durch die abstrakte Zahl schafft ein Weltbild, das für sich allein bestehen kann, das der Natur gegenübertritt und sie beherrscht.

Der Computer, wie wir ihn heute einsetzen, ist nicht einfach notwendige Folge dieser Entwicklung zur Abstraktion. Computer können sowohl analog als auch digital konstruiert werden. Aber dem geschilderten Weg folgend, haben wir uns für digitale Computer entschieden; Analogrechner werden nur selten, als technische

Hilfsgeräte, eingesetzt. Wie sehr die Digitalisierung, das ausschließliche Verwenden von Zahlen, den Menschen von sich selbst entfremdet, zeigt schon das einfache Beispiel der Uhr. Bis vor einiger Zeit waren alle Uhren »analoge« Meßinstrumente, Zeiger bewegten sich über das Zifferblatt und wurden erst beim Ablesen durch einen Menschen in Zahlen verwandelt. Dabei gilt es aber, vernünftig abzuschätzen, welche Genauigkeit der jeweiligen Situation am besten angepaßt ist. Beim Kochen von Eiern wird man auf Minuten genau ablesen, beim Blick auf die Uhr während einer längeren Tätigkeit aber nur auf Viertelstunden, höchstens Fünf-Minuten-Intervalle. Für den beiläufigen Blick auf eine Analog-Uhr ist jede Anzeige ein bis zwei Minuten vor oder nach der halben Stunde (zum Beispiel) einfach »halb fünf«. Die Digitaluhr vernichtet das Gefühl für Zeitschätzung; 16 : 28, 16 : 29, 16 : 30, 16 : 31, 16 : 32 sind gleichwertige Ablesungen und müssen − wenn man es wünscht − im nachhinein auf- oder abgerundet werden. Dadurch werden aber auch Widersprüche klarer erkennbar. Ob zwei Zahlen gleich sind oder nicht, ist jederzeit eindeutig und intersubjektiv feststellbar. Bei Zeigerstellungen, oder im allgemeineren Fall beim Vergleich von Kurven, Diagrammen oder anderen geometrischen Darstellungen, ist dies nicht mehr so leicht möglich.

Noch etwas geht verloren, sollte sich die Digitaluhr jemals vollständig durchsetzen: das Gefühl für den Umlaufsinn. Ob ein Kreis rechts- oder linksherum ausgeführt wird, ist schwer anders zu beschreiben als durch die Wendung »im Uhrzeigersinn« oder »entgegen dem Uhrzeigersinn«. (Selbst Mathematiker müssen einen Richtungssinn durch Berufung auf die Zeigeruhr definieren.) Joseph Weizenbaum, hervorragender Computer-Fachmann, den wir schon einige Male zitiert haben, vergleicht die Einführung des Computers mit der Erfindung der Uhr.

»Wo die Uhr zur Zeitrechnung benutzt wurde, da beruhte die Einteilung des täglichen Lebens durch den Menschen nicht mehr ausschließlich etwa auf dem Stand der Sonne über bestimmten Bergen oder auf dem Krähen des Hahns, sondern auf dem Zustand eines sich autonom verhaltenden Modells einer Naturerscheinung. Die verschiedenen Zustände dieses Modells wurden mit Namen versehen und damit konkretisiert. Und die Summe dieser Zustände durchsetzte die bestehende Welt und veränderte sie, und zwar so einschneidend wie vielleicht bei einer geographischen oder klimatischen Umwälzung globalen Ausmaßes. Von jetzt an mußte der Mensch neue Sinne entwickeln, um sich zurechtzufinden. Die Uhr hatte buchstäblich eine neue Wirklichkeit geschaffen; und das hatte ich damit gemeint, als ich schrieb, daß der Trick, der die Menschheit verändert und den Boden für das Aufkommen der modernen Naturwissenschaft vorbereitet hat, in nichts weniger bestand als in der Transformation der Natur und der menschlichen Wahrnehmung der Realität. Es ist wichtig, sich vor Augen zu halten, daß diese neugeschaffene Wirklichkeit im Vergleich zur früheren eine Verarmung war und bleibt, denn sie beruht auf einer Verwerfung jener direkten Erfahrungen, die die alte Wirklichkeit im Grunde konstituierten und deren Basis ausmachten. Man verwarf das Hungergefühl als Anreiz zum Essen; statt dessen nahm man seine Mahlzeiten ein, wenn ein abstraktes Modell einen bestimmten Zustand erreicht hatte, das heißt, wenn die Zeiger einer Uhr auf bestimmte Marken auf dem Zifferblatt wiesen, und dasselbe gilt für die Signale zum Schlafengehen, Aufstehen und so weiter.

Diese Verwerfung der unmittelbaren Erfahrung sollte zu einem der Hauptmerkmale der modernen Naturwissenschaft werden. Sie wurde der westeuropäischen Kultur nicht nur durch die Uhr aufgeprägt, sondern auch durch die vielen prothesenartigen Meßinstrumente, vor allem die, bei denen die zu registrierenden Erscheinungen durch Zeiger übermittelt wurden, deren Stellung man schließlich in Zahlenwerte übersetzte. Zunächst zögernd, dann immer schneller und, man kann schon sagen immer zwanghafter, mußten die Erfahrungen der Wirklichkeit als Zahlen darstellbar sein, um in den Augen der allgemeinen Wissenschaft den Anschein der Legitimität zu wahren. Heute ist man so weit, zu glauben, daß wir mit extrem komplizierten Manipulationen mit oft riesigen Zahlenkolonnen neue Aspekte der Wirklichkeit hervorbringen könnten . . . Und als wir so weit gediehen waren, platzte der Computer in unsere Gesellschaft.«

Der Computer bringt eine völlig neue Art der Umgestaltung unserer Welt. Waren es bisher Theorien über die Naturerscheinungen, die in technischen Umwälzungen ihren Niederschlag fanden, so ist es nun möglich, Zahlen als ausschließliche Bausteine eines neuen Weltbildes heranzuziehen. Die Himmelsmechanik konstruierte ein Modell des Sonnensystems, nach dem die Planeten in wohlgeformten Ellipsen um das Zentralgestirn wanderten. Allerdings mußte man von den Kräften zwischen den Planeten absehen, wir haben ja gehört, daß das Dreikörperproblem bereits zu kompliziert für eine allgemeine Lösung ist. Im Computer können wir viel weitergehen. Die Störungen der Planeten aufeinander können berücksichtigt, die Bahnen von Satelliten quer durch das ganze Sonnensystem mit Erfolg vorhergesagt werden. Allerdings nicht mehr in einem (analogen) Modell, sondern als Zahlenkolonnen, digital. Um den Preis der Vorstellbarkeit, der Anschaulichkeit, haben wir die Voraussagekraft der Naturwissenschaft durch den Computer ungeheuer erweitert. Erinnern wir uns des wesentlichen Elementes der »Neuen Wissenschaft«? Daß sie immer idealisierte Bedingungen für ihre Experimente annehmen mußte! An den Beispielen des »freien Falles« und des »idealen Gases« haben wir dies ausführlich erläutert. Nun können wir viel näher an die tatsächlichen Gegebenheiten herangehen, können realistische Situationen einigermaßen vorhersagen. Die Bahn von Satelliten ist nur ein Beispiel von vielen; auch die Bewegung von Test-Körpern durch die Luft (etwa Flugzeuge), ja in gewissen Grenzen sogar das so komplizierte Wettergeschehen, können mit Hilfe des Computers vorausgesagt werden. Immer digital, in Form von Zahlenkolonnen, die aber jederzeit für den »beschränkten Menschenverstand« vom Computer auch in geometrische Figuren umgewandelt werden können.

Und nun tritt ein Ereignis ein, das in seiner Doppeldeutigkeit nur mit den Aporien der Kernkraftwerke verglichen werden kann: Durch das Herantasten an tatsächliche Situationen, durch das Erfassen auch sehr komplizierter Verhältnisse, wird plötzlich wieder der Mensch selbst als Gegenstand des Weltbildes interessant. Nicht nur als widersprüchlich-abgründiges Wesen wurde er eliminiert, er war auch in seinen intersubjektiven Teilen kaum erfaßbar, er war zu kompliziert. Darum blieb auch die Biologie am wenigsten der Mathematik verpflichtet, am lockersten mit der Physik verbunden. Der Computer konnte das ändern. Durch die ungeheure Erweiterung der Methode, durch die Möglichkeit, Daten direkt − ohne Umweg über mathematische Ableitungen und Verwandlungen − zu verarbeiten, rückte auch die Biologie und die Wissenschaft vom Menschen in die Reichweite der Fangarme der Logik, und da offenbarte sich die Doppeldeutigkeit in aller Schärfe. Der Mensch wurde eingegliedert, wurde Gegenstand; aber gerade dadurch in seinem eigentlichen Wesen endgültig verloren. Denn für den Computer gelten die Axiome der Logik noch strenger, noch unerbittlicher als für jeden menschlichen Baumeister des neuen Turmes zu Babel.

So wird mit Hilfe des Computers ein Weltbild erstellt, in dem auch wir Menschen mit erfaßt sind; aber immer nur unser widerspruchsfreier Teil, in Form von Zahlenkolonnen. Wir, die wir als Individuen immer schon die widersprüchliche Einheit der beiden Wege darstellen, die wir privat *und* öffentlich, innerlich *und* äußerlich, emotional *und* rational leben, sollen dadurch nunmehr endgültig auf die Logik, auf Daten reduziert werden. Und wiederum gilt die Einsicht, daß die Gefährlichkeit dieses letzten Schrittes auf der Straße der Logik nicht daher rührt, daß dieses Erfassen in Datenform so schlecht, sondern daß es so gut funktioniert. Gerade weil es möglich ist, so umfassende Informationen über ein Individuum zu speichern, wird es in seiner Einmaligkeit geächtet, abgetötet. Die Verdrängung alles Widersprüchlich-Emotionalen in die Privatsphäre wird dadurch endgültig, daß weite Teile eben dieser Privatsphäre von einer neuen Öffentlichkeit durchdrungen werden. Torsten Grupe, Computer-Fachmann und leitender Mitarbeiter einer Datenzentrale, hat die Problematik durchleuchtet; er schreibt:

»Noch haben wir diesen Meilenstein nicht ganz erreicht, aber das Trauma des Bürgers von der wachsenden Durchdringung seiner Privatsphäre und Persönlichkeit, der totalen Erfassung seiner Merkmale und Charakteristika, kurzum die totale Speicherung seines Persönlichkeitsbildes ist bereits heute zu einer realen Gefahr und Bedrohung geworden.«

Nach den drei Stationen naturwissenschaftlich-technologischen Fortschrittes, mitten im Atomzeitalter, tut sich eine völlig neue Dimension auf. Als letzte Folge des totalen Siegeszuges der Logik wird der Mensch seiner Menschlichkeit, seiner Würde beraubt. Bisher galt es, durch Elimination der Widersprüche, durch Unterordnung unter die Mechanik, dem männlichen Prinzip zum vollständigen Durchbruch zu verhelfen. Der Widerspruch Welle–Teilchen in der Quantenmechanik und die Anschaulichkeit mechanischer Theorien bargen aber einen letzten Rest Leben (einen letzten Rest weiblicher Aspekte) im Weltbild. Durch den vollständigen Sieg der Zahlen, durch die Digitalisierung, werden auch diese letzten Reste eliminiert. Selbst der Widerspruch der Quantenmechanik wird seiner Lebendigkeit beraubt, haben wir doch gesehen, daß er in der Interpretation aufbewahrt, im mathematischen Apparat aber entfernt ist. Wenn wir nun den Computer für uns rechnen lassen, senkt sich die Waagschale zugunsten der Voraussagen durch Zahlenangaben; die Interpretation, die Vorstellung, die Anschaulichkeit, in der der Widerspruch besteht, wird bedeutungslos.

Das Ergebnis aber ist nicht ein Sieg des Männlichen, sondern die Geschlechtslosigkeit, die Neutralität. Männlichkeit ist ohne Weibliches ebensowenig möglich wie Helles ohne das Dunkle. Die Gegensätze bedingen einander, wird der eine vollständig eliminiert, stirbt auch der andere. Bei einer wissenschaftlichen Konferenz über mögliche Intelligenz auf fernen Planetensystemen wurde die Frage gestellt, ob nicht das Endziel jeder Entwicklung ein Volk von Computern sein müßte, wo doch ihre überlegene Intelligenz mit Unsterblichkeit verknüpft sei. In den Wandelgängen bemerkte ein Physiker, daß der Preis für ihre Unsterblichkeit offenbar die Geschlechtslosigkeit der Computer sei.

So wird uns durch die Digitalisierung eine weitere Möglichkeit der völligen Elimination des Menschen zur Wahl gestellt: Atombombe, Manipulation der Erbanlagen, Skinners Behaviorismus haben wir als Beispiel schon erwähnt. Nun können wir den Menschen zunächst durch immer umfassendere Datensammlungen widerspruchsfrei darstellen, dann aber überhaupt durch Computer ersetzen. Ein Forschungs- und Entwicklungsprogramm, dessen Ziel die »künstliche Intelligenz« ist, gibt es bereits. Joseph Weizenbaum setzt sich mit zwei Vertretern dieses Programms auseinander, wenn er schreibt:

»Sowohl Simon als auch Schank haben damit der eindringlichsten und grandiosesten Phantasie Ausdruck gegeben, von der die Arbeit über künstliche Intelligenz beseelt ist und in der es um nichts weniger geht als um die Konstruktion einer Maschine nach dem Bild des Menschen, eines Roboters, der seine eigene Kindheit haben, Sprachen wie ein Kind lernen und sein Wissen von der Welt dadurch erlangen soll, daß er die Welt durch seine eigenen Sinnesorgane erfährt und schließlich zu Betrachtungen über den gesamten Bereich menschlichen Denkens imstande ist . . . Ob dieses Programm verwirklicht werden kann oder nicht, hängt davon ab, ob der Mensch tatsächlich nur eine Spezies der Gattung ›informationsverarbeitendes System‹ ist oder ob er mehr ist als das. Ich bin der Ansicht, daß ein in jeder Beziehung zu vereinfachter Begriff von Intelligenz sowohl das wissenschaftliche wie das außerwissenschaftliche Denken beherrscht hat, und daß dieser Begriff zum Teil dafür verantwortlich ist, daß es der perversen, grandiosen Phantasie der künstlichen Intelligenz ermöglicht wurde, sich derart zu entfalten. Ich behaupte dagegen, daß ein Organismus weitgehend durch die Probleme definiert wird, denen er sich gegenübersieht. Der Mensch muß Probleme bewältigen, mit denen sich keine Maschine je auseinandersetzen muß, die von Menschenhand gebaut wurde. Der Mensch ist keine Maschine ...

Wenn sowohl Maschinen als auch Menschen sozialisierbar sind, dann müssen wir uns fragen, in welcher Weise die Sozialisation des Menschen notwendig anders abläuft als die der Maschine. Die Antwort liegt natürlich so klar auf der Hand, daß sie die bloße Fragestellung lächerlich, ja sogar fast obszön erscheinen läßt. Es ist ein Ausdruck für die Verrücktheit unserer Zeit, daß dieses Thema überhaupt angesprochen werden muß.«

In dieser »Verrücktheit unserer Zeit« erkennen wir die totale Spaltung der beiden Wege. Der Mensch, der immer schon die Einheit verkörpert, wird nun ebenso dramatisch gespalten wie Galileis Himmel, Newtons Zeit und alle die anderen Begriffe. Sein meßbarer, logischer Teil ist tatsächlich durch Datenkolonnen erfaßbar, durch denkende Maschinen zu ersetzen. Die Öffentlichkeit, die ja die Straße der Logik, der Naturwissenschaften vertritt, kümmert sich nur um diesen Teil des Menschen. Am deutlichsten ist dies in den öffentlichen Schulen zu erkennen, deren Aufgabe es ja ist, die jungen Menschen so zu formen, wie es das Weltbild und die neue Religion fordern.

Diese Spaltung des Menschen, als Folge der Spaltung der beiden Wege, spricht auch Weizenbaum an:

»Ich habe behauptet, daß es einen Aspekt des menschlichen Denkens gibt, das Unbewußte, das nicht mit den Grundregeln der Informationsverarbeitung erklärt werden kann, den elementaren Informationsprozessen, die wir mit formalem Denken, Rechenhaftigkeit und systematischer Rationalität in Verbindung bringen. Dennoch sind wir genötigt, diese für naturwissenschaftliche Erklärungen, Beschreibungen und Interpretationen zu verwenden. Aus diesem Grunde sollten wir uns stets der Dürftigkeit unserer Erklärungen und ihres streng begrenzten Umfanges bewußt sein. Die Behauptung ist falsch, daß eine wissenschaftliche Erklärung des ›ganzen Menschen‹ möglich sei. Es gibt Dinge, die nicht mehr im Machtbereich einer alles begreifenden Naturwissenschaft liegen.«

Und mit der Spaltung des Menschen teilen sich auch diejenigen Wissenschaften, die wir bisher noch wenig beachtet haben: die Wissenschaften, die vom Menschen und seinem Bereich handeln. Psychologie, Soziologie, Politologie, ja eigentlich alle Geisteswissenschaften können auf zwei Arten betrieben werden, die einander widersprechen und daher bekämpfen. Eine streng der Naturwissenschaft verpflichtete Psychologie schließt das Unterbewußte einfach aus. Statistiken, Testreihen, Messungen (von Intelligenzquotienten und dergleichen) sind die Demutsgesten vor der mächtigen Vertreterin der neuen Religion, der Naturwissenschaft. Und der Computer macht es möglich, selbst Sprach- und Kunstwissenschaften zu »logisieren«, von den Geschichtswissenschaften ganz zu schweigen.

Statistische Verteilungen bestimmter Wörter in historischen Dichtungen können ebenso digital erfaßt werden wie die Reihenfolge bestimmter Intervalle in den großen Werken der Musik. Der dahinterliegende Sinn ist allerdings nicht meßbar und geht damit verloren. Im Bereich der Verhaltenswissenschaften haben wir die beiden Seiten in ihren Vertretern Skinner und Rogers im vorigen Kapitel kennengelernt.

»Persönlichkeitstests sind im Vormarsch, mit denen die Intelligenz gemessen und das Seelendunkel ausgeleuchtet werden. Der Verbrauch an psychologischen Testmustern ist gestiegen, nachdem die graphologischen Künste in der Praxis vielfach zu unhaltbaren Ergebnissen geführt hatten. Die unwissenschaftliche Graphologiegläubigkeit ist einer Testhörigkeit gewichen«, schreibt Torsten Grupe. Mehr Wissenschaft bedeutet aber weniger Aberglaube, sagte doch auch Albert Einstein. Nun aber nähern wir uns dem Punkt, wo der neue Glauben selbst von Aberglauben nicht mehr klar zu trennen ist.

In unserer Ausdrucksweise könnten wir sagen, daß die *äußere* Wahrheit (die Widerspruchsfreiheit) sich in dem Maße von der *ganzen* Wahrheit entfernt, in dem die beiden Wege voneinander getrennt werden. Aber haben wir nicht vermutet, daß hinter diesem Verlust des Gleichgewichtes immer ein Überhandnehmen der Priesterseele steht? Daß die starre Verkündigung des jeweiligen Glaubens die Neugierde des forschenden Menschen tötet? Der Glaube des Atomzeitalters war doch der Fortschrittsglaube. Wenn nun, mitten im Atomzeitalter, eine neue Dimension durch die digitalen Computer eröffnet wurde, was ist die Verheißung der Priester, die diese Entwicklung schützen und vorantreiben?

In der Auseinandersetzung Weizenbaums mit den Vertretern der künstlichen Intelligenz haben wir Hinweise darauf erkannt. Torsten Grupe ist ähnlicher Ansicht:

»Wird das komplizierte Gespinst von Computersystemen die (westliche) Welt mit einem allwissenden und allmächtigen Superhirn überziehen und ein überindividuelles Bewußtsein schaffen? . . .

Ein überindividuelles Bewußtsein dürfte für viele Menschen eine konkrete Heilserwartung bedeuten, eine elektronische Erlösung auf Erden . . . Die Verklammerung von religiösen und technizistischen Begriffen und Vorstellungen hat demnach eine ernstzunehmende Ausstrahlung auf viele Zeitgenossen. Und ihre Zahl könnte steigen, wenn man sich das augenblickliche Vakuum an Orientierung, Lebensdeutungen und moderner Philosophie vor Augen führt.«

Klarer kann man den letzten erschreckenden Schritt auf der Straße der Logik kaum fassen. Gott, der Inbegriff des Widerspruches, ist unmöglich auf ihr zu finden, das haben wir bei der Betrachtung anderer Weltbilder und unserer eigenen Vergangenheit wohl erkennen müssen. Ja er ist nicht einmal allmächtig und allwissend, kann er doch ohne Liebe, ohne Einschluß des schwachen, sündigen Menschen gar nicht gedacht werden. Also müssen wir auch ihn ganz auf die andere Straße verweisen, tabuisieren. Aber wir brauchen einen Ersatz. Eine Intelligenz, die über alles Erdenkliche hinausgeht, ein Superhirn, das wir wahrhaft als allmächtig und allwissend annehmen können, und das ganz auf der öffentlichen Straße zu Hause ist. Gerne geben wir unsere persönliche Individualität zugunsten dieser »elektronischen Erlösung auf Erden« auf. Denn wir sind nun abhängig geworden von einem Gott, den wir selbst erschaffen haben. Die Aporie, daß sowohl Gott den Menschen als auch der Mensch Gott erschaffen hat, wird auf der ersten Stufe durch naiven Atheismus eliminiert. Auf der zweiten Stufe sind wir schon viel spitzfindiger. Wir spalten Gott, wir trennen die beiden Behauptungen und lösen sie voneinander. Irgendwann hat Gott die Welt und auch den Menschen erschaffen, aber das geht uns heute nichts mehr an. Von diesem Gott haben wir uns gelöst, emanzipiert, wir brauchen ihn nicht mehr. Und zwar deshalb nicht, weil wir uns nun unseren eigenen Gott geschaffen haben, unser »allwissendes und allmächtiges Superhirn«, selbst erdacht, konstruiert und gebaut. Wir unterwerfen uns ihm wie unmündige Kinder, verspricht er uns doch die »elektronische Erlösung auf Erden« und — mehr noch — die Loslösung von dem anderen, unheimlichen, unbekannten Gott, den wir uns nur widersprüchlich denken können.

Das Unterwerfen, das Anbeten des neuen, äußeren Gottes, nimmt durchaus wirkliche Formen an. Weil wir gar nicht versuchen, Herr über die Computersysteme zu bleiben, entziehen sie sich mehr und mehr unserem Einfluß, werden selbst zu unseren Herren.

Joseph Weizenbaum schreibt:

»Daß unsere Gesellschaft sich zunehmend auf Computersysteme verläßt, die ursprünglich den Menschen beim Erstellen von Analysen und Treffen von Entscheidungen ›helfen‹ sollten, die jedoch seit langem das Verständnis derjenigen übersteigen, die mit ihnen arbeiten und ihnen dabei immer unentbehrlicher werden, das ist eine sehr ernste Entwicklung. Sie hat zwei wichtige Konsequenzen. Erstens werden mit zum Teil ausschließlicher Unterstützung durch Computer Entscheidungen getroffen, deren Programme kein Mensch mehr explizit kennt oder versteht. Somit ist es ausgeschlossen, daß jemand die Kriterien oder Regeln kennt, auf die solche Entscheidungen sich gründen. Zweitens werden die . . . Regeln und Kriterien . . . gegenüber einer Änderung immun, da angesichts des Fehlens eines eingehenden Verständnisses der inneren Abläufe eines Computersystems jede wesentliche Modifikation aller Wahrscheinlichkeit nach das ganze System lahmlegt, ohne daß eine Reparatur möglich ist. Aus diesem Grund können solche Computersysteme nur noch wachsen.«

Weizenbaum bringt auch Beispiele für die Abhängigkeit:

»Im Krieg der USA gegen Vietnam wurden Computer von Offizieren bedient, die nicht die geringste Ahnung davon hatten, was in diesen Maschinen eigentlich vorging, und die Computer trafen die Entscheidung, welche Dörfer bombardiert werden sollten . . . Selbstverständlich konnten nur solche Daten in die Maschine eingegeben werden, die ›maschinell lesbar‹ waren, also weitgehend Zielinformationen, die von anderen Computern stammten . . .

Moderne technische Rationalisierungen in der Kriegsführung, der Diplomatie, Politik und im Handel haben sogar einen noch heimtückischeren Einfluß auf die Gestaltung der Politik. Nicht nur, daß die politischen Führungskräfte ihre Verantwortung beim Treffen von Entscheidungen an eine Technik abgetreten haben, die sie nicht verstehen, sondern die Verantwortlichkeit schlechthin ist verschwunden. Nicht nur, daß der dienstälteste Admiral der US-Navy in einem lichten Augenblick einsichtig feststellt, daß er zum ›Sklaven der verfluchten Computer‹ geworden ist, daß er gar nicht anders kann, als sein Urteil darauf zu gründen, ›was der Computer sagt‹, sondern es ist überhaupt niemand dafür verantwortlich, was der Computer an Daten ausgibt. Die riesigen Computersysteme im Pentagon und ihre Gegenstücke anderswo in unserer Zivilisation haben in einem höchst realen Sinne keine Autoren.«

Wiederum stellen wir fest, was wir immer schon beobachtet haben. Die Spaltung, die gar nicht möglich ist, führt bei ihrer starren Fortführung zum Umschlag innerhalb der beiden Gegenseiten. Wir haben Gott gespalten in den Schöpfer, der uns schuf, von dem wir uns aber gelöst haben, und in den neuen, äußeren Gott, den Götzen, den wir selbst geschaffen haben und dem wir uns unterwerfen. Und nun stellen wir plötzlich fest, daß der andere, verdrängte Satz »Gott schuf den Menschen« plötzlich auch auf den äußeren, von uns gemachten Gott zuzutreffen beginnt. Weil wir uns ihm unterwerfen, weil wir ihn − zunächst nur äußerlich − als Herrn anerkennen, bemächtigt er sich auch unseres Inneren, er verändert uns, indem er die Welt verändert, er schafft uns neu. Wir befehlen ihm nicht mehr, er hat »in einem höchst realen Sinne keine Autoren«.

Die neue, erweiterte Öffentlichkeit dringt mit ihrer Datenspeicherung bis in die geheimen Winkel der Privatsphäre. Das Wechselspiel von öffentlichem und privatem Bereich, das für unser Problem des Brückenschlagens so wichtig ist, wird dabei gestört.

Erinnern wir uns des Ausspruchs Siddhartas in Hermann Hesses indischer Dichtung: »Das Wissen hat keinen ärgeren Feind als das Wissenwollen, als das Lernen.« Es scheint, daß auch das »Wissen« in zweifacher, gespaltener Form auftritt: als das innere Wissen um die Widersprüche des Lebens und der Welt, und als das äußere Wissen, die Information, die Datenspeicherung. Wenn ich gesagt habe, daß die öffentlichen Schulen die jungen Menschen nach den Geboten der neuen Religion formen, dann meinte ich, daß auch öffentliches Lernen immer nur im Dienst des äußeren Wissens, der Informations-Vermittlung, der Daten-Speicherung steht. Gibt der Zustand unserer Ausbildungsstätten, ja gibt das Wort »Ausbildung«

selbst nicht dieser Ansicht recht? Sehen wir uns doch diesen für unser Leben so wichtigen Bereich etwas genauer an.

Die Entwicklung eines jungen Menschen in unserem Kulturkreis ist selbst ein höchst widersprüchlicher Vorgang. Ohne Kenntnis des Weltbildes, ohne Wissen über die Tatsachen ist eine Entfaltung der Persönlichkeit nicht denkbar; aber das Lernen von Daten, das Übernehmen komplizierter Vorstellungen und Theorien behindert gerade diese Entfaltung, die es eigentlich fördern sollte, weil ein wesentliches Element dabei verkümmert: die Kreativität. Wir finden beim Unterricht ein ähnliches Dilemma wie in der Wissenschaft. Dort waren es Priesterseele und Forscherseele, die miteinander stritten, hier sind es Wissensvermittlung und Ansporn zur Kreativität, zur Selbständigkeit, die einander widersprechen.

Haben wir nicht schon festgestellt, daß bei Lehrern (Missionaren und Technikern) die Priesterseele überwiegt? Wundert es uns noch, daß der neue Widerspruch ebenfalls eliminiert wird? Daß Kreativität mehr und mehr zugunsten bloßer Wissensvermittlung unterdrückt wird?

Aber auch hier hat das Computer-Zeitalter nur den letzten Schritt getan, der Weg war lange vorbereitet, führt er doch entlang der großen äußeren Straße der Logik. Schon Albert Einstein meinte:

»Es ist in der Tat fast ein Wunder, daß die modernen Methoden der Ausbildung die heilige Neugier des Forschens noch nicht völlig erstickt haben; denn diese zarte, kleine Pflanze bedarf – neben dem Ansporn – hauptsächlich der Freiheit; ohne diese geht sie ohne jeden Zweifel zugrunde.«

Und Karl Popper erinnert sich an die Wunschträume seiner Jugend:

»Wenn ich an die Zukunft dachte, träumte ich davon, eines Tages eine Schule zu gründen, in der junge Leute ohne Langeweile lernen könnten und wo sie angeregt würden, Probleme zu stellen und sie zu diskutieren; eine Schule, in der keine ungewünschten Antworten auf nie gestellte Fragen angehört werden müßten; in der man nicht zum Zwecke lernte, Prüfungen zu bestehen.«

Ich möchte mit diesen Beispielen zeigen, wie die Straße der Logik, wenn sie einmal als einziger Weg anerkannt ist, in alle Bereiche menschlicher Tätigkeit eindringt. Wie ein Flußlauf, der durch die Einmündung vieler kleiner Bäche immer mächtiger wird und sich schließlich als breiter Strom unaufhaltsam dahinwälzt, verschlingt die Straße der Logik alle anderen Wege und Pfade, indem sie sie in sich aufnimmt. Und wie die kleinen Bäche, ja selbst die größeren Flüsse, ihren Namen, ihre Identität verlieren, sobald sie ihr Wasser in den Strom ergießen, so gibt es schließlich auch nur mehr die eine Straße, der sich alle Alternativen geopfert haben, um sie zu dem mächtigen Pfad zu machen, der uns erlösen soll.

Wenn wir aber trotzdem nicht verzagen wollen, wenn wir den großen Brückenschlag nicht aus der Sicht verlieren, müssen wir dann nicht versuchen, in kleineren Bereichen eine verlorene Einheit wiederherzustellen, einen Widerspruch aufzuheben, zur Synthese zu führen?

Gerade auf dem Gebiet des Bildungswesens gibt es vielversprechende Ansätze, die freilich vorläufig noch nicht öffentlich anerkannt sind. Sie bleiben privat, »exklusiv«, hat doch der große Brückenschlag in ein neues Zeitalter noch nicht begonnen. Gerhard Schwarz unterscheidet zwischen der »indirekten Pädagogik« des öffentlichen Weges und der »direkten Pädagogik«, die versucht, die Widersprüche des Lernens und der Bildung aufzuheben. Ziel der indirekten Pädagogik ist »die Tradierung und Stabilisierung überkommener Gesellschaftsstrukturen« und reif ist, wer sich den Formen und Normen der bestehenden Gesellschaft angepaßt hat. Dagegen ist das Ziel der direkten Pädagogik »die Handhabung und Steuerung eines Lern- und Veränderungsprozesses, der mit Schulabgang nicht abgeschlossen ist«.

Natürlich will die indirekte Pädagogik »zum rationalen Denken erziehen; Emotionen unterdrücken, beherrschen und verdrängen«. Aber die direkte Pädagogik will nicht das Gegenteil. Es geht ihr ja nicht darum, die andere Seite des Widerspruches durchzusetzen, sondern den Widerspruch letztlich aufzuheben. Also will sie Emotionen nicht anheizen, sondern »relativieren«. Nicht Rationalität und Logik verwerfen, sondern ihre Grenzen aufzeigen. Während die indirekte Pädagogik »Streit und Konflikte vermeiden oder Autorität schlichten« will, möchte die direkte Pädagogik natürlich nicht Streit und Konflikte erzeugen; wohl aber sie aufsuchen, um sie bearbeiten zu können.

Gemäß dem ersten Axiom der Logik müssen im öffentlichen Bildungswesen »Stänkerer und Kritiker bestraft beziehungsweise ausgeschlossen« werden. Die direkte Pädagogik versucht sie hingegen sogar zu fördern und in die jeweilige Gruppe zu integrieren, denn sie verbessern die Gruppenleistung. Wir dürfen auf nichts verzichten, keine Ansicht vernachlässigen, soll der große Brückenschlag möglich werden!

Ziel des Lehrenden, der sich in direkter Pädagogik übt, ist, sich selbst überflüssig zu machen. Reif ist, wer den Lehrer nicht mehr zu seiner weiteren Entfaltung braucht. (Das heißt nicht, daß er ihn nun verstößt, ausschließt; gerade aus wahrhaft widersprüchlichen Lernprozessen können sich lebendige Beziehungen entwickeln, die für das ganze Leben bestehen bleiben.)

Carl Rogers nennt sich selbst lieber »Lern-Helfer« als Lehrer. Er hat seine Ansicht über Lehren und Lernen in einer Reihe von Grundsätzen zusammengestellt, von denen ich hier einige wiedergeben möchte.

»Ich habe die Erfahrung gemacht, daß ich einen anderen Menschen nicht lehren kann, wie man lehrt. Es zu versuchen, ist für mich auf die Dauer sinnlos.

Mir scheint, daß alles, was man anderen lehren kann, relativ belanglos ist und wenig oder keinen signifikanten Einfluß auf sein Verhalten hat . . .

Ich stelle in zunehmendem Maße fest, daß ich nur an solchen Lernvorgängen interessiert bin, die das Verhalten signifikant beeinflussen . . .

Ich bin zu der Ansicht gekommen, daß die einzigen Lerninhalte, die das Verhalten signifikant beeinflussen, selbst entdeckt, selbst angeeignet werden müssen.

Solch ein selbst entdeckter Lerninhalt − Wahrheit nämlich, die man sich durch Erfahrung persönlich zu eigen gemacht und die man assimiliert hat − kann einem anderen nicht direkt vermittelt werden. Sobald jemand versucht, solche Erfahrungen direkt zu vermitteln, was oft mit einer ganz natürlichen Begeisterung geschieht, wird Belehrung daraus und die Ergebnisse sind irrelevant . . .«

Carl Rogers ist der Überzeugung, daß »die Ergebnisse des Lehrens entweder unwichtig oder schädlich sind« und ist nicht mehr am Lehren, wohl aber am Lernen interessiert. Wahres Lernen ist aber nicht Speichern von Daten, von Information. Lernen heißt immer auch Entwicklung, Veränderung der Persönlichkeit. Wahres Lernen ist unmöglich, wenn nur die Schüler (oder Hörer) sich dabei entwickeln; nur wenn Lehrende und Lernende gemeinsam lernen, wenn sie sich − einander befruchtend − entwickeln können, kann es dazu kommen. Nun gibt es freilich den Einwand, daß gerade in den Naturwissenschaften der Lehrer eben mehr wissen muß als die Schüler. Das ist bezüglich des »Stoffes« (welch schreckliches Wort) zwar richtig, aber diese Betrachtungsweise verdrängt eben den anderen Weg, das widersprüchliche Wesen der Menschen. Wenn sich der Lehrer auf den Stoff beschränkt (von dem er tatsächlich mehr wissen muß als die Schüler), dann kommt es eben nur zum Anhäufen von Merkwissen, zum Speichern von Information, und das ist schädlich. Was der Lehrer nie wissen kann, was er immer mitlernen muß, ist die Gefühlslage der lernenden Gruppe, die jedesmal neu, spontan, lebendig entsteht. Welche Seite des Problems für eine bestimmte Gruppe besonders bedeutsam ist, was für Ideen sie selbst dazu entwickelt, muß auch der Lehrer eines naturwissenschaftlichen Faches immer erst lernen.

Wenn aber wenigstens in kleinen Bereichen ein Abweichen von der öffentlichen Straße der Logik möglich ist, wenn es sogar ausgearbeitete Pläne dafür gibt, warum werden solche Pfade dann so selten beschritten? Warum wird unser Bildungssystem immer stumpfsinniger — weil es immer mehr Merkwissen, immer weniger Kreativität vermittelt? Wir haben den Siegeszug der Logik des Intellekts, der Naturwissenschaft auf die Sicherheit zurückgeführt, die sie vermittelt. Tatsächlich verleiht auch die indirekte Pädagogik dem Lehrer viel mehr Sicherheit, Geborgenheit als die direkte. Er kann sich an feste Regeln halten, nach Normen richten. Und seine Noten sind das Ergebnis intersubjektiv überprüfbarer Tests, zahlenmäßig ermittelt und daher nicht angreifbar. Wer auf dem schmalen Grat eines aufgehobene Widerspruches wandelt, muß dagegen immer damit rechnen, abzustürzen. Und er weiß nicht einmal, auf welcher Seite. Nehmen wir die Aporie von Wissen (als Information) und Kreativität; fassen wir sie in die zwei extremen Sätze: Wissen ohne Kreativität ist sinnlos, und Kreativität ohne Wissen ist sinnlos. Welche Regeln, welche Normen für den Unterricht könnten daraus folgen? Wollten wir Kreativität fördern, weil wir der Meinung sind, es gebe zu viel Merkstoff, dann werden wir vielleicht schnell auf der anderen Seite abstürzen. Denn zumindest bei einigen wird sich schnell Spontaneität ohne Grundlage, also Haltlosigkeit, Zügellosigkeit einstellen.

Ganz individuell, mit viel Einfühlung muß entschieden werden, wo Wissen notwendig, bei wem Kreativität gefördert werden soll.

Kein Vorbild, kein »Präzedenzfall« kann als Halt herangezogen werden, denn jede Situation, die von Menschen geschaffen wird, ist neu, einmalig, unwiederholbar. Wollen wir irgend jemanden verurteilen, weil er sich angesichts dieser fundamentalen Unsicherheit lieber wieder auf die eingefahrenen Geleise bewährter Regeln und Normen zurückzieht?

Solange die Pfade nur Ausflüge ins Nachbarland ohne festen Boden bleiben, solange der andere Weg dabei nicht in Sicht kommt, solange also der Brückenschlag nicht in Betracht gezogen werden kann, so lange wird die breite Straße der Logik ihre Anziehungskraft behalten. Aber ist es wirklich nur Angst vor der Unsicherheit, die dieser Straße unwiderstehliche Anziehungskraft verleiht? Um das herauszufinden, versuchen wir einmal, uns auszumalen, was denn geschieht, wenn wir auf die Logik verzichten. (Wenn wir also in Gedanken ans Talende zurückliefen, statt nach oben zu steigen.)

Vollständig können wir die Logik gar nicht mißachten, weil wir in unserem körperlichen Bereich immer schon logisch funktionieren. Sehen wir uns das an einem Beispiel an. Unsere Sinne vermitteln uns Eindrücke der »Außenwelt«; stehen solche Eindrücke einmal miteinander im Widerspruch, dann muß dieser Widerspruch für alle gleichermaßen eliminiert werden, denn die Außenwelt ist gerade durch ihre Intersubjektivität und durch ihre Widerspruchsfreiheit etwa von der Traumwelt oder den Halluzinationen einzelner unterschieden.

Wir alle hatten als Kinder viel Spaß mit dieser »Einrichtung«. Wenn wir uns nämlich lange genug wie ein Kreisel um uns selbst drehen, dann gerät die Flüssigkeit in den Bögen unseres Gleichgewichtsorgans im inneren Ohr in Bewegung. Und wenn wir dann plötzlich stehenbleiben, strömt sie weiter und das Gleichgewichtsorgan meldet uns, daß wir uns weiterdrehen. Wir können dann mit den Augen einen Gegenstand, etwa einen Baum, fixieren, so daß uns der Gesichtssinn meldet, daß wir uns nicht drehen. Nach den Axiomen der Logik kann von diesen beiden einander vollständig widersprechenden Meldungen nur eine richtig sein, die andere muß daher als falsch erklärt werden. Unser Ich hat keine Wahl. Offenbar ist das Gleichgewichtsorgan (zumindest in diesem Fall) über den Gesichtssinn gestellt, denn es behält recht. Und was nun geschieht, hat uns als Kinder mit Recht in solch helles Vergnügen versetzt: Obwohl wir immer nur den einen fixierten Baum vor uns sehen, läuft er ständig an unserem Gesichtsfeld vorbei, er ist gewissermaßen über das ganze Blickfeld »verschmiert«. Denn die Meldung des Gleichgewichtsorganes gilt als richtig, also drehen wir uns weiter, auch wenn wir stehen, und die Beobachtung hat sich dem unterzuordnen.

Jean Piaget hat in vielen Experimenten mit Kindern diese Zusammenhänge untersucht. Durch die Spaltung der Zeit in eine äußere und eine innere (oder mit Newton in eine »absolute, wahre und mathematische« und eine »relative, scheinbare und gewöhnliche«) werden die Widersprüche eliminiert. Das ist aber nicht angeboren, sondern geschieht erst durch die Erziehung des jungen Menschen zu einem »vollwertigen Mitglied« der Öffentlichkeit. Piaget fragt: »Wie wird das Kind von diesen differenzierten oder gegliederten, aber in bezug auf das Ganze des zeitlichen Systems noch in sich widerspruchsvollen Anschauungen zu den Gesamtoperationen gelangen, die die homogene Zeit selbst bilden?«

Jedenfalls gelangt der junge Mensch erst sehr spät (meist nicht vor dem Alter von neun bis zehn Jahren) zu dem Zeitbegriff, den unsere Gesellschaft verlangt. Piaget schreibt:

»Wir haben festgestellt, daß die ersten zeitlichen Begriffe im Verhältnis zum Raum eine radikale Undifferenziertheit aufweisen: da die Zeit in der Aufeinanderfolge der Lagen eines bewegten Körpers ebenso wie in den Intervallen zwischen diesen Lagen besteht, verwechseln die jüngsten unserer Versuchspersonen bei der Aufgabe, verschieden schnelle Bewegungen miteinander zu koordinieren, zuerst die zeitliche Reihenfolge mit der Reihenfolge der Wege und die Dauer mit dem durchlaufenen Weg, der durch seinen Endpunkt vertreten wird.

Durch einen Mechanismus von Antizipationen (Vorwegnahmen) und vorstellungsmäßigen Rekonstitutionen üben dann die einzelnen Verhältnisse aufgrund der Widersprüche, die sie mit sich bringen, aneinander Korrekturen aus . . .

Wenn die Versuchsperson imstande ist, die Bewegung in ihrem gegenseitigen Verhältnis nach beiden Richtungen weiterzuführen, vervollständigt sie notwendigerweise die räumliche Koordination mit einer Koordination all dieser verschiedenen gleichzeitigen Stellungen und gleichzeitigen Umstellungen, die nichts anderes ist als die Zeit . . .

Nach der Wahrnehmung und nach der sensomotorischen Intelligenz kommt eine dritte Stufe: die der anschaulichen Intelligenz, der Art Intelligenz, die mit der Sprache auftaucht und auf die Handlung das Denken aufbaut. Aber das Denken ist nicht von Anfang an logisch, wozu dieser ganze Band einen neuen Beweis liefert.«

Das Denken ist nicht von Anfang an logisch, aber die Grundlage unseres gemeinsamen Überlebens ist die Logik. Was also geschieht, wenn wir dem Denken die Logik entziehen, soweit das möglich ist? Wenn wir Widersprüche hinnehmen, ohne irgendeinen Anstoß daran zu finden? Traum und Wirklichkeit werden ineinander verschwimmen, wir versinken in einer Welt der Halluzinationen. Aber mit der Logik verschwindet auch die Grenze der Begriffe; wenn das erste Axiom fällt, gibt es kein Einschließen und kein Ausschließen; nicht nur Traum und Wirklichkeit verschwimmen, die Grenze unsers eigenen Ich wird undeutlich, wir verlieren uns selbst, ohne uns in anderen wiederzufinden. Es ist vielleicht verständlich (wenn auch schrecklich), daß die Überbetonung der Logik des äußeren, männlichen, öffentlichen Weges, viele jungen Menschen tatsächlich dazu treibt, diesen Zustand mit Hilfe von Drogen herzustellen. Aber was sie suchen, ist das Du, die Liebe (das »ichlose Ich«); statt es zu finden, verlieren sie ihr eigenes Ich in einer psychotischen Welt. Denn Verschmelzen mit einem anderen unter Verlust beider Ichs ist nicht Liebe.

Es ist die Welt der Halluzinationen, die uns erwartet, wenn wir die Logik verwerfen. Verstehen wir nun die Ur-Angst vor diesem Zustand besser? Die Sicherheit, die uns die äußere Straße bietet, ist also zutiefst Schutz vor dem Wahnsinn, im Irr-Sein. Darum haben wir uns mit Recht auf diesen Weg begeben, darum treibt es uns auf diesem Weg immer weiter.

Aber wohin führt er uns? Wenn wir uns auch dem Talende nähern, haben wir es doch vielleicht noch nicht ganz erreicht. Stellen wir uns also vor, was geschieht, wenn wir die Logik noch stärker absolut setzen, noch ausschließlicher verherrlichen, als wir es ohnehin schon tun. Aufgeben des ersten Axioms bedeutet Verlust des Ich, das Absolutsetzen aber bedeutet Verlust der Kommunikation. Wir schließen alles aus, was nicht schon eingeschlossen ist, wir erstarren, wir verlieren alle Mitteilungsmöglichkeiten. Ein solcher Zustand ist aber neurotisch. So schreibt auch Torsten Grupe:

»Computer machen neurotisch − darüber sind sich die meisten Gelehrten einig. Das explosive Informationswachstum verstärkt die seelischen Probleme. Der Angriff auf die geistigen Domänen entseelt das Individuum, zerfrißt seine Persönlichkeit, aber perfektioniert die Gesellschaft — ›Blutopfer‹ einer neuen entwicklungsgeschichtlichen Zäsur?«

So haben wir wiederum eine neue Sicht der beiden Wege gewonnen: diesmal von ihrem Ziel her. Der äußere, logische, öffentliche, männliche Weg führt — verabsolutiert — in die Neurose. Der innere, widersprüchliche, private, weibliche Weg führt — verabsolutiert — in das Chaos. Gemeinsam ist ihnen aber der Verlust der Liebe: am äußeren Weg durch Verluste wahrer Kommunikation, am inneren Weg durch Verlust des wahren Ich. Liebe, nach der wir uns alle wahrhaft sehnen, ist auf einem der Wege nicht zu verwirklichen.

Zwischen der Auflösung des Ich und seiner Erstarrung, Verkrampfung in der Einsamkeit, führt also der Weg zur Brücke: Schmal ist der Grat und groß die Versuchung, auf einer der Seiten abzugleiten. Süße Verlockungen erwarten uns zumindest auf unserer Seite, die von Naturwissenschaft und Technik so bequem eingerichtet ist.

Sehen wir doch zu, ob es uns gelingt, an die Wurzel des Übels heranzukommen, um uns aus der schrecklichen Alternative der beiden Wege zu befreien.

12

Die Zeitenwende

»Ein vielgestaltiger Bau ist er, der Tempel der Wissenschaft. Gar verschieden sind die darin wandelnden Menschen und die seelischen Kräfte, welche sie dem Tempel zugeführt haben. Gar mancher befaßt sich mit der Wissenschaft im freudigen Gefühl seiner überlegenen Geisteskraft; ihm ist die Wissenschaft der ihm gemäße Sport, der kraftvolles Erleben und Befriedigung des Ehrgeizes bringen soll; gar viele sind auch im Tempel zu finden, die nur um utilitaristischer Ziele willen hier ihr Opfer an Gehirnschmalz darbringen. Käme nun ein Engel Gottes und vertriebe alle die Menschen aus dem Tempel, welche zu diesen beiden Kategorien gehören, so würde er bedenklich geleert, aber es blieben doch noch Männer aus der Jetzt- und Vorzeit im Tempel drinnen. Zu diesen gehört unser Planck, und darum lieben wir ihn.

Ich weiß wohl, daß wir da soeben viele wertvolle Männer leichten Herzens im Geiste vertrieben haben, die den Tempel der Wissenschaft zum großen, vielleicht zum größten Teile gebaut haben; bei vielen auch würde unserm Engel die Entscheidung ziemlich sauer werden. Aber eines scheint mir sicher: Gäbe es nur Menschen von der soeben vertriebenen Sorte, so hätte der Tempel nicht entstehen können, so wenig wie ein Wald wachsen kann, der nur aus Schlingpflanzen besteht. Diesen Menschen genügt eigentlich jeder Tummelplatz menschlicher Tätigkeit; ob sie Ingenieure, Offiziere, Kaufleute oder Wissenschaftler werden, hängt von äußeren Umständen ab. Wenden wir aber unsere Blicke wieder denen zu, die vor dem Engel Gnade gefunden haben! Etwas sonderbare, verschlossene, einsame Kerle sind es zumeist, die einander trotz dieser

Gemeinsamkeiten eigentlich weniger ähnlich sind als die aus der Schar Vertriebenen. Was hat sie in den Tempel geführt? Die Antwort ist nicht leicht zu geben und kann auch gewiß nicht einheitlich ausfallen. Zunächst glaube ich mit Schopenhauer, daß eines der stärksten Motive, die zu Kunst und Wissenschaft hinführen, eine Flucht ist aus dem Alltagsleben, mit seiner schmerzlichen Rauheit und trostlosen Öde, aus den Fesseln der ewig wechselnden eigenen Wünsche. Es treibt den feiner Besaiteten aus dem persönlichen Dasein heraus in die Welt des objektiven Schauens und Verstehens; es ist dies Motiv mit der Sehnsucht vergleichbar, die den Städter aus seiner geräuschvollen, unübersichtlichen Umgebung nach der stillen Hochgebirgslandschaft unwiderstehlich hinzieht, wo der weite Blick durch die stille reine Luft gleitet und sich ruhigen Linien anschmiegt, die für die Ewigkeit geschaffen scheinen. Zu diesem negativen Motiv aber gesellt sich ein positives. Der Mensch sucht in ihm irgendwie adäquater Weise ein vereinfachtes und übersichtliches Bild der Welt zu gestalten und so die Welt des Erlebens zu überwinden, indem er sie bis zu einem gewissen Grade durch dies Bild zu ersetzen strebt. Dies tut der Maler, der Dichter, der spekulative Philosoph und der Naturforscher, jeder in seiner Weise. In dieses Bild und seine Gestaltung verlegt er den Schwerpunkt seines Gefühlslebens, um so Ruhe und Festigkeit zu suchen, die er im allzu engen Kreise des wirbelnden und persönlichen Erlebens nicht finden kann.«

So begann Albert Einstein in Berlin seine Festrede zur Feier des sechzigsten Geburtstages von Max Planck. Faßt sie nicht in wunderbarer Deutlichkeit all das zusammen, was wir uns erarbeitet haben? Freilich sind einige Punkte klarer, andere nur indirekt gefaßt. So spricht Einstein von den Männern, die den Tempel der Wissenschaft gebaut haben. Er hat die Weiblichkeit nie offen abgelehnt, wohl aber spricht ihre Verdrängung aus vielen seiner Bemerkungen. So etwa, wenn er zu einer Studentin sagt:

»Es stört mich nicht, daß Sie ein Mädchen sind, aber die Hauptsache ist, daß es Sie selbst nicht stört. Es gibt keinen Grund dafür.« Oder aus der Art, wie er einen Streit mit seinem Freund Max Born schlichtet, der durch die beiden Ehefrauen entstanden ist. Am 31. Januar 1921 schrieb Albert Einstein an Max Born:

»Ich schreibe Ihnen heute hauptsächlich aus dem Grunde, weil ich das Kampfbeil feierlich eingraben möchte. Ich habe mich nämlich

333

mit Ihrer Frau der meinigen zuliebe gekabbelt, hauptsächlich eines übersalzenen Briefes wegen, den sie ihr geschrieben hatte. Nun ist aber wieder Gras darüber gewachsen, und es ist nicht gut, wenn solche Kerle wie wir wegen solcher Bagatellen den Kontakt verlieren...«

Und Max Born antwortete am 12. Februar:

»Der unerfreuliche Briefwechsel zwischen den Frauen ist mir nur zum Teil bekannt, weil meine Frau mir von einem bestimmten Tage an alles vorenthalten hat. Trotzdem fühle ich mich schuldig, denn ich habe nicht verhindert, daß sie scharfe und harte Worte geschrieben hat. Ich habe mich sehr über die Sache gegrämt, mehr, als je über irgend etwas anderes. Denn alles, was Dich betrifft, geht mir sehr nahe...«

Als Einstein nach einem Hausmusikabend bei Max Planck in Berlin mit dessen junger Assistentin, Lise Meitner, wegging, sagte er unvermittelt: »Wissen Sie, um was ich Sie beneide?« Und als sie ihn etwas überrascht ansah, fügte er hinzu: »Um Ihren Chef.«

Gegen Einsteins Einreise in Amerika protestierte eine amerikanische Frauen-Liga, worauf er sarkastisch antwortete:

»Haben sie nicht recht, die wachsamen Bürgerinnen? Was soll man einen Menschen zu sich kommen lassen, der mit demselben Appetit und Behagen hartgesottene Kapitalisten frißt wie einst das Ungeheuer Minotaurus in Kreta leckere griechische Jungfrauen, und der zudem so gemein ist, jeden Krieg abzulehnen, ausgenommen den unvermeidlichen Krieg mit der eigenen Gattin? Hört also auf Eure klugen und patriotischen Weiblein und denkt daran, daß auch das Kapitol des mächtigen Rom einst durch das Geschnatter seiner treuen Gänse gerettet worden ist.«

Und noch einmal schlug er in dieselbe Kerbe, als er sagte:

»Nach meiner Ansicht sollte man bei dem nächsten Krieg die patriotischen Frauen an die Front senden statt der Männer. Dies wäre doch einmal etwas Neues auf diesem trostlosen Gebiete unendlicher Verwirrung, und dann – warum sollten solche heroischen Gefühle von seiten des schönen Geschlechtes nicht pittoresker verwendet werden als durch einen Angriff auf einen wehrlosen Zivilisten?«

Aber Einstein war mit dieser Haltung nicht allein. Max Plancks Stellung zu den Frauen haben wir schon im achten Kapitel kennengelernt, und in unseren Tagen beschrieb der Physiker Jean-Marc Lévy-Leblond seine Kollegen mit den Worten:

».. . habt ihr sie in ihren Beziehungen zu Frauen gesehen — da (fast) alle Männer sind? Es gibt keine armseligere und bedauernswertere kollektive Erotik als die der Laboratorien. Habt ihr sie gesehen, die Laborchefs mit ihren Sekretärinnen? Verschreckt, frustriert und schäbig, schielen sie auf ihre Brüste und Beine, während sie mit fester Stimme von Krediten, Administrationen und Aufgaben sprechen. Nicht einmal fähig zu einem groben Scherz, einer vulgären Anspielung, wie man sie woanders hören mag, verbringen sie ihre Zeit damit, sich selbst zu kontrollieren wie zurückgebliebene Schüler. Ich weiß es, denn ich habe es gelebt.«

Wenn wir nun Mut fassen, uns dem Brückenschlag zuzuwenden, dann dürfen wir nichts außer acht lassen, nichts wegschieben, nichts verdrängen. Denn Verdrängung, Tabuisierung, ist doch gerade das Mittel zur Abspaltung des anderen Weges. Die Alternativen Außenwelt—Innenleben, öffentlich—privat, Logik—Dialektik, Intersubjektivität—Individualität, männlich-weiblich sind nur die wichtigsten aus einer unendlichen Zahl, denen wir uns zuwenden müssen, um ihre Widersprüche zu leben. Und da türmen sich wie steile Felswände die Schwierigkeiten auf, die uns immer schon zu der Spaltung gedrängt haben. Als Mann kann ich nur wahrnehmen, wie Männer die Weiblichkeit verdrängen, ausschließen. Was Frauen dabei empfinden, bleibt mir zunächst verschlossen.

Aber wir können doch einfach zuhören, wenn Frauen erzählen; nur die männliche Abwehr muß dabei fallen.

Über *Frauen in Naturwissenschaft und Technik* schreibt Margarete Maurer:

»Ist unser heller Kopf jedoch wenigstens häßlich . . . so mögen die Männer das gerade noch verkraften. Auch, wenn unser Kopf bloß gleich gut, oder wenigstens nicht überragend besser ist als die Köpfe männlichen Geschlechts, mag das noch hingehen. In beiden Fällen können die Herren wenigstens noch an die ihnen eingetrichterte Überlegenheit glauben. Zeichnen wir uns jedoch durch überdurchschnittliche Begabung aus und begehen wir auch noch das ›Verbrechen‹, schön zu sein, ist es gleich ganz aus, das männliche Selbstbewußtsein gerät ins Schleudern, und wir müssen mit Ablehnung und Abwehr rechnen. Denn dann passen wir nicht mehr ins Bild, in das von der ›trockenen Wissenschaftlerin‹ beziehungsweise der ›unweiblichen‹ Technikerin, die als Frau nicht gelten darf. Wir passen auch nicht in das Bild von der schönen, aber dummen Weiblichkeit. Das sind aber die Alternativen, um in die Männerdomänen der Technik und Naturwissenschaft von den Herren der Schöpfung als Frauen geduldet zu werden. Im ersten Fall gelten wir sozusagen als Mann oder zumindest als Neutrum und müssen schmutzige Männerwitze mit saurem Lächeln und geheucheltem Einverständnis ertragen, beziehungsweise wir gelten als ›Mannweib‹. Im zweiten Fall gelten wir zwar als Frau – aber nicht, wie wir uns selbst verstehen, sondern so, wie die Herren sich ›Frau‹ vorstellen; jedenfalls gelten wir dann noch lange nicht als ein ernstzunehmender Mensch.«

Und Shulamith Firestone schreibt:

»Frauen haben keine Möglichkeit, zu einer Erfahrung *ihrer eigenen* Existenz zu gelangen oder überhaupt zu erkennen, daß diese sich von der männlichen Erfahrung unterscheidet. Das Instrument, das die eigene Erfahrung offenlegt und objektiviert, die Kultur, ist dermaßen mit männlichen Einstellungen getränkt, daß Frauen nahezu keine Chance gelassen wird, sich selbst innerhalb der Kultur mit eigenen Augen zu sehen. So kollidieren letzten Endes die Zeichen ihrer direkten Erfahrung mit der allgemeingültigen (männlichen) Kultur, werden verleugnet und unterdrückt.«

Aber können wir das nicht einfach als Arbeitsteilung auffassen und verteidigen? Frauen – als Mütter – sorgen für die ständige Erneuerung der Menschheit, und Männer – als Schöpfer der Kultur – für die Erneuerung der Welt, in der diese Menschheit lebt. Damit sind wir auch wieder bei der Trennung der beiden Wege: Männer sorgen für die toten (widerspruchsfreien) Dinge und Frauen für die widersprüchlich-abgründigen Wesen, für die Menschen. Und weil wir Männer vielleicht manchmal (unbewußt) ein bißchen neidisch sind auf die viel mächtigere Schöpferkraft der Frauen, haben wir uns wenigstens in der Sprache Ersatz geschaffen. Wir sprechen vom »Vater einer Idee« (zum Beispiel »Vater der Wasserstoffbombe«) und meinen vielleicht eine männliche Mutter. Wir sprechen von der »Geburtsstunde« einer Theorie, ein Mann »geht schwanger« mit großen Gedanken, und sind sie endlich formuliert, dann ist ihm »ein großer Wurf« gelungen.

Wahrscheinlich brauchen wir diese Trennung, weist sie doch auf einen der fundamentalsten Widersprüche hin, den Gegensatz der Geschlechter. Ohne diesen Gegensatz gäbe es keine Sexualität, keine Erotik, keine Liebe. Übertreiben wir ihn aber, trennen wir die

Geschlechter vollständig, dann verlieren wir die Liebe, die Erotik, und vielleicht sogar die Sexualität. Alles wird neutral, wie wir gesehen haben.

Wie aber sollen wir hoffen, diesen Widerspruch jemals zu leben? Werden nicht Männer und Frauen immer verschieden sein, ja vielleicht nie zu einem vollen Verstehen des anderen Geschlechtes kommen? Gerade deshalb habe ich dies als erstes Problem des Brückenschlages erwählt. Denn wir wollen ja den Widerspruch *aufheben*, weder ableugnen noch eliminieren. Und daß er bestehen bleibt, dafür sorgt eben schon die Natur selbst, darum müssen wir uns nicht kümmern. Aber Verdrängung der Weiblichkeit heißt nicht nur Unterdrückung der Frau. Nicht einmal in erster Linie, denn wir haben ja gesehen, daß »Mannweiber« sogar willkommen sein können. Eine Frau, die selbst ihre Weiblichkeit verdrängt, die viel Männliches in sich entwickelt, unterwirft sich dem herrschenden Glaubensbekenntnis und kann daher in die Öffentlichkeit aufgenommen werden.

Verdrängung der Weiblichkeit heißt also vielmehr Unterdrückung der weiblichen Anteile in Männern und Frauen, zumindest soweit sie in der Öffentlichkeit wirken. (Die Widersprüche männlich−weiblich, öffentlich−privat sind eben nicht voneinander zu trennen.) Und gerade darin sehe ich eine Möglichkeit, den Widerspruch aufzuheben. Jeder Mensch kann in sich selbst den Widerspruch fassen, er kann zur Harmonie von Yin und Yang, von weiblich und männlich, in sich finden. Sollte dies Männern und Frauen vollständig gelingen, ist der Widerspruch trotzdem noch da, denn es bleibt dabei, daß Männer die Harmonie auf männliche, Frauen auf weibliche Art leben.

Aber all das bleibt Illusion, bleibt Hoffnung, bleibt Wunschtraum, solange wir diesen einen Widerspruch, sei er auch der hauptsächliche, losgelöst von allen anderen betrachten. Der Brückenschlag ist als Stückwerk unvorstellbar. Wie eine wirkliche Brücke nicht hält, wenn nicht alle ihre Teile zusammenwirken, so ist auch unsere Brücke nur als Einheit *aller* Gegensätze denkbar.

»Der Wahnsinn des Eigendünkels besteht darin, auf die Barrikaden zu gehen, weil man das Bewußtsein der anderen für ein falsches Bewußtsein hält!« meinte Hegel und fährt fort: »Die Verrücktheit besteht darin, daß das Einzelbewußtsein *unmittelbar* allgemein sein will. Es ist das dialektische Bewußtsein, das den Widerspruch aushält und an der Beseitigung *bestimmter* Mißstände seine Arbeit ansetzt . . . Die einzige des Menschen würdige Revolution besteht in der beständigen Aufopferung der früheren Gestalten des Bewußtseins.«

Wie aber können wir die Gegensätze vereinen, den Widerspruch aufheben? Bevor ich meine persönliche Antwort gebe, hören wir noch einmal Hegel, wie er über den Widerspruch intersubjektiv—individuell spricht:

»Das Unglück des Bewußtseins besteht immer darin, daß es sein einzelnes Tun nicht *zugleich* für das Tun Gottes hält . . . In der ständig zu übenden Erschleichung des Daseins Gottes besteht der Sinn der Geschichte.«

Klingt da nicht das an, was wir im sechsten Kapitel von den Weisen des Ostens gehört haben? Etwa von Aurobindo, der sagte:

»An einem Horizont harrt eurer ein größeres Schicksal . . . Das Leben, das ihr führt, verbirgt das Licht, das ihr seid!« oder, an anderer Stelle, in paradoxer Weise:

»Wenn du, während du große Taten vollbringst und gewaltige Ergebnisse zeitigst, erkennen kannst, daß du nichts tust, dann wisse, daß Gott das Siegel von deinen Lidern entfernt hat . . . Wenn du, während du allein, still und wortlos auf einem Berggipfel sitzest, die Umwälzungen erkennen kannst, die du hervorrufst, dann hast du die göttliche Schau und bist vom Schein der Dinge befreit.«

Wenn wir versuchen wollen, unsere Umwelt und uns selbst von ihrer Seelenlosigkeit zu befreien, dann erinnern wir uns zunächst an Zenon von Elea, der mit seinen Aporien bewiesen hat, daß eine vollständige, widerspruchsfreie Konstruktion dieser geistlosen Außenwelt gar nicht möglich ist. Und wir erinnern uns, wie wir im achten Kapitel Jorge Luis Borges zu Wort kommen ließen, der in seiner phantastischen Erzählung die Welt Tlön schuf, in der die beiden Wege vertauscht sind. In dieser Erzählung schreibt Borges auch über die Mathematik in Tlön:

»Die Geometrie umfaßt in Tlön zwei voneinander abweichende Disziplinen: die Seh- und die Tastgeometrie. Die letztere entspricht der uns geläufigen, wird aber der ersten untergeordnet. Die Grundlage der Sehgeometrie ist die Oberfläche, nicht der Punkt. Diese Geometrie kennt nicht die Parallelen und behauptet, daß der Mensch, der sich fortbewegt, die Formen seiner Umgebung verändert. Die Grundlage der Arithmetik ist der Begriff der undefinierten

Zahlen ... Es wird behauptet, daß der Vorgang des Zählens die Mengen verändert und sie aus undefinierten in definierte verwandelt. Die Tatsache, daß mehrere Individuen, die eine gleich große Menge zählen, zum gleichen Ergebnis kommen, wird von den Psychologen als schlagendes Beispiel für Gedankenverbindungen oder Gedächtnisschulung gewertet. Wir wissen ja, daß in Tlön das Subjekt des Erkennens eines und ewig ist.«

Können wir daraus vielleicht Vorurteile für die Naturwissenschaft herstellen, die nicht so starr den Menschen ausschließen, indem sie die »Existenz der realen Außenwelt« postulieren? Gewissermaßen ein paar Widersprüche in die Vorurteile schmuggeln, weil wir sie dann bei der eigentlichen Arbeit nicht mehr zulassen können?

Meine private Antwort baut tatsächlich auf solchen Vorurteilen auf und entwirft ein Weltbild, das dem von Tlön sehr ähnlich ist. »Der Vorgang des Zählens verändert die Mengen und verwandelt sie aus undefinierten in definierte«, sagt Borges über Tlön. Der Vorgang des Erkennens, des Messens, des Feststellens, der Widerspruchs-Elimination verändert die Welt und verwandelt einen inneren Gedanken in Außenwelt, ganz ähnlich einer Halluzination, so möchte ich ergänzen. »Die Tatsache, daß mehrere Individuen, die eine gleich große Menge zählen, zum gleichen Ergebnis kommen, wird ... als schlagendes Beispiel für Gedankenverbindungen oder Gedächtnisschulung gewertet«, sagt Borges über Tlön. Die Tatsache, daß alle Individuen, die das gleiche Stück Außenwelt beobachten, mit ihm experimentieren, an ihm messen, zu den gleichen Ergebnissen kommen, ist auf Gedankenverbindung oder Gedächtnisschulung zurückzuführen, möchte ich ergänzen. Immer ist das ja auch nicht der Fall. Gerade deshalb müssen private Halluzinationen, individuelle Träume, phantastische Ideen so sehr bekämpft, verdrängt, ausgeschlossen werden, weil sie Gedankenverbindungen stören. Die Außenwelt ist die intersubjektive Halluzination unserer Gesellschaft, könnte das neue Vorurteil lauten. Wer öffentlich alleine halluziniert, wird ausgeschlossen, weggesperrt. Freilich müssen wir alle erst lernen, uns an dieser kollektiven Halluzination zu beteiligen. Die Methode, richtig mitzutun, ist die Logik. Auf sie haben wir uns schon geeinigt, bevor wir die Außenwelt »schaffen«.

Fortschritt in diesem Weltbild ist immer mit dem Versuch einer starken Persönlichkeit verbunden, eigene Elemente kreativ in die gemeinsame Halluzination zu tragen. Das gelingt nicht oft. Die Naturwissenschaft liefert uns einerseits Hilfswerkzeuge, eigene Träume so zu gestalten, daß sie gedanklich auf andere übertragbar und damit Teil der intersubjektiven Halluzination, der Außenwelt werden. Andererseits ist sie ein schön geordnetes Verzeichnis aller gelungenen Versuche samt deren Autoren. Wenn dies alles auch absurd klingt, so können wir damit vielleicht manches besser verstehen. Warum sprechen wir schließlich vom *Newton*schen Gravitationsgesetz, von der *Einstein*schen Relativitätstheorie, wenn diese Gesetze schon »am Anfang waren«?

Wir müssen uns aber bei unserer Gratwanderung sehr in acht nehmen, daß wir nicht nach dem kraftvollen Erklimmen der einen Felswand über das Ziel schießen und auf der anderen Seite abstürzen. Es wäre unsinnig, die Außenwelt als *nicht* existent anzusehen. Natürlich ist sie höchst real vorhanden; aber nur weil wir Menschen in ihr leben, weil wir sie machen. Wir stehen hier einer echten Aporie gegenüber. Der Mensch lebt in der Außenwelt, die aber ohne ihn nicht denkbar ist, weil er selbst sie erst zeugt. Die Außenwelt kann vom Menschen nicht getrennt werden, und die Außenwelt muß vom Menschen getrennt werden, sind beides berechtigte Forderungen.

In unserem »erweiterten Weltbild« bleibt natürlich bezüglich der meßbaren Größen, bezüglich der Naturwissenschaft alles beim alten. Nur das Vorurteil hat sich geändert, die Außenwelt ist nicht vor und ohne Mensch existent, sie ist das Produkt intersubjektiver Halluzination. Nichts ändert sich an der Methode, nichts an den Ergebnissen, nichts an den Theorien. Aber der Mensch ist nicht mehr zufälliges Ergebnis, er tritt in seiner Widersprüchlichkeit auf, als Urheber *und* Produkt der Entwicklung.

Ich würde nicht so lange über diese Spielart meiner Anschauung sprechen, wenn sie nicht zu wesentlichen Änderungen führte. Denn der radikale Gegensatz, der Widerspruch von Traum und Wirklichkeit erhält jetzt neue Bedeutung. Im Weltbild der Naturwissenschaft ist für Träume kein Platz. Deshalb werden sie in die Privatsphäre verwiesen und so verdrängt, daß die meisten Menschen des Abendlandes diese sprudelnde Quelle ihrer eigenen Kreativität trockengelegt haben.

Sigmund Freud sagt dazu:

»In den Zeiten, die wir vorwissenschaftlich nennen dürfen, waren die Menschen um die Erklärung des Traumes nicht verlegen. Wenn sie ihn nach dem Erwachen erinnerten, galt er ihnen als eine entweder gnädige oder feindselige Kundgebung höherer, dämonischer und göttlicher Mächte. Mit dem Aufblühen naturwissenschaftlicher Denkweisen hat sich all diese sinnreiche Mythologie in Psychologie umgesetzt, und heute bezweifelt nur mehr eine geringe Minderzahl unter den Gebildeten, daß der Traum die *eigene psychische Leistung* des Träumers ist.«

Die Weisen aller Kulturen haben immer darauf hingewiesen, daß der Traum für die Entwicklung der Persönlichkeit von entscheidender Bedeutung ist. Viele streben in der Meditation eine Art Einheit von Traum und Wachbewußtsein an. Natürlich ist der Traum das Widersprüchlichste überhaupt! (Deshalb müssen *wir* ihn ja verdrängen.) Aber das »erweiterte Weltbild« gibt ihm eine ganz andere Bedeutung. Traum und Wirklichkeit sind jetzt so verschieden wie Individuum und Gemeinschaft, nicht mehr so wie Gespenster und Realität. Denn die Wirklichkeit ist ja der gemeinsame Wachtraum aller Individuen, der durch die Elimination der Widersprüche gefestigt wird. Ganz dramatisch hat John Fowles diesen Vorgang im Vorwort zu Conan Doyles Roman *Der Hund von Baskerville* geschildert:

»Nebel senkte sich an jenem Winterabend des Jahres 1946, als ich allein ins Dartmoor ging, um nach einer Abteilung Rekruten zu suchen, die wir bei einer Orientierungsübung verloren hatten. Ich erklomm einen schroffen Felshang. Es war dunkel geworden, ich konnte gerade noch die massiven Geröllblöcke gegen die heraufkommende Nacht ausnehmen. Plötzlich bewegte sich lautlos eine schreckliche schwarze Gestalt und hielt auf einem Felsabsatz über mir. Ich habe die Augenblicke lähmender Angst nicht vergessen, die mich ergriff, bevor ich endlich zur Besinnung kam und die Very-Pistole zog, die ich bei mir trug. Die Gestalt verschwand, lange bevor die Leuchtgranate explodierte . . . und offenbar überlebte ich, sonst könnte ich diese Geschichte nicht erzählen. Ja, natürlich muß es ein wildes Pony gewesen sein. Aber ich würde es lieber so ausdrücken: Was ich *gesehen hatte*, war ein wildes Pony; was ich *sah*, wie so viele einsame und verirrte Moorbewohner vor mir, war der Hund. Und diese Leute trugen schließlich keine Very-Pistole bei sich; noch hatten sie Jung und Freud gelesen.«

Die eigenen Träume haben in diesem »erweiterten Weltbild« einen anderen Stellenwert bekommen. Die Beschäftigung mit ihnen bringt neue Entfaltungsmöglichkeiten. Dabei muß man gar nicht geschult sein, im Gegenteil! Auch Sigmund Freud sagte:

»Zu meiner großen Überraschung entdeckte ich eines Tages, daß nicht die ärztliche, sondern die laienhafte, halb noch im Aberglauben befangene Auffassung des Traumes der Wahrheit nahekommt.«

Noch viel umfassender ist aber die Erweiterung des eigenen Lebensraumes, wenn wir nicht nur den Traum der Wirklichkeit, sondern auch die Wirklichkeit dem Traum wieder ein bißchen nähern. Gerade das erlaubt uns doch das »erweiterte Weltbild«, ohne deshalb irgend etwas an den Ergebnissen der Naturwissenschaft zu ändern.

Wir haben immer wieder festgestellt, daß durch die Trennung von Logik und Gefühl, von Erklärbarem und Widersprüchlichem, auch Zufall und Notwendigkeit auseinanderfallen und der Sinn dazwischen untergeht. Ereignisse sind entweder zufällig, oder sie folgen ehernen Gesetzen. In beiden Fällen aber sind sie sinnlos. Wenn aber die Außenwelt auch Spiegelung unseres eigenen Innenlebens ist, wenn wir an ihrer Gestaltung mitbeteiligt sind, dann können wir wieder nach dem Sinn zufälliger Ereignisse fragen. (Nach dem *Sinn*, nicht nach dem *Grund* oder der *Ursache!*) In der Welt der äußeren Straße, die uns so sehr geprägt hat, ist es allerdings fast unmöglich geworden, solche Fragen zu stellen. Ein Glas zerbricht in zwei vollständig spiegelbildliche Hälften. Während einer Wanderung zieht plötzlich ein starkes Gewitter auf. Ich treffe dreimal am selben Tag einen bestimmten Menschen. Alles Zufälle, die nicht erklärt werden müssen. Kann ich nach ihrem Sinn für mein eigenes Leben fragen?

Meine private Methode ist ganz einfach. Ich stelle mir vor, diese Ereignisse geträumt zu haben, und frage, was der Sinn eines solchen Traumes wäre. Mit diesem Trick überliste ich meine eigene Erziehung als Naturwissenschaftler. Ich war sehr froh, als ich feststellte, daß C. G. Jung ähnliche Ansichten vertreten hat. Er schreibt:

»Die Frau eines meiner in den Fünfzigerjahren stehenden Patienten erzählte mir einmal gesprächsweise, daß beim Tode ihrer Mutter und Großmutter sich vor den Fenstern des Sterbezimmers eine große Zahl von Vögeln gesammelt hätte.«

Als ihr Mann Symptome einer Herzerkrankung zeigte, schickte ihn Jung zu einem Spezialisten, der aber nichts Besorgniserregendes feststellen konnte.

»Auf dem Heimweg von dieser Konsultation brach mein Patient plötzlich auf der Straße zusammen. Als er sterbend nach Hause gebracht wurde, war seine Frau bereits in ängstlicher Unruhe, und zwar darum, weil, bald nachdem ihr Mann zum Arzt gegangen war, ein ganzer Vogelschwarm sich auf ihr Haus niedergelassen hatte.«

Natürlich gibt es zwischen diesen zufälligen Ereignissen keinen ursächlichen Zusammenhang. Das betont auch C. G. Jung:

»Obschon ich die an diesen Ereignissen beteiligten Personen genau kenne und deshalb weiß, daß es sich um einen wahren Tatsachenbericht handelt, so stelle ich mir doch keineswegs vor, daß sich irgend jemand, der entschlossen ist, solche Dinge als bloße Zufälle anzusehen, dadurch bewogen fühlen wird, seine Auffassung zu ändern.«

Aber Jung erinnert an die Bedeutung des Vogels als Seele in den Mythen des alten Ägypten und Babyloniens. Die Annahme einer sinngemäßen Beziehung liegt ihm daher nicht allzufern, und er setzt hinzu:

»Wäre ein solches Vorkommnis zum Beispiel geträumt worden, so käme eine derartige Deutung vergleichend-psychologisch unbedingt in Betracht.«

Durch die Trennung vom Traum und Wirklichkeit geht uns der Sinn (das Tao) geradeso verloren wie durch die Trennung der beiden Straßen. Haben wir nicht das Buch mit den Worten Johannes Brahms' begonnen, der seine Schaffenskraft auf die Einheit mit einer höheren Macht zurückführte, die durch ihn wirkt? Genauso wie Jesus die Einheit von Vater und Sohn lebte, aber sagte: »Nicht ich, sondern der Vater, der in mir wohnt, der tut die Werke.« Ich glaube, daß jeder schöpferisch tätige Mensch diesen Widerspruch spürt, weil er selbst etwas schafft, was nicht nur von ihm selbst kommt. In ganz ähnlicher Weise hat Jane Roberts ein faszinierendes Buch über unsere Probleme verfaßt. Allerdings hatte sie das ganz bestimmte Gefühl, daß ihr das Werk diktiert worden sei; von einer höheren Macht, die durch sie wirkte, um die Brahmsschen Worte zu gebrauchen. Diese höhere Macht nennt sich Seth und sagt:

»Ich spreche zu denen, die an Gott glauben, und zu denen, die es nicht tun, zu denen, die glauben, daß die Naturwissenschaft alle Fragen über das Wesen der Realität beantworten wird, und zu denen, die es nicht tun. Ich hoffe, euch Ansatzpunkte zu geben, die euch in die Lage versetzen werden, das Wesen der Realität für euch selbst zu ergründen auf eine Weise, wie ihr es nie zuvor getan habt.«

Und dann entwickelt Seth ein Weltbild, das meinem privaten »erweiterten Weltbild« so sehr ähnelt, daß ich daraus berichten muß:

»Ich sage damit natürlich, daß es keine tote Materie gibt. Es existiert nichts, was nicht durch Bewußtsein hervorgebracht würde, und jedes Bewußtsein, unabhängig von seinem Entwicklungsgrad, erfreut sich eigener Empfindungen und eigenen schöpferischen Vermögens. Ihr könnt niemals begreifen, wer ihr seid, wenn ihr das nicht begreift . . .

Eure Naturwissenschaftler entdecken jetzt endlich, was die Philosophen schon seit Jahrhunderten wußten – daß der Geist die Materie beeinflußt. Sie haben noch die Entdeckung zu machen, daß der Geist die Materie erschafft und formt . . . Bei der Betrachtung eines Gegenstandes jeglicher Art habt ihr euer gesamtes Augenmerk und eure Empfänglichkeit auf Dauerndes und Gleichartiges gerichtet, und auf sehr radikale Weise schaltet ihr aus jedem Wirklichkeitsbereich Ungleichartiges aus und überseht es. Ihr seid also in höchstem Maße selektiv; ihr nehmt bestimmte Eigenschaften wahr und ignoriert andere.«

Seth sagt auch, warum diese andere Weltansicht so wichtig für die Entfaltung der Persönlichkeit ist:

»Diese Einsicht hilft uns, unseren Sinn für Humor zu bewahren . . . Wir beginnen, die schöpferische Freude des Spiels zu erlernen. Ich bin zum Beispiel der Meinung, daß Kreativität und Bewußtsein in der Atmosphäre des Spiels, im Gegensatz zur Arbeit, geboren werden, in der lebendigen, intuitiven Spontaneität . . . Einerseits nehmt ihr das Leben zu ernst, und andererseits nehmt ihr die spielerische Seinsweise nicht ernst genug.«

Wir nehmen das Leben dadurch ernst, daß wir es nicht ganz ernst nehmen. Genauso ist mein »erweitertes Weltbild« gemeint. Spielerisch, humorvoll, auf keinen Fall todernst! Ein bißchen Freude brauchen wir doch zum Leben, Freude auch am Unsinnigen, am Spontanen, am Kreativen – auch an dem, was uns von anderen unterscheidet, was nicht intersubjektiv ist, was uns selbst ausmacht.

Wir definieren Gott oft als allmächtig, allgültig, allwissend; lauter sehr ernste Eigenschaften. Und wenn wir dann feststellen, daß sie ihm unmöglich zukommen können, ohne daß unüberwindliche Widersprüche auftreten, dann schieben wir ihn gleich ganz weg und ersetzen ihn durch einen selbstgebastelten Götzen (zum Beispiel ein Computer-Netzwerk). Warum kommt eigentlich so selten jemand auf die Idee, sich Gott als einen vollendeten Spaßmacher vorzustellen? Als Humoristen, dessen Werk ein einziger, aber so großartiger Scherz ist, daß wir ihm die unvermeidlichen Grobheiten, die dabei auftreten, gerne verzeihen wollen? Weil er uns (wenn wir Ohren haben, zu hören) damit Freude macht, Lust und Liebe schenkt und uns all das als vollendeter Lehrer beibringt! Haben wir nicht gesagt, daß das Ziel des Lehrers (direkter Pädagogik) sein muß, sich selbst überflüssig zu machen? Ganz kann das einem menschlichen Lehrer natürlich nie gelingen. Gott aber hat es geschafft.

Und wie hat er das gemacht? Natürlich so ähnlich, wie es menschliche Lehrer auch versuchen; indem er zunächst strenge Regeln aufstellt. Zum Beispiel, nicht vom Baume der Erkenntnis zu essen. Während ein Lehrer indirekter Pädagogik Regeln erläßt, damit sie eingehalten werden und dadurch seine Autorität vergrößern, sind die Regeln des Lehrers direkter Pädagogik so gemeint, daß der Schüler sie übertreten soll und dabei selbständig wird. (Freilich muß sie der Lehrer verteidigen, es muß zum Widerspruch in aller Schärfe kommen, sonst wird der Schüler ja gerade *nicht* selbständig, indem er sie übertritt.) Auch Gott verteidigte seine Regel, er drohte mit dem Tod. Als aber Adam und Eva zu der Übertretung des Gebotes verführt wurden, ließ er sie nicht sterben, sondern sagte:

»Siehe, Adam ist geworden wie unsereiner und weiß, was gut und böse ist« (Gn 3, 22).

Wir nennen diese Tat mit Recht den Sündenfall. Denn wir haben doch im achten Kapitel davon gesprochen, daß Sünde das Gegenteil von Liebe ist; wir wissen auch, daß Gegensätze einander bedingen. Ohne Weibliches kein Männliches (höchstens Neutralität), ohne Logik keine Widersprüche, ohne Dunkles kein Helles und ohne Sünde keine Liebe. Erst durch den Sündenfall wurde wahre Liebe möglich, denn sie setzt freie, selbständige Menschen voraus. »Sündenfall« ist also nur die eine Seite, die dem negativen Denken entspricht. Wir könnten auch »Liebesanhebung« sagen und damit dasselbe meinen. »Erbsünde« ist, positiv gesehen, auch unsere angeborene (ererbte) Fähigkeit zur Freude und zur Liebe.

Der Phantasie, der es um die ernstesten Dinge des Lebens geht und die gerade deshalb nicht ganz ernst genommen werden möchte, sind im »Erweiterten Weltbild« keine Grenzen gesetzt. Übrigens ist es gar nicht so neu. Das Verhältnis zwischen dem erkennenden Subjekt und seiner Umwelt ist eines der ältesten Probleme philosophischer Neugier. Schopenhauers Hauptwerk heißt *Die Welt als Wille und Vorstellung*, und in einer früheren Arbeit schreibt er:

»Demnach hat der Verstand die objektive Welt erst selbst zu schaffen: nicht aber kann sie, schon vorher fertig, durch die Sinne und die Öffnungen ihrer Organe, bloß in den Kopf hineinspazieren.«

Wenn ich den Beobachtungen in meiner Umwelt Sinn für mein eigenes Ich zuschreibe, ja wenn ich sie sogar als durch mich mitverursacht ansehe, dann gerate ich natürlich sofort in Widersprüche. Ein Glas zerbricht in zwei vollständig spiegelbildliche Hälften. Während einer Wanderung zieht plötzlich ein starkes Gewitter auf. Ich treffe dreimal am selbem Tag einen bestimmten Menschen.

Laßt mich einmal annehmen, das alles hätte Sinn in meinem Leben, steht also in Beziehung zu mir selbst. Ich bin innerlich gespalten, also zerbricht das Glas in meiner Nähe auf diese Weise. Ich bin in Gewitterstimmung, also zieht auch eines auf. Ich sehne mich (vielleicht unbewußt) nach einem bestimmten Menschen, also treffe ich ihn dreimal.

Führt mich das nicht sofort wieder in eine Alternative? Entweder diese Annahmen sind Unsinn, es handelt sich um zufällige Ereignisse in der Außenwelt, die keiner weiteren Erklärung bedürfen, oder ich verursache sie tatsächlich selbst. Im zweiten Falle aber bin ICH das Zentralgestirn, die Sonne, um die sich alles dreht. Denn die Ursachen in meinem Inneren sind ja nicht intersubjektiv, andere Menschen sind nicht in Gewitterstimmung, trotzdem zieht ein Gewitter auf. ICH bin es, der alles bestimmt, alles schafft, alles macht. Und das ist letzten Endes Solipsismus.

Ich glaube, daß der Solipsismus das direkte Gegenstück zum Vorurteil der realen Außenwelt darstellt. Ein echtes Entweder-Oder also: entweder nur Außenwelt ohne Menschen, ohne Subjekte, also auch ohne mich, oder nur Innenwelt, nur Vorstellungen, aber ohne ernstzunehmende Konkurrenten, nur *meine* Innenwelt. In beiden Fällen geht der Mensch verloren, denn ich allein bin noch kein Mensch. Zum Menschsein gehört Kommunikation, Verbindung zwischen Menschen. »Menschsein als Zwischen«, sagte Okochi. In beiden Fällen wurden allerdings auch alle Widersprüche so weit wie möglich ausgeschlossen. Beide Ansichten sind folgerichtig, logisch, rational. Man könnte sogar sagen, sie sind gar nicht so sehr verschieden, eine ist die Spiegelung der anderen. Außen und Innen werden vertauscht.

Haben wir in diesen beiden Anschauungen nicht die Widerlager unserer Brücke gefunden? Sie soll doch die beiden Wege verbinden, sie soll auf beiden Seiten so recht verankert sein. Wir dürfen nicht zu früh in Lob und Freude ausbrechen. Alle Gegensätze müssen beitragen zum Brückenschlag, hier konzentrieren wir uns zunächst nur auf außen—innen. Aber am Talende beginnt auch der Weg nach oben mit dem ersten Schritt.

Was also könnte die beiden unversöhnlichen Ansichten zusammenführen? Was kann mich dazu bringen, zu mir selbst zu finden, da ich doch auch in meinem ich-bezogenen, solipsistischen Weltbild nicht wahrer Mensch sein kann? Was fehlt mir zum Menschsein?

Die Verbindung zu anderen Menschen, das Ernstnehmen anderer Menschen überhaupt. Nichts zwingt mich, andere Menschen gleichfalls als Urheber der Wirklichkeit anzusehen, außer der Liebe.

»Liebe deinen Nächsten wie dich selbst.«

Wir haben schon einmal über den Widerspruch dieses Gebotes gesprochen. Nun erscheint es uns vielleicht im neuen Licht. »Ich denke, daher bin ich«, sagte Descartes (und vor ihm Augustinus). Das ist die einzige Gewißheit, die mir bei allem Zweifel bleibt. Ich, das Zentrum, die Sonne, um die sich alles dreht, die alles schafft. Mein Nächster aber ist ein ebensolches Zentrum, genauso Sonne, um die sich alles dreht, die alles schafft, wenn ich dem Gebot folge. Ihn lieben wie mich selbst, heißt genau das anzuerkennen. Alles dreht sich um mich und alles dreht sich um ihn sind zwei wahre, einander widersprechende Behauptungen. In der Liebe ist der Widerspruch aufgehoben, ja Liebe ist der aufgehobene Widerspruch zwischen dem Ich und dem Du. Beide sind wir vollkommen abgeschlossene, vollständige Universen, beide sind wir innen und doch einander äußerlich.

Noch aber ist diese Liebe schal, noch fehlt ihr die letzte Hingebung, derer sie fähig ist. »Ich denke, daher bin ich«, das war der Ausgangspunkt, der mich zum Nächsten geführt hat. Von Denkendem zu Denkendem, von Mann zu Mann.

Ich denke, daher bin ich; aber weil ich erst als Denkender bin, bin ich unvollkommen, nicht Mensch, sondern Mann. Die männliche

Seinsweise gründet auf dem Denken, auf dem Intellekt, auf der Logik. Sehnsucht nach Menschsein ist nicht nur Sehnsucht nach Verbindung zu anderen Menschen, sondern in erster Linie auch Sehnsucht nach der Seinsweise, die mir fehlt, nach der weiblichen also. Die Liebe findet ihre Erfüllung erst in der Einheit aller Gegensätze, sie bedarf des Weiblichen wie des Männlichen. Und wieviel schöner hört sich die Aporie an, wenn ich diesen Widerspruch einschließe und sage: Alles dreht sich um mich und alles dreht sich um *sie* sind zwei wahre, einander widersprechende Behauptungen!

»Diese zwei Prinzipien, das weiblich-mütterliche und das männlich-väterliche, sind nicht nur ein Ausdruck der Tatsache, daß jeder Mensch männliche und weibliche Elemente in sich vereinigt; sie entsprechen dem Bedürfnis jedes Menschen nach Gnade *und* Gerechtigkeit. Die tiefste Sehnsucht der Menschheit scheint einer Konstellation zu gelten, in der beide Pole (Mütterlichkeit und Väterlichkeit, weiblich und männlich, Gnade und Gerechtigkeit, Fühlen und Denken, Natur und Intellekt) in eine Synthese vereinigt sind, in der beide Pole ihren Antagonismus verlieren und statt dessen einander färben«, schreibt Erich Fromm und meint, daß »eine solche Synthese im Patriarchat nicht voll verwirklicht werden kann«. Wir verstehen das sehr gut, denn der Brückenschlag erfordert gleich starke Widerlager für alle Gegensätze. Nicht nur bei außen—innen, auch bei männlich—weiblich, und das ist im Patriarchat nicht gegeben. Zwar können einzelne immer die Gratwanderung antreten, aber privat, nicht öffentlich, »denn weit ist die Pforte und breit der Weg, der ins Verderben führt, und gar viele gehen ihn. Eng dagegen ist die Pforte und schmal der Weg, der zum Leben führt, und nur wenige finden ihn«. (Mt 7, 14)

Elaine Morgan schreibt: »Völlig unbewußt betrachtet sich der Mann als die Hauptlinie der Evolution, während ein weiblicher Satellit ihn umkreist wie der Mond die Erde. Das veranlaßt ihn nicht nur, wertvolle Hinweise auf unsere Vorfahren zu übersehen, sondern verführt ihn auch oft genug dazu, Behauptungen aufzustellen, die nachweislich heilloser Unsinn sind . . .

Ich hege große Bewunderung für Naturwissenschaftler im allgemeinen und für Evolutions- und Verhaltenswissenschaftler im besonderen, und wenn ich glaube, daß sie manchmal in die Irre gegangen sind, ist es doch nicht ausschließlich infolge von Vorurteilen geschehen.«

Nicht ausschließlich infolge von Vorurteilen! Aber immerhin haben sie uns viele Chancen verpassen lassen. Elaine Morgan sieht eine solche Chance, die unbenützt vorübergegangen ist, in Darwins Theorie der Entwicklung des Menschen. Sie schreibt:

»In dem größten Teil der Literatur, die sich mit den Unterschieden zwischen den Geschlechtern beschäftigt, findet sich die stillschweigende Voraussetzung, daß die Frau ein minderwertiger Mann ist, eine mißlungene Nachbildung des Originals. Die Männer sind die Norm, wir die Abweichung.

Als dann Darwin kam und in *Die Abstammung des Menschen* ein völlig anderes Bild zeichnete, hätte man erwarten dürfen, daß diese Ansichten zum alten Eisen geworfen worden wären, denn Darwin glaubte nicht, die Frau sei ein nachträglicher Einfall. Er meinte, sie sei mindestens gleichzeitig mit dem Mann entstanden. Das hätte zu etwas wie einem Durchbruch in der Beziehung zwischen den Geschlechtern führen müssen. Dies jedoch geschah nicht.

Denn unverzüglich machten sich die Männer an die so angenehme und faszinierende Aufgabe, ein System völlig neuer Gründe dafür auszuarbeiten, daß die Frau offensichtlich minderwertig und unwiderruflich zur Dienstbarkeit verpflichtet sei. Und damit vergnügen sie sich immer noch. Nur daß sie sich statt der Theologie jetzt der Biologie, der Verhaltenswissenschaft und der Primatenlehre bedienen, um zu den gleichen Schlüssen zu gelangen.«

Warum aber haben wir immer wieder alle Ansätze fallengelassen? Warum sind wir auf der äußeren, männlichen, logischen, öffentlichen, abendländischen Straße der Naturwissenschaft immer schneller vorwärtsgestürmt, haben dabei alle Abzweigungen und Seitenpfade übersehen, wie wenn wir Scheuklappen hätten? Warum wurde der seit Jesus von Nazareth vielleicht energischste Versuch, Dialektik zu leben, nicht nur zu denken, der Versuch von Karl Marx, in der Praxis des Sozialismus ebenso radikal »logisiert« wie die Lehre Jesu in der Praxis der Kirche?

Wir haben schon vermutet, daß erst das Talende, die völlige Ausweglosigkeit zum Aufstieg, zum Aufheben zwingt. Wenn auch nur *eine* Klamm sich öffnet, wenn nur *ein* Pfad weiterführt, werden wir ihn gehen, denn wir blicken ganz einfach nicht nach oben, solange der Weg weitergeht und unsere Aufmerksamkeit auf sich zieht. Darum ist es auch sinnlos, Anweisungen zu erdenken, Regeln zusammenstellen, die vor, während oder nach der Zeitenwende unser Verhalten bestimmen sollen. Zu groß, zu gewaltig sind die Umwälzungen, die uns erwarten, die uns in den Strudel reißen. Wir müssen alle kämpfen, um nicht zu ertrinken; keiner darf ausgeschlossen werden, aber keiner darf die Führung für alle übernehmen wollen. So bleiben die vielen Phantasien von einer besseren Welt lediglich Ausdruck der Sehnsucht einzelner Individuen. Trotzdem wollen wir uns einige nun betrachten. Das Gemeinsame vieler privater Hoffnungen gibt uns vielleicht einen Fingerzeig für den Aufstieg zur Zeitenwende.

Joseph Weizenbaum schreibt über das Dilemma, die Spaltung der Welt:

»Was für viele andere Dilemmata gilt, trifft auch hier zu: Die Lösung liegt im Verwerfen der Spielregeln, die es hervorgebracht haben. Für das vorliegende Dilemma lautet die entsprechende Regel, daß die Rettung der Welt — und *darüber* rede ich hier — davon abhängt, andere zu den richtigen Ideen zu bekehren. Diese Regel ist falsch. Die Rettung der Welt hängt nur von dem Individuum ab, dessen Welt sie ist. Zumindest muß jedes Individuum so handeln, als ob die gesamte Zukunft der Welt, der Menschheit selbst, von ihm abhinge. Alles andere ist ein Ausweichen vor der Verantwortung . . .«

Und — aus weiblicher Sicht — bei Shulamith Firestone:

»So, wie wir angenommen haben, daß die biologische Teilung der Geschlechter zur Fortpflanzung eine grundlegende, ›natürliche‹ Dualität ist, durch die alle weiteren Unterteilungen in Klassen entstehen, nehmen wir nun an, daß die Teilung der Geschlechter die Wurzel dieser grundsätzlichen kulturellen Teilung ist. Die gegenseitige Beeinflussung dieser zwei kulturellen Reaktionen, des technologischen, ›männlichen‹ Ansatzes und des ›weiblichen‹, ästhetischen Ansatzes erzeugen auf einer anderen Ebene die Dialektik zwischen den Geschlechtern . . .«

Wenn der Brückenschlag die Synthese aller Widersprüche verlangt, wenn die Liebe nur als Einheit aller Gegensätze wirklich werden kann, müssen wir dann nicht resignieren? Ist die Aufgabe nicht zu groß für unsere schwachen Kräfte? Muß uns die Gewalt des Strudels nicht notwendig in die Tiefe reißen?

»Das Leben, das ihr führt, verbirgt das Licht, das ihr seid«, sagte Aurobindo. Vielleicht bedarf es gerade der Urgewalt dieses Strudels, der überwältigenden Macht dieser Ereignisse, um das Licht, das wir sind, freizulegen; weil wir an dem Leben, das wir führen, nicht mehr länger festhalten können. Und ich sehe Anzeichen heraufdämmern, daß es wirklich zu einer Zeitenwende kommt, daß wir nicht am Talende — statt aufzusteigen — einen Tunnel in die Felswand sprengen, wie es Atombombe, Manipulation der Erbanlagen, Behaviorismus (und dergleichen) vorschlagen. Denn viele dialektische Prozesse beginnen *gleichzeitig* von verschiedenen Seiten her ihre Arbeit an dem einen Werk.

Die Lage der Naturwissenschaft, ihre auftauchenden Aporien und den dialektischen Prozeß, der begonnen hat, haben wir ausführlich besprochen. Bliebe er eine Einzelerscheinung, so hätten wir trotz der radikalen Widersprüche, trotz der Ausweglosigkeit der Lage wenig Aussichten auf Erfolg. Aber etwa gleichzeitig mit der leidenschaftlichen Auseinandersetzung um Kernkraft, Umwelt und Energiewirtschaft setzt ein Wetterleuchten aus anderen Windrichtungen wieder ein: Frauen weisen energisch auf die Verdrängung des Weiblichen hin, sie beginnen um ihre Anerkennung zu kämpfen.

»Nur eine feministische Revolution kann die Teilung in Geschlechter, die für diese Verzerrung der Kultur verantwortlich ist, vollständig abschaffen. Die Einbeziehung der vernachlässigten Hälfte der menschlichen Erfahrung, die Erfahrung der Frauen, in das Kulturgefüge mit dem Ziel, eine allumfassende Kultur zu errichten, kann nur ein erster Schritt, eine Vorbedingung sein. Solange die Teilung der Wirklichkeit selbst nicht aufgehoben ist, kann es keine echte Kulturrevolution geben«, sagt Shulamith Firestone und zeigt, daß die Angriffe aus verschiedenen Richtungen denselben Gegner treffen: die Spaltung der Wirklichkeit.

Im zehnten Kapitel haben wir verfolgt, wie innerhalb des Zeitalters der Naturwissenschaft Epochen einander ablösten und wie dabei jedesmal die überhandnehmende Priesterseele von der Forscherseele in die Schranken gewiesen wurde. Am Beginn der neuen Epoche regierte sie, bis die Priesterseele wieder erstarkte und die Führung zum Ende der Epoche übernahm. Zu diesem gesunden Wechselspiel bedarf es aber der gegenseitigen, kämpferischen Befruchtung der beiden Seelen, der Widerspruch muß ausgehalten werden. Das wurde auch erkannt und sogar zu einem der Postulate lebendiger Wissenschaft: der Forderung nach »Einheit von Forschung und Lehre«.

351

Heutzutage wird viel über diese Einheit geredet; ist das nicht ein Anzeichen dafür, daß wir sie schon verloren haben? Die Spezialisierung mag ein Grund dafür sein, schwerwiegend aber ist sicher das Auftauchen der »Großforschung« (*big science*). Wir haben von den Elementarteilchenbeschleunigerzentren gesprochen, aber auch viele andere Forschungsprojekte werden in eigenen, wohlorganisierten Forschungsstätten durchgeführt. So kommt es zu einer nicht mehr aufzuhaltenden Trennung von Forschung und Ausbildung an den Universitäten. Dieser Verlust der Einheit von Forschung und Lehre, der eine notwendige Folge des Fortschreitens auf der Straße der Naturwissenschaft zu sein scheint, bringt die Naturwissenschaft selbst in eine Krise. Denn der Lebenshauch wird ihr entzogen, der Widerspruch zwischen den beiden Seelen durch Trennung eliminiert. Ohne Forschung ist die Lehre trocken, weil die Priesterseele allein kein Leben entfaltet. Wir können diese Verödung heute an vielen Universitäten beobachten, und die allgemeine Krise der Schule, die wir besprochen haben, scheint mir eine direkte Folge davon zu sein.

Während Kernkraftwerke, Energiesituation, Umweltproblematik und die Frauenbewegung eine Krise des äußeren Weges einleiten, weil verleugnete Widersprüche nicht mehr länger übersehen werden können, tritt durch die Trennung von Forschung und Lehre eine Krise auf, weil ein für das Leben wichtiger Widerspruch nun doch noch eliminiert wird. So arbeiten die vielfältigsten Prozesse auf das gleiche Ziel hin, auf eine vollständige Erneuerung, auf eine Zeitenwende.

Alle diese Prozesse haben aber weitreichende Folgen; die Krise der Schule, unseres gesamten Ausbildungs- und Erziehungssystems, führt zu einem immer stärker spürbaren Konflikt zwischen den Generationen. Und mit der Naturwissenschaft kommen auch alle ihre Kinder und nahen Verwandten in die Krise. Ein deutliches Beispiel ist die Medizin. Gerade an ihr, die weder auf intersubjektive Erkenntnisse der Naturwissenschaft noch auf direkte zwischenmenschliche Beziehungen verzichten kann, lassen sich viele Aporien deutlich erkennen. Einige der Probleme haben wir am Beispiel der Akupunktur gestreift; Psychosomatik, Homöopathie, Naturheilkunde sind nur ein paar weitere Stichworte, die auf die Breite der aufbrechenden Wunden hinweisen. Ich möchte nicht mehr im einzelnen auf die Strömungen, Stimmungen und Meinungen eingehen, die diesen Prozeß begleiten, dafür aber einen Naturheilkundigen selbst zu Wort kommen lassen. Rolling Thunder, von dem wir schon so viel gehört haben, sagt über die abendländische Medizin: »Physische Beschwerden können alle möglichen Ursachen haben, gute und schlechte, wie wir sagen würden, aber sie setzen alle auf der spirituellen Ebene ein. Eine Infektion kann man auch als eine spirituelle Verunreinigung bezeichnen. Was sich im Körper abspielt, ist nicht das Wesentliche, deshalb verlangt die Fähigkeit zu heilen mehr als nur das bloße Wissen um den Körper. Wenn der moderne Arzt einen Kranken behandelt, sieht er nur die Krankheit und nicht den Menschen. Wenn also der Arzt nicht wirklich erkennt, was in seinem Patienten abläuft, wo das wirkliche Problem liegt, wenn er dann dem Patienten irgendwelche schmerzlindernde Medikamente verschreibt oder ein krankes Organ oder Glied einfach wegschneidet und in den Müll wirft, dann ist das nur vertane Mühe und hat ganz gewiß nichts mit Heilen zu tun.«

Äußeres Wissen um den Körper ist natürlich notwendig; wenn aber das innere Wissen um den Menschen fehlt, kann der Arzt nicht heilen, sondern nur behandeln. Wenn Krankheit die Abweichung von Meßdaten (Temperatur, Blutdruck, Blutsenkung, Zuckergehalt und was es da noch alles gibt) von den Normwerten ist, dann kann die Diagnose sogar von einem Computer erstellt werden. (Wir haben die parallele Entwicklung auf der Straße der Naturwissenschaft ausführlich besprochen.) Wundert es uns, daß viele junge Menschen die Welt, in die sie hineinwachsen, gar nicht wollen?

Der innere Widerspruch zwischen den Generationen, den es immer gab, wird durch den immer rasender werdenden Fortschritt, die immer schnellere Veränderung des Weltbildes nach außen, gespiegelt; die Welt der jungen Menschen ist gar nicht mehr dieselbe wie die der älteren!

Dadurch verstärkt sich auch die Krise der Schule, welche durch die Lehrer ein Weltbild weitergibt, das für die Welt der heranwachsenden Generation keinen Sinn mehr ergibt. (Je weiter der Unterrichtsstoff und die Wirklichkeit, die die Schüler erwartet, auseinanderklaffen, um so lauter muß behauptet werden, daß nicht für die Schule, sondern für das Leben gelernt wird.)

Schließlich scheint mir ein deutliches Zeichen der heraufdämmernden Zeitenwende der Einbruch östlichen Denkens in das abendländische Weltbild zu sein. Fast wie eine Missionstätigkeit in umgekehrter Richtung tritt diese Bewegung auf und findet immer mehr Anhänger, nicht nur unter den jungen Menschen.

Natürlich stehen östliche und westliche Lebenswege ebenso im Widerspruch wie die beiden Wege. Natürlich kann die Öffentlichkeit östliches Gedankengut ebensowenig einschließen wie die andere Straße. Der Anstoß muß privat bleiben, in dem Sinne, in dem Weizenbaum sagte: »Die Rettung der Welt hängt nur von dem Individuum ab, dessen Welt sie ist.« Und wie Hegel sagte: »Das Unglück des Bewußtseins besteht immer darin, daß es *sein* einzelnes Tun nicht *zugleich* für das Tun Gottes hält.« Denn auch die Liebe kann sich zunächst nur in der Privatsphäre verwirklichen. Worauf es aber ankommt, ist, daß diese Privatsphäre nicht länger ausgeschlossen, verdrängt wird. Was wir nicht einschließen, muß deshalb noch nicht ausgeschlossen werden.

Kernkraftwerke, Umweltproblematik und Wachstumsschwierigkeiten weisen auf die Krise des naturwissenschaftlichen Zeitalters hin. Mit der Frauenbewegung und der Friedensbewegung, aber auch allen Folgeerscheinungen, wie dem Verlust der Einheit von Forschung und Lehre, mit der Krise des Bildungswesens und den Problemen um die Medizin, scheinen sie in eine neue, gewaltige Zeitenwende zu führen. Der Brückenschlag in das neue Zeitalter, das die Vereinigung der beiden Straßen, die Synthese aller Widersprüche bringen soll, ist noch nicht vollzogen, aber er steht bevor.

Dürfen wir fragen, was das neue Zeitalter bringen kann? Wir können es nicht wissen, denn das Leben ist einfallsreicher als die blühendste Phantasie. Aber meine private Hoffnung möchte ich kundtun, läuft doch die Geschichte nicht wie ein totes Räderwerk ab, sondern durch die individuellen Hoffnungen, auch durch mein »einzelnes Tun, das zugleich das Tun Gottes ist«, mitbestimmt.

Die Zeitenwende, die vor uns liegt, wurde schon vor zwei Jahrtausenden angekündigt und eingeleitet. Denn Jesus von Nazareth ist gekommen, uns die Liebe zu bringen. Doch diese Botschaft wurde nicht öffentlich angenommen, das Werk endete daher auch mit dem Todesurteil für seinen Begründer, es ist gescheitert. Aber nicht, weil Jesus zu wenig Kraft hatte, sondern weil seine Botschaft nicht nur für die damals Lebenden, sondern für alle Zeiten bestimmt war. So ist auch die Hinrichtung als notwendiges Ende, ist ihr Sinn immer richtig gedeutet worden. Wir mußten zunächst alle Möglichkeiten erproben, auf billigere Weise das Heil zu erlangen. Paulus hat uns dabei geholfen, indem er dem Geist der Zeit folgte und die Frauen ausschloß. So konnte die Botschaft zwar doch noch öffentliche Anerkennung finden; sie ging nicht verloren, wurde über die Zeiten gerettet durch die Kirche. Aber sie wurde nicht vollständig verwirklicht.

»An den Früchten werdet ihr sie erkennen, sagte Jesus von Nazareth, und dennoch wirkt es heute schon provozierend, wenn ich die These aufstelle, daß die Zeit des Christentums erst im Kommen sei«, schreibt Gerhard Schwarz. »Natürlich sind nicht die Kirchen gemeint, sondern die Verwirklichung dessen, was Jesus von Nazareth mit Erlösung gemeint hat. Daß er sagen konnte, ›liebe den Nächsten wie dich selbst‹, und daß diese Aussage als Prinzip für das Zusammenleben der Menschen annehmbar war, ist das damals Neue, das sich heute langsam durchzusetzen beginnt.«

Daß das Werk nicht vollendet war, spürten auch die unmittelbar Beteiligten. So hofften sie auf eine »Wiederkunft des Herrn«. Aber eine persönliche Wiederkunft ist nicht mehr notwendig, »denn ich habe euch alles geoffenbart, was ich von meinem Vater gehört habe« (Joh. 15, 15). Aber Paulus schrieb an die Thessaloniker:

»Brüder, was die Wiederkunft unseres Herrn Jesus Christus und unserer Vereinigung mit ihm betrifft, so bitten wir euch: Laßt euch nicht gleich aus der Fassung bringen und nicht verwirren . . . Zuvor muß der Abfall kommen. Der Mensch der Gesetzlosigkeit muß offenbar werden, er, der Sohn des Verderbens, der Widersacher, der sich über Gott und alles Heilige erhebt. Er setzt sich sogar in den Tempel Gottes und gibt sich für Gott aus . . . Ihn wird aber der Herr Jesus mit dem Hauche seines Mundes vernichten und durch den Lichtstrahl seiner Wiederkunft verderben. Jener tritt in satanischer Macht mit allerlei trügerischen Krafttaten, Zeichen und Wundern und mit allem sündhaften Trug auf bei denen, die verlorengehen. Denn sie haben die Liebe zur Wahrheit, die sie retten sollte, sich nicht zu eigen gemacht«. (2. Thess. 2, 1–11)

Zuvor muß der Abfall kommen, der Versuch, das Heil auf der äußeren Straße allein zu finden. Können wir die Wiederkunft Jesu nicht dadurch verstehen, daß wir sie als Durchbruch seiner Botschaft, als endgültige Ankunft seines heiligen Geistes auffassen? Hat er doch selber gesagt:

»Noch vieles hätte ich euch zu sagen, aber ihr könnt es jetzt nicht ertragen. Wenn aber er, der Geist der Wahrheit, kommt, wird er euch in alle Wahrheit einführen. Denn er wird nicht aus sich reden, sondern was er hört, wird er reden, und was zukünftig ist, euch verkünden. Er wird mich verherrlichen; denn er wird von dem Meinigen nehmen und es euch verkünden«. (Joh. 16, 12–14)

»Die Erlösung muß öffentlich werden«, meint Gerhard Schwarz und schreibt: »Diese Einsicht bewog mich zu der These, daß die Zeit des Christentums, mit den Folgen der Erlösung, erst im Kommen sei. Bisher ist es nur teilweise gelungen, die Selbstbestimmung des Einzelnen und die Möglichkeit der Liebe so in der Öffentlichkeit zu institutionalisieren, daß es von der Gesellschaft her entscheidende Hilfen und Garantien für das Zu-sich-selber-Kommen des Einzelnen gäbe. Im Gegenteil: es gibt in unserer Welt politische Ordnungen, die eine solche Entwicklung nicht für erstrebenswert halten.

Andererseits ist die Erlösung in einer Reihe von Evolutionen und Revolutionen schon so weit öffentlich geworden, daß nicht ernsthaft damit gerechnet werden muß, sie könnte wieder aus dieser Welt verschwinden.«

Und all die verschiedenen aporetischen Prozesse, die wir beschrieben haben, bestärken uns in dieser Hoffnung. Können wir den Einbruch des Ostens nicht auch als Vorbereitung für die Zeitenwende ansehen? Weil wir selbst den Blick für unsere eigene Tradition, das Ohr für die Botschaft des Jesus von Nazareth verloren haben, weisen uns Mitmenschen aus anderen Kulturen darauf hin! Sie helfen uns, uns selbst zu finden. Denn Erlösung ist Selbstbestimmung und Liebe in Freiheit. Wahre Freiheit ist innere Freiheit, bei sich selbst sein, sich selbst bestimmen, ist innere und äußere Unabhängigkeit. Der Mensch auf der äußeren Straße sehnt sich – wie jeder Mensch – nach wahrer Freiheit, die ihm die Erlösung bringt; aber er sucht sie in der Außenwelt. Die wahre Freiheit ist so nicht zu finden; aber getreu dem Fortschrittsglauben des Atomzeitalters verwechselt er nun Qualität und Quantität. Er sucht nicht die Synthese, die auch die innere Freiheit einschließt, er glaubt die Erlösung doch noch auf der äußeren Straße zu erlangen, wenn nur Beweglichkeit, Freizeit, Flugreisen und dergleichen noch entsprechend vermehrt werden. (Auch hier scheint sich jedoch ein Umschlag anzubahnen!)

Der Jesuit Placide Gaboury, Professor der Philosophie und Religion in Sudbury (Kanada), sprach am 21. März 1976 auf einem Sym-

356

posium über das Problem der Wiederversöhnung (nicht nur der Vereinigung) von Mystik und Christentum und sagte:

»So wurde Ewigkeit gleichgesetzt mit Jenseits, statt mit dem Überschreiten des Wechsels und Wandels innerhalb des Bereiches der Zeit ... Viele zeitgenössische Theologen scheinen es nicht erfahren zu haben, daß das Königreich des Himmels innen, inwendig in uns ist — sie sind eifrig darauf bedacht zu zeigen, daß es vor allem ein sichtbares und gesellschaftlich erfolgreiches Königreich sein soll ...

Westliche Kultur ist Christentum; man könnte aber in einer gewissen Weise auch sagen, daß westliche Kultur die Wissenschaft ist ... Vielleicht war es notwendig, daß das Christentum die horizontale Schau zur Blüte kommen ließ — da die Natur will, daß sich jeder Aspekt zu seiner vollen Reife entfaltet. Jetzt können die beiden Welten — die beiden Hemisphären sowohl des Gehirns, wie des Globus — wiedervereinigt werden, nachdem sie so lange getrennt waren. Jeder Mensch kann wieder ganz werden, die Menschheit kann ganz werden und die Welt kann werden, wie sie wirklich ist: eine Vielfalt, die der Einheit zustrebt ...«

Wir haben schon einmal bei unserem Flug über die beiden Straßen das Hohelied der Liebe zitiert. Hören wir noch seinen Schluß (1 Kor. 13, 12—13):

Jetzt schauen wir durch einen Spiegel, unklar,
Dann aber von Angesicht zu Angesicht.
Noch ist mein Erkennen Stückwerk.
Dann aber werde ich so erkennen,
Wie ich selbst erkannt bin.
Für jetzt bleiben Glaube, Hoffnung und Liebe,
Diese drei.
Am höchsten aber steht die Liebe.
Trachtet nach der Liebe.

Und mir bleibt nur noch das Wort Dschuang-dsis abzuwandeln: Ich hoffe, Leserinnen und Leser gefunden zu haben, die die Worte vergessen; ich wollte doch zu Ihnen sprechen!

Quellen

Die Quellen sind in der Reihenfolge angeführt, in der sie in einem Kapitel zitiert werden. Wenn ich einzelne Quellen in mehreren Kapiteln benütze, so habe ich durch das Zeichen »loc. cit.« auf die erste Angabe verwiesen; bei mehreren Werken desselben Autors auch durch ein zusätzliches Stichwort. Quellen, die aus dem Text eindeutig identifiziert werden können, habe ich hier nicht mehr angeführt.

1. WAS IST NATURWISSENSCHAFT?

A. M. Abell: *Gespräche mit berühmten Komponisten*, Kleinjörl (1977)

Paramhansa Yogananda: *Autobiographie eines Yogi*, München/Planegg (1950)

Äschylos: *Der gefesselte Prometheus* (übertragen von A. v. Gleichenrusswurm), Jena (1912)

G. Schwarz: *Raum und Zeit als naturphilosophisches Problem*, Wien/Freiburg/Basel (1972)

J. Weizenbaum: *Die Macht der Computer und die Ohnmacht der Vernunft*, Frankfurt a. M. (1977)

C. F. v. Weizsäcker: *Die Tragweite der Wissenschaft*, Stuttgart (1976)

A. Huxley: *Science, Liberty and Peace*, New York (1946)

J. M. Jauch: *The Trial of Galileo Galilei (CERN-Bericht 64−36)*, Genf (1964)

M. Fierz: *Vorlesungen zur Entwicklungsgeschichte der Mechanik*, Berlin/Heidelberg/New York (1972)

J. O. Fleckenstein: *Naturwissenschaft und Politik*, München (1965)

A. Hermann: *Die Jahrhundertwissenschaft*, Stuttgart (1977)

C. F. v. Weizsäcker, *Deutlichkeit*, München/Wien (1978)

K. Marx: *Ökonomisch-philosophische Manuskripte*, Berlin (1968)

H. Pietschmann:»Die Methode der Naturwissenschaften, demonstriert an Beispielen aus der Physik der schwachen Wechselwirkungen«, *Acta Physia Austriaca*, Bd. 41, S. 385 (1975)

Ch. Achebe: *Things fall apart*, London/Ibadan/Nairobi/Lusaka (1976)

2. DAS WELTBILD DER NATURWISSENSCHAFT

CERN *Annual Report 1977*, Genf (1978)

H. Pietschmann/W. Bartl/W. Kummer: *Hochenergiephysik — Quelle wissenschaftlicher Erkenntnis, Quelle technischen Fortschritts*, Wien/New York (1972)

V. F. Weisskopf:»Naturwissenschaft und Gesellschaft«, *Physikalische Blätter*, Bd. 27, S. 7 (1970)

O. y Gasset: *Der Aufstand der Massen*, Hamburg (1956)

K. R. Popper: *Logik der Forschung* (4. Auflage), Tübingen (1971)

H. Pietschmann:»The Rules of Scientific Discovery Demonstrated from Examples of the Physics of Elementary Particles«, *Foundations of Physics*, Bd. 8, S. 905 (1978)

E. Heintel: *Die beiden Labyrinthe der Philosophie*, Wien/München (1968)

J. Weizenbaum: loc. cit.

G. Schwarz: *Zur Systemgeschichte der Gruppe*, Klagenfurt (1979)

A. Schopenhauer: *Über die vierfache Wurzel des Satzes vom zureichenden Grunde*, Hamburg (1957)

C. F. v. Weizsäcker: *Deutlichkeit*, loc. cit.

H. Pietschmann: *Die drei Grenzen physikalischer Erkenntnis«, Philosophia Naturalis*, Bd. 17, S. 90 (1978)

H. Zimmer: *Spiel um den Elefanten*, Düsseldorf/Köln (1976)

K. Marx: loc. cit.

F. Eckstein:»Das Unbewußte, die Vererbung und das Gedächtnis im Lichte der mathematischen Naturwissenschaft«, *Almanach der Psychoanalyse*, Wien (1930)

P. Heintel: *Modellbildung in der Fachdidaktik*, Klagenfurt (1978)

G. W. F. Hegel: *Phänomenologie des Geistes*, Frankfurt a. M. (1970)

3. DIE KONSTRUKTION DER WIRKLICHKEIT

L. Büchner: *Kraft und Stoff*, Leipzig (1862)

L. Euler/J. Müller: *Physikalische Briefe*, Leipzig/Stuttgart (1854)

J. O. Fleckenstein: loc. cit.

A. v. Cube (Hrsg.): *Die Welt des Atoms*, Tübingen (1970)

K. Huang: *Statistische Mechanik*, Mannheim (1964)

M. Planck: *Vorträge und Erinnerungen*, Stuttgart (1949)

E. Broda: *Ludwig Boltzmann — Mensch, Physiker Philosoph*, Wien (1955)

A. Hermann: loc. cit.

W. Heisenberg: *Der Teil und das Ganze*, München (1969)

A. Einstein/M. Born: *Briefwechsel 1916—1955*, München (1969)

4. PARANORMALE PHÄNOMENE

E. J. Saxl/M. Allen:»1970 Solar Eclipse as ›Seen‹ by a Torsion Pendulum«, *Physical Review*, Bd. D3, S. 823 (1971)

P. Feyerabend: *Wider den Methodenzwang*, Frankfurt a. M. (1976)

H. Driesch: *Parapsychologie*, Zürich (1943)

W. P. Mulacz:»Wissenschaftstheoretische Aspekte der Parapsychologie«, *Parapsychika 3* (1975)

O. Schatz (Hrsg.): *Parapsychologie, ein Handbuch*, Graz/Wien/Köln (1976)

Ch. Morgenstern: *Palmström, Palma Kunkel*, Frankfurt a. M. (1961)

S. Freud: *Totem und Tabu*, Frankfurt a. M. (1975)

Ch. Achebe: loc. cit.

B. Wälti:»Die Silvio-Protokolle 1976—1977«, *Zeitschrift für Parapsychologie und Grenzgebiete der Psychologie*, Jahrgang 20, Nr. 1 (1978)

O. Prokop:»Naturwissenschaft contra Parapsychologie«, *Archiv für Kriminologie*, Bd. 154, S. 384 (1974)

H. Pietschmann:»Essay über den Zufall«, *Zeitschrift für Ganzheitsforschung*, 21. Jahrgang, S. 226 (1977)

R. P. Feynman:»What is and What Should be the Role of Scientific Culture in Modern Society«, *Nuovo Cimento Supplemento*, Bd. 4, S. 492 (1966)

J. Monod: *Zufall und Notwendigkeit*, München (1975)
M. Eigen/R. Winkler: *Das Spiel*, München (1975)

5. DIE ELIMINATION DES WIDERSPRUCHES

F. L. Boschke: *Erde von anderen Sternen*, Düsseldorf/Wien (1965)

E. L. Krinow: *Himmelssteine*, Leipzig/Jena (1954)

W. Gentner: »Irdische und meteoritische Materie«, *Die Naturwissenschaften*, Bd. 50, Heft 6 (1963)

G. W. F. Hegel: loc. cit.

E. Broda: loc. cit.

G. Schwarz: *Reihe Führung und Organisation*, Bd. 27, S. 121, Bern/Stuttgart (1977)

Th. S. Kuhn: *Die Struktur wissenschaftlicher Revolutionen*, Frankfurt a. M. (1973)

L. W. Alvarez: »Analysis of a Reported Magnetic Monopole«, *Proceedings of the 1975 Int. Symposium on Lepton and Photon Interactions at High Energies*, S. 967, Stanford (1975)

W. Heisenberg: *Die Einheit des naturwissenschaftlichen Weltbildes*, Leipzig (1942)

6. ANDERE WELTBILDER

H. Hesse: *Siddharta (eine indische Dichtung)*, Frankfurt a. M. (1955)

H. Hesse: *Der Steppenwolf*, Frankfurt a. M. (1955)

H. Zimmer: loc. cit.

Satprem: *Sri Aurobindo oder das Abenteuer des Bewußtseins*, Bern/München/Wien (1976)

Reden des Buddha (aus dem Palikanon übersetzt von I. L. Gunsser), Stuttgart (1957)

R. Okochi: »Der Mensch als Bodhisattva – Zur interkulturellen Verständigung« (in: *Denken und Umdenken*), München (1977)

D. T. Suzuki: *Der westliche und der östliche Weg*, Ulm (1977)

C. G. Jung: »Synchronizität als ein Prinzip akausaler Zusammenhänge« (in: *Naturerklärung und Psyche*), Zürich (1952)

I. Ging: *Text und Materialien* (übersetzt von R. Wilhelm), Düsseldorf/Köln (1978)

J. Chang: *Das Tao der Liebe*, Reinbek b. Hamburg (1978)

J. C. Cooper: *Der Weg des Tao*, Bern/München/Wien (1977)

Laotse: *Tao Te King* (übersetzt von G. Debon), Stuttgart (1961)

Laotse: *Tao Te King* (übersetzt von R. Wilhelm), Düsseldorf/Köln (1978)

Dschuang-dsi: *Das wahre Buch vom südlichen Blütenland*, Düsseldorf/Köln (1969)

Liä-dsi: *Das wahre Buch vom quellenden Urgrund*, Düsseldorf/Köln (1974)

Das Neue Testament (übersetzt von Konstantin Rösch), Paderborn (1946)

C. Castaneda: *Der Ring der Kraft*, Frankfurt a. M. (1976)

D. Boyd: *Rolling Thunder − Erfahrungen mit einem Schamanen der neuen Indianerbewegung*, München (1978)

7. NATURWISSENSCHAFT ALS RELIGION UNSERER ZEIT

A. Hermann: loc. cit.

W. Heisenberg: *Der Teil und das Ganze*, loc, cit.

C. F. v. Weizsäcker: *Die Tragweite der Wissenschaft*, loc. cit.

D. T. Suzuki: loc. cit.

J. Weizenbaum: loc. cit.

G. Schwarz: *Was Augustinus wirklich sagte*, Wien/München/Zürich (1969)

G. Greshake: *Stärker als der Tod*, Mainz (1976)

P. Mittelstaedt: *Der Zeitbegriff in der Physik*, Mannheim/Wien/Zürich (1976)

R. P. Feynman/R. B. Leighton/M. Sands: *The Feynman Lectures on Physics* Readings/Menlo Park/London/Sydney/Manila (1963)

Aboriginal Healing Workshop − Notes for Students, Sydney (1978)

H. Kurnitzky: *Triebstruktur des Geldes − ein Beitrag zur Theorie der Weiblichkeit*, Berlin (1974)

H. Kurnitzky: *Ödipus − ein Held der westlichen Welt*, Berlin (1978)

8. AUSWEGLOSE SITUATIONEN

G. Schwarz: *Raum und Zeit*, loc. cit.

P. Lorenzen: »Das Aktual-Unendliche in der Mathematik«, *Philosophia Naturalis*, Bd. 4, S. 3 (1957)

W. Stegmüller: »Zur mathematischen Logik und Metamathematik«, *Philosophische Rundschau*, Heft 2 (1957)

R. Courant: *Vorlesungen über Differential- und Integralrechnung*, Heidelberg (1954)

E. Heintel: loc. cit.

J. L. Borges: *Sämtliche Erzählungen*, München (1970)

E. Schrödinger: *Meine Weltansicht*, Hamburg/Wien (1961)

G. Schwarz: *Was Jesus wirklich sagte*, Wien/München/Zürich (1971)

E. Fromm: *Die Kunst des Liebens*, Frankfurt a. M./Berlin/Wien (1977)

W. Willms: *Der geerdete Himmel*, Kevelaer (1974)

M. Planck in *Die akademische Frau* (hrsg. von L. A. Kirchhoff), Berlin (1897)

9. ATOMKRAFTWERKE:
ERSTE ZEICHEN EINER ZEITENWENDE?

Hiroshima-Nagasaki Publishing Committee: *Hiroshima-Nagasaki, A pictorial record of the Atomic Destruction*, Tokio (1978)

R. Trumbull: *Wie sie überlebten*, Düsseldorf (1958)

T. Nagai: *Wir waren dabei in Nagasaki*, Frankfurt a. M. (1951)

A. H. Compton: *Die Atombombe und ich*, Frankfurt a. M. (1958)

A. v. Cube: loc. cit.

A. Hermann: loc. cit.

H. L. Stimson: »The Decision to use the Atomic Bomb«, *Harper's Magazine*, Februar 1947, S. 101

K. Jaspers: *Die Atombombe und die Zukunft des Menschen*, München (1957)

A. Einstein: *Mein Weltbild*, Amsterdam (1934)

D. Boyd: loc. cit.

S. McCracken: »The War Against the Atom«, *Commentary (New York)*, September (1977)
Mao Tse-Tung: *Über Praxis und Widerspruch*, Berlin (1968)

10. DREI STATIONEN DES FORTSCHRITTES

M. Pietsch: *Die industrielle Revolution*, Freiburg/Basel/Wien (1961)
Dschuang-dsi: loc. cit.
E. B. Mpemba, D. G. Osborne: »Cool?«, *Physics Education*, Bd. 4, S. 172 (1969)
J. Walker: *The Flying Circus of Physics*, New York/London/Sydney/Toronto (1975)
H. Hasse: *Mathematik als Wissenschaft, Kunst und Macht*, Baden-Baden (1952)
F. Klemm: *Technik*, Freiburg/München (1954)
P. S. Laplace: *Philosophischer Versuch über die Wahrscheinlichkeit*, Leipzig (1932)
W. Freese: *Die Sache mit der Schöpfung*, München/Bern/Wien (1973)
A. Wilke: *Die Elektrizität*, Leipzig (1893)
F. Dessauer: *Streit um die Technik*, Basel/Freiburg/Wien (1959)
B. F. Skinner: *Science and Human Behavior*, New York (1953)
C. R. Rogers: *Entwicklung der Persönlichkeit*, Stuttgart (1973)
H. Kurnitzky: *Triebstruktur des Geldes*, loc. cit.
R. M. Pirsig: *Zen und die Kunst ein Motorrad zu warten*, Frankfurt a. M. (1976)
G. Schwarz: *Augustinus*, loc. cit.
J. N. David: *Die Jupiter-Symphonie*, Göttingen (1953)

11. ALLES WIRD DIGITALISIERT!
EIN UMSTURZ IN WELCHER RICHTUNG?

H. Kurnitzky: *Triebstruktur des Geldes*, loc. cit.
A. Schopenhauer: loc. cit.
Ch. Wolff: *Der Anfangs-Gründe Aller Mathematischen Wissenschaften Erster Theil*, Halle (1710)
J. Weizenbaum: loc. cit.

T. Grupe: *Der gespeicherte Bürger*, München (1979)

K. Popper: *Unended Quest*, Glasgow (1976)

G. Schwarz: *Gruppendynamik in der Schule*, Wien/München (1974)

C. R. Rogers: *Lernen in Freiheit*, München (1974)

J. Piaget: *Die Bildung des Zeitbegriffs beim Kinde*, Frankfurt a. M. (1974)

12. DIE ZEITENWENDE

A. Einstein: loc. cit.

A. Einstein/M. Born: loc. cit.

A. Hermann: loc. cit.

J. M. Lévy-Leblond: *Das Elend der Physik*, Berlin (1975)

M. Maurer: »Frauen in Naturwissenschaft und Technik«, *Wechselwirkung*, Januar 1979, S. 35

S. Firestone: *Frauenbefreiung und sexuelle Revolution*, Frankfurt a. M. (1970)

G. W. F. Hegel: loc. cit.

B. Liebrucks: *Sprache und Bewußtsein*, Bd. 5 (»Die zweite Revolution der Denkungsart«), Bern (1970)

D. Boyd: loc. cit.

R. Ruyer: *Jenseits der Erkenntnis*, Wien/Hamburg (1977)

J. L. Borges: loc. cit.

S. Freud: *Über Träume und Traumdeutungen*, Frankfurt a. M. (1971)

C. G. Jung: loc. cit.

A. Conan Doyle, *The Hound of the Baskervilles*, London (1975)

J. Robert: *Gespräche mit Seth*, Genf (1979)

A. Schopenhauer: loc. cit.

E. Fromm: *Haben oder Sein*, Stuttgart (1976)

E. Morgan: *Der Mythos vom schwachen Geschlecht*, Düsseldorf/Wien (1972)

J. Weizenbaum: loc. cit.

G. Schwarz: »Psychotherapie und christliches Liebesgebot«, *Radius*, Heft 4, November 1975, S. 20

(Zitate aus Quellen, die in Englisch angegeben sind, wurden von mir übersetzt.)

Die Deutsche Bibliothek — CIP-Einheitsaufnahme

Pietschmann, Herbert:
Das Ende des naturturwissenschaftlichen Zeitalters/Herbert Pietschmann. —
Stuttgart; Wien: Weitbrecht, 1995
ISBN 3-522-71720-1

© 1995 Weitbrecht Verlag
in K. Thienemanns Verlag, Stuttgart und Wien.

Die Gestaltung des Schutzumschlags
besorgte ARTELIER, München,
unter Verwendung eines Bildmotives der Bildagentur ZEFA.
Reproduktion: Repro Brüllmann, Stuttgart.
Satz: KCS GmbH, Buchholz/Hamburg.
Druck und Bindung: Friedrich Pustet, Regensburg
Printed in Germany.
5 4 3 2 1